化学工业出版社“十四五”普通高等教育规划教材

高等学校教材

DAXUE JICHU
HUAXUE SHIYAN

大学基础化学实验

（第二版）

姜建辉　丁慧萍　卢亚玲　主编

化学工业出版社

·北京·

内容简介

《大学基础化学实验》（第二版）在保证实验基本教学要求的基础上对内容进行了优化。首先介绍了化学实验基本知识、基本操作，然后安排了无机化学实验、化学分析实验、有机化学实验和仪器分析实验四大基础实验板块，训练学生独立规范操作的基本技能，使学生初步掌握从事化学研究的方法和规律。综合性实验和设计性实验的安排，是为了培养学生的创新意识及提升分析问题、解决问题的综合素质和能力。仿真实验板块结合先进的仿真技术实现了线上线下协同教学。

《大学基础化学实验》（第二版）可供高等院校化学、化工、材料、生物、食品、环境及农林类各专业本科生使用，也可供化学相关专业工作者参考。

图书在版编目（CIP）数据

大学基础化学实验/姜建辉，丁慧萍，卢亚玲主编
.—2 版.—北京：化学工业出版社，2023.1（2025.7重印）
高等学校教材
ISBN 978-7-122-42621-5

Ⅰ.①大…　Ⅱ.①姜…②丁…③卢…　Ⅲ.①化学实验-高等学校-教材　Ⅳ.①O6-3

中国版本图书馆 CIP 数据核字（2022）第 230049 号

责任编辑：宋林青　　　　文字编辑：葛文文
责任校对：杜杏然　　　　装帧设计：史利平

出版发行：化学工业出版社（北京市东城区青年湖南街 13 号　邮政编码 100011）
印　　装：河北延风印务有限公司
787mm×1092mm　1/16　印张 17¼　彩插 1　字数 426 千字　2025 年 7 月北京第 2 版第 4 次印刷

购书咨询：010-64518888　　　　售后服务：010-64518899
网　　址：http://www.cip.com.cn
凡购买本书，如有缺损质量问题，本社销售中心负责调换。

定　　价：45.00 元　

《大学基础化学实验（第二版）》编写组

主　编　姜建辉　丁慧萍　卢亚玲

副主编　赵俭波　马洪坤　申雪花

编　者　（按姓氏笔画排序）

丁慧萍　马洪坤　卢亚玲

申雪花　田明霞　孙　丹

杨翠平　张　园　欧　明

赵俭波　姜建辉　姜项福

夏旭东

前言

FOREWORD

基础化学实验是大学生接触的第一门化学类实验课，实验内容与理论教学既相互独立、自成体系，又互为依托、相辅相成，各有特色。通过实验教学，学生能加深对化学基本概念和原理的理解。本书第一版于 2015 年出版，经过多年使用，得到广大师生的好评。在保留第一版原有特色及不增加过多篇幅的基础上，进行了修改、增加和调整，体现了知识的更新，以便更加符合教学规律，适合教师教学和学生学习，反映时代特色和学科发展方向。

本教材在继承第一版优点的基础上，充分吸收近年来化学研究和实验教学改革的成果，主要做出如下改动：

1. 根据学科发展，对实验内容进行必要的增减和修改。

2. 为每章实验内容增加了习题及参考答案，方便学生巩固已学的知识点及对实验的理解。

3. 更新了每章的知识拓展，引用了最新的和生产生活密切相关的前沿技术和科研成果。

4. 随着虚拟仿真技术的成熟，增加了 8 个虚拟仿真实验来满足学生对新技术了解的需求和弥补部分实验教学的缺失。

本教材无机化学实验部分由丁慧萍主持编写，化学分析实验部分由卢亚玲主持编写，有机化学实验部分由姜建辉主持编写，姜建辉、丁慧萍、卢亚玲担任主编，赵俭波、马洪坤、申雪花担任副主编，参加编写的人员（按姓氏笔画排列）有：丁慧萍、马洪坤、卢亚玲、申雪花、田明霞、孙丹、杨翠平、张园、欧明、赵俭波、姜建辉、姜项福、夏旭东。全书由主编统稿定稿。

本教材得到了塔里木大学一流课程无机及分析化学、有机化学及塔里木大学一流专业应用化学的支持。在编写过程中编者参考了国内外教材并引用了其中的一些图、表、数据等，同时化学工业出版社为本教材的出版做了大量细致的工作，在此一并表示衷心的感谢！

借本教材出版之际，对多年来为本教材编写做出贡献的塔里木大学化学化工学院从事实验教学的教师和实验技术人员表示最诚挚的谢意；特别感谢参与第一版编写的杨玲、白红进、刘文杰等对本书第二版编写工作的大力支持和无私奉献。

鉴于编者水平和经验，书中的不足和疏漏之处，敬请广大读者批评指正。

编者

2022 年 6 月

第一版前言

FOREWORD

化学是一门以实验为基础的学科，在化学教学中，实验教学占有相当重要的地位。随着高等教育改革的深入，在传授知识、培养创新意识和创新能力以及培养科学精神、提高科学素质的教育体系中，化学实验教学的作用越来越重要。在这种思想的指导下，我们全面、系统地总结了多年实验教学的经验，编写了这本实验教材，供高等农林院校本科教学使用，也可作为化学及其他相关专业的参考书。

本书以建立独立的化学实验教学新体系为宗旨，将分属于无机化学、分析化学、有机化学三大板块的实验内容，进行重组、交叉和高度综合，使基本操作、技能训练、合成制备、化学性质、分析测试等实验内容，相互交融和贯通。本书以基本操作技能训练为主线，按照循序渐进的原则，介绍了化学实验基本知识、化学实验基本操作；在此基础上，安排了无机化学实验、化学分析实验、有机化学实验和仪器分析实验四大基础实验板块，训练学生进行独立规范操作的基本技能，使学生初步掌握从事化学研究的方法和规律；综合性实验和设计性实验平台的安排，是为了培养和提高学生的创新意识及分析问题、解决问题的综合素质和能力。整个课程体系及每个板块都贯穿“基础、提高、综合、创新”这一特点。本教材所涉及的实验装置均采用标准磨口仪器，在保证实验效果的前提下，尽量采用价廉易得、无毒低毒药品，同时减少药品用量，使实验绿色化。

本书的主要特色在于：（1）将化学实验基本操作设为一章，详细、规范地介绍操作原理、要点及注意事项，使后续具体实验内容简洁、清晰、紧凑；（2）特设了实验知识拓展栏目，以期更好落实经典与现代的结合；（3）以附录的形式提供了不同类型实验的参考实验报告案例，引导和规范学生书写实验报告。

本教材由塔里木大学的杨玲、白红进、刘文杰任主编，姜建辉、王咏梅、卢亚玲任副主编，参加编写的人员（按姓氏笔画排序）有：丁慧萍、于海峰、马小燕、王咏梅、卢亚玲、白红进、刘文杰、李治龙、杨玲、陈新萍、赵俭波、姜建辉、蒋卉、曾红。全书由主编统稿定稿。

本教材得到了中华农业科教基金会教材建设研究项目的支持（编号 NKJ201202022），化学工业出版社的编辑为本教材的出版做了大量细致的工作，在此一并表示衷心的感谢！

鉴于编者水平和经验，书中不足和疏漏之处难免，敬请广大读者批评指正。

编者

2014 年 11 月

目录

CONTENTS

第三章　无机化学实验 84

第四章　化学分析实验 111

◎ 第五章　有机化学实验　131

◎ 第六章　仪器分析实验　178

第一章 化学实验基本知识

一、化学实验的目的

化学是一门以实验为基础的学科，化学中的学说和定律都源于实验，同时又为实验所检验。基础化学实验是学习无机及分析化学、有机化学、仪器分析等理论课程不可缺少的重要环节，也是农、林、水产、食品、生物等专业学生进入大学后，在实验技能方面受到系统训练的开端。

通过实验，学生可以直接观察到大量的化学现象，经思考、归纳、总结，从感性认识上升到理性认识，从而学习、掌握基础化学的基本理论与基本知识；通过一般性实验、综合性实验、设计性实验和虚拟仿真实验的系统训练，培养学生的观察和动手能力、分析问题和解决问题的能力、独立思考和独立工作的能力以及创新思维和创新实践的能力；通过实验，培养学生严谨的科学态度，实事求是、一丝不苟的科学作风和良好的工作习惯，从而为学习后续课程和将来独立进行科学实验和科学研究打下必要的基础。

二、化学实验的基本要求

本课程的内容分为四个层次：基础实验（验证性实验与基本操作）、综合实验、设计实验（含学生自带课题）和虚拟仿真实验。在综合实验和设计实验中，融入了我校化学教师特色的研究成果，目的是通过完成这些研究性实验，给予学生独立解决问题的机会，以培养学生的科研意识与创新意识。通过实验课的训练，学生应达到下列要求。

① 从实验获得感性认识，深入理解和应用无机及分析化学、有机化学、仪器分析等理论课中的概念、理论，并能灵活运用所学理论知识指导实验。

② 掌握化学实验的基本操作与基本技能，包括：玻璃仪器的清洗；简单玻璃仪器的制作；加热和冷却方法；常见离子的基本性质与鉴定；基本物理常数的测定方法；典型无机与有机化合物的合成、分离、纯化技术；半微量实验操作技术；可见分光光度法、滴定分析法（含酸碱、配位、氧化还原及沉淀滴定）与重量分析法等。

③ 具有仔细观察并分析判断实验现象的能力，能正确且诚实记录实验现象及结果；处理实验结果时能正确运用化学语言进行科学表达，并对实验误差及其来源作出正确的判断与分析，能采取有效的措施减小误差；独立撰写实验报告；具有解决实际化学问题的实验思维能力和动手能力。

④ 具有实事求是的科学态度，养成勤俭节约、认真细致严谨的工作作风以及相互协作

的团队精神、勇于开拓的创新意识等科学品德和科学精神。

⑤ 能根据实验需要，通过查阅手册、工具书及其它信息源获取必要信息，能独立、正确地设计实验（包括选择实验方法、实验条件、仪器和药品、产品质量鉴定等），独立撰写设计方案，具有一定的创新意识与创新能力。

⑥ 课前进行预习，明确实验目的和原理，熟悉实验内容与步骤，并写出预习报告。

三、化学实验室规则

① 学生进入实验室按照指定位置入座，不准随意走动、喧哗，未经老师许可，不得动用仪器及药品。

② 实验前必须预习实验内容，明确目的要求，熟悉方法步骤，掌握基本原理。认真听取老师讲解实验目的、步骤、仪器和药品性能、操作方法和注意事项。实验前首先清点实验仪器和药品，如有缺少、损坏应立即报告老师。

③ 实验中要严格执行操作规程，仔细观察实验现象，认真做好实验记录，根据实验过程分析实验结果，写出实验报告。

④ 注意安全，使用腐蚀性强、易燃、易爆和有毒药品时要小心谨慎，如果在实验中发生意外事故不要惊慌，应立即报告老师和实验管理老师处理。

⑤ 实验时力求降低能耗，节约用水、用电和实验材料，养成勤俭节约的美德。

⑥ 爱护仪器和实验材料，凡不按操作规程造成损坏，由当事人赔偿。实验仪器和材料未经老师许可不能带出实验室。

⑦ 实验完毕，在老师和实验管理老师的指导下清点好实验器材，归还原位，妥善处理废物并做好清洁，经老师许可才能离开实验室。

⑧ 实验课完成后，老师和实验管理人员应分别做好实验登记工作。

四、化学实验室的安全知识

在化学实验室中，安全是非常重要的。实验室中有很多易燃、易爆、有腐蚀性或有毒的药品且实验室中大多仪器都是玻璃制品，所以在进行化学实验时，若粗心大意，就很容易发生失火、爆炸、灼伤、中毒、割伤、触电等事故。如何预防这些事故的发生及万一发生事故又如何急救，这是每一个实验者必须具备的素质。

1. 化学实验室安全守则

① 熟悉实验室及其周围的环境，了解实验室安全设施（如水阀、电闸、灭火器及实验室外消防水源等）及其位置；熟练使用灭火器。

② 注意用电安全。电器设备使用前应检查是否漏电，常用仪器外壳应接地。使用电器时，人体与电器导电部分不能直接接触，也不能用湿手、湿物接触电源。水、火、电用毕后或在离开实验室前必须关闭或熄灭。

③ 实验开始前应检查仪器是否完整无损，装置是否稳定；实验进行时，不得离开岗位。

④ 易燃、易爆物质应放在离火源较远又安全的地方，操作时应严格遵守操作规程。

⑤ 禁止随意混合各种化学药品，以免发生事故。

⑥ 加热、浓缩液体时要十分小心，防止液体飞溅；不能俯视加热的液体；加热的试管口不能对着自己和别人；加热后的坩埚、蒸发皿等不能放在木质台面或地板上。

⑦ 对于有毒药品，用剩的应交还给老师；使用剧毒药品（如 KCN、As_2O_3、$HgCl_2$）

时，应格外小心！用过的废液切不可倒入下水道或废液桶中，要回收集中处理。

2. 危险品的使用

① 能产生有毒气体（如 HF、H_2S、Cl_2、CO、NO_2、SO_2、Br_2 等）的实验要在通风橱内进行；需要判断少量气体的气味时，不得用鼻子直接嗅气体，而是用手向鼻孔扇入少量气体。

② 氢气与空气的混合物遇火会发生爆炸，因此产生氢气的装置要远离明火；点燃氢气前必须先检查氢气的纯度。

③ 使用有机溶剂（如乙醇、乙醚、苯、丙酮等）时，一定要远离火源和热源。用后应该将瓶塞盖紧，放在阴凉处保存。

④ 浓酸、浓碱具有强腐蚀性，使用时应防止飞溅到衣服上、皮肤上及眼内。

⑤ 使用水银温度计时，若不小心打碎，汞将洒落，一旦洒落必须尽可能收集起来，并用硫黄粉覆盖在洒落的地方，使之变成不挥发的硫化汞。

⑥ 有毒药品（重铬酸钾、钡盐、铅盐、砷的化合物、汞的化合物，特别是含氰化合物）不得入口或触及伤口，废液不能随便倒入水池中。由于氰化物与酸作用，放出的氢氰酸气体有剧毒，因此严禁在酸性介质中加入氰化物。

⑦ 钠、钾等活泼碱金属，不能与水接触或暴露在空气中，应保存于煤油中；白磷有剧毒，并能灼伤皮肤，切勿与人体接触，由于白磷在空气中易自燃，应保存在水中。

3. 废液的处理

（1）酸碱废液的处理

废酸废碱液要分开贮存、定期混合、中和处理，再经大量水稀释后排放。条件允许时，一些废酸可用作酸洗液代替对人体有害的铬酸洗液，用来洗涤铁锈痕迹等；一些废碱可用来消除酸雾或与乙醇溶液组成碱缸，达到变废为宝的目的。

（2）含铬废液的处理

对于废铬酸洗液，可以用高锰酸钾氧化法使其再生后使用。少量的含铬废液可加入废碱液或石灰使其生成 $Cr(OH)_3$ 沉淀，沉淀物按化学废料填埋处理。

（3）含重金属废液的处理

加碱或加硫化钠把重金属离子变成难溶性的氢氧化物或硫化物而沉积下来，过滤后，残渣可埋于地下。

（4）含汞废液的处理

先用 NaOH 调节废液 pH 至 8～10，然后加入稍过量的 Na_2S，生成 HgS 沉淀，再加入 $FeSO_4$，与过量的 Na_2S 生成 FeS 沉淀，既避免了过量硫可能会产生的污染，又能与悬浮的 HgS 发生吸附作用共同沉淀下来，静置，分离沉淀，检测滤液符合标准，实施排放。分离的沉淀可专门储存，集中回收汞或制成汞盐。

（5）含氰化物废液的处理

用氢氧化钠调节 pH>10，再加入适量氧化剂使氰酸根分解。因为氰酸根具有强配位性，也可调节含氰化物废液 pH 至 8～10，加入过量的 $FeSO_4$ 溶液，搅拌，静置，分离沉淀，检测滤液符合标准，实施排放。高浓度含氰化物废液可用氯碱法将氰化物分解为 N_2 和 CO_2 除去：先用 NaOH 调节 pH>10，再加入生石灰和漂白粉，充分搅拌，调节 pH 约为 8.5，静置过夜，用 Na_2SO_3 还原剩余的 NaClO，检测残液符合标准，实施排放。

(6) 含氟废液的处理

可向含氟废液中加入石灰乳至碱性，充分搅拌，静置过夜，过滤，中和滤液，再用阴离子交换树脂处理，从而进一步降低滤液中的氟含量。

(7) 有机类废液的处理

细菌能有效分解含甲醇、乙醇的可溶性溶剂，再经大量水稀释后可直接排放。氯仿及四氯化碳废液则可通过蒸馏回收，循环利用。化学实验室中低浓度的含酚废液可用溶剂萃取法、吸附法处理，也可在碱性条件下加入氧化剂进行无害化分解，生成无毒的马来酸性物质，亦可加入漂白粉或次氯酸钠，加热，使其分解为水和二氧化碳。

4. 化学中毒和化学灼伤事故的预防

① 护好眼睛，防止眼睛受刺激性气体熏染，防止任何化学药品特别是强酸、强碱、玻璃屑等异物进入眼内。

② 禁止用手直接取用任何化学药品，使用有毒药品时除用药匙、量器外必须佩戴橡胶手套，实验后马上清洗仪器用具，立即用肥皂洗手；切勿让有毒药品沾及五官或伤口；沾染过有毒药品的仪器，用后应立即洗净。

③ 禁止用口吸吸管移取浓酸、浓碱、有毒液体，应该用洗耳球吸取。禁止冒险品尝药品试剂。

④ 尽量避免吸入任何药品或试剂的蒸气。处理有刺激性、恶臭和有毒的化学药品时，必须在通风橱中进行。通风橱开启后，不要把头伸入橱内，并保持实验室通风良好。

⑤ 实验室内禁止吸烟进食，禁止穿拖鞋。

5. 一般伤害的救护

(1) 割伤的处理

先取出伤口处的玻璃碎屑等异物，用水洗净伤口，挤出一点血，涂上红汞水后用消毒纱布包扎。也可在洗净的伤口上贴上创可贴，可立即止血，且易愈合。若严重割伤大量出血时，应先止血，让伤者平卧，抬高出血部位，压住附近动脉，或用绷带盖住伤口直接施压，若绷带被血浸透，不要换掉，再盖上一块施压，立即送医院治疗。

(2) 化学灼伤事故的处理

① 眼睛灼伤　若眼内溅入任何化学药品，立即用大量水缓缓彻底冲洗。洗眼时要保持眼皮张开，可由他人帮助翻开眼睑，持续冲洗 15min。忌用稀酸中和溅入眼内的碱性物质，反之亦然。对因溅入碱金属、溴、磷、浓酸、浓碱或其它刺激性物质的眼睛灼伤者，急救后必须迅速送往医院检查治疗。

② 皮肤灼伤　根据灼伤的原因，要采取不同的方法进行处理。

a. 酸灼伤　先用大量水冲洗，以免深度受伤，再用稀 $NaHCO_3$ 溶液或稀氨水浸洗，最后用水洗。

b. 碱灼伤　先用大量水冲洗，再用 1% H_3BO_3 或 2% HAc 溶液浸洗，最后用水洗。

c. 溴灼伤　这是很危险的。被溴灼伤后的伤口一般不易愈合，必须严加防范。凡用溴时都必须预先配制好适量的 20% $Na_2S_2O_3$ 溶液备用。一旦有溴沾到皮肤上，立即用 20% $Na_2S_2O_3$ 溶液冲洗，再用大量水冲洗干净，包上消毒纱布后立即就医。

在受上述灼伤后，若创面起水泡，均不宜把水泡挑破。

(3) 化学中毒的处理

实验中若出现咽喉灼痛、嘴唇脱色或发绀、胃部痉挛或恶心呕吐、心悸头晕等症状时，则可能是中毒所致。视中毒原因做以下急救处理后，立即送医院治疗，不得延误。

① 固体或液体毒物中毒，有毒物质尚在嘴里的立即吐掉，用大量水漱口。误食碱者，先饮大量水再喝些牛奶。误食酸者，先喝水，再服 $Mg(OH)_2$ 乳剂，最后饮些牛奶。不要用催吐药，也不要服用碳酸盐或碳酸氢盐。

② 重金属盐中毒者，喝一杯含有几克 $MgSO_4$ 的水溶液，立即就医。不要服催吐药，以免引起危险或使病情复杂化。

③ 砷和汞化物中毒者，必须紧急就医。

④ 吸入气体或蒸气中毒者，立即转移至室外，解开衣领和纽扣，呼吸新鲜空气。对休克者应施以人工呼吸，但不要用口对口法。

（4）触电处理

触电后应立即拉下电闸，尽快用绝缘物（干燥的木棒、竹竿）将触电者与电源隔离，必要时进行人工呼吸。当发生的事故较严重时，做上述急救后送医治疗。

（5）起火处理

实验室着火时，应沉着冷静、快速地处理。首先要切断热源、电源，把附近的可燃物品移走，再根据燃烧物的性质采取适当的灭火措施。但不可将燃烧物抱着往外跑，因为跑动时空气更流通，火会烧得更猛。

五、化学实验常用仪器

化学实验常用基本仪器及其应用范围见表 1-1。

表 1-1 化学实验常用基本仪器及其应用范围

名称	仪器示意图	主要用途	使用时注意事项
试管		少量物质间相互反应的容器；盛放溶液	盛放溶液不超过试管容积的 1/2，加热时不超过 1/3；加热液体时应使试管受热均匀，试管倾斜与桌面成 45°，试管口不要对着有人的地方
烧杯	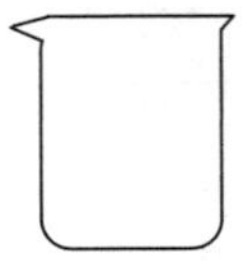	溶解物质，配制溶液；反应容器	用于溶解时，所加液体不超过容积的 1/3，并用玻璃棒不断轻轻搅拌；加热前外壁要干燥，加热时要垫石棉网
量筒	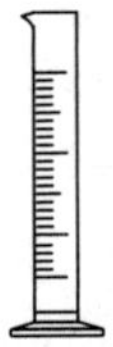	用于量取一定体积的液体	不能用作反应容器，不能加热；量液时应竖直放置，使视线与凹形液面的最低处保持水平，读数取凹液面最低点刻度
（带铁夹、铁圈）铁架台	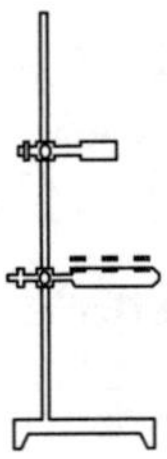	固定各种反应器和其它仪器；铁圈可代替漏斗架使用	装置要稳，要使铁圈、铁夹与铁架台底盘位于同一侧方向；夹持玻璃仪器不能太紧，应在铁夹内侧衬石棉绳

续表

名称	仪器示意图	主要用途	使用时注意事项
酒精灯		实验室常用热源	酒精量不超过容积的 2/3,不少于容积的 1/4;外焰温度最高,加热时使用外焰;不可用燃着的酒精灯去点燃另一个酒精灯;不可向燃着的酒精灯中添加酒精;使用完毕用灯帽盖灭,不可用嘴吹灭
蒸发皿	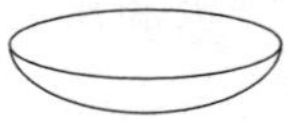	用于液体的蒸发、浓缩和物质的结晶	盛放液体不超过容积的 2/3,可直接加热;加热过程中要用玻璃棒不断搅拌液体;当蒸发皿中出现较多量固体时即停止加热;高温下不宜骤冷
漏斗		过滤液体;倾注液体	过滤时漏斗下端管口应紧靠接收容器的器壁
集气瓶		收集气体,贮存少量气体;进行气体与其它物质间的反应;用于组装少量气体发生装置	不能用来加热;固体和气体反应剧烈时(如铁和氧气的反应),瓶底要放少量水或细沙;收集气体时,应用玻璃片盖住瓶口
燃烧匙		用于固体物质在气体中燃烧	一般为铁或铜制品,遇有能够与铁、铜反应的物质时,应在燃烧匙底部放一层细沙或垫石棉绒
胶头滴管		滴加液体药品	使用前先捏紧胶头,再放入液体中吸收液体;滴加药品时,滴管不要插入或接触容器口及内壁
锥形瓶	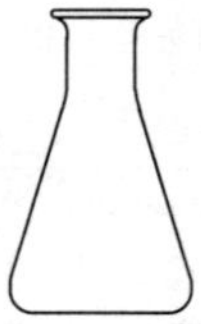	用作反应容器易使反应物摇匀;常用于中和滴定、接收蒸馏液体等	盛液体不要太多;加热时应垫石棉网
平底烧瓶		保存溶液;用于组装简易气体发生装置	加热时需垫石棉网;一般应固定在铁架台上使用
圆底烧瓶		用于蒸馏煮沸或在加热情况下的反应;组装简易气体发生装置	加热时需垫石棉网;使用时要固定在铁架台上

续表

名称	仪器示意图	主要用途	使用时注意事项
试管夹		试管加热时用来夹持试管	试管夹从试管底部往上套，夹在试管的中上部；加热时，用手握住试管夹的长柄，不要把拇指按在短柄上；防止锈蚀和烧损
药匙	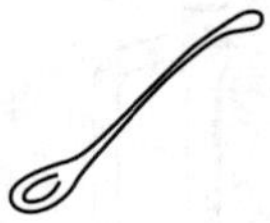	用于取用粉末状固体药品(药匙的两端分别为大小两个匙)	取粉末状固体量较多时用大匙，较小时用小匙；药匙用过后要立即用干净的纸擦拭干净，以备下次使用
玻璃棒		用于搅拌、过滤或转移液体时引流	用后要冲洗干净

玻璃仪器一般分为普通玻璃仪器和标准磨口玻璃仪器两种。在实验室，常用的普通玻璃仪器有非磨口锥形瓶、烧杯、布氏漏斗、吸滤瓶、普通漏斗等，见图 1-1。常用标准磨口玻璃仪器有磨口锥形瓶、圆底烧瓶、三口烧瓶、蒸馏头、冷凝管、接引管等，见图 1-2。

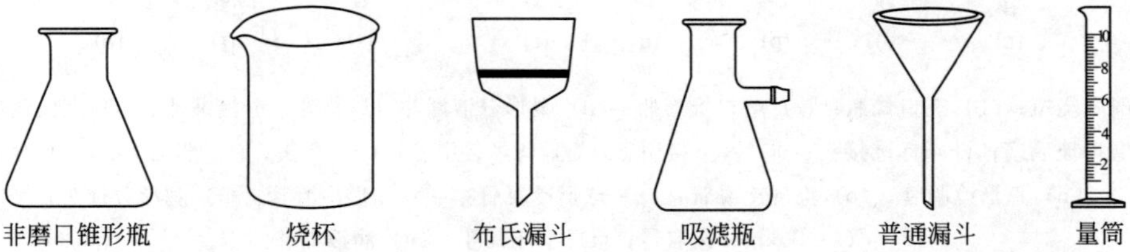

图 1-1　普通玻璃仪器

标准磨口玻璃仪器是具有标准磨口或磨塞的玻璃仪器。由于口塞尺寸的标准化、系统化，磨砂密合，凡属于同类规格的接口，均可任意互换，各部件能组装成各种配套仪器。当不同类型规格的部件无法直接组装时，可使用变接头使之连接起来。使用标准磨口玻璃仪器既可免去配塞子的麻烦手续，又能避免反应物或产物被塞子沾污的危险；口塞磨砂性能良好，使密合性可达较高真空度，对蒸馏尤其减压蒸馏有利，对于毒物或挥发性液体的实验较为安全。每一种仪器都有特定的性能和用途。

1. 烧瓶（图 1-3）

① 圆底烧瓶［图 1-3(a)］　能耐热和承受反应物（或溶液）沸腾以后所发生的冲击震动。在有机化合物的合成和蒸馏实验中最常使用，也常用作减压蒸馏的接收器。

② 梨形烧瓶［图 1-3(b)］　性能和用途与圆底烧瓶相似。它的特点是在合成少量有机化合物时使烧瓶保持较高的液面，蒸馏时残留在烧瓶中的液体少。

③ 三口烧瓶［图 1-3(c)］　最常用于需要进行搅拌的合成实验中。中间瓶口装搅拌器，两个侧口装回流冷凝管和滴液漏斗或温度计等。

④ 锥形烧瓶（简称锥形瓶）［图 1-3(d)］　常用于有机溶剂进行重结晶的操作，或有固体产物生成的合成实验中，因为生成的固体物容易从锥形烧瓶中取出来。通常也用作常压蒸馏实验的接收器，但不能用作减压蒸馏实验的接收器。

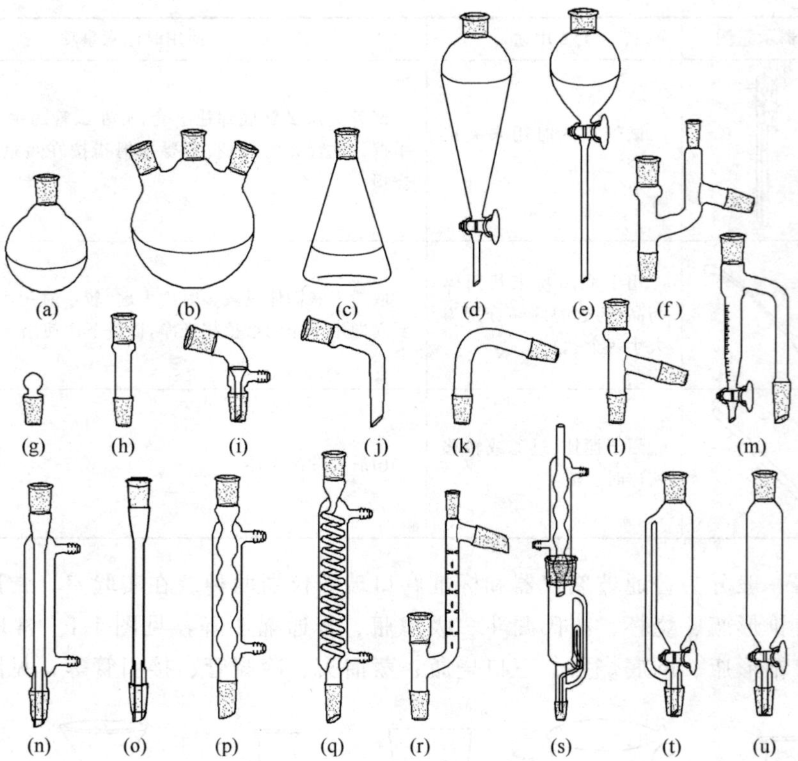

(a) 圆底烧瓶；(b) 三口烧瓶；(c) 磨口锥形瓶；(d) 梨形分液漏斗；(e) 球形分液漏斗；(f) 克氏蒸馏头；(g) 磨口玻璃塞；(h) 标准接头；(i) 真空接引管；(j) 弯形接引管；(k) 弯头；(l) 蒸馏头；(m) 分水器；(n) 直形冷凝管；(o) 空气冷凝管；(p) 球形冷凝管；(q) 蛇形冷凝管；(r) 刺形分馏头；(s) Soxhlet 提取器；(t) 恒压漏斗；(u) 滴液漏斗

图 1-2 常用标准磨口玻璃仪器

⑤ 二口烧瓶［图 1-3(e)］ 常用于半微量、微量制备实验中作为反应瓶，中间口接回流冷凝管、微型蒸馏头、微型分馏头等，侧口接温度计、加料管等。

⑥ 梨形三口烧瓶［图 1-3(f)］ 用途似三口烧瓶，主要用于半微量、小量制备实验中作为反应瓶。

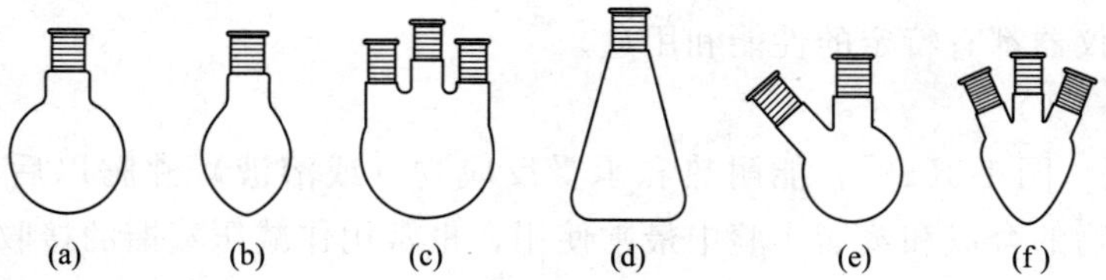

(a) 圆底烧瓶；(b) 梨形烧瓶；(c) 三口烧瓶；(d) 锥形烧瓶；(e) 二口烧瓶；(f) 梨形三口烧瓶

图 1-3 烧瓶

2. 冷凝管（图 1-4）

① 直形冷凝管 蒸馏物质的沸点在 140℃以下时，要在夹套内通水冷却；但超过 140℃时，冷凝管往往会在内管和外管的接合处炸裂。微量合成实验中，用于加热回流装置上。

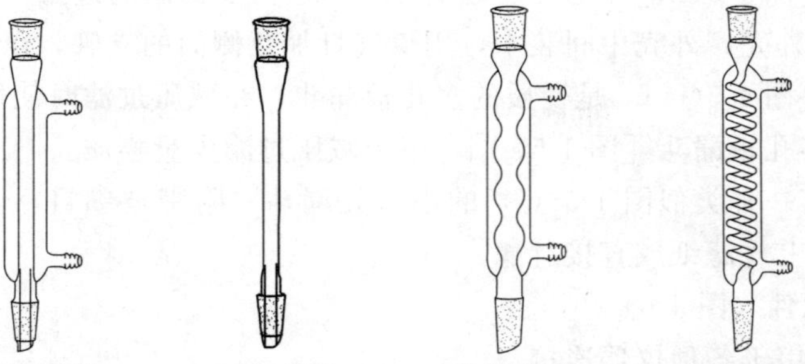

图 1-4　冷凝管

② 空气冷凝管　当蒸馏物质的沸点高于 140℃时，常用它代替通冷却水的直形冷凝管。

③ 球形冷凝管　其内管的冷却面积较大，对蒸气的冷凝有较好的效果，适用于加热回流的实验。

④ 蛇形冷凝管　用于有机制备的回流，适用于沸点较低的液体。

3. 漏斗（图 1-5）

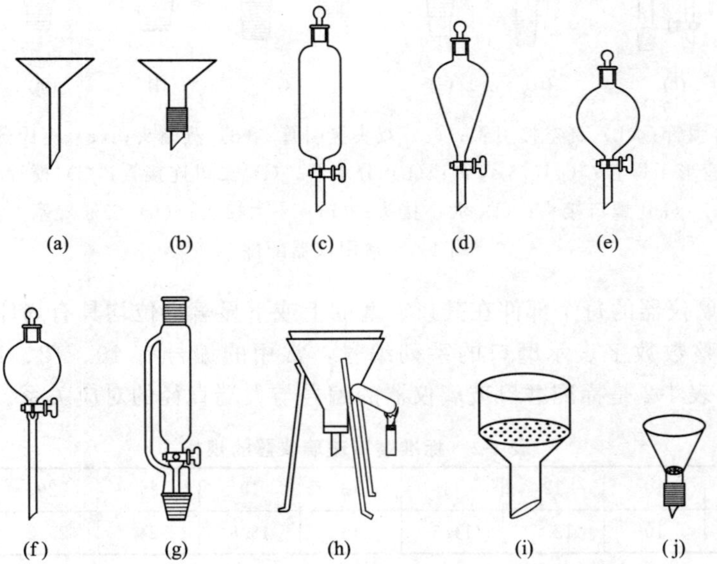

(a) 长颈漏斗；(b) 带磨口漏斗；(c) 筒形分液漏斗；(d) 梨形分液漏斗；(e) 圆形分液漏斗；(f) 滴液漏斗；(g) 恒压滴液漏斗；(h) 保温漏斗；(i) 布氏漏斗；(j) 小型玻璃多孔板漏斗

图 1-5　漏斗

① 漏斗［图 1-5(a) 和 (b)］　在普通过滤时使用。

② 分液漏斗［图 1-5(c)、(d) 和 (e)］　用于液体的萃取、洗涤和分离；有时也可用于滴加试料。

③ 滴液漏斗［图 1-5(f)］　能把液体一滴一滴地加入反应器中，即使漏斗的下端浸没在液面下，也能够明显地看到滴加的快慢。

④ 恒压滴液漏斗［图 1-5(g)］　用于合成反应实验的液体加料操作，也可用于简单的连续萃取操作。

⑤ 保温漏斗［图 1-5(h)］ 也称热滤漏斗，用于需要保温的过滤。它是在普通漏斗的外面装上一个铜质的外壳，外壳中间装水，用煤气灯加热侧面的支管，以保持所需要的温度。

⑥ 布氏漏斗［图 1-5(i)］ 是瓷质的多孔板漏斗，在减压过滤时使用。

⑦ 小型玻璃多孔板漏斗［图 1-5(j)］ 用于减压过滤少量物质。

⑧ 其他 还有一种类似图 1-5 (j) 的小口径漏斗，附带玻璃钉，过滤时把玻璃钉插入漏斗中，在玻璃钉上放滤纸或直接过滤。

4. 常用仪器配件（图 1-6）

这些仪器多数用于各种仪器连接。

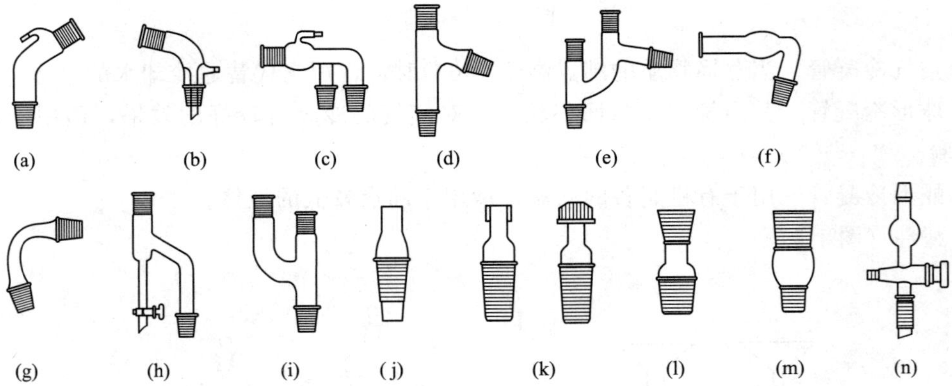

(a) 接引管；(b) 真空接引管；(c) 双头接引管；(d) 蒸馏头；(e) 克氏蒸馏头；(f) 弯形干燥管；(g) 75°弯管；(h) 分水器；(i) 二口连接管；(j) 搅拌套管；(k) 螺口接头；(l) 大小接头；(m) 小大接头；(n) 二通旋塞

图 1-6 常用仪器配件

标准磨口玻璃仪器的每个部件在其口、塞的上或下显著部位均具有烤印的白色标志，表明规格。通常以整数数字表示磨口的系列编号，常用的编号有 10、12、14、16、19、24、29、34、40 等。表 1-2 是标准磨口玻璃仪器的编号与大端直径的对应关系。

表 1-2 标准磨口玻璃仪器的规格

编号	10	12	14	16	19	24	29	34	40
大端直径/mm	10	12.5	14.5	16	18.8	24	29.2	34.5	40

有的标准磨口玻璃仪器有两个数字，如 10/30，10 表示此磨口直径最大处为 10mm，30 表示磨口长度为 30mm。

学生使用的常量仪器一般是 19 号的磨口仪器，半微量实验中采用的是 14 号的磨口仪器。使用磨口仪器时应注意以下几点。

① 使用时，应轻拿轻放。

② 不能用明火直接加热玻璃仪器（试管除外），加热时应垫以石棉网。

③ 不能用高温加热不耐热的玻璃仪器，如吸滤瓶、普通漏斗、量筒。

④ 玻璃仪器使用完后应及时清洗，特别是标准磨口仪器放置时间太久，容易黏结在一起，很难拆开。如果发生此情况，可用热水煮黏结处或用电吹风吹磨口处，使其膨胀而脱落，还可用木槌轻轻敲打黏结处。

⑤ 带旋塞或具塞的仪器清洗后，应在塞子和磨口的接触处夹放纸片或抹凡士林，以防

黏结。

⑥ 标准磨口仪器磨口处要干净，不得残留固体物质。清洗时，应避免用去污粉擦洗磨口，否则会使磨口连接不紧密，甚至会损坏磨口。

⑦ 安装仪器时，应做到横平竖直，磨口连接处不应受歪斜的应力，以免仪器破裂。

⑧ 一般使用时，磨口处无须涂润滑剂，以免黏附反应物或产物。但是反应中使用强碱时，则要涂润滑剂，以免磨口连接处因碱腐蚀而黏结在一起，无法拆开。当减压蒸馏时，应在磨口连接处涂润滑剂，保证装置密封性好。

⑨ 使用温度计时，应注意不要用冷水冲洗热的温度计，以免炸裂，尤其是水银球部位，应冷却至室温后再冲洗。不能用温度计搅拌液体或固体物质，以免损坏后，因为有汞或其它有机液体而不好处理。

六、化学试剂的规格及贮存

1. 化学试剂的规格

根据国家标准（GB）及部颁标准，化学试剂按其纯度和杂质含量的高低分为四种等级（表 1-3）。

表 1-3　化学试剂的级别

试剂级别	一等品	二等品	三等品	四等品
纯度分类	优级纯(G. R.)	分析纯(A. R.)	化学纯(C. P.)	实验试剂(L. R.)
标签颜色	绿色	红色	蓝色	黄色

化学试剂除上述几个等级外，还有基准试剂、光谱纯试剂及超纯试剂等。基准试剂相当或高于优级纯试剂，专作滴定分析的基准物质，用以确定未知溶液的准确浓度或直接配制标准溶液，其主成分含量一般在 99.95%～100.0%，杂质总量不超过 0.05%。光谱纯试剂主要用于光谱分析中作标准物质，其杂质用光谱分析法测不出或杂质低于某一限度，纯度在 99.99%以上。超纯试剂又称高纯试剂，是用一些特殊设备如石英、铂器皿生产的。

2. 化学试剂的贮存

化学试剂在贮存时常因保管不当而变质。有些试剂容易吸湿而潮解或水解；有的容易与空气里的氧气、二氧化碳或扩散在其中的其它气体发生反应，还有一些试剂受光照和环境温度的影响会变质。因此，必须根据试剂的不同性质，分别采取相应的措施妥善保存。一般有以下几种保存方法。

（1）密封保存

试剂取用后一般都用塞子盖紧，特别是挥发性的物质（如硝酸、盐酸、氨水）以及很多低沸点有机物（如乙醚、丙酮、甲醛、乙醛、氯仿、苯等）必须严密盖紧。有些吸湿性极强或遇水蒸气发生强烈水解的试剂，如五氧化二磷、无水 $AlCl_3$ 等，不仅要严密盖紧，还要蜡封。

在空气里能自燃的白磷保存在水中。活泼的金属钾、钠要保存在煤油中。

（2）用棕色瓶盛放和安放在阴凉处

光照或受热容易变质的试剂（如浓硝酸、硝酸银、氯化汞、碘化钾、过氧化氢以及溴水、氯水）要存放在棕色瓶里，并放在阴凉处，防止分解变质。

（3）危险药品要跟其它药品分开存放

易发生爆炸、燃烧、毒害、腐蚀和放射性等危险的物质，以及受到外界因素影响能引起灾害性事故的化学药品，都属于化学危险品，存放时一定要单独存放。例如高氯酸不能与有机物接触，否则易发生爆炸。

强氧化性物质和有机溶剂能腐蚀橡胶，不能盛放在带橡胶塞的玻璃瓶中。容易侵蚀玻璃而影响试剂纯度的试剂，如氢氟酸、含氟盐（氟化钾、氟化钠、氟化铵）和苛性碱（氢氧化钾、氢氧化钠），应保存在聚乙烯塑料瓶或涂有石蜡的玻璃瓶中。

剧毒品必须存放在保险柜中，加锁保管。取用时要有两人以上共同操作，并记录用途和用量，随用随取，严格管理。腐蚀性强的试剂要设有专门的存放橱。

七、实验用水

在化学实验中，根据任务和要求的不同，对水的纯度也有不同的要求。对于一般的化学实验和分析工作，用一次蒸馏水或去离子水就可满足实验要求，但对超纯物质的分析或精密的物理化学实验，则需要用水质要求更高的二次蒸馏水、三次蒸馏水、亚沸蒸馏水、无二氧化碳蒸馏水、无氨蒸馏水等。目前，实验用水一般执行 GB 6682—2008 国家标准。该标准规定了实验用水的技术指标、制备方法及检验方法。

1. 实验用水的规格

实验用水的级别及重要指标见表 1-4。

表 1-4 实验用水的级别及重要指标

指标名称	一级	二级	三级
pH 范围(25℃)	—	—	5.0～7.5
电导率(25℃)/$mS \cdot m^{-1}$	≤0.01	≤0.10	≤0.50
可氧化物质含量(以氧计)/$mg \cdot L^{-1}$	—	≤0.08	≤0.4
蒸发残渣(105℃±2℃)含量/$mg \cdot L^{-1}$	—	≤1.0	≤2.0
吸光度(254nm,1cm 光程)	≤0.001	≤0.01	—
可溶性硅(以 SiO_2 计)含量/$mg \cdot L^{-1}$	≤0.01	≤0.02	—

注：1. 由于在一级水、二级水的纯度下，难于测定其真实的 pH 值，因此，对其 pH 值范围不作规定。

2. 由于在一级水的纯度下，难于测定其可氧化物质和蒸发残渣，因此，对其限量不作规定。可用其它条件和制备方法来保证一级水的质量。

2. 实验用水的制备方法

实验室制备纯水一般可用蒸馏法、离子交换法和电渗析法。蒸馏法制水多用电阻加热设备或硬质玻璃蒸馏器。制备高纯水，则需用银质、金质、石英或四氟乙烯蒸馏器。新型的亚沸石英蒸馏器也特别适用于制备高纯水。离子交换法制备的纯水称为“去离子水”。

（1）一级水的制备

一级水基本上不含有溶解或胶态离子及有机物，可用二级水经过石英设备蒸馏、离子交换处理后，再经 0.2μm 微孔滤膜过滤的方法制得。一级水主要用于有严格要求的分析实验、制备标准水样或超痕量物质分析，如高效液相色谱分析用水。

（2）二级水的制备

二级水含有微量的无机、有机或胶态杂质，可采用离子交换或多次蒸馏等方法制备。二级水主要用于精确分析和研究工作，如原子吸收光谱分析用水、电化学实验用水等。

（3）三级水的制备

三级水可用蒸馏、离子交换、电渗析或反电渗析等方法制备。三级水是实验中普遍使用的纯水，一般通过蒸馏法制备，即实验中常用的蒸馏水，它适用于一般分析实验。在分析实验中，有时要用到特殊要求的纯水，如无氯水、无氨水、无二氧化碳水等，这些水可用蒸馏水加工制得。

事实上，绝对纯的水是不存在的，水的价格也随水质的提高成倍地增长，因此不应盲目地追求水的纯度。蒸馏法制备水所用设备成本低、操作简单，但能耗高、产率低，且只能除掉水中非挥发性杂质。离子交换法制备的水为去离子水，去离子效果好，但不能除掉水中非离子型杂质，且常含有微量的有机物。电渗析法是在直流电场作用下，利用阴、阳离子交换膜对原水中存在的阴、阳离子选择性渗透的性质而除去离子型杂质，与离子交换法相似，电渗析法也不能除掉非离子型杂质，只是电渗析器的使用周期比离子交换柱长，再生处理比离子交换柱简单。在实验工作中，要依据需要，选择用水，并要注意节约用水。

3. 实验用水的一般性检验方法

制备实验用水的原水应是饮用水或其它适当纯度的水。制备出的纯水水质，一般依其电导率为主要质量标准。一般的检验也可进行诸如 pH 值、重金属离子、Cl^-、SO_4^{2-} 等项目的检验（表 1-5）。此外，根据实际工作的需要及生物化学、医药化学等方面的特殊要求，有时要进行一些特殊项目的检验。测量电导率时应选用适合于测定高纯水的电导率仪，其最小量程为 $0.02\mu S\cdot cm^{-1}$。测量一、二级水时，电导池常数为 $0.01\sim0.1cm^{-1}$，进行在线测量；测量三级水时，电导池常数为 $0.1\sim1cm^{-1}$，用烧杯接取约 400mL 水样，立即进行测定，以免空气中二氧化碳溶于水而导致电导率增大。

表 1-5　实验用水的化学检验方法

测定项目	检验方法及条件	指示剂	现象	结论
阳离子	量取水样 10mL 于 25mL 烧杯中，加入适量 pH＝10 的氨缓冲溶液	2～3 滴铬黑 T	蓝色	无 Ca^{2+}、Mg^{2+} 等阳离子
			紫红色	有阳离子
氯离子	量取水样 10mL 于 25mL 烧杯中，加入稀 HNO_3 酸化后，加入 $AgNO_3$		无色透明	无氯离子
			白色浑浊	有氯离子
pH	量取水样 10mL 于小烧杯中	2～3 滴甲基红	不显红色	符合要求

八、化学实验的学习方法

实验主要由学生独立完成，因此实验效果与正确的学习态度和学习方法密切相关。学好基础化学实验应抓住下述五个环节。

1. 认真预习

预习是实验前必须完成的准备工作，是做好实验的前提。为了保证实验质量，实验前任课老师要检查每个学生的预习情况，对没有预习或预习不合格者，任课老师有权不让其参加本次实验，学生应听从老师的安排。预习应包括以下几个方面。

① 熟悉实验内容。阅读实验教材，了解实验目的，弄懂实验方法和原理，明确实验步骤，熟悉仪器操作规程及操作过程中应注意的地方。

② 合理安排实验。有些实验反应时间长，需要合理安排时间，如哪些器皿需做洗涤和干燥准备的，应先做；哪些实验的先后顺序可以调换，可以颠倒顺序做，从而避免等候使用公共仪器而浪费时间等。

③ 写出预习报告。预习报告是进行实验的首要环节，预习报告应包括实验的标题、实验目的、实验原理、药品、仪器（装置图）及实验步骤（实验步骤按不同实验要求用方框、箭头或表格形式表达），并留出合适的位置记录实验现象或设计出记录实验数据和实验现象的表格等，切忌原封不动地抄教材。

2. 认真参加讨论

实验前老师以讲解或提问的形式进一步明确实验原理、操作要点及注意事项，对部分基本操作进行示范及讲评，学生应集中注意力，积极参与讨论。

3. 认真做实验

应做到正确操作、细心观察、认真记录、勤于思考。所有的原始数据都应该及时、如实、清楚、详细地记录在实验报告本中，不要记录在草稿本、小纸片或其它地方，不允许随意删改。如果发现实验现象与理论不符，应认真检查其原因，并细心重做实验，实验中遇到疑难问题而自己难以解释时，可请老师解答。

4. 认真撰写实验报告

实验报告是每次实验的概括和总结，必须严肃认真如实书写，按时交指导老师审阅。

5. 积极开展研究型实验

化学实验教学分两种模式：一种是在一定的时间内完成所规定的实验内容；另一种是时间和内容在一定范围内可以由学生自由选择。后者常以设计实验或创新实验的形式进行。学生必须在老师的指导下，自行查阅资料，确定实验内容，制定实验方案，向实验室提交所需要的仪器、设备和化学药品清单。在规定的实验时间内在开放实验室中完成，实验必须要有结果，并要完成实验报告。

九、化学实验中的数据处理与表达

化学实验中经常使用仪器对一些物理量进行测量，从而对系统中的某些化学性质和物理性质作出定量描述，以发现事物的客观规律。但实践证明，任何测量的结果都只能是相对准确，或者说是存在某种程度上的不可靠性，这种不可靠性被称为实验误差。产生这种误差的原因是测量仪器、方法、实验条件以及实验者本人不可避免地存在一定局限性。

对于不可避免的实验误差，实验者必须了解其产生的原因、性质及有关规律，从而在实验中设法控制和减小误差，并对测量的结果进行适当处理，以达到可以接受的程度。

1. 误差及其表示方法

（1）准确度和误差

① 准确度和误差的定义　准确度是指某一测定值与“真实值”接近的程度。一般以误差 E 表示。

$$E=\text{测定值}-\text{真实值}$$

当测定值大于真实值，E 为正值，说明测定结果偏高；反之，E 为负值，说明测定结果偏低。误差越大，准确度就越差。

实际上绝对准确的实验结果是无法得到的。化学研究中所谓真实值是指由有经验的研究人员用可靠的测定方法进行多次平行测定得到的平均值。以此作为真实值，或者以公认的手册上的数据作为真实值。

② 绝对误差和相对误差　误差可以用绝对误差和相对误差来表示。

绝对误差表示实验测定值与真实值之差。它具有与测定值相同的量纲，如克、毫升等。

例如，对于质量为 0.1000g 的某一物体，在分析天平上称得其质量为 0.1001g，则称量的绝对误差为 0.0001g。

只用绝对误差不能说明测量结果与真实值接近的程度。分析误差时，除考量绝对误差的大小外，还必须顾及量值本身的大小，这就是相对误差。

相对误差是绝对误差与真实值的商，表示误差在真实值中所占的比例，常用百分数表示。由于相对误差是比值，因此量纲为 1。

例如某物的真实质量为 42.5132g，测量值为 42.5133g。则

$$绝对误差=42.5133g-42.5132g=0.0001g$$

$$相对误差=\frac{42.5133g-42.5132g}{42.5132g}\times 100\%=2.4\times 10^{-4}\%$$

而对于 0.1000g 物体称量值为 0.1001g，其绝对误差也是 0.0001g，但相对误差为

$$相对误差=\frac{0.1001g-0.1000g}{0.1000g}\times 100\%=0.1\%$$

可见上述两种物体称量的绝对误差虽然相同，但被称物体质量不同，相对误差即误差在被测物体质量中所占比例并不相同。显然，当绝对误差相同时，被测物质的量越大，相对误差越小，测量的准确度越高。

（2）精密度和偏差

精密度是指在同一条件下，对同一样品平行测定而获得一组测量值相互之间接近的程度。常用重复性表示同一实验人员在同一条件下所得测量结果的精密度，用再现性表示不同实验人员之间或不同实验室在各自的条件下所得测量结果的精密度。

精密度可用各类偏差来量度。偏差越小，说明测定结果的精密度越高。偏差可分为绝对偏差和相对偏差。单个测量值的偏差计算公式如下：

$$绝对偏差=个别测量值-测量平均值$$

$$相对偏差（\%）=\frac{绝对偏差}{测量平均值}\times 100\%$$

偏差不计正负号。

（3）误差分类

按照误差产生的原因及性质，可分为系统误差和随机误差。

① 系统误差

系统误差是由某些固定的原因造成的，使测量结果总是偏高或偏低。例如实验方法不够完善、仪器不够精确、试剂纯度不够以及测量者个人的习惯、仪器使用的理想环境达不到要求等因素。系统误差的特征是：a. 单向性，即误差的符号及大小恒定或按一定规律变化；b. 系统性，即在相同条件下重复测量时，误差会重复出现，因此一般系统误差可进行校正或设法予以消除。

常见的系统误差一般分为以下几种。

a. 仪器误差　所有的测量仪器都可能产生系统误差。例如移液管、滴定管、容量瓶等玻璃仪器的实际容积和标称容积不符，试剂不纯或天平失于校准（如不等臂性和灵敏度欠佳），磨损或腐蚀的砝码等都会造成系统误差。在电学仪器中，如电池电压下降，接触不良造成电路电阻增加，温度对电阻和标准电池的影响等也是造成系统误差的原因。

b. 方法误差　这是由测试方法不完善造成的，其中有化学和物理化学方面的原因，常

常难以发现。因此，这是一种影响最为严重的系统误差。例如在分析化学中，某些反应速度很慢或未定量地完成，干扰离子的影响，沉淀溶解、共沉淀和后沉淀，灼烧时沉淀的分解和称量形式的吸湿性等，都会系统地导致测定结果偏高或偏低。

c. 个人误差　这是一种由操作者本身的一些主观因素造成的误差。例如在读取仪器刻度值时，有的偏高，有的偏低；在鉴定分析中辨别滴定终点颜色时有的偏深，有的偏浅；操作计时器时有的偏快，有的偏慢。在作出这类判断时，常常容易造成单向的系统误差。

② 随机误差

随机误差又称偶然误差。它指同一操作者在同一条件下对同一量进行多次测定，而结果不尽相同，以一种不可预测的方式变化着的误差。它是由一些随机的偶然误差造成的，产生的直接原因往往难于发现和控制。随机误差有时正有时负，数值有时大有时小，因此又称不定误差。在各种测量中，随机误差总是不可避免地存在，并且不可能加以消除，它构成了测量的最终限制。

常见的随机误差如下所示。

a. 用内插法估计仪器最小分度以下的读数难以完全相同。

b. 在测量过程中环境条件的改变，如压力、温度的变化，机械震动，磁场的干扰等。

c. 仪器中的某些活动部件，如温度计、压力计中的水银，电流表、电子仪器中的指针和游丝等在重复测量中出现的微小变化。

d. 操作人员对各份试样处理时的微小差别等。

随机误差对测定结果的影响，通常服从统计规律。因此，可以采用在相同条件下多次测定同一量，再求其算术平均值的方法来克服。

③ 过失误差

操作者疏忽大意，没有完全按照操作规程实验等原因造成的误差称为过失误差，这种误差使测量结果与事实明显不合，有大的偏离且无规律可循。含有过失误差的测量值，不能作为一次实验值引入平均值的计算。这种过失误差，需要加强责任心，仔细工作来避免。判断是否发生过失误差必须慎重，应有充分的依据，最好重复这个实验来检查，如果经过细致实验后仍然出现同样的数据，要根据已有的科学知识判断是否有新的问题，或者有新的发现。这在科研实践中是经常出现的。

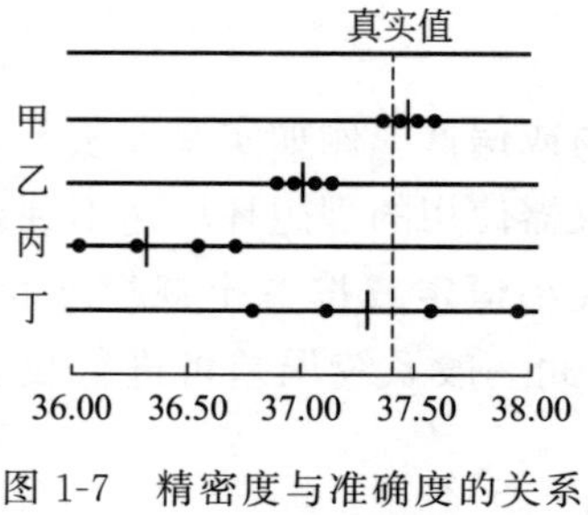

图 1-7　精密度与准确度的关系

(4) 准确度和精密度的关系

准确度和精密度是两个完全不同的概念。它们既有区别，又有联系。图 1-7 表示准确度与精密度的关系。从图中可见，没有精密度的准确度让人难以相信（图 1-7 中的丁）。而精密度好并不意味着准确度高（图 1-7 中的乙）。一系列测量的算术平均值通常并不能代表所要测量的真实值，两者可能有相当大的差异。总之，准确度表示测量的正确性，而精密度则表示测量的重现性。可以认为，图 1-7 中甲的系统误差和随机误差均较小，是一组较好的测量数据；乙虽有较好的精密度，只能说明随机误差较小，但存在较大的系统误差；丙的精密度和准确度都很差，可见存在很大的随机误差和系统误差。

(5) 可疑值的取舍

分析测定中常常有个别数据与其它数据相差较大，成为可疑数据（或称离群值、异常值），这种数据不但会影响结果而且使人怀疑发生了错误。对于有明显原因如操作失误等造成的可疑数据，应予舍去，但是对于找不出充分理由的可疑数据，则应慎重处理，应借助数理统计方法进行数据评价后再行取舍。

在3～10次的测定数据中，有一个可疑数据时，可采用Dixon检验法决定取舍；若有两个或两个以上可疑数据时，宜采用Grubbs检验法。限于篇幅，本书仅介绍Dixon检验法。此法适用于一组测量值的一致性检验和剔除离群值，本法中对最小可疑值和最大可疑值进行检验的公式因样本的容量n的不同而异，检验方法如下。

将一组测量数据按从小到大顺序排列为X_1，X_2，…，X_n，X_1和X_n分别为最小可疑值和最大可疑值，按表1-6所示计算公式求Q值。

表1-6　Dixon检验统计量Q计算公式

n值范围	可疑值为最小值X_1时	可疑值为最大值X_n时
3～7	$Q=(X_2-X_1)/(X_n-X_1)$	$Q=(X_n-X_{n-1})/(X_n-X_1)$
8～10	$Q=(X_2-X_1)/(X_{n-1}-X_1)$	$Q=(X_n-X_{n-1})/(X_n-X_2)$
11～13	$Q=(X_3-X_1)/(X_{n-1}-X_1)$	$Q=(X_n-X_{n-2})/(X_n-X_2)$
14～25	$Q=(X_3-X_1)/(X_{n-2}-X_1)$	$Q=(X_n-X_{n-2})/(X_n-X_3)$

根据表1-7中给定的显著性水平α和样本容量n查得临界值Q_α。

表1-7　Dixon检验临界值表

n	Q_α		n	Q_α	
	$\alpha=0.05$	$\alpha=0.01$		$\alpha=0.05$	$\alpha=0.01$
3	0.941	0.988	12	0.546	0.642
4	0.765	0.889	13	0.521	0.615
5	0.642	0.780	14	0.546	0.641
6	0.560	0.698	15	0.525	0.616
7	0.507	0.637	16	0.507	0.595
8	0.554	0.683	17	0.490	0.577
9	0.512	0.635	18	0.475	0.561
10	0.477	0.597	19	0.462	0.547
11	0.576	0.679	20	0.450	0.535

若$Q \leqslant Q_{0.05}$，则检验的可疑值为正常值；

若$Q_{0.05} < Q \leqslant Q_{0.01}$，则可疑值为偏离值；

若$Q > Q_{0.01}$，则可疑值为离群值，应舍去。

2. 有效数字及其运算规则

要得到准确的科学实验结果，不仅要正确地选用实验方法和实验仪器测定各种量的数值，而且要求正确地记录和运算。实验所获得的数值，不仅表示某个量的大小，还应反映测量这个量的准确程度。一般地，任何一种仪器标尺读数的最低一位，应该用内插法估计到两刻度线之间间距的1/10。因此，实验中各种量应采用几位数字，运算结果应保留几位数字都是很严格的，不能随意增减和书写。实验数值表示的正确与否，直接关系到实验的最终结果及其其合理性。

(1) 有效数字

在不表示测量准确度的情况下，表示某一测量值所需要的最小位数的数字即称为有效数字。换句话说，有效数字就是实验中实际能够测出的数字，其中包括若干个准确的数字和一个（只能是最后一位）不准确的数字。

有效数字的位数决定于测量仪器的精确程度。例如用最小刻度为 1mL 的量筒测量溶液的体积为 10.5mL，其中 10 是准确的，0.5 是估计的，有效数字是 3 位。如果要用精度为 0.1mL 的滴定管来测量同一液体，读数可能是 10.52mL，其有效数字为 4 位，小数点后第二位 0.02 才是估计值。

有效数字的位数还反映了测量的误差，若某铜片在分析天平上称量为 0.5000g，表示该铜片的实际质量在 (0.5000±0.0001)g 范围内，测量的相对误差为 0.02%，若记为 0.500g，则表示该铜片的实际质量在 (0.500±0.001)g 范围内，测量的相对误差为 0.2%。准确度比前者低了一个数量级。

有效数字的位数是整数部分和小数部分位数的组合，可以通过表 1-8 中的几个数字来说明。

表 1-8 有效数字示例

数字	0.0032	81.32	4.025	5.000	6.00%	7.35×1025	5000
有效数字位数	2 位	4 位	4 位	4 位	3 位	3 位	不确定

从表 1-8 中可以看到，“0”在数字中可以是有效数字，也可以不是。当“0”在数字中间或有小数的数字之后时都是有效数字，如果“0”在数字的前面，则只起定位作用，不是有效数字。但像 5000 这样的数字，有效数字位数不好确定，应根据实际测定的精确程度来表示，可写成 5×10^3、5.0×10^3、5.00×10^3 等。

对于 pH、lg$K$ 等对数值的有效数字位数仅由小数点后的位数确定，整数部分只说明这个数的方次，只起定位作用，而不是有效数字，如 pH=3.48，有效数字是 2 位而不是 3 位。

(2) 有效数字的修约规则

我国已经正式颁布了《数字修约规则》，即通常称为“四舍六入五成双”法则。当测量值中被修约的数字≤4 时，舍去；≥6 时，进位；等于 5 时，要看 5 前面的数字的奇偶，若是奇数则进位，若是偶数则舍去，即修约后末位数字都成为偶数；若 5 后有不是 0 的任何数，均进位。

修约数字时，只允许对原测量值一次修约到所需要的位数，不能分次修约，即必须一次修约到位。

(3) 有效数字的运算规则

在计算一些有效数字位数不相同的数据时，按有效数字运算规则计算。这样可节省时间，减少错误，保证数据的准确度。

① 加减运算　加减运算结果的有效数字的位数应以小数点后位数最少的数据为依据，因为小数点后位数最少的数据的绝对误差最大，当使小数点后有效数字位数相同时，再进行计算，例如：

$$0.7643 + 25.42 + 2.356 = ?$$

绝对误差分别为

$$\pm0.0001 \quad \pm0.01 \quad \pm0.001$$

在加和的结果中总的绝对误差值取决于25.42，即各数值修约到小数点后两位，再进行计算，如下：

$$0.76+25.42+2.36=28.54$$

② 乘除运算　几个数相乘或相除时所得结果的有效数字位数应以有效数字位数最少的数据为依据，因为有效数字位数最少的数据的相对误差最大。例如：

$$0.0121\times 25.64\times 1.05782=?$$

相对误差分别为

$$\pm 0.8\%\quad \pm 0.4\%\quad \pm 0.009\%$$

所以计算结果的相对误差取决于0.0121，因它的相对误差最大，即各数值修约保留三位有效数字，再计算，如下：

$$0.0121\times 25.6\times 1.06=0.328$$

③ 对数运算　在进行对数运算时，所取对数位数应与真数的有效数字位数相同。

例如：$\lg(1.35\times 10^5)=5.130$

3. 实验数据的处理

化学数据的处理方法主要有列表法和作图法。

(1) 列表法

这是表达实验数据最常用的方法之一。将各种实验数据列入一种设计得体、形式紧凑的表格内，可起到化繁为简的作用，有利于对获得的实验结果进行相互比较，有利于分析和阐明某些实验结果的规律性。

设计数据表总的原则是简单明了。作表时要注意以下几个问题。

① 正确地确定自变量和因变量。一般先列自变量，再列因变量，将数据一一对应地列出。不要将毫不相干的数据列在一张表内。

② 表格应有序号和简明完备的名称，使人一目了然。如实在无法表达时，也可在表名下用不同字体作简要说明，或在表格下方用附注加以说明。

③ 习惯上表格的横排称为“行”，竖行称为“列”，即“横行竖列”，自上而下为第1、2、…行，自左向右为第1、2、…列。变量可根据其内涵安排在列首（表格顶端）或行首（表格左侧），称为“表头”，应包括变量名称及量的单位。凡有国际通用代号或为大多数读者熟知的，应尽量采用代号，以使表头简洁醒目，但切勿将量的名称和单位的代号相混淆。

④ 表中同一列数据的小数点对齐，数据按自变量递增或递减的次序排列，以便显示出变化规律。如果表列值是特大或特小的数时，可用科学计数法表示。若各数据的数量级相同时，为简便起见，可将10的指数写在表头中量的名称旁边或单位旁边。

(2) 作图法

作图是将实验原始数据通过正确的作图方法画出合适的曲线（或直线），从而形象直观而且准确地表现出实验数据的特点、相互关系和变化规律，如极大、极小和转折点等，并能够进一步求解，获得斜率、截距、外推值、内插值等。因此，作图法是一种十分有用的实验数据处理方法。

作图法也存在作图误差，若要获得良好的图解效果，首先是要获得高质量的图形。因此，作图技术的好坏直接影响实验结果的准确性。下面就作图法处理数据的一般步骤和作图技术作简要介绍。

① 正确选择坐标轴和比例尺　作图必须在坐标纸上完成。坐标轴的选择和坐标分度比

例的选择对获得一幅良好的图形十分重要，一般应注意以下几点。

a. 以自变量为横轴，因变量为纵轴，横纵坐标原点不一定从“0”开始，而视具体情况确定。坐标轴应注明所代表的变量的名称和单位。

b. 坐标的比例和分度应与实验测量的精度一致，并全部用有效数字表示，不能过分夸大或缩小坐标的作图精确度。

c. 坐标纸每小格所对应的数值应能迅速、方便地读出和计算。一般多采用 1、2、5 或 10 的倍数，而不采用 3、6、7 或 9 的倍数。

d. 实验数据各点应尽量分散、匀称地分布在全图，不要使数据点过分集中于某一区域，当图形为直线时，应尽可能使直线的斜率接近于 1，使直线与横坐标夹角接近 45°，角度过大或过小都会造成较大的误差（图 1-8）。

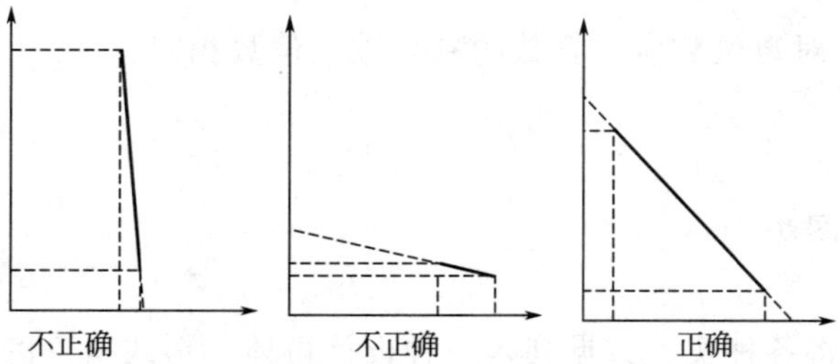

图 1-8　直线图的绘制

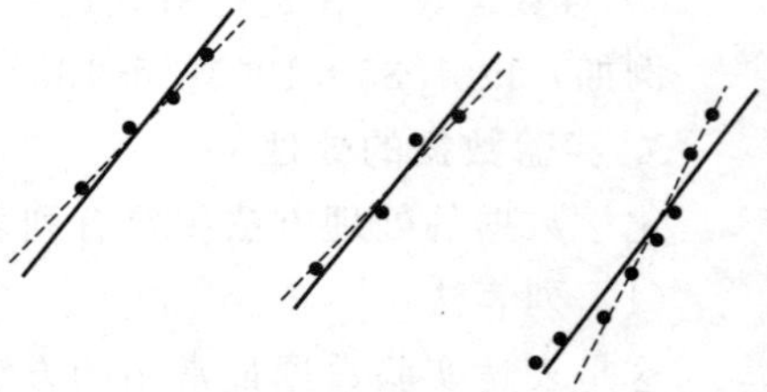

图 1-9　线的绘制

e. 图形的长、宽比例要适当，最高不要超过 3/2，以力求表现出极大值、极小值、转折点等曲线的特殊性质。

② 图形的绘制　在坐标纸上明显地标出各实验数据点后，应用曲线尺（或直尺）绘出平滑的曲线（或直线）。绘出的曲线或直线应尽可能接近或贯穿所有的点，并使两边点的数目和点离线的距离大致相等。这样描出的线才能较好地反映出实验测量的总体情况。若有个别点偏离太远，绘制曲线时可不予考虑。一般情况下，不许绘成折线。描线方法如图 1-9 所示。

③ 求直线的斜率 k　由实验数据作出的直线可用方程式：$y=kx+b$ 来表示。由直线上两点（x_1，y_1）、（x_2，y_2）的坐标可求出斜率：

$$k=\frac{y_2-y_1}{x_2-x_1}$$

为使求得的 k 值更准确，所选的两点距离不要太近，还要注意代入 k 表达式的数据是两点的坐标值，k 是两点纵横坐标差之比，而不是纵横坐标线段长度之比。

为了方便，可采用计算机软件作图，化学实验中，常用于作图的软件有 Excel、Origin、Sigmaplot。其中，Excel 具有强大的作图功能，简单又快捷。下面以线性图为例，简述作图过程。

首先建立 Excel 工作表，按列（x 或 y）输入原始数据。点击 x、y 数据表中任一单元格，然后插入→图表，图表类型选 xy 散点图，子图表可根据自己需求选择，再按提示下一步，中间可输入数值 x 轴、y 轴和图标题，最后点完成。在生成的图中右击数据线，在出现的下拉快捷菜单中点击添加趋势线，在类型中选线性类型，在选项中选显示公式以及相关系数（表示线性程度），最后按确定。

知识拓展

新型能量提取技术

无论是家庭生活还是社会生产中，利用可燃物燃烧过程中放出的热量是目前难以被取代的能源利用方式。但与此同时，利用太阳光提供电能的技术也越来越成熟，其不仅在民用领域越来越普及，更是低空/近地航天能量的最重要来源。但是，在执行远地/深太空空间探测任务时，太阳能电板接收不到太阳辐射，因而无法利用太阳光提供能量。面对此难题，温差发电成为最佳选择。温差电效应是德国科学家塞贝克于1821年首先发现的。一块导体或者半导体的两端如果温度不同就会产生温差电动势，称为塞贝克效应，利用这个原理发电就叫温差发电。

同位素温差发电器利用放射性同位素衰变时产生的热量经塞贝克效应转变成电能，具有性能可靠、热源稳定、寿命长和能量密度高等优点，是远地/深太空空间探索任务的最佳能量源。自1961年以来，美国在太空飞行中使用的同位素温差发电器超过40个，温差发电器的输出功率最高可达300 W，1977年8月20日发射的旅行者二号行星际飞行器，以钚238放射性同位素作热源的同位素温差发电器，已成功飞越了木星、土星、天王星和海王星，现已飞出太阳系，其温差发电器在40多年后仍在正常工作。2018年12月8日，我国嫦娥四号探月器发射升空，2019年1月3日，嫦娥四号探月器成功着陆在月球背面东经177.6°、南纬45.5°附近的预选着陆区。2019年1月30日20时39分，嫦娥四号着陆器接受光照自主唤醒。此前，玉兔二号巡视器于1月29日20时28分完成自主唤醒（图1-10）。两器在月球背面成功经受极低温环境考验，根据太阳高度角变化择机自主退出“月夜休眠模式”，关键设备按预定程序相继通电开机，安全度过首个月夜。此外，着陆器上配置的同位素温差电池为月夜温度采集器顺利供电，保障该采集器于测点位置成功监测第一月夜温度变化情况，我国探月工程首次获取月夜温度探测数据实现在月球背面的自主软着陆已经是一项重要的系统工程，中国实现了人类首次在月球背面的成功软着陆，这已经非常引世界注目。其实更重要的一个技术关键，是在成功着陆后，如何在月球严酷的环境中生存的问题。这就是在极寒月夜时期休眠后如何苏醒并重新工作的问题。现在，这个关键问题已经成功解决，从苏醒的两器传回的信息得到了完美的印证。实现这个睡眠和苏醒的过程，说起来很简单，实现起来则需要多学科的支持，月夜的环境低温是−180℃，而月球工程装备的设计工作低温却只有−50℃。也就是说，在休眠期仍然需要有电池为装备提供热能，使装备维持在−50℃的状态。否则在极低温度下会造成装备损坏而无法唤醒。由于航天器载荷的限制，不可能携带重量大的备用电池，而月夜又没有太阳能可供利用，采用高性能的同位素温差电池就是一种可行的选择。截止到2021年9月29日，嫦娥四号着陆器与月兔二号月球车在轨工作突破1000天，为其稳定工作提供能源的正是同位素温差发电器。但是核能电池存在核安全问题，对于无人航天装备是可行的，而对于载人航天装备，则存在一定风险，开发新的高能电源，仍然是重要的课题。

(a) (b)

图 1-10 嫦娥四号着陆器（a）与玉兔二号巡视器（b）互拍成像

习题

一、选择题

1. 实验室一般试剂的规格，书写错误的是（　　）。

A. 优级纯 G. R.　　B. 分析纯 A. R.　　C. 化学纯 C. R.　　D. 实验试剂 L. R.

2. 不慎发生意外，下列操作正确的是（　　）。

A. 如果不慎将化学品弄洒或污染，立即自行回收或者清理现场，以免对他人产生危险。

B. 任何时候见到他人洒落的液体应及时用抹布抹去，以免发生危险。

C. pH 值中性即意味着液体是水，自行清理即可。

D. 不慎将化学试剂弄到衣物和身体上，立即用大量清水冲洗 10～15 分钟。

3. 过氧化酸、硝酸铵、硝酸钾、高氯酸及其盐、重铬酸及其盐、高锰酸及其盐、过氧化苯甲酸、五氧化二磷等是强氧化剂，使用时应注意（　　）。

A. 环境温度不要高于 30℃。

B. 通风要良好。

C. 不要加热，不要与有机物或还原性物质共同使用。

D. 以上都是。

4. 以下有关实验室用电的注意事项中，不正确的是（　　）。

A. 实验前先检查用电设备，再接通电源；实验结束后，先关仪器设备，再关闭电源。

B. 工作人员离开实验室或遇突然断电，应关闭电源，尤其要关闭加热电器的电源开关。

C. 电源或电器设备的保险丝烧断后，可以用其它金属导线代替。

D. 电源开关附近不得存放易燃易爆物品或堆放杂物。

5. 普通分析用水 pH 应在（　　）。

A. 5.0～6.0　　B. 5.0～6.5　　C. 5.0～7.0　　D. 5.0～7.5

6. 化学危险品有刺激眼睛、灼伤皮肤、损伤呼吸道、麻痹神经、燃烧爆炸等危险，一定要注意化学药品的使用安全，以下不正确的做法是（　　）。

A. 了解所使用的危险化学药品的特性，不盲目操作，不违章使用。

B. 妥善保管身边的危险化学药品，做到标签完整，密封保存，避热、避光、远离火种。

C. 室内可存放大量危险化学药品。

D. 严防室内积聚高浓度易燃易爆气体。

7. 实验开始前应该做好的准备是（　　）。

A. 必须认真预习，理清实验思路。

B. 应仔细检查仪器是否有破损，掌握正确使用仪器的要点，弄清水、电、气的管线开关和标记，保持清醒头脑，避免违规操作。

C. 了解实验中使用的药品的性能和有可能引起的危害及相应的注意事项。

D. 以上都是。

8. 下列实验室操作及安全的叙述不正确的是（　　）。

A. 涉及有毒试剂的操作时，应佩戴适当的个人防护器具，了解试剂的毒性，在通风橱中操作，做好应急救援预案。

B. 当不慎把少量浓硫酸滴在皮肤上时，可以用碱中和后用水冲洗。

C. 实验完成后，废弃物及废液分类收集后送中转站暂存，然后交有资质的单位处理。

D. 生石灰烧伤时，应先用卫生纸或干布尽量清除皮肤上的生石灰，再用大量水清洗。

9. 需要将硫酸、氢氟酸、盐酸和氢氧化钠各一瓶从化学品柜搬到通风橱内，正确的方法是（　　）。

A. 硫酸和盐酸同一次搬运，氢氟酸和氢氧化钠同一次搬运。

B. 硫酸和氢氟酸同一次搬运，盐酸和氢氧化钠同一次搬运。

C. 硫酸和氢氧化钠同一次搬运，盐酸和氢氟酸同一次搬运。

D. 一次只搬运一瓶。

10. 实验中用到很多玻璃仪器，容易破碎，为避免造成割伤应该注意（　　）。

A. 装配时不可用力过猛，用力处不可远离连接部位。

B. 不能口径不合而勉强连接。

C. 玻璃折断面需烧圆滑，不能有棱角。

D. 以上都是。

11. 皮肤接触了高温（热的物体、火焰、蒸汽），低温（固体二氧化碳、液体氮）和腐蚀性物质，如强酸、强碱、溴等，都会造成灼伤，如果发生意外，正确的处理方法是（　　）。

A. 不管什么情况，马上送医院就医。

B. 被碱灼伤时先用水冲洗，然后用3%的硼酸或2%的醋酸清洗，严重时就医。

C. 金属钠溅入眼内，立即用大量水冲洗。

D. 浓硫酸沾到皮肤上，直接用水冲洗。

12. 实验过程中发生烧烫（灼）伤，不正确的处理方法是（　　）。

A. 浅表的小面积灼伤，以冷水冲洗15～30分钟至散热止痛。

B. 以生理食盐水擦拭（勿以药膏、牙膏、酱油涂抹或以纱布盖住）。

C. 若有水泡可自行刺破。

D. 大面积的灼伤，应紧急送至医院。

二、填空题

1. 一般来说，固体试剂应装在________瓶中；见光易分解的试剂应盛放在________色瓶中；能与玻璃起化学反应的试剂应装在________瓶中；盛碱的瓶子不能用________塞子；金属钠应保存在________中；白磷应该保存在________中。

2. 实验用水电导率的测定要注意避免空气中的________溶于水，使水的电导率________。

3. 一化学试剂瓶的标签为绿色，其英文字母的缩写为________。

4. 在分析过程中，检查有无系统误差存在，做________试验是最有效的方法，这样可校正测试结果，消除系统误差。两位分析人员对同一样品进行分析，得到两组数据，要判断两组分析的精密度有无显著性差异，应该用________检验法。

三、判断题

1. 当水银仪器破损时，应尽量将洒落的水银收集起来，并在残迹处洒上硫黄粉。（ ）

2. 易燃化学试剂的理想存放温度是－4～4℃，允许存放的最高室温不得超过20℃。（ ）

3. 天气较热时，打开腐蚀性液体，应该戴橡胶手套。（ ）

4. 由于金属络合剂能与毒物中的金属离子形成稳定的化合物，随尿液排出体外，故发生金属及其盐类中毒时，可采用各种金属络合剂解毒。（ ）

四、仪器辨识题

1. 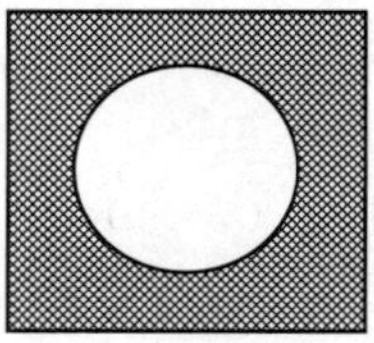
2. 
3. 
4. 
5. 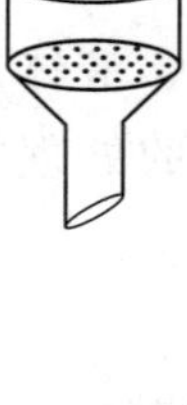
6. 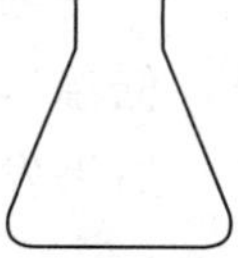
7. 

8. 
9. 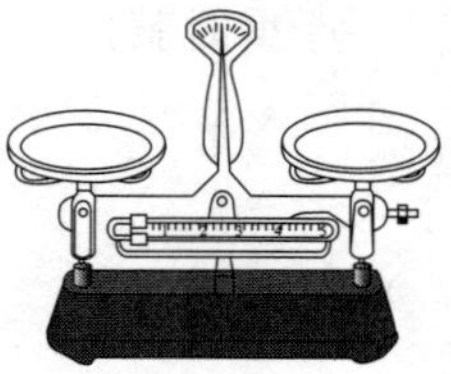
10. 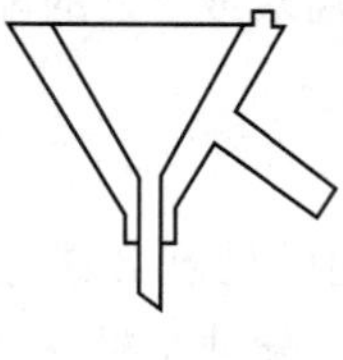
11. 
12. 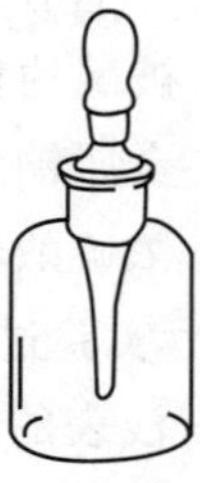

13. 
14. 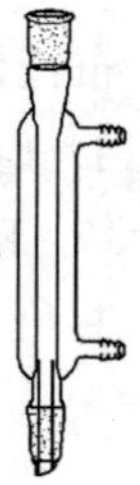
15. 
16. 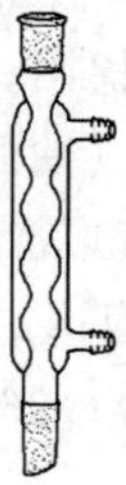

17. 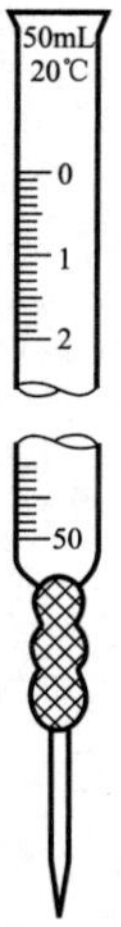

18. 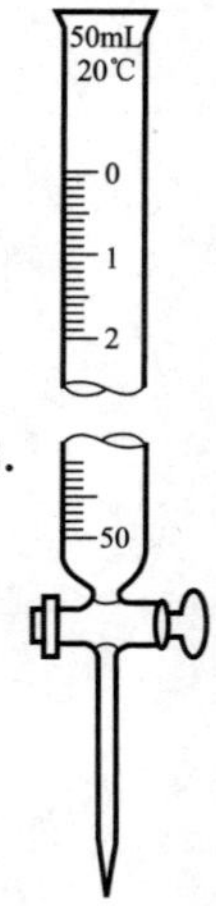

19. 
20. 

21. 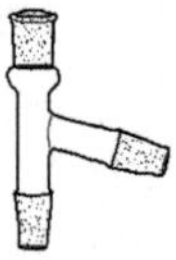
22. 
23. 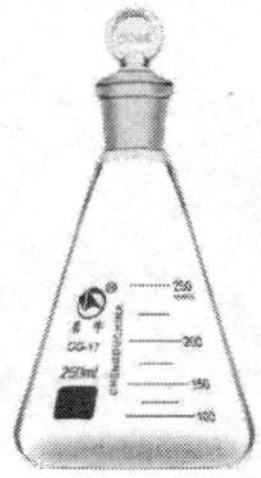
24. 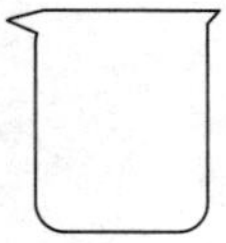

25. 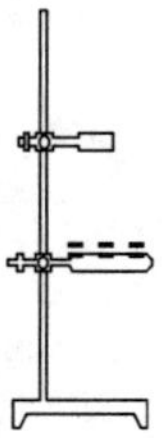
26. 
27. 
28. 

参考答案

一、选择题

1. C　2. D　3. D　4. C　5. D　6. C　7. D　8. B　9. D　10. D　11. B　12. C

二、填空题

1. 广口；棕；塑料；玻璃；煤油；水　2. CO_2；增大　3. G. R.　4. 空白；*F*

三、判断题

1. √　2. ×　3. ×　4. √

四、仪器辨识题

1. 石棉网；2. 洗瓶；3. 蒸发皿；4. 分液漏斗；5. 布氏漏斗；6. 锥形瓶；7. 容量瓶；8. 吸滤瓶（抽滤瓶）；9. 托盘天平；10. 热过滤漏斗；11. 研钵；12. 滴瓶；13. 索氏提取器；14. 直形冷凝管；15. 圆底烧瓶；16. 球形冷凝管；17. 碱式滴定管；18. 酸式滴定管；19. 移液管；20. 吸量管；21. 蒸馏头；22. 接液管（牛角管）；23. 碘量瓶；24. 烧杯；25. 铁架台；26. 长颈漏斗；27. 量筒；28. 试管夹

第二章 化学实验基本操作

一、化学试剂的取用

1. 试剂取用的一般规则

试剂取用原则是既要质量准确又必须保证试剂的纯度（不受污染）。

① 取用试剂首先应看清标签，不能取错。取用时，将瓶塞反放在实验台上，若瓶塞顶端不是平的，可放在洁净的表面皿上。

② 不能用手和不洁净的工具接触试剂。瓶塞、药匙、滴管都不得相互串用。

③ 应根据用量取用试剂。取出的多余试剂不得倒回原瓶，以防沾污整瓶试剂。对确认可以再用的（或他用的）要另用清洁容器回收。

④ 每次取用试剂后都应立即盖好瓶盖，并把试剂放回原处，务使标签朝外。

⑤ 取用试剂时，转移的次数越少越好。

⑥ 取用易挥发的试剂，应在通风橱中操作，防止污染室内空气。有毒药品要在老师指导下按规程使用。

2. 固体试剂的取用

① 取用固体试剂一般用干净的药匙（牛角匙、不锈钢药匙、塑料匙等），其两端为大小两个勺，按取用药量多少而选择应用哪一端。使用时要专匙专用。试剂取用后，要立即把瓶塞盖好，把药匙洗净、晾干，下次再用。

② 要严格按量取用药品，“少量”固体试剂对一般常量实验指半个黄豆粒大小的体积，对微型实验约为常量的 1/10～1/5 体积。注意不要多取。多取的药品，不能倒回原瓶，可放在指定的容器中以供他用。

③ 定量药品要称量，一般固体试剂可以放在称量纸上称量，对于具有腐蚀性、强氧化性、易潮解的固体试剂要用小烧杯、称量瓶、表面皿等装载后进行称量。不准使用滤纸来盛放称量物。颗粒较大的固体应在研钵中研碎后再称量。可根据称量精确度的要求，分别选择托盘天平和分析天平称量固体试剂。

④ 要把药品装入口径小的试管中时，应把试管平卧，小心地把盛药品的药匙放入底部，以免药品沾在试管内壁上（图 2-1）。也可先用一窄纸条做成“小纸槽”，用药匙将固体药品放在纸槽上，然后将装有药品的小槽送入平放的试管里，再把小槽和试管竖立起来，并用手指轻轻弹槽，让药品慢慢滑入试管底部（图 2-2）。

⑤ 取用大块药品或金属颗粒要用镊子夹取。先把容器平卧，再用镊子将药品放在容器

口，然后慢慢将容器竖起，让药品沿着容器壁慢慢滑到底部，以免击破容器，对试管而言，也可将试管斜放，让药品沿着试管壁慢慢滑到底部（图 2-3）。

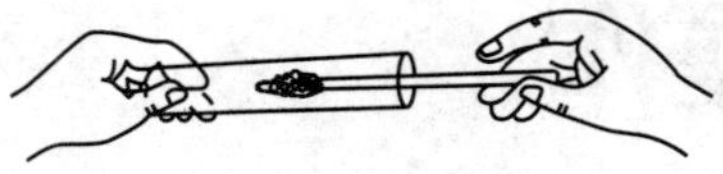

图 2-1　用药匙送药品

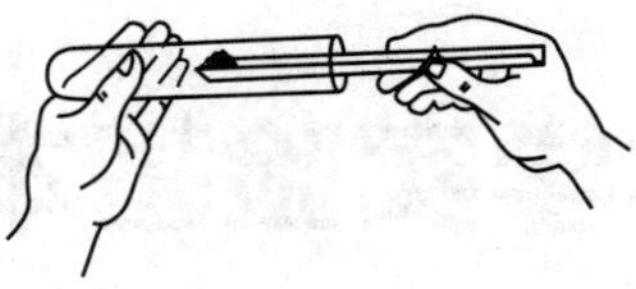

图 2-2　用纸槽送药品

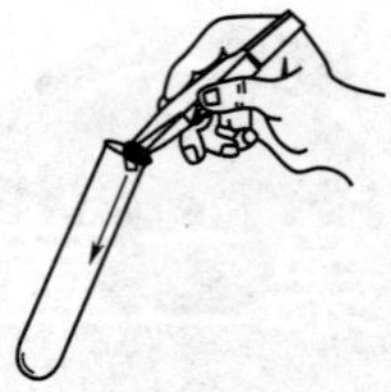

图 2-3　块状固体沿试管壁滑下

3. 液体试剂的取用

（1）多量液体的取用

取用多量液体，一般采用倾倒法。把试剂移入试管的具体做法是：先取下瓶塞反放在桌面上或放在洁净的表面皿上，右手握持试剂瓶，使试剂瓶上的标签向着手心（如果是双标签则要放在两侧），以免瓶口残留的少量液体腐蚀标签。左手持试管，使试管口紧贴试剂瓶口，慢慢把液体试剂沿管壁倒入。倒出需要量后，将瓶口在容器上靠一下，再使瓶子竖直，这样可以避免遗留在瓶口的试剂沿瓶子外壁流下来（图 2-4）。把试剂倒入烧杯时，可用玻璃棒引流。具体做法是：用右手握试剂瓶，左手拿玻璃棒，使玻璃棒的下端斜靠在烧杯中，将瓶口靠在玻璃棒上，使液体沿着玻璃棒流入烧杯中（图 2-5）。

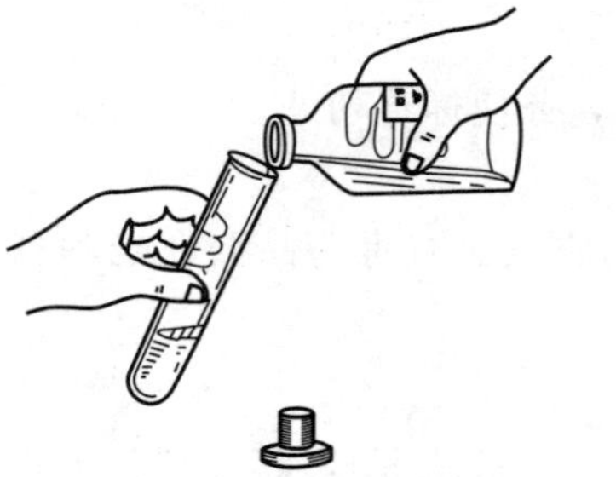

图 2-4　往试管中倾倒液体

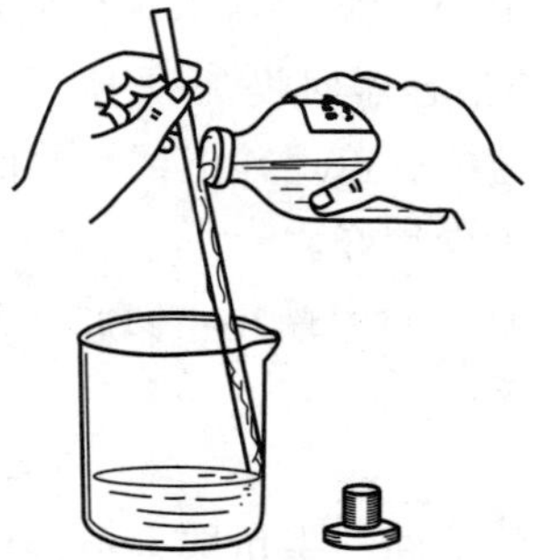

图 2-5　往烧杯中倾倒液体

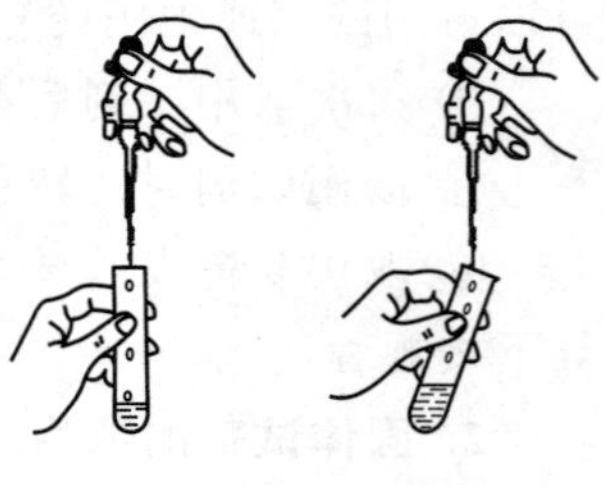

图 2-6　滴加液体的方法

（2）少量液体的取用

取用少量液体通常使用胶头滴管。其具体做法是：先提起滴管，使管口离开液面，捏瘪胶帽以赶出空气，然后将管口插入液面吸取试剂。滴加溶液时，需用拇指、食指和中指夹住滴管，将它悬空地放在靠近试管口的上方滴加（图 2-6），滴管要垂直，这样滴入液滴的体积才能准确；绝对禁止将滴管伸进试管中或触及管壁，以免沾污滴管口，使滴瓶内试剂受到污染。滴管不能倒持，以防试剂腐蚀胶帽使试剂变质。滴完溶液后，滴管应立即插回，一个滴瓶上的滴管不能用来移取其它试剂瓶中的试剂，也不能随便拿别的滴管伸入试剂瓶中吸取试剂。如试剂瓶不带滴管又需取少量试剂，则可把试剂按需要量倒入小试管中，再用自己的滴管取用。

长时间不用的滴瓶，滴管有时与试剂瓶口粘连，不能直接提起滴管，这时可在瓶口处滴上 2 滴蒸馏水，让其润湿后再轻摇几下即可。

（3）定量取用液体

在试管实验中经常要取少量溶液，这是一种估计体积，对常量实验是指 0.5～1.0mL，对微型实验一般指 3～5 滴，根据实验的要求灵活掌握。要学会估计 1mL 溶液在试管中占的体积和由滴管滴加的滴数相当的体积。要准确量取溶液，则需根据准确度和量的要求，选用量筒、移液管或滴定管等量器。

二、常用玻璃仪器的洗涤

在实验室中，洗涤玻璃仪器不仅是一项必须做的实验前的准备工作，也是一项技术性的工作。仪器洗涤是否符合要求，对实验结果有很大影响。

1. 洁净剂及其使用范围

最常用的洁净剂是肥皂，肥皂液（特制商品），洗衣粉，去污粉，洗液，有机溶剂等。肥皂、肥皂液、洗衣粉、去污粉，用于可以用刷子直接刷洗的仪器，如烧杯、三角瓶、试剂瓶等；洗液多用于不便用刷子洗刷的仪器，如滴定管、移液管、容量瓶、蒸馏器等特殊形状的仪器，也用于洗涤长久不用的杯皿器具和刷子刷不下的结垢。用洗液洗涤仪器，是利用洗液本身与污物起化学反应的作用，将污物去除，因此需要浸泡一定的时间使其充分作用。有机溶剂是针对污物属于某种类型的油腻性，而借助有机溶剂能溶解油脂的作用洗除之，或借助某些有机溶剂能与水混合而又挥发快的特殊性，冲洗带水的仪器将水洗去，如甲苯、二甲苯、汽油等可以洗油垢，酒精、乙醚、丙酮可以冲洗刚洗净而带水的仪器。

2. 洗涤剂及其使用注意事项

洗涤液简称洗液，根据不同的要求有各种不同的洗液。常见的洗液有以下几种。

（1）强酸氧化剂洗液

强酸氧化剂洗液是用重铬酸钾（$K_2Cr_2O_7$）和浓硫酸（H_2SO_4）配成。浓度一般为 5%～12%。

（2）碱性洗液

常用的碱洗液有碳酸钠液、碳酸氢钠液、磷酸钠液、磷酸氢二钠液等，对于难洗的油污器皿还可用稀氢氧化钠液洗。上述稀碱液的浓度一般在 5%以下，使用时多采用长时间（24h 以上）浸泡法或浸煮法。

（3）有机溶剂

带有油溶性污物较多的器皿，如活塞内孔、移液管尖头、滴定管尖头、滴定管活塞孔、滴管、小瓶等，可以用汽油、甲苯、二甲苯、丙酮、酒精、三氯甲烷、乙醚等有机溶剂擦洗或浸泡。

3. 洗涤玻璃仪器的步骤与要求

① 常法洗涤仪器。洗刷仪器时，应首先将手用肥皂洗净，免得手上的油污附在仪器上，增加洗刷的困难。如仪器长久存放附有尘灰，先用清水冲去，再按要求选用洁净剂洗刷或洗涤。如用去污粉，将刷子蘸上少量去污粉，将仪器内外全刷一遍，再边用水冲边刷洗至肉眼看不见有去污粉时，用自来水洗 3～6 次，再用蒸馏水冲三次以上。一个洗干净的玻璃仪器，应该以挂不住水珠为度。如仍能挂住水珠，仍然需要重新洗涤。用蒸馏水冲洗时，要用顺壁冲洗方法并充分振荡，经蒸馏水冲洗后的仪器，用指示剂检查应为中性。

② 作痕量金属分析的玻璃仪器，使用（1∶1）～（1∶9）HNO_3 溶液浸泡，然后进行常法洗涤。

③ 进行荧光分析时，玻璃仪器应避免使用洗衣粉洗涤（因洗衣粉中含有荧光增白剂，

会给分析结果带来误差）。

④ 分析致癌物质时，应选用适当洗涤液浸泡，然后再按常法洗涤。

三、加热与干燥

1. 加热

（1）加热用仪器

实验室中常用的加热用仪器有酒精灯、酒精喷灯、电炉、电热板、电热套、红外灯、电热恒温水浴锅等。

① 酒精灯、酒精喷灯　酒精灯适用于温度不需太高的实验。酒精易燃，使用时要特别注意安全。点燃时，切勿用点燃的酒精灯直接点火；添加酒精时，必须将火焰熄灭，且加入的量不能超过酒精灯容量的三分之二；熄灭酒精灯时必须用灯罩罩熄，切勿用嘴去吹。酒精喷灯（图 2-7）的燃烧温度较高，必须注意要严格按照操作规程进行操作。

图 2-7　酒精喷灯

图 2-8　电热板

② 电炉　电炉是一种用电热丝将电能转化为热能的装置。其温度可通过调节电阻来控制。使用时，容器和电炉之间要隔石棉网，以使受热均匀；耐火炉盘的凹渠要保持清洁，及时清除烧灼焦糊的杂物，以保证炉丝传热良好，延长使用寿命。

③ 电热板、电热套　它们是由控制开关和外接调压变压器调节加热温度的。电炉做成封闭式称为电热板（图 2-8）。电热板升温速度较慢，且加热是平面的，不适合加热圆底容器，多用作水浴和油浴的热源，也常用于加热烧杯、锥形瓶等平底容器。电热套是专为加热圆底容器而设计的，使用时应根据圆底容器的大小选用合适的型号。

④ 红外灯　红外灯用于低沸点易燃液体的加热。使用时，受热容器应正对灯面，中间留有空隙，再用玻璃布或铝箔将容器和灯泡松松包住，既保温又可防止灯光刺激眼睛，并能保护红外灯不被溅上冷水或其它液滴。

⑤ 电热恒温水浴锅　电热恒温水浴锅除了用于恒温加热外，还可用于蒸发、干燥、浓缩等。使用前一定先要注入适量净水；使用过程中要留意及时增补净水，防止无水时加热烧坏套管，同时避免水进入套管毁坏炉丝或发生漏电现象；水浴箱内要保持清洁，按期洗刷，防止生锈和防止漏水、漏电；长期不用，箱内水要全部放掉并用布擦干，以免生锈。

⑥ 马弗炉　马弗炉（图 2-9）是利用电热丝或硅碳棒加热的密封炉子，炉膛是利用耐高温材料制成的。一般电热丝炉最高温度为 950℃，硅碳棒炉为 1300℃。使用马弗炉时，被加热物体必须放置在能够耐高温的坩埚内，不要直接放在炉膛上，同时不能超过最高允许温度。

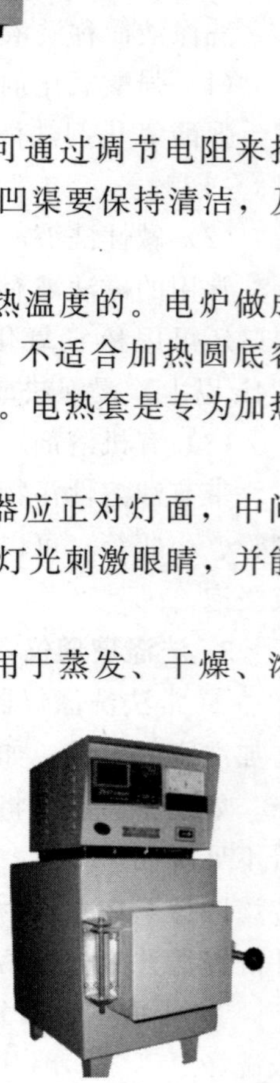

图 2-9　马弗炉

（2）加热的方法

① 直接加热 样品在较高温下稳定不分解且无着火危险时，可使用直接加热法。可用于直接加热的常用仪器有试管、蒸发皿、坩埚、烧杯、烧瓶、锥形瓶等。

直接加热试管中的液体时［图 2-10(a)］液体体积不要超过试管容积的 1/3；试管夹夹在距管口 1/3 处，同时要使试管倾斜 45°；加热时，试管口不能对着人，以免管里的液体喷出伤人；加热前外壁应无水滴，加热后不能骤冷，以防试管破裂。给固体加热时［图 2-10(b)］，试管要横放，管口略向下倾斜。

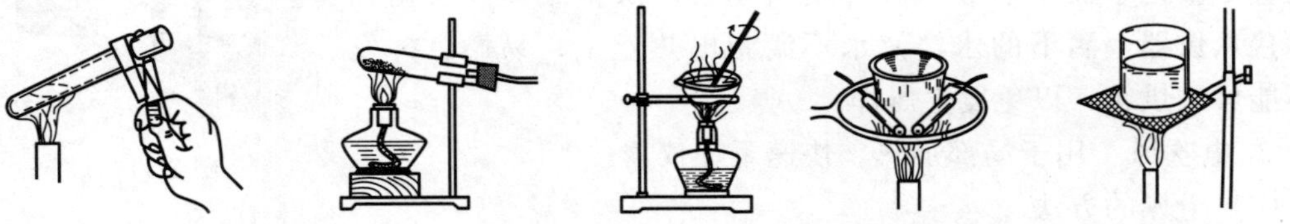

(a) 盛液体的试管加热 (b) 盛固体的试管加热 (c) 蒸发皿的加热 (d) 坩埚的灼烧 (e) 烧杯的加热

图 2-10 几种直接加热方法

直接加热蒸发皿中液体时［图 2-10(c)］，蒸发皿盛液量不超过容积的 2/3；受热后不能骤冷；取放时要用干净的坩埚钳。

在高温下加热固体样品时，可将固体样品放置于坩埚中直接加热［图 2-10(d)］。加热时，把坩埚放在三脚架上的泥三角上，用氧化焰灼烧，开始时用小火烘烧坩埚，使其受热均匀，然后加大火焰，根据实验要求控制灼烧温度和时间，灼烧完毕后移去热源，冷却时要用干净的坩埚钳夹着坩埚，放置于石棉网上冷却。实验室进行灼烧实验时还常用到马弗炉或管式电炉。

使用烧杯［图 2-10(e)］、烧瓶、锥形瓶加热液体样品时，容器外的水应擦干，同时在火源与容器之间应放置石棉网。盛放液体量不要超过烧杯容积的 2/3，一般以烧杯容积的 1/2 为宜。

② 用热浴间接加热 如被加热的样品易分解，温度变化易引起不必要的副反应，就要求加热过程中受热均匀，而又不超过一定温度，须使用特定热浴间接加热。根据加热所需要温度不同可采用水浴、油浴或沙浴。

a. 水浴 当被加热物要求受热均匀，而温度又不能超过 100℃时，用水浴加热。加热温度在 90℃以下时，可将盛物容器部分放在水浴中。通常使用恒温水浴锅，水浴锅附带一整套不同大小的环形铜（铝）盖，可根据加热容器的大小选择。在一般实验中，常使用大烧杯来代替水浴锅。在水浴加热时，水浴中水的总量不能超过总容量的 2/3，被加热容器要浸入水中，但不要触及水浴的底部。

b. 油浴 若用甘油、液体石蜡或硅油等代替水浴中的水，可得到相应的油浴（甘油浴可在 150℃以下加热，石蜡油浴可在 200℃以下加热，硅油浴可在近于 300℃下加热）。油浴的优点是加热均匀，温度易于控制，容器内及反应物的温度一般比油浴温度低 20℃左右。使用油浴时要小心，防止着火。当油的冒烟情况严重时，应立即停止加热。油浴中通常应悬挂温度计以便控制相应温度。加热完毕，把容器提离油浴液面，放置在油浴上方，待容器外壁上的油流完后，用纸和干布把容器擦干净。

c. 沙浴 将被加热容器的下部埋置于装在盘中的细沙中即为沙浴。沙浴温度可达 400～500℃。沙浴加热的特点是升温较缓慢，停止加热后散热也较慢，但适用于需较高温度的样品的加热。若要测量温度，必须将温度计水银球部分埋在靠近容器的细沙中。

2. 干燥

（1）干燥用仪器

① 干燥箱（烘箱） 用于烘干玻璃仪器和固体试剂。工作温度从室温起至最高温度。在此温度范围内可任意选择，借助自动控制系统使温度恒定（图2-11）。箱内装有鼓风机，促使箱内空气对流，温度均匀。工作室内设有两层网状搁板以放置被干燥物。使用时，洗净的玻璃仪器应尽量把水沥干后放入，并使口朝下，烘箱底部放有搪瓷盘承接从仪器上滴下的水，使水不滴到电热丝上；易燃、挥发物不能放进烘箱，以免发生爆炸。

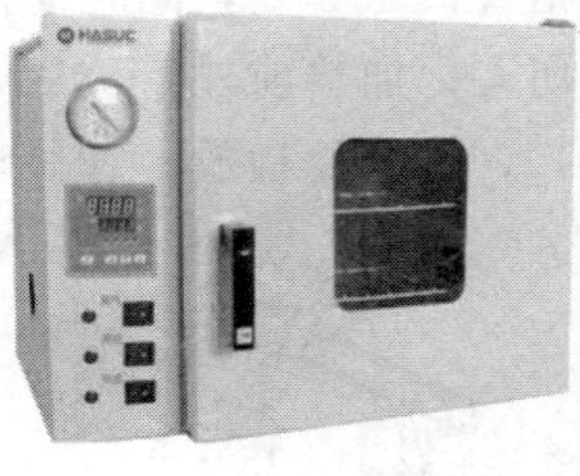

图 2-11 烘箱

② 电吹风 用于局部加热，快速干燥仪器。

（2）干燥的方法

做实验经常要用到的仪器应在每次实验完毕后洗净干燥备用。用于不同实验的仪器对干燥有不同的要求，一般定量分析用的烧杯、锥形瓶等仪器洗净即可使用，而用于其它实验的仪器很多要求是干燥的，应根据不同要求进行仪器干燥。

① 晾干 不急用的仪器，可在蒸馏水冲洗后在无尘处倒置控去水分，然后自然干燥。可用安有木钉的架子或带有透气孔的玻璃柜放置仪器。

② 烘干 洗净的仪器控去水分，放在烘箱内烘干，烘箱温度为 105～110℃烘 1h 左右。也可放在红外灯干燥箱中烘干。此法适用于一般仪器。称量瓶等在烘干后要放在干燥器中冷却和保存。带实心玻璃塞的及厚壁仪器烘干时要注意慢慢升温并且温度不可过高，以免破裂。量器不可放于烘箱中烘干。

硬质试管可用酒精灯加热烘干，要从底部烤起，把管口向下，以免水珠倒流把试管炸裂，烘到无水珠后把试管口向上赶净水汽。

③ 热（冷）风吹干 对急于干燥的仪器或不适于放入烘箱的较大的仪器可用吹干的办法。通常用少量乙醇、丙酮（或最后再用乙醚）倒入已控去水分的仪器中摇洗，然后用电吹风机吹，开始用冷风吹 1～2min，当大部分溶剂挥发后吹入热风至完全干燥，再用冷风吹去残余蒸汽，不使其又冷凝在容器内。

四、天平的使用

天平是用来称量物体质量的仪器，实验中常用的天平有托盘天平和分析天平。按分度值大小，天平可分为百分之一天平、千分之一天平、万分之一天平、十万分之一天平等。在准确度要求不高进行粗略称量时，可选择使用托盘天平，在精确称量时，则选用分析天平。

分析天平是定量分析中不可缺少的重要仪器，常用的分析天平包括双盘等臂机械天平、单盘不等臂机械天平和电子天平。机械式天平是根据杠杆原理。电子分析天平多采用电磁平衡原理，称出的是重量，因而需要消除重力加速度的影响。常用电子分析天平的分度值为 0.1mg，为万分之一天平，即可称出 0.1mg 质量或分辨出 0.1mg 质量的差别。按称量范围分析天平可分为常量天平、半微量天平、微量天平和超微量天平。微量分析天平的分度值为 0.01mg，超微量分析天平的分度值为 0.001mg。

1. 托盘天平

托盘天平（台秤）是基于杠杆原理的天平，其精确度为 0.1g，由托盘、底座、横梁、

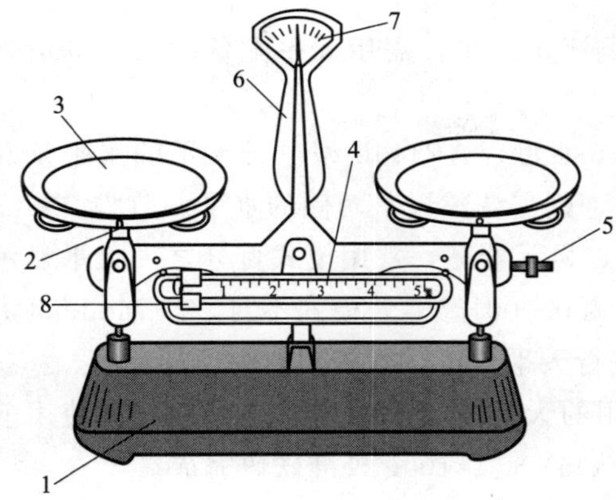

图 2-12　托盘天平示意图

1—底座；2—托盘架；3—托盘；4—标尺；5—平衡螺母；6—指针；7—分度盘；8—游码

平衡螺母、指针、分度盘、刀口、标尺、游码、砝码等组成，图 2-12 为托盘天平示意图。固定在横梁上的指针对准中央刻度线，或左右摆动幅度较小且相等时，砝码质量与游码示数之和等于物体的质量。以下简单介绍托盘天平的使用方法。

① 把天平置于水平桌面上，游码调至标尺左端的零刻度线处。

② 调节平衡螺母，使指针对准中央刻度线。

③ 称量时左物右码，称量物应放在玻璃器皿或洁净的纸上。

④ 添加砝码应从估计称量值的最大值加起，再逐步减小。加减砝码和移动游码，直至达到平衡。砝码必须用镊子夹取，游码也须用镊子拨动。

⑤ 称量完毕，记录数据，把砝码放回砝码盒中，游码移回零点。

为了保证天平测量精准，使用时要注意待测物体的质量不能超过最大量程。

2. 电子分析天平

电子分析天平是基于电磁平衡原理实现称重的天平，其采用电磁力与被测物体的重力相平衡的原理来进行测量。工作原理为：秤盘与通电线圈相连，置于磁场中；称物时，因物体重力向下，线圈上产生的电磁力与重力方向相反，为维持两者平衡，反馈电路系统会很快调整线圈中电流的大小；达到平衡时，线圈中电流大小与被称物体的重力成正比，而重力是由物质的质量所产生的，因而，电流的变化通过转化，显示出被称物体的质量。电子天平在使用过程中，其传感器和电路会受到所处环境温度、气流、震动、电磁干扰等因素的影响，会使电子天平产生漂移，而造成测量误差。

电子天平采用了现代电子控制技术，其操作简单、称量准确、性能稳定，应用十分广泛。此外，还具有自动检测系统、简便的自动校准装置和超载保护等装置，且可与计算机、打印机联用输出。目前，电子天平的规格品种繁多，控制方式也有多种形式。奥豪斯电子天平有 AR5120 型、AR1530 型、AR1140 型、PX225DZH 型等，简化了菜单浏览和天平设置，量程和分度值分别为 510g、0.01g，150g、0.001g，110g、0.1mg，220g、0.01mg。奥豪斯 AR1140 型电子天平如图 2-13 所示，下面简要介绍电子天平的使用方法。

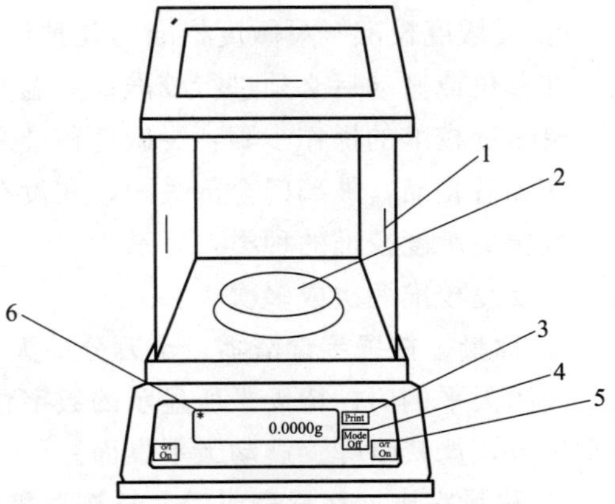

图 2-13　AR1140 型电子天平

1—天平侧门；2—秤盘及盘托；3—Print 输出打印键；4—Mode（Off）复合键：短按为模式选择键，长按为关闭显示器键；5—O/T（On）复合键：短按为开启显示器键，清零、去皮键，长按为校准；6—显示屏

(1) 百分之一、千分之一、万分之一电子天平操作规程

① 检查与准备　将天平置于稳固的减震工作台上，应避免天平震动、阳光照射、气流及强电磁波干扰。天平使用之前，需检查天平的

完整性。

② 清扫　为防止天平内的灰尘、残留粉末影响测定结果，需用天平配备的软毛刷清扫天平内部的秤盘。

③ 水平调节　观察水平仪，AR5120 型、AR1530 型、AR1140 型电子天平的水平仪在天平后方。如水平仪中的水平泡未在水平仪圆圈内，则需调整天平两侧的水平调节脚。

④ 开启天平　接通电源，轻按 O/T（On）键，显示器亮，常用模式百分之一天平显示为 0.01g（千分之一天平为 0.001g、万分之一天平为 0.0001g）。若模式不对，以 Mode 键进行更改。天平需预热 30min 以后才可称量，若需进行天平校正，则需预热 1h 以上。

⑤ 天平校准　新安装好的天平、长时间未使用的天平或天平位置发生移动，在使用前需对天平进行校准。该天平采用外校准，由 O/T（On）键、100g 校准砝码完成。

⑥ 称量　按 O/T（On）键清零，百分之一天平显示为 0.00g（千分之一天平为 0.000g、万分之一天平为 0.0000g）后，将被称物置于秤盘中心位置，关闭天平侧门，待天平所显示的数字稳定不变之后，记录所称物的质量。称量过程中，轻拿轻放，严禁喧哗、震动天平桌面。

⑦ 称量完毕　称量完成后，长按 Mode（Off）键，关闭天平，盖上天平罩，在使用登记本上记录天平使用情况。若较长时间不用天平，应拔下电源插头。

（2）十万分之一电子天平操作规程

① 检查与准备　将天平置于稳固的减震工作台上，应避免天平震动、阳光照射、气流及强电磁波干扰。天平使用之前，需检查天平的完整性。

② 清扫　为防止天平内的灰尘、残留粉末影响测定结果，需用天平配备的软毛刷清扫天平内部的秤盘。

③ 水平调节　观察水平仪，PX225DZH 型电子天平的水平仪在天平后方。如水平仪中的水平泡未在水平仪圆圈内，则需调整天平两侧的水平调节脚。

④ 使用前的准备　在使用天平前，应检查该天平的使用记录，检查天平是否处于正常可用状态。如天平处于正常可用状态，开启天平两侧玻门 3～5min，使天平内外温度和湿度趋于一致，以免因天气内外温度、湿度不一致而产生变动。

⑤ 灵敏度校准　灵敏度校准的几种情况：电子分析天平在每天使用前校准；电子分析天平在移位或搬动后必须进行校准；室温变化时进行校准。

灵敏度校准的操作步骤：灵敏度校准之前，请将电子分析天平预热 4h 以上，秤盘上去除一切加载物品，玻璃门全部关闭，在没有震动和风的影响下进行。

设定灵敏度校准的种类：显示为“0.00000”后，按 Exit 键校准，为得到准确的校准结果，应反复校准两次或多次。

⑥ 称量　按置零键清零，十万分一天平显示为 0.00000g 后，将被称物置于秤盘中心位置，关闭天平侧门，待天平所显示的数字稳定不变之后，记录所称物的质量。称量过程中，轻拿轻放，严禁喧哗、震动天平桌面。

⑦ 称量完毕　称量完成后，长按置零键，关闭天平，盖上天平罩，在使用登记本上记录天平使用情况。注意十万分一天平未使用时不要把电源拔掉，只需按一下“开/关”键，使其处于热平衡状态。

3. 称量方法

根据称量对象和实验的要求，需采用不同的称量方法。以下介绍常用的 3 种称量方法。

(1) 直接称量法

此法可用于称量某物体的质量，如小烧杯、容量瓶、坩埚的质量等，适用于在空气中性质稳定、不潮解、不与 CO_2 反应的固体试样的称量。

(2) 固定质量称量法

此法又称增量法，用于称量某一固定质量的试剂（如基准物质）或试样。此称量操作的速度很慢，适用于称量不易吸潮、在空气中能稳定存在的粉末状或小颗粒的样品，且最小颗粒应小于 0.1mg，以便容易调节其质量。在称量过程中，将干燥的玻璃器皿或称量纸放在秤盘上，清零，然后缓缓加入试样至与所需量相同。称量时应注意，若不慎加入试样超过指定质量，则应重新称量；取出的多余试剂应弃去，不应放回原试剂瓶中；称好的样品必须定量地直接转入接收容器中。

(3) 差减称量法

又称递减称量法、减量法。此法速度快，用于称量一定质量范围的试样或试剂。易吸水、易氧化或易与 CO_2 起反应的试样，可选择此法。由于称取试样的质量是由两次称量之差求得，因而也称差减法。

用此法称取试样时，先从干燥器（或烘箱）中用纸带（或纸片）取出称量瓶（注意：不要让手指接触称量瓶和瓶盖，称量瓶应处于室温），如图 2-14 所示，用纸片夹住称量瓶盖柄，打开瓶盖，用药匙加入适量试样，盖上瓶盖（若已装有试样，则直接取用）。

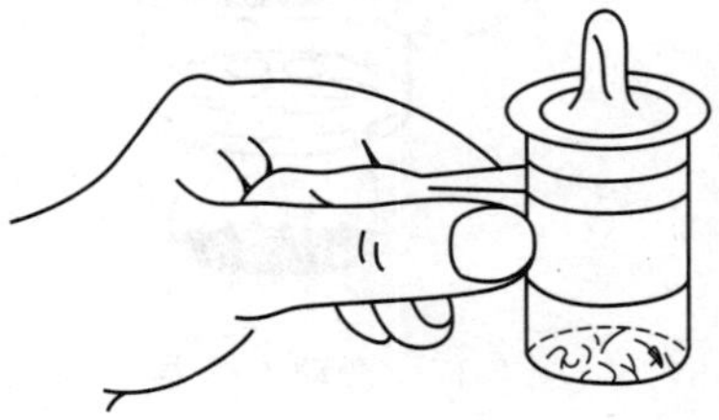

图 2-14 称量瓶拿法

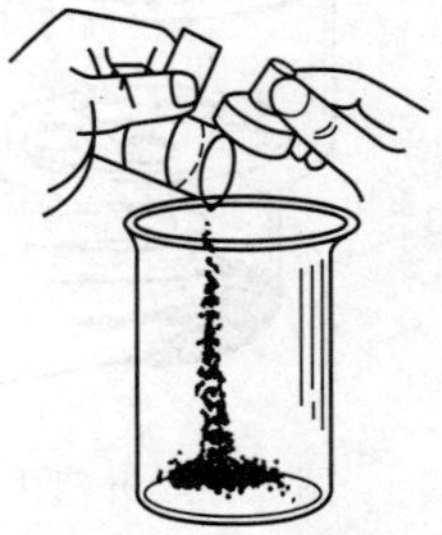

图 2-15 从称量瓶敲出试样的操作

将称量瓶置于已清扫干净、准备就绪的秤盘上，关好天平门，称出称量瓶和试样的准确质量，此质量记为 m_1（也可清零，使 m_1 为 0.0000g）。再将称量瓶从天平上取出，在干净接收容器（如小烧杯、锥形瓶）的上方倾斜瓶身，用称量瓶盖轻敲瓶口上部使试样慢慢落入容器中，如图 2-15 所示。当敲出的试样接近所需量时（可从体积上估计），一边继续用瓶盖轻敲瓶口，一边逐渐将瓶身竖直，使沾附在瓶口的试样落下，然后盖好瓶盖，准确称出称量瓶和试样的质量，此质量记为 m_2（若先清了零，则 m_2 显示为负值）。两次质量之差（m_1-m_2）即为试样的质量。若一次差减得到的试样量未达到要求的质量范围，可重复相同操作，直至符合要求。按上述方法连续递减，可称量多份试样。若试样量超出要求的质量范围，只能弃去，重新称量。

4. 电子分析天平使用注意事项

① 开关天平要轻、缓，以免损坏天平。

② 天平的顶门不得随意打开，仅供安装、检修时使用。

③ 天平应避免阳光直射，远离热源、冷源。

④ 电子分析天平为精密测量仪器，应谨慎使用，保持天平、天平台和天平室的清洁、

干燥。在天平防尘罩内放置变色硅胶干燥剂，当硅胶颜色发生变化时，应及时更换。

⑤ 天平读数时，必须关好侧门。称量数字稳定之后，立即记录在实验报告本中。

⑥ 如果发现天平不正常，及时向任课教师或实验室工作人员报告，不得自行处理。

⑦ 称量完毕，应使天平还原，并在使用登记本上登记。

5. 干燥器的使用

干燥器是保持物品干燥的仪器，适合于保存已干燥，但又易吸水或需长时间保持干燥的固体。普通干燥器结构见图 2-16。干燥器的上面是一个磨口的盖子（磨口上涂有凡士林）；干燥器底部放有干燥剂，如无水氯化钙、变色硅胶等；干燥剂的上面是一个带孔的圆形瓷盘，以存放需干燥或保持干燥的试样。

打开干燥器时，不应把盖子往上提，而应将左手扶住干燥器的下部，右手按住盖子上的圆顶，向左前方推开干燥器盖，如图 2-16 所示。盖子取下后，将其倒放在桌面安全的地方，注意磨口朝上。取出试样后，按同样方法盖严，使盖子磨口边与干燥器吻合。搬动干燥器时，必须用两手的大拇指同时按住盖子（图 2-17），防止滑落而打碎。

图 2-16 开启干燥器

1—干燥器盖；2—圆形瓷盘；3—干燥剂

图 2-17 搬动干燥器

在使用干燥器的过程中，应注意以下几点。当磨口上的凡士林因凝固而难以打开时，可用湿热的毛巾温敷，或用电吹风热风吹干燥器的边缘，使凡士林熔化后再开盖。不可将太热的试样放入干燥器内。干燥器内的干燥剂不可放太多。当用变色硅胶作为干燥剂时，注意硅胶的颜色，干燥时为蓝色，吸水后变红色，硅胶烘干后可以反复使用。燃烧或烘干后的坩埚或沉淀，不宜置于干燥器内过久。对于热敏性、易氧化、易爆和有毒等试样的干燥，则选用真空干燥器。

五、常用气体的制备与纯化

1. 常用气体的制备

实验室中常用启普发生器来制备 H_2、CO_2 和 H_2S 等气体。

$$Zn+2HCl \xlongequal{} ZnCl_2+H_2\uparrow$$

$$CaCO_3+2HCl \xlongequal{} CaCl_2+CO_2\uparrow+H_2O$$

$$FeS+2HCl \xlongequal{} FeCl_2+H_2S\uparrow$$

启普发生器由一个葫芦状的玻璃容器和球形漏斗组成（图 2-18）。固体药品放在中间圆球内，可以在固体下面放些玻璃棉来承受固体，以免固体掉至下球中。酸从球形漏斗加入。使用时，只要打开活塞，酸即进入中间球内，与固体接触而产生气体。停止使用时，只要关闭活塞，气体就会把酸从中间球压入下球及球形漏斗内，使固体与酸不再接触而停止反应。

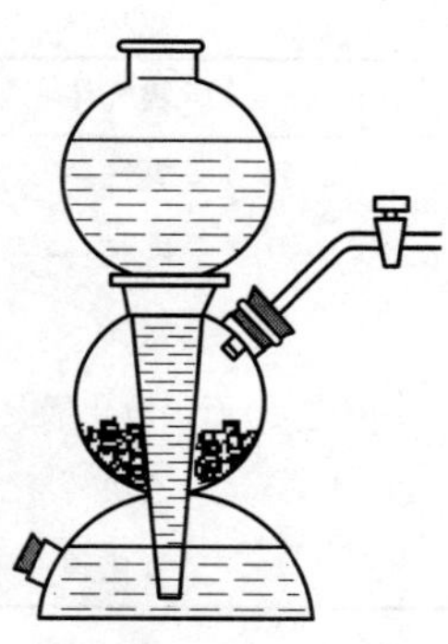

图 2-18　启普发生器

启普发生器中的酸液长久使用后会变稀，此时，可把下球侧口的橡胶塞（有的是玻璃塞）拔下，倒掉废酸，塞好塞子，再向球形漏斗中加酸。需要更换或添加固体时，可把装有玻璃活塞的橡胶塞取下，由中间圆球的侧口加入固体。

启普发生器的缺点是不能加热，而且装在发生器内的固体必须是块状的。当固体试剂的颗粒很小甚至是粉末时，或反应需要在加热情况下进行时，例如下列反应：

$$2KMnO_4 + 16HCl = 2KCl + 2MnCl_2 + 5Cl_2\uparrow + 8H_2O$$

$$H_2SO_4(\text{浓}) + NaCl = NaHSO_4 + HCl\uparrow$$

$$Na_2SO_3 + H_2SO_4 = Na_2SO_4 + H_2O + SO_2\uparrow$$

就不能用启普发生器，而要采用类似图 2-19 这样的装置。在此装置中，固体加在蒸馏瓶内，酸加在分液漏斗中。使用时，打开分液漏斗下面的活塞，使酸液滴加在固体上，以产生气体（注意酸不要加得太多）。当反应缓慢或不产生气体时，可以微微加热，如果加热后仍不起反应，则需要更换固体药品。

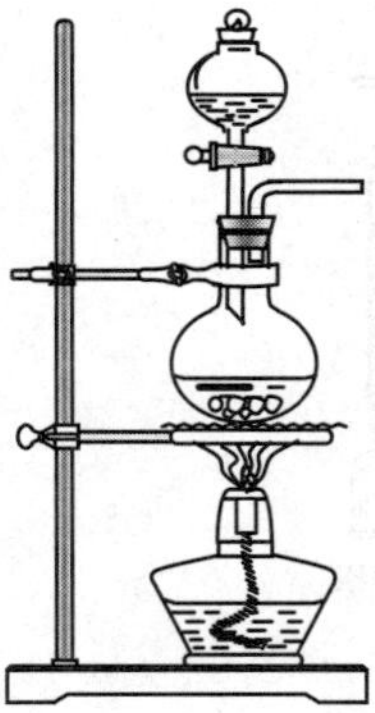

图 2-19　气体发生装置

实验室里还可以使用气体钢瓶直接得到各种气体。气体钢瓶是储存压缩气体的特制的耐压钢瓶，使用时，通过减压器（气压表）有控制地放出。由于钢瓶的内压很大，而且有些气体易燃或有毒，所以在使用时一定要注意安全，操作要特别小心。

使用钢瓶时的注意事项如下。

① 钢瓶应远离热源、火种，置通风阴凉处，防止日光曝晒，严禁受热；可燃性气体钢瓶必须与氧气钢瓶分开存放；周围不得堆放任何易燃物品，易燃气体严禁接触火种。

② 使用时要注意检查钢瓶及连接气路的气密性，确保气体不泄漏。使用钢瓶中的气体时，要用减压阀（气压表）。各种气体的气压表不得混用，以防爆炸。

③ 绝不可使油或其它易燃性有机物沾在气瓶上（特别是气门嘴和减压阀）。也不得用棉、麻等物堵住，以防燃烧引起事故。

为了避免各种气体混淆而用错气体，通常在气瓶外面涂以特定的颜色以便区别，并在瓶上写明瓶内气体的名称，表 2-1 为我国气瓶常用的标记。

表 2-1　我国气瓶常用的标记

所装气体	钢瓶颜色	字体颜色
氧气	淡蓝色	黑字
氮气	黑色	白字
压缩空气	黑色	白字

续表

所装气体	钢瓶颜色	字体颜色
氯气	深绿色	白字
氢气	淡绿色	大红字
氨气	淡黄色	黑色
石油液化气	银灰色	大红字
乙炔	白色	大红字
二氧化碳	铝白色	黑字

2. 气体的干燥和纯化

由以上方法制得的气体常带有酸雾和水汽，有时要进行净化和干燥。酸雾可用水或玻璃棉除去，水汽可根据气体的性质选用浓硫酸、无水氯化钙或硅胶等干燥剂吸收。一般情况下，使用洗气瓶［图 2-20(a)］、球形管［图 2-20(b)］、U 形管［图 2-20(c)］或干燥塔［图 2-20(d)］等仪器进行净化，液体（如水、浓硫酸）装在洗气瓶内，无水氯化钙和硅胶装在干燥塔或 U 形管内，玻璃棉装在 U 形管内。气体中如还有其它杂质，可根据具体情况分别用不同的洗涤液或固体吸收。

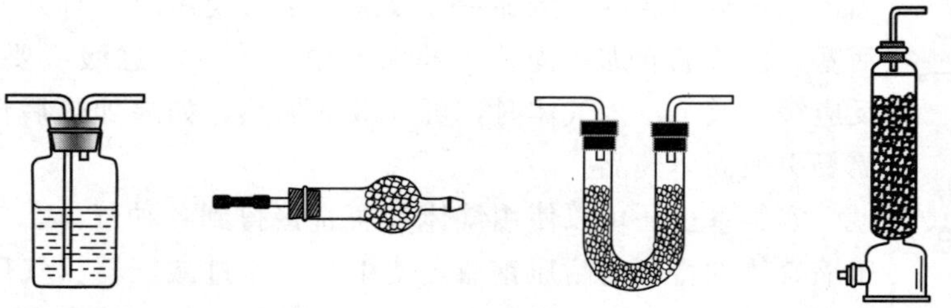

(a) 洗气瓶　(b) 球形管　(c) U形管　(d) 干燥塔

图 2-20　常用的干燥器

3. 气体的收集

气体的收集可根据性质的不同选取不同的方式。在水中溶解度很小的气体（如氢气、氧气），可用排水集气法收集（图 2-21）；易溶于水而比空气轻的气体（如氮气），可按图 2-22(a) 所示的排气集气法收集；易溶于水而比空气重的气体（如氯气、二氧化碳），可按图 2-22(b) 所示的排气集气法收集。

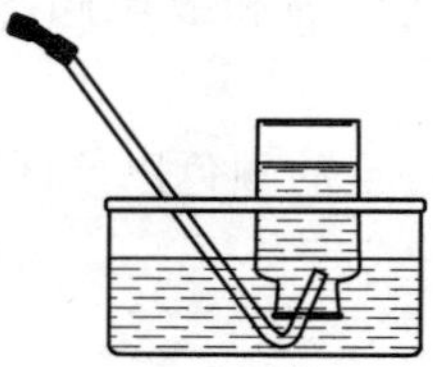

图 2-21　排水集气法

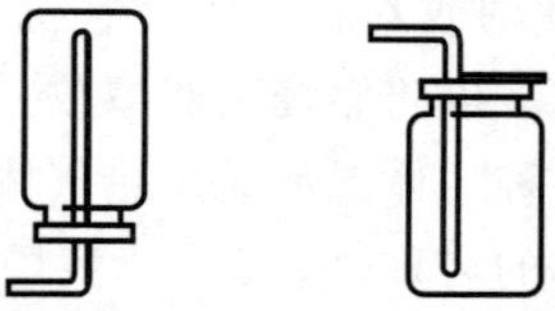

(a) 比空气轻的气体　(b) 比空气重的气体

图 2-22　排气集气法

六、溶液的配制与标定

在化学实验中，经常需要将固体或液体试剂配制成实验所需的不同浓度。对于不同溶液而言，配制过程中的要求不尽相同。下面将从常用溶液的配制、缓冲溶液的配制、标准溶液的配制与标定三个方面分别进行阐述。

1. 常用溶液的配制

常用溶液在化学实验中用途广泛，在配制过程中一般根据不同实验的要求，选择不同纯度的固体或液体试剂。下面将从溶液配制过程和容量瓶及其使用两个方面介绍常用溶液的配制。

（1）溶液配制过程

用液体试剂配制时，可根据稀释前后溶质质量或物质的量相等的原则进行计算，得到最终溶液的浓度。固体试剂的配制时，需要称取一定的质量，通过质量与物质的量浓度之间的关系进行计算。溶液的配制过程，可分为以下几个步骤。

① 计算　根据 $n=\frac{m}{M}$、$c=\frac{n}{V}$、$\rho=\frac{m}{V}$ 计算所需固体试剂的质量，或液体试剂的质量或体积。

② 称量或量取　根据计算结果，用合适精度的分析天平进行称量，一般溶液的配制用托盘天平，液体试剂可用量筒量取。

③ 溶解　将称好的固体置于烧杯中，加适量蒸馏水或其它溶剂使其全部溶解，边溶解边用玻璃棒搅拌。对于难溶固体，可以加热溶解。液体试剂根据需要可进行稀释。

④ 转移　待溶液冷却至室温后，转移至容量瓶中定容。为了避免液体外洒，用玻璃棒引流。注意要洗涤烧杯内壁和玻璃棒，使溶解的溶液全部转移至容量瓶中。

⑤ 定容　转移完全后，进行定容操作，注意摇匀容量瓶中的溶液。

⑥ 储存　由于容量瓶不能长时间装溶液，故容量瓶中的溶液应转移至试剂瓶中保存。溶液配制好后，应贴好瓶签，注明名称、浓度、配制日期等，并按规定方法保存。

注意，配制溶液用水应是去离子水或蒸馏水。为防止溶液中细菌的滋生，可进行除菌处理。在溶液储存过程中，注意溶液的稳定性，容易变质、氧化等的溶液必须现用现配。

（2）容量瓶及其使用

容量瓶是一种细颈梨形的平底玻璃瓶，一般带有磨口玻璃塞或塑料塞，如图 2-23 所示，可用橡皮筋或细绳将塞子系在容量瓶的颈部。容量瓶有多种规格，有 5mL、25mL、50mL、100mL、250mL、500mL、1000mL 及 2000mL 等。容量瓶主要用于配制准确浓度的溶液或定量地稀释溶液，其颈上有标度刻线，一般表示在 20℃时液体充满至标度刻线时的准确容积。为了正确地使用容量瓶，应注意以下几个方面。

① 容量瓶的检查　首先要看瓶塞是否漏水，其次需看标度刻线位置距离瓶口是否太近。若漏水或标线离瓶口太近，不便混匀溶液，则都不宜使用。

检查瓶塞是否漏水的方法如下：加满自来水至容量瓶标度刻线附近，盖好瓶塞。用左手食指按住塞子，其余手指拿住瓶颈标线以上部分，右手指尖托住瓶底边缘，如图 2-24 所示，将容量瓶倒立 2min，如不漏水，则将容量瓶直立，再转动瓶塞 180°后，继续倒立 2min，如不漏水，则可使用。

使用容量瓶时，不能将其玻璃磨口塞取下随便放在桌面上，以免沾污或搞错。当使用平顶的塑料塞子时，可将塞子倒置在干净的桌面上放置。容量瓶不能加热，不能当做试剂瓶使用，使用前后，清洗干净。

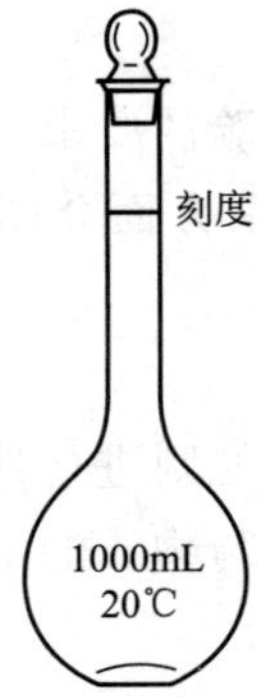

图 2-23　容量瓶

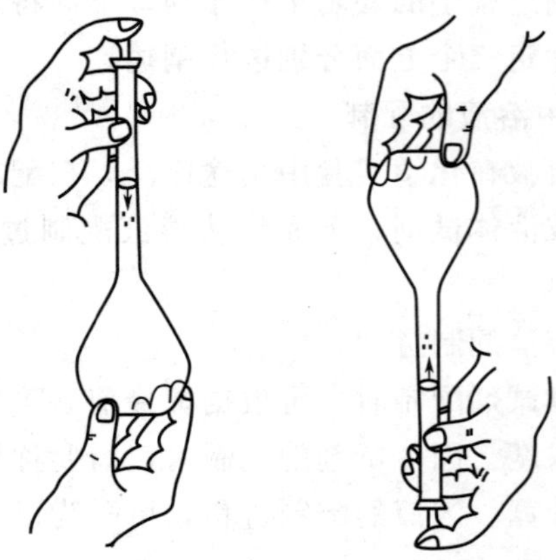

图 2-24　容量瓶检漏及摇匀操作

② 容量瓶配制溶液　将小烧杯中溶解的固体试样，定量转移入容量瓶的过程中，应将玻璃棒伸入容量瓶中，使其下端靠在瓶颈内壁，上端不碰瓶口，烧杯嘴紧靠玻璃棒，使溶液沿玻璃棒和内壁流入，如图 2-25 所示。溶液转移完全后，将烧杯直立，玻璃棒稍向上提起，把玻璃棒放回烧杯中。用洗瓶吹洗玻璃棒和烧杯内壁，将洗涤液转移至容量瓶中，重复 2～3 次。转移完全后，加蒸馏水至容量瓶容积的 3/4 左右，平摇，将溶液初步混匀。然后，将容量瓶平放于桌上，加蒸馏水至接近标线 1cm 左右，待沾附在瓶颈内壁的溶液流下，再用滴管滴加蒸馏水至标线。要求溶液的弯月面最低点边缘与标线相切。盖上瓶塞，按图 2-24 方式握容量瓶，将容量瓶倒转，使气泡上升到顶部，同时振荡溶液，再将容量瓶正立，再次倒立振荡，如此重复 10 次左右，使溶液充分混合均匀。

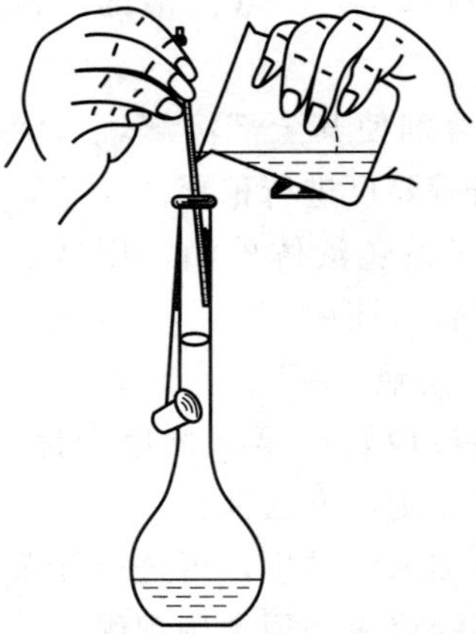

图 2-25　转移溶液操作

2. 缓冲溶液的配制

缓冲溶液具有一定的缓冲容量，能减缓外加少量酸碱或稀释而引起的 pH 值改变。其一般由共轭酸碱对或两性物质组成，由于共轭酸碱对的物质的量不同而具有不同的 pH 值和缓冲容量。在滴定分析中，一些反应要求溶液的 pH 值保持在一定范围内，以保证指示剂的变色，这就需要加入一定量的缓冲溶液。在生物体系中，pH 缓冲体系对维持生物正常的 pH 值和正常生理环境起到非常重要的作用。在生化研究中，常常需要使用缓冲溶液来维持实验体系的酸碱度。

在配制缓冲溶液过程中，若知道缓冲对的 pH 值、要配制的缓冲液的 pH 值及要求的缓冲液总浓度，就能按公式计算并称量所需要的量。一些常用缓冲溶液的配制，已有成熟的配制方法，附录九为常用缓冲溶液的配制方法。下面简单介绍缓冲溶液配制的基本步骤。

① 母液的配制　通过称量或移取一定纯度的固体或液体试剂，溶解、稀释、定容，得到所需浓度的母液 A 和 B。

② pH 值调节　将母液 A 和 B 根据一定比例进行混合稀释，调节 pH 值至要配制缓冲溶液的 pH 值，即得。

在配制缓冲溶液过程中，需要注意温度对缓冲溶液 pH 值的影响。

3. 标准溶液的配制与标定

标准溶液简称标液，是用标准物质配制或经标定的已知准确浓度的溶液。在滴定分析中常用作滴定剂，在其它分析中，可用于绘制工作曲线或作为计算标准。

(1) 标准溶液的配制方法

标准溶液的配制方法有直接配制法和间接配制法。直接配制法是用电子天平准确称取一定量的标准物质，溶解、定容、稀释后，再计算其准确浓度。

有些试剂纯度不够，或不稳定，如 NaOH 易吸收空气中的水和 CO_2，因而称得的质量不是纯 NaOH 质量；市售浓盐酸的浓度不定，且易挥发；$Na_2S_2O_3$ 和 $KMnO_4$ 不易提纯，且见光易分解等，需采用间接法进行配制。采用间接法配制的标准溶液，应先配制成近似浓度的溶液，再用基准物质进行标定，测定得到其准确浓度。能进行标定的基准物质应满足性质稳定，不易吸水、失水或变质；纯度高，纯度应≥99.9%；组成与化学式一致；参与反应时按反应式定量进行；有较大的摩尔质量等特点。

进行标定时，基准物质需用电子天平准确称量、溶解、定容后，配成准确浓度的溶液。然后，从容量瓶中准确移取一定体积的基准溶液于锥形瓶中，加入指示剂，以标准溶液进行滴定至终点。根据滴定所消耗标准溶液的体积，进行计算，获得标准溶液的准确浓度。在此过程中，准确移取一定体积的基准溶液需用移液管或吸量管，不能采用量筒量取。

(2) 移液管和吸量管的使用

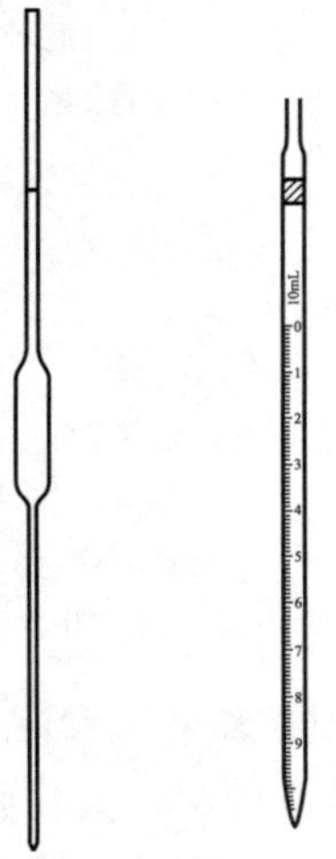

(a)　　(b)

图 2-26　移液管 (a) 和吸量管 (b)

移液管是用来准确量取一定体积溶液的量器，它是中间有一膨大部分的细长玻璃管，见图 2-26(a)。其下端为尖嘴状，上端管颈处刻有一圈标线，是所移取溶液准确体积的标志。在标明的温度下，当溶液的弯月面最低点边缘与管颈处标线相切时，让溶液按一定的方法流出，则流出的体积就是管上标明的体积。常用的移液管有 5mL、10mL、15mL、25mL 和 50mL 等规格。

吸量管是具有刻度的直形玻璃管，见图 2-26(b)，全称为“分度吸量管”，又称为“刻度移液管”，常用的吸量管有 1mL、2mL、5mL 和 10mL 等规格。移液管和吸量管所移取的溶液体积一般可准确到 0.01mL。吸量管的准确度不如移液管，一般用吸量管量取小体积且不是整数的溶液。

下面以移液管为例，介绍其使用方法。

① 洗涤　移液管使用前需要洗涤，洗涤顺序是先用铬酸洗液洗，以除去管内壁的油污，再用自来水冲洗，最后用蒸馏水洗涤干净，洗净后的管内壁应不挂水珠。

② 润洗　润洗过程是保证移取溶液与待吸取溶液浓度一致的重要步骤。移取溶液前，先用滤纸将移液管末端内外的水吸干，然后用欲移取的溶液润洗管壁 2～3 次。移取溶液时，左手拿洗耳球，将食指或拇指放在洗耳球的上方，其余手指自然地握住洗耳球。右手持移液管，右手的拇指和中指持住管标线以上部分，无名指和小指辅助拿住移液管。然后将洗耳球中的空气压出，将球的尖嘴接在移液管上口，如图 2-27 所示，将管尖插入溶液中吸取，慢慢松开压扁的洗耳球使溶液吸入管内，待溶液被吸至管体积的约三分之一处时（注意勿使溶

液流回，以免稀释溶液），迅速移去洗耳球，用右手食指堵住管口，取出，横持。转动移液管，使溶液均匀布满管内壁，以置换内壁的水分。然后将溶液从管的尖口放出并弃去，如此反复润洗 3 次。

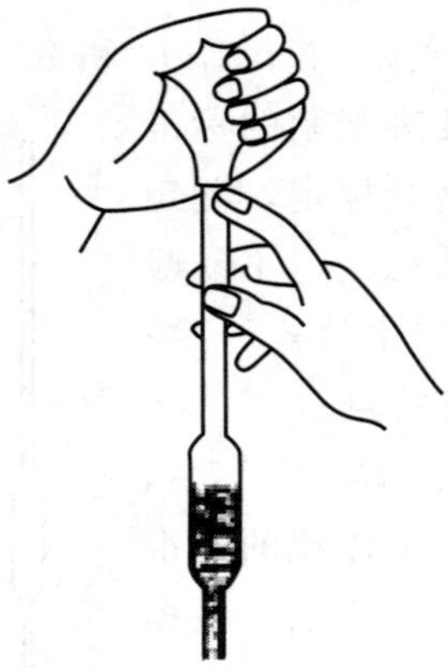

图 2-27　移液管吸取溶液操作

图 2-28　移液管放液操作

③ 移液　移液管润洗好后，可直接插入待吸液面以下 1～2cm 处。管尖伸入溶液中不能太浅或太深，太浅则液面下降易导致空吸；太深则管外壁附有过多溶液。吸液时，应使管尖随液面下降而下降。当洗耳球慢慢放松后，管中的液面上升至标线以上时，迅速移去洗耳球，同时用右手食指堵住管口，左手改拿原盛溶液容器。

④ 调节液面　将移液管向上提起，离开液面，并将管的下端原伸入溶液的部分沿容器内部轻转两圈，以除去管壁上的溶液。然后使容器倾斜成约 30°，管身保持直立，右手食指略微松动，使管内溶液慢慢从尖口流出，直到视线平视时弯月面最低点边缘与标线相切为止，立即用右手食指压紧管口。将尖端的液滴靠壁去掉，移出移液管。

⑤ 放液　移出移液管时，左手改拿接收容器，并将容器倾斜约 30°，使内壁紧贴移液管尖。然后放松右手食指，使溶液自然地顺壁流下，如图 2-28 所示。待管内溶液全部流完后，需等待 15s 左右（可左右旋转移液管），再取出移液管。这时，管尖部位仍留有少量溶液，如果移液管未标明“吹”字，则管尖部位留存的溶液是不可吹出的。因为移液管的标示容积已经考虑了管末端保留溶液的体积。

吸量管的操作与移液管基本相同，不能用来移取太热或太冷的溶液。在实验过程中，尽量使用同一支移液管或吸量管，以减少误差。在使用完毕后，应立即用自来水及蒸馏水冲洗干净移液管或吸量管，然后置于干净的移液管架上，不能烘干。

七、滴定分析

滴定分析又称容量分析，是一种经典的化学分析方法，通过已知准确浓度的标准溶液与被测物质反应达到化学计量点时，根据所消耗标准溶液的量计算被测物质含量的分析方法。

在滴定分析中，滴定管是其中最基本的测量仪器，是滴定操作时准确测量标准溶液体积的一种量器。滴定管是由具有精密刻度、内径均匀的细长玻璃管及开关组成。滴定管一般以玻璃或聚四氟乙烯为材料，材质透明，有无色和棕色两种颜色。根据长度和容积的不同，滴定管可分为常量滴定管、半微量滴定管和微量滴定管。常量滴定管容积有 50mL 和 25mL，刻度小至 0.1mL，读数可估读至 0.01mL。滴定管的管壁上有刻度线和数值，其中，“0”刻度在上，自上而下数值由小到大。滴定管分为酸式滴定管和碱式滴定管两种，见图 2-29（a）和（b）。

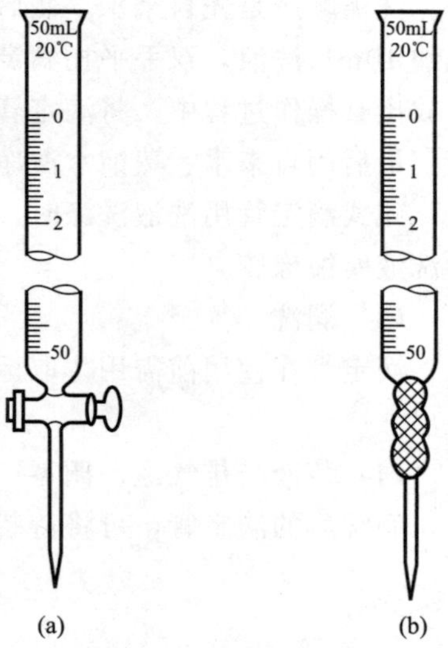

图 2-29　酸式滴定管（a）和碱式滴定管（b）

酸式滴定管又称具塞滴定管，下端有玻璃旋塞，用来装酸性、氧化性及盐类等溶液。碱式滴定管又称无塞滴定管，下端连有一根乳胶管，管内有玻璃珠，用来控制溶液的流出。碱式滴定管用来装碱性溶液和无氧化性溶液。具有氧化性的溶液或易与乳胶管起作用的溶液，如 $AgNO_3$、$KMnO_4$ 和 I_2 等不能使用碱式滴定管。

在滴定过程中，滴定管的使用非常重要，下面介绍滴定管的正确使用及注意事项。

（1）检查检漏

酸式滴定管使用前，应先检查旋塞转动是否灵活。碱式滴定管使用前应先检查乳胶管是否老化，玻璃珠大小和位置是否适当。检查完毕，洗涤干净之后，可进行检漏操作。将滴定管旋塞关闭，管内加满水至零刻度以上，垂直夹在滴定管架上，静置 2min 左右，观察是否漏水。若漏水或活塞转动不灵活，酸式滴定管应在旋塞与塞套内壁涂少许凡士林。碱式滴定管则应继续检查乳胶管和玻璃珠的问题，注意玻璃珠过大过小都应更换。

酸式滴定管涂凡士林方法如下：

凡士林起密封和润滑作用，不能涂得太多，以免堵住旋塞孔，也不能涂得太少，而达不到防止漏水和转动灵活的作用。首先，将滴定管平放在台上，把旋塞取出，用滤纸将旋塞和塞套内壁擦干。然后，用手指或玻璃棒蘸少许凡士林，在旋塞孔的两头沿圆周涂上薄薄一层或涂在旋塞的大头和塞套小口的内侧，紧靠塞孔两旁不能涂凡士林，以免堵住塞孔，如图 2-30 所示。涂完之后，把旋塞放回塞套内，向同一方向转动，直到从外面观察全部透明为止。最后，用橡皮圈套住，将旋塞固定在塞套内。

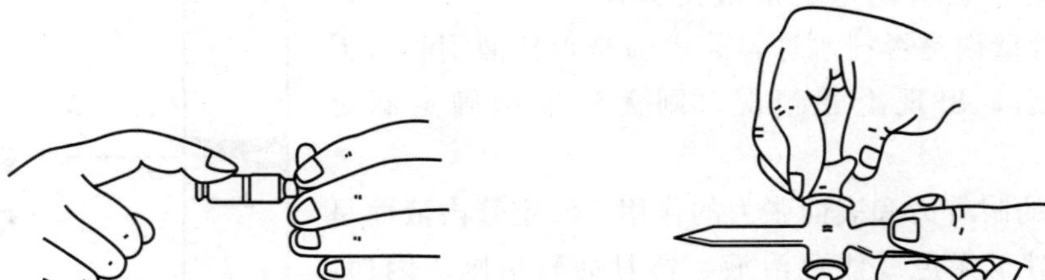

图 2-30　旋塞涂凡士林操作

（2）洗涤

滴定管使用前必须先洗涤，零刻度以上部位可用毛刷刷洗，零刻度以下部位可用洗液洗。洗涤顺序是先自来水，然后洗液，再自来水，最后蒸馏水洗涤。洗涤时，关闭旋塞，倒入约 10mL 洗液，双手平托滴定管的两端，不断转动滴定管，使洗液布满管内壁，最后从管口放出。操作过程中，将滴定管口对准洗液瓶口，以防洗液洒出，必要时可加洗液浸泡滴定管。最后用自来水、蒸馏水洗净。

碱式滴定管用洗液洗涤时，先把玻璃珠调至乳胶管最上端或除去乳胶管，以免强氧化性的洗液腐蚀橡胶。

(3) 润洗

滴定管在使用前需用待取标准溶液润洗 3 次，每次 10～15mL，并使溶液从滴定管下端流出。

(4) 装液与排气泡、调零

润洗后的滴定管，可将待装标准溶液倒入滴定管内至零刻度以上，注意不能借助其它容器进行转移，以免带来误差。装好溶液后，检查管尖嘴部分和乳胶管是否有气泡。如有气泡，将影响溶液体积的准确测量。若碱式滴定管内有气泡，可用右手拿滴定管，左手拇指和食指捏住玻璃珠部位，使乳胶管斜向上弯曲约 30°，捏挤乳胶管，使溶液从管口喷出，以排除气泡，如图 2-31 所示。若酸式滴定管内有气泡，则用右手拿滴定管，左手迅速打开旋塞，使溶液快速冲出管口，将气泡带走。酸式滴定管也可采用碱式滴定管的排气泡方法，但需在尖端先接上一根约 10cm 的乳胶管。气泡排完后，可补加溶液至零刻度以上，再调整溶液弯月面与零刻度线相切及以下。

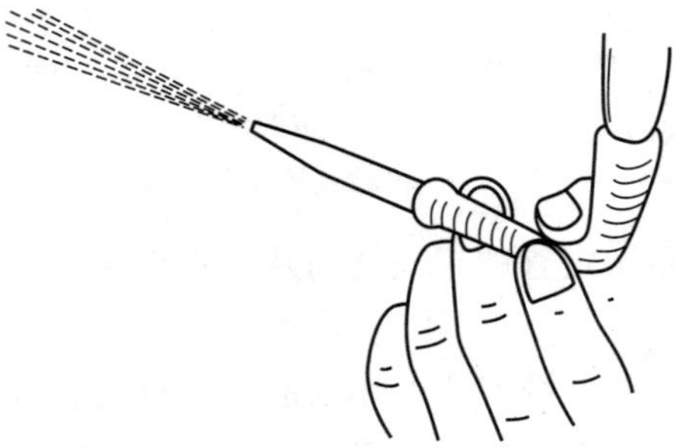

图 2-31 碱式滴定管排气泡方法

(5) 读数

一般而言，滴定管初读数应为 0.00mL 或 0～1mL 之间的任一刻度，以减小体积误差。读数时应遵循下列原则。

① 读数时，将滴定管从滴定管架上取下，右手大拇指和食指捏住滴定管上部无刻度处，使滴定管自然垂直。一般不能将滴定管夹在滴定管架上读数，因为这样很难保证滴定管垂直和准确读数。

② 在滴定管装入或放出溶液后，需静置 1～2min 之后再读数。这样，附着在管内壁的溶液则会流下来。每次读数前，应先看看管壁内是否挂水珠，管尖嘴是否挂液滴和有无气泡。若滴定后，出现上述情况，则无法准确确定滴定体积。

③ 由于水的附着力和表面张力的作用，滴定管内液面呈弯月形，尤其对于无色或浅色溶液，弯月面较清晰。因而，对于无色或浅色溶液，应读取弯月面下缘最低点，读数时，视线与弯月面最低点水平线相切，见图 2-32。而对于有色溶液，如 $KMnO_4$ 和 I_2 等，弯月面不够清晰，可读液面两侧的最高点。在读数过程中，注意初读数与终读数需采用同一标准。

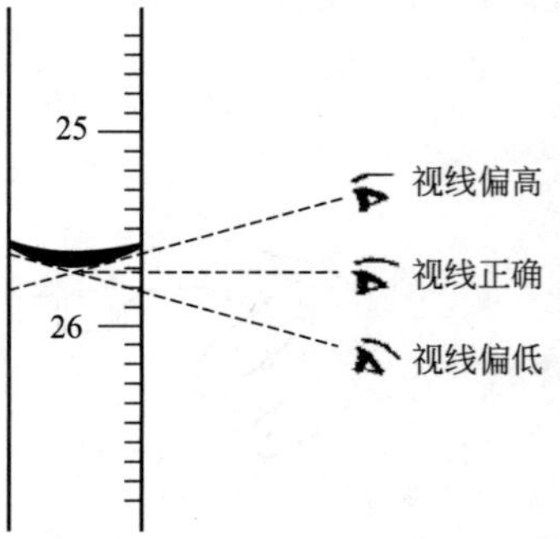

图 2-32 滴定管读数视线的位置

④ 读数必须至小数点后第二位，即要求估读到 0.01mL。使用的常量滴定管的最小刻度

为 0.1mL，需要正确估读其十分之一的值。为方便读数，可采用读数卡，在滴定管后放一黑白两色的读数卡。读数时，将读数卡放在滴定管背后，使黑色部分在弯月面下 1mm 左右。此时，弯月面的反射层即全部成为黑色，如图 2-33 所示。然后，读此黑色弯月下缘的最低点。但对有色溶液需读两侧最高点时，可用白色卡作为背景。

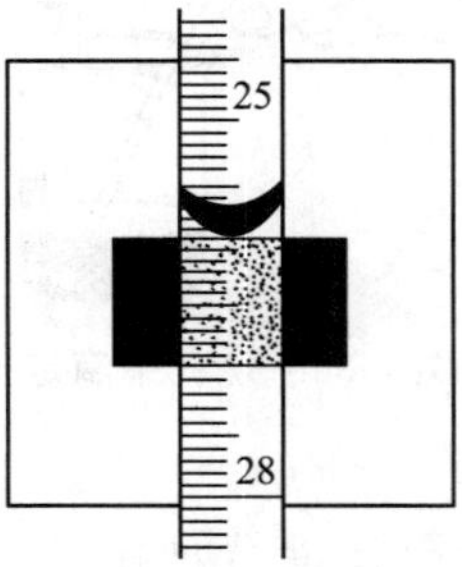

图 2-33 读数卡读数

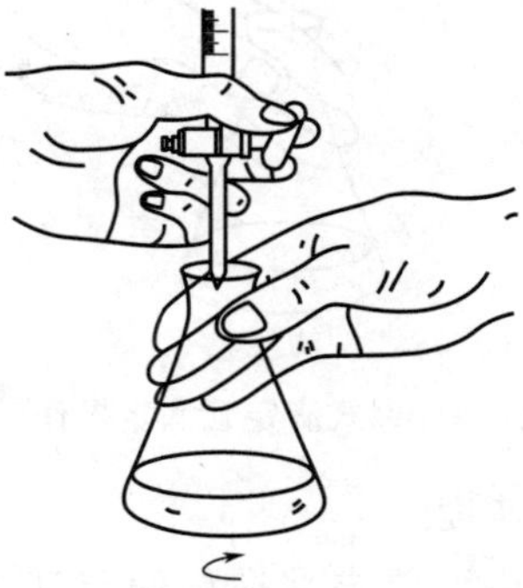

图 2-34 酸式滴定管滴定操作

⑤ 蓝带滴定管的读数与普通滴定管类似。当蓝带滴定管内盛溶液后，将出现两个弯月面尖端相交，此交点的位置即为蓝带滴定管的正确读数位置。

（6）滴定操作

滴定时，应将滴定管垂直地夹在滴定管架上，管刻度线一般面对操作人员，滴定台应为白色。

使用酸式滴定管时，管的旋塞在右边，但左手控制滴定管旋塞，其大拇指在管前，食指和中指在后，此三指控制旋塞的转动，无名指和小指弯曲在滴定管和旋塞下方之间的直角中，如图 2-34 所示。转动旋塞时，手指略微弯曲，向内旋转旋塞使溶液滴出。不能向外用力，避免产生使旋塞拉出的力而造成漏水。

使用碱式滴定管时，用左手握住滴定管管尖，其拇指在前，食指在后，其它指头辅助固定管尖。用左手的拇指和食指捏住玻璃珠中部靠上部位的乳胶管外侧，向右边挤乳胶管，使玻璃珠偏向手心，这样，玻璃珠与乳胶管之间形成一条空隙，溶液即可流出，如图 2-35 所示。

若在小烧杯中滴定，将小烧杯放在滴定台上，通过调节滴定管高度，使滴定管尖插入小烧杯内约 1cm。在烧杯中滴定时，需用玻璃棒搅拌，如图 2-36 所示，滴定管尖端应在烧杯中心的左后方，左手滴定溶液，右手持玻璃棒搅拌溶液。玻璃棒做圆周运动，不能碰到烧杯壁和底部。

若在锥形瓶中滴定，用右手大拇指、食指和中指握住瓶颈，其余两指辅助，使瓶底离台 2～3cm，滴定管尖深入瓶口约 1cm。左手滴定溶液，微动右手腕关节沿顺（或逆）时针方向摇动锥形瓶，使溶液在锥形瓶内均匀旋转，形成漩涡，边滴边摇，使滴下的溶液充分混合均匀。注意，摇瓶时，不能前后振动，以免溶液溅出。摇得不能太快，也不能太慢，以旋转出现漩涡为宜，摇得太慢，则溶液反应未完全，摇得太快，易导致溶液飞溅。

滴定过程中，左手不能离开旋塞，右手不得停止搅拌溶液或摇锥形瓶，必须边滴边摇。滴定时要站立好，调节滴定管到合适高度，不得俯在桌面滴定，也不得蹲着滴定，眼睛不要去看滴定管液面刻度，应注视溶液颜色的变化。

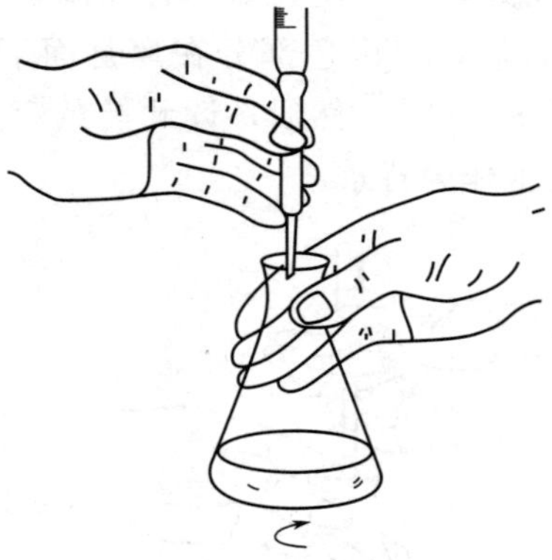

图 2-35 碱式滴定管滴定操作

图 2-36 烧杯中滴定操作

(7) 滴定速度

滴定过程中，要求掌握好滴定速度，开始滴定时，滴定速度可稍快，呈“见滴成线”状，即每秒 3～4 滴，也就是平时常说的成串滴定。注意不能滴得太快，导致出现“水线”状。当观察到溶液颜色变化，但摇动之后颜色快速消失，则可逐滴滴加，即加一滴，摇几下。当接近终点时，需要半滴半滴加入。半滴的加入方法是：小心放下半滴滴定液悬于管口，用锥形瓶内壁将其沾落，然后用洗瓶冲下。对于碱式滴定管，加半滴溶液时，应先松开大拇指和食指，再放开无名指和小指，以避免管尖产生气泡。

(8) 终点操作

达到终点时，应立即停止滴定，静置 1～2min 之后读终读数。注意，取下滴定管后，右手大拇指和食指捏住滴定管上部无刻度处，使管垂直，视线与弯月面平齐，再读数至小数点后第二位，记录数据。滴定结束后，滴定管内剩余溶液应弃去，洗净滴定管，夹在滴定管架上备用。

八、量器的校正

移液管、吸量管、容量瓶和滴定管是滴定分析的主要量器。由于制造工艺等限制，量器的实际容量与标称容量并不完全一致，总是存在或多或少的差值。为保证量器的准确度，这种差值必须符合一定的要求，允许存在的最大差值叫容量允差。根据容量允差的不同，玻璃量器分为 A 级和 B 级，此外还有 A_2 级。A 级量器常用于准确度要求较高的分析，如产品分析、标准溶液的制备等；B 级一般用于生产控制分析。由于玻璃具有热胀冷缩的特性，在不同的温度下，量器的体积不相同，因而规定玻璃量器的标准温度为 293K（即 20℃）。量器上通过标准量器标出的标线和数字称为量器在标准温度 20℃时的标称容量。

容量允差是量器的重要技术指标，使用时了解并熟悉这一指标，对正确选用量器和合理要求测定结果都是十分重要。表 2-2 为常用滴定管、吸量管、移液管标称容量允差，表 2-3 为常用容量瓶标称容量允差。

表 2-2 常用滴定管、吸量管、移液管标称容量允差（20℃）

标称容量/mL	滴定管容量允差/mL		吸量管容量允差/mL		移液管容量允差/mL	
	A 级	B 级	A 级	B 级	A 级	B 级
1	±0.005	±0.01	±0.008	±0.016	±0.007	±0.015

续表

标称容量/mL	滴定管容量允差/mL		吸量管容量允差/mL		移液管容量允差/mL	
	A级	B级	A级	B级	A级	B级
2	±0.005	±0.01	±0.01	±0.02	±0.01	±0.02
5	±0.01	±0.02	±0.025	±0.05	±0.015	±0.03
10	±0.025	±0.05	±0.05	±0.10	±0.02	±0.04
25	±0.04	±0.08	±0.05	±0.10	±0.03	±0.06
50	±0.05	±0.10	±0.10	±0.20	±0.05	±0.10
100	±0.10	±0.20			±0.08	±0.16

表 2-3 常用容量瓶标称容量允差（20℃）

标称容量/mL		5	10	25	50	100	200	250	500	1000
容量允差/mL	A级	±0.02	±0.02	±0.03	±0.05	±0.10	±0.15	±0.15	±0.25	±0.40
	B级	±0.04	±0.04	±0.06	±0.10	±0.20	±0.30	±0.30	±0.50	±0.80

在准确度要求较高时，必须对量器进行校正。校正方法有相对校正和绝对校正两种。

（1）绝对校正法

绝对校正法采用称量法，亦称衡量法校正量器，即在分析天平上称量被校量器中量出或量入的纯水的质量，再根据该温度下纯水的密度，将水的质量换算为标准温度 20℃时的容量，其公式为：

$$V_t=\frac{m_t}{\rho_t}$$

式中，V_t 为温度 t 时水的容量，mL；m_t 为在空气中，温度 t 时，以砝码称得水的质量，g；ρ_t 为在空气中，温度 t 时水的密度，$g \cdot mL^{-1}$。

然而，实际计算时要复杂得多，由于玻璃量器和水的容积均受温度和称量时空气浮力的影响，因而校正时需考虑下列因素的影响：①温度对水的密度、玻璃仪器的膨胀系数的影响；②空气浮力对纯水质量的影响。

（2）相对校正法

相对校正法也称容量校正法，通过比较两容器所盛溶液容积的比例关系来进行校正，一般用于配套使用的仪器。此时，重要的不是这二者的准确容量，而是二者的容量是否为准确的整倍数关系。例如，25mL 移液管和 250mL 容量瓶若配套使用，需进行相对校正。用洁净的 25mL 移液管准确移取纯水 10 次于 250mL 容量瓶中，仔细观察弯月面下缘最低点是否与容量瓶上标线相切。若正好相切，说明移液管与容量瓶容积比为 1∶10，可使用原标线。若不相切，则表明有误差，必须在容量瓶上做一新的标记。

校正时必须注意，量器必须保证洁净，校正过程的读数、操作必须规范，操作温度尽可能接近室温。

九、离心分离

离心分离是借助于离心力，使密度不同的物质进行分离的方法。对于一些密度相差较少，黏度较大，颗粒粒度较细的两相体系的分离，可以选择离心分离法。

离心分离的核心部分是离心分离设备，根据产生离心力的方式不同，可分为水旋和器旋两类。器旋类分离设备指各种离心机，是由高速旋转的转鼓产生离心力。离心机的种类和型号很多，根据转速的大小，可分为高速、中速、低速离心机等。根据转鼓形状的不同，可分为管式、转筒式、盘式和板式离心机。另外，按操作过程可分为间歇式和连续式离心机；按转鼓的安装角度，可分为立式和卧式离心机等。离心分离机的作用原理有离心沉降和离心过滤两种。离心沉降是被分离物质围绕一中心轴做旋转运动，由于密度不同的物质受到的离心力不同，从而沉降速度不同，以此达到分离。在分离过程中，由于不同转速下物质受到的离心力不同，转速越高，物质受到的离心力越大。因而，离心分离可使沉降速率增大，使物质在较短的时间得到更好的分离。离心过滤是使离心力作用在过滤介质上，液体通过过滤介质成为滤液，而固体颗粒被截留在介质表面，从而实现固-液分离。

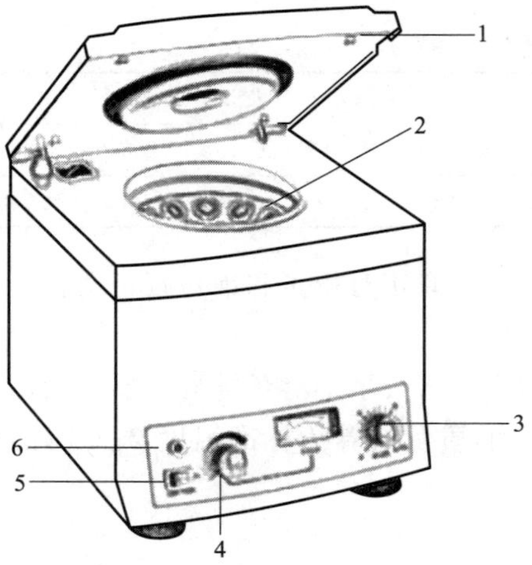

图 2-37　TGL-16G 型离心机

1—离心机盖；2—转子；3—时间旋钮；4—转速旋钮；5—电源开关；6—指示灯

目前，实验室常用离心机大多利用的是离心沉降原理。对于生物样品的分离，可选用冷冻离心机。下面以 TGL-16G 型离心机为例，如图 2-37 所示，简单介绍离心机的使用。

① 检查离心机是否放置平稳，面板上各旋钮是否在规定的位置。

② 将已配平好的离心管对称放入转子内，盖好。离心管及溶液必须配平，质量相等，并对称放置，否则在旋转过程中易导致转轴弯曲。

③ 接通电源，设置时间和转速。在停止状态可进行参数的设置，用定时旋钮选择所需时间，然后再将调速旋钮调至所需转速，离心开始运行。

④ 达到设定时间后，将调速旋钮归零，等停机后取出离心管即可。在离心运行过程中，严禁打开盖门。

十、过滤

过滤是在推动力的作用下，位于一侧的悬浮液（或含尘气）中的流体通过多孔介质的孔道向另一侧过滤流动，颗粒则被截留，从而实现流体与颗粒的分离操作过程。被过滤的悬浮液又称为滤浆，过滤时截留下的颗粒层称为滤饼，过滤的清液称为滤液。

1. 常压过滤

常压过滤也叫普通过滤，又叫过滤，一般是利用漏斗和滤纸将浊液分为滤液和滤饼，对固液两相予以分离的操作。

（1）过滤的操作

① 普通漏斗　大多数普通漏斗是玻璃质，但也有搪瓷的。通常分长颈和短颈两种。铜制的漏斗夹套叫热滤漏斗套。

② 滤纸的折叠、剪裁与安放　过滤后如果为获取滤液时，应先按需要过滤溶液的量选择大小适当的漏斗。然后，由漏斗的大小确定选用滤纸的大小。选取半径比漏斗边高 0.5～1cm 的圆形滤纸，并将圆形滤纸对折两次即可。

滤纸剪裁好后，展开即呈一圆锥体，一边为三层，另一边为一层［图 2-38(a) (b)],

将其放入玻璃漏斗中。滤纸放入漏斗后，其边沿应略低于漏斗的边沿［图 2-38(d)］。若滤纸边沿超出漏斗的边沿是不能使用的［图 2-38(c)］。规格标准的漏斗其斗角应为 60°，滤纸可以完全贴在漏斗壁上。如漏斗规格不标准（非 60°角），滤纸和漏斗将不密合，这时需要重新折叠滤纸，把它折成一个适当的角度，使滤纸与漏斗密合。

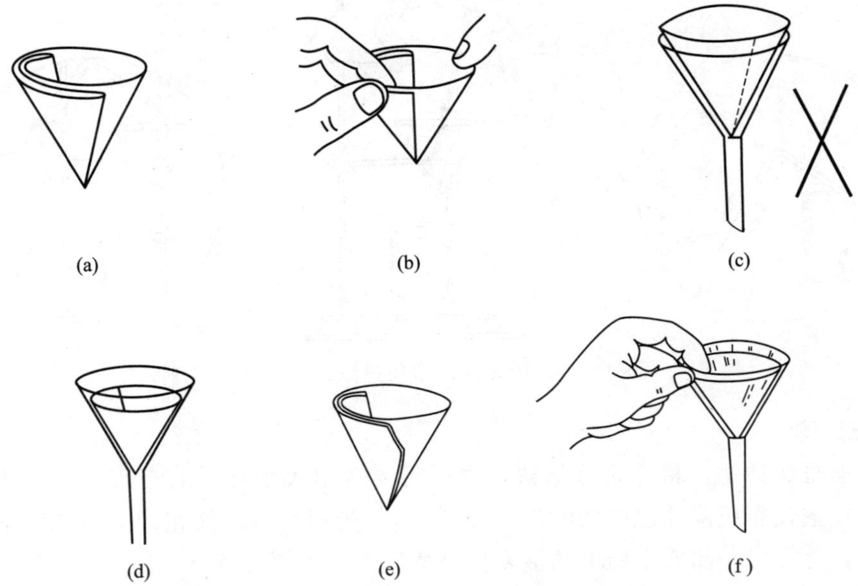

图 2-38　滤纸的安放

然后撕去折好滤纸外层折角的一个小角［图 2-38(e)］，用食指把滤纸按在漏斗内壁上［图 2-38(f)］，用水湿润滤纸，并使它紧贴在壁上，赶去滤纸和漏斗壁之间的气泡。过滤时可使漏斗颈内充满滤液，利用液柱下坠曳引漏斗内液体下漏，使过滤大为加速。否则，存在气泡将延缓液体在漏斗颈内下流而减缓过滤速度。

常压过滤时，先将敷好滤纸的漏斗放在漏斗架上，把容积大于全部滤液体积 2 倍的清洁烧杯放在漏斗下面，并使漏斗管末端与烧杯壁接触（图 2-39）。这样，滤液可顺着杯壁下流，不致溅失，同时还可加快过滤速度。将溶液和沉淀沿着玻璃棒靠近三层滤纸一边缓缓倒入漏斗中。液面不得超过滤纸边缘下 0.5cm，但液面高度提升有利于加快过滤速度。溶液滤完后，用少量蒸馏水洗涤原烧杯壁和玻璃棒，再将此溶液倒入漏斗中。待洗涤液滤完后，再用少量蒸馏水，冲洗滤纸和沉淀。

如果溶液中的溶质在温度稍下降时易大量结晶析出，为防止它在过滤过程中留在滤纸上，则应采用热滤漏斗进行过滤。

(2) 注意事项

① 漏斗必须放在漏斗架上（或铁架台上合适的圆环上），不得用手拿着。

② 漏斗下要放清洁的接收器（通常是烧杯），而且漏斗管末端要靠在下面接收器的壁上，不得离开器壁。

③ 过滤时，必须细心地沿着玻璃棒倾泻待过滤溶液，不得直接往漏斗中倒。

④ 引流的玻璃棒下端应靠近三层滤纸一边，而不应靠近一层滤纸一边，以免滤纸破损，达不到过滤目的。

⑤ 每次倾入漏斗中的待过滤溶液不能超过漏斗中滤纸高度的 2/3。

⑥ 过滤完毕，不要忘记用少量蒸馏水冲洗玻璃棒和盛待过滤溶液的烧杯，以及最后用少量蒸馏水冲洗滤纸和沉淀（图 2-39）。

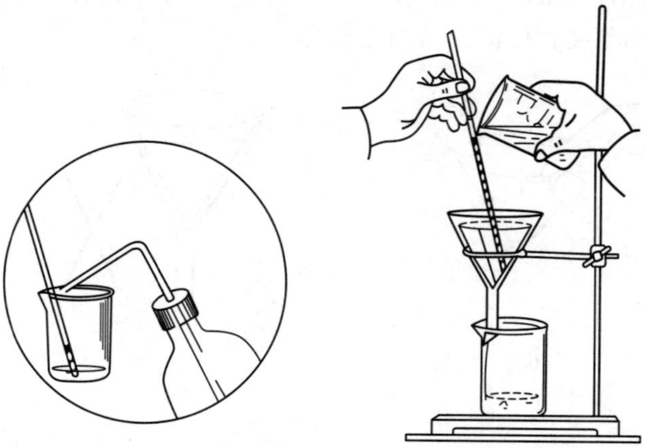

图 2-39 常压过滤

2. 减压过滤

减压过滤也叫抽滤，特点是过滤快，根据需要选用大小合适的布氏漏斗（或玻璃钉漏斗）和刚好覆盖住布氏漏斗底部的滤纸（图 2-40）。先用与待滤液相同的溶剂湿润滤纸，然后打开水泵，并慢慢关闭安全瓶上的活塞使吸滤瓶中产生部分真空，使滤纸紧贴漏斗。将待滤液及晶体倒入漏斗中，液体穿过滤纸，晶体收集在滤纸上。关闭水泵前，先将安全瓶上的活塞打开或拆开抽滤瓶与水泵连接的橡皮管，以免水倒吸流入吸滤瓶中。

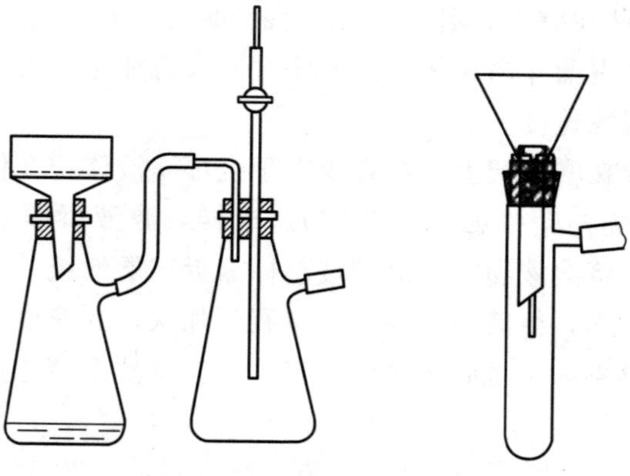

(a) (b)

图 2-40 减压过滤装置（a）和玻璃钉过滤装置（b）

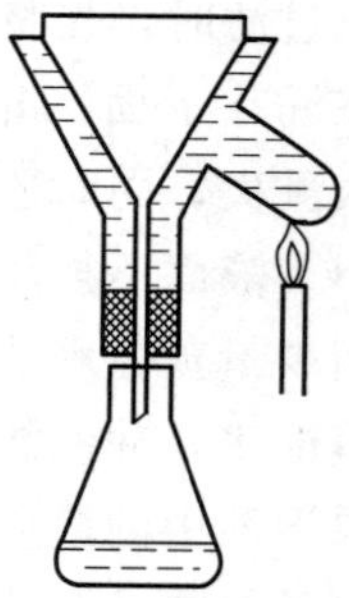

图 2-41 热过滤装置

3. 热过滤

在过滤中，如果随着温度的降低有固体从溶液中析出时，就必须进行热过滤，以除去不溶性杂质，避免在过滤过程中有结晶析出。使用易燃溶剂进行热过滤时，附近的火源必须熄灭。

常用短颈或无颈的玻璃漏斗，以免溶液在漏斗下部管颈遇冷而析出结晶，影响过滤。热过滤所用的玻璃漏斗需事先加热，或者将漏斗放入铜质热保温套中，在保温情况下过滤，见图 2-41。

为了增大母液和滤纸的接触面积，加快过滤速度，常将滤纸折成扇形滤纸使用。扇形滤纸的折叠方法如图 2-42 所示。

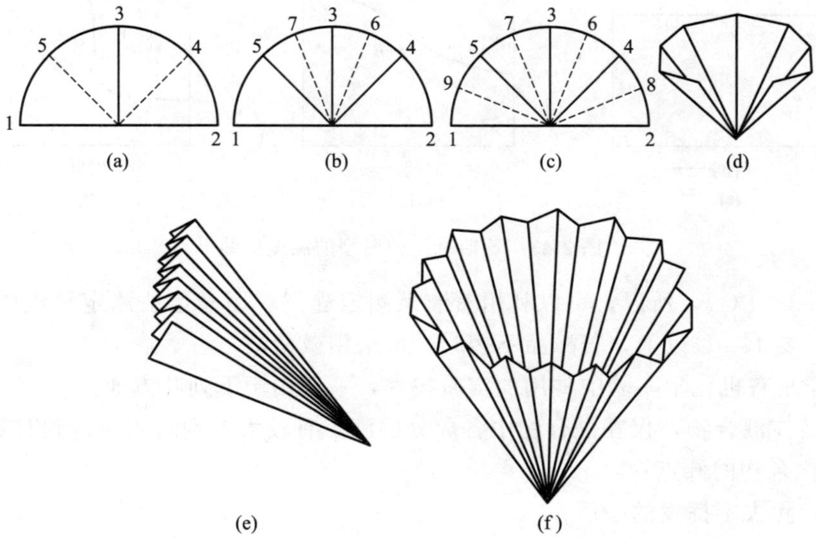

图 2-42 扇形滤纸的折叠方法

将滤纸对折成两等分，再向里对折成四等分；打开后，将每等分再向里对折成八等分，见图 2-42(a)～(d)。然后沿着每个八等分的中线，互成反方向各再折一次，成十六等分，如图 2-42(e) 所示。请注意一点，在接近圆心处不能太用力折，以免磨损造成滤纸破裂。折好后，原样放好（不要展开），等要热过滤时再将滤纸翻转并整理好后再放入漏斗中使用。

十一、蒸馏

蒸馏是一种热力学的分离工艺，它利用混合液体或液-固体系中各组分沸点不同，使低沸点组分蒸发，再冷凝以分离整个组分的单元操作过程，是蒸发和冷凝两种单元操作的联合。蒸馏是分离沸点不同的化合物的重要方法，按其分离过程中的压力不同可分为常压蒸馏和减压蒸馏。

1. 常压蒸馏

（1）原理

当液态物质受热时，分子热运动使其从液体表面逃逸出来，形成蒸气压，随着温度升高，蒸气压增大，当该物质蒸气压和大气压或体系内压力相等时，液体沸腾，这时的温度称为该液体的沸点。每种纯液态有机化合物在一定压力下均具有固定的沸点。

利用蒸馏可将沸点相差较大（如相差 30℃以上）的液态混合物分开。所谓蒸馏就是将液态物质加热到沸腾变为蒸气，又将蒸气冷凝为液体这两个过程的联合操作。如蒸馏沸点差别较大的液体时，沸点较低的先蒸出，沸点较高的随后蒸出，难挥发的留在蒸馏器内，这样，可达到分离和提纯的目的。故蒸馏为分离和提纯液态有机化合物常用的方法之一，是重要的基本操作。蒸馏时三种典型的温度曲线见图 2-43。

但在蒸馏沸点比较接近的混合物时，各种物质的蒸气将同时蒸出，只不过低沸点的多一些，故难于达到分离和提纯的目的，只好借助于分馏。纯液态有机化合物在蒸馏过程中沸点

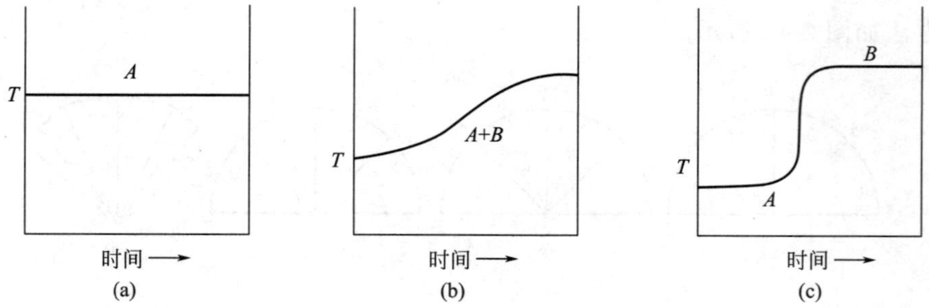

图 2-43　蒸馏时三种典型的温度曲线

范围很小（0.5～1℃），所以，可以利用蒸馏来测定沸点，用蒸馏法测定沸点叫常量法，此法用量较大，要 10mL 以上，若样品不多时，可采用微量法。

蒸馏操作是有机化学实验中常用的实验技术，一般用于下列几方面：

a. 分离液体混合物，仅在混合物中各成分的沸点有较大差别时才能达到有效的分离；

b. 测定化合物的沸点；

c. 提纯，除去不挥发的杂质；

d. 回收溶剂，或蒸出部分溶剂以浓缩溶液。

（2）蒸馏的步骤

常压蒸馏是由仪器安装、加料、加热、收集馏出液四个步骤组成。

① 仪器安装

常压蒸馏装置由蒸馏瓶（长颈或短颈圆底烧瓶）、蒸馏头、温度计套管、温度计、直形冷凝管、接引管、接收瓶等组装而成，见图 2-44。

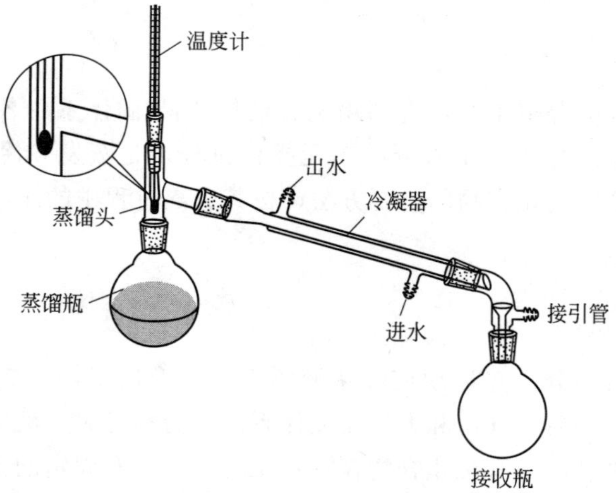

图 2-44　普通蒸馏装置及温度计放置的位置

在装配过程中应注意以下几点。

a. 为了保证温度测量的准确性，温度计水银球的位置应按图 2-44 所示放置，即温度计水银球上限与蒸馏头支管下限在同一水平线上。

b. 任何蒸馏或回流装置均不能密封，否则，当液体蒸气压增大时，轻者蒸气冲开连接口，使液体冲出蒸馏瓶，重者装置会发生爆炸而引起火灾。

c. 安装仪器时，应首先确定仪器的高度，一般在铁架台上放上升降台，将电热套放在升降台上，再将蒸馏瓶放置于电热套中间。然后，按自下而上，从左至右的顺序组装，仪器组装应做到横平竖直，铁架台一律整齐地放置于仪器背后。

② 常压蒸馏操作

a. 加料　做任何实验都应先组装仪器后再加原料。加液体原料时，取下温度计和温度计套管，在蒸馏头上口放一个长颈漏斗，注意长颈漏斗下口处的斜面应超过蒸馏头支管，慢慢地将液体倒入蒸馏瓶中。

b. 加沸石　为了防止液体暴沸，再加入 2～3 粒沸石。沸石为多孔性物质，刚加入液体中小孔内有许多气泡，它可以将液体内部的气体导入液体表面，形成汽化中心。如加热中断，再加热时应重新加入新沸石，因原来沸石上的小孔已被液体充满，不能再起汽化中心的作用。同理，分馏和回流时也要加沸石。

c. 加热　在加热前，应检查仪器装配是否正确，原料、沸石是否加好，冷凝水是否通入，一切无误后再开始加热。开始加热时，电压或温度可以调得略高一些，一旦液体沸腾，水银球部位出现液滴，开始控制调压器电压或温度控制按钮，以蒸馏速度每秒 1～2 滴为宜。蒸馏时，温度计水银球上应始终保持有液滴存在，如果没有液滴说明可能有两种情况：一是温度低于沸点，体系内气-液相没有达到平衡，此时，应将电压调高；二是温度过高，出现过热现象，此时，温度已超过沸点，应将电压调低。

d. 馏分的收集　收集馏分时，当出现第一滴液体时，此时的温度为 T_1，继续加热，温度计上升的温度慢慢趋于稳定，此时的温度为 T_2，$T_1 \sim T_2$ 之间收集的馏分称为馏头或前馏分，这时应取下接收馏头的容器，换一个经过称量的、干燥的容器来接收馏分，即产物。当温度计的温度出现较为明显的升高或降低时，停止接收，出现变化前的温度记为 T_3，$T_2 \sim T_3$ 为该物质的沸点（或沸程）。沸程越小，蒸出的物质越纯。

e. 停止蒸馏　馏分蒸完后，如不需要接收第二组分，可停止蒸馏。应先停止加热，将电压调至零点或温度调为零，关掉电源，取下电热套。待稍冷却后馏出物不再继续流出时，取接收瓶保存好产物，关掉冷却水，按安装仪器的相反顺序拆除仪器，即按次序取下接收瓶、接引管、冷凝管和蒸馏烧瓶，并加以清洗。

③ 注意事项

a. 蒸馏前应根据待蒸馏液体的体积，选择合适的蒸馏瓶。一般被蒸馏的液体的体积为蒸馏瓶容积的 2/3 为宜，蒸馏瓶越大，产品损失越多。

b. 在加热开始后发现没加助沸剂，应停止加热，待稍冷却后再加入助沸剂。助沸剂一般是碎瓷片、人造沸石及毛细管，千万不可在沸腾或接近沸腾的溶液中加入助沸剂，以免在加入助沸剂的过程中发生暴沸。

c. 对于沸点较低又易燃的液体，如乙醚，应用水浴加热，而且蒸馏速度不能太快，以保证蒸气全部冷凝。如果室温较高，接收瓶应放在冷水中冷却，在接引管支口处连接橡胶管，将未被冷凝的蒸气导入流动的水中带走。

d. 在蒸馏沸点高于 140℃ 的液体时，应用空气冷凝管。主要原因是温度高时，水作为冷却介质，冷凝管内外温差增大，而使冷凝管接口处局部骤然遇冷容易断裂。

2. 减压蒸馏

（1）原理

当液体的蒸气压等于外压时，此时的温度为该液体的沸点。常压蒸馏非常简便，然而，由于许多待蒸馏化合物在接近正常沸点温度时，会发生分解、氧化或重排等反应。有时，杂质在高温下也能催化这些反应。如果用真空泵把蒸馏系统中的空气抽走，使液体表面上的压力降低，就可降低液体的沸点。这种在较低压力下进行的蒸馏，叫做减压蒸馏。它是分离提纯有机物常用的方法。

给定压力下的沸点可以近似地从下列公式求出：

$$\lg p = A + \frac{B}{T}$$

式中，p 为蒸气压；T 为沸点（热力学温度）；A、B 为常数。如以 $\lg p$ 为纵坐标，$1/T$ 为横坐标作图，可以近似地得到一条直线。因此可以从两组已知的压力和温度算出 A 和 B 的数值。再将所选择的压力代入上式算出液体的沸点。但实际上许多物质沸点的变化不完全如此，这是由物质的物理性质（主要是分子在液体中的缔合程度）所决定的。因此在实际的减压蒸馏中，我们可以参考图 2-45 所示的经验关系图来估计一个化合物的沸点和压力的关系，即从某一已知常压下的沸点推算出某一压力下的沸点。

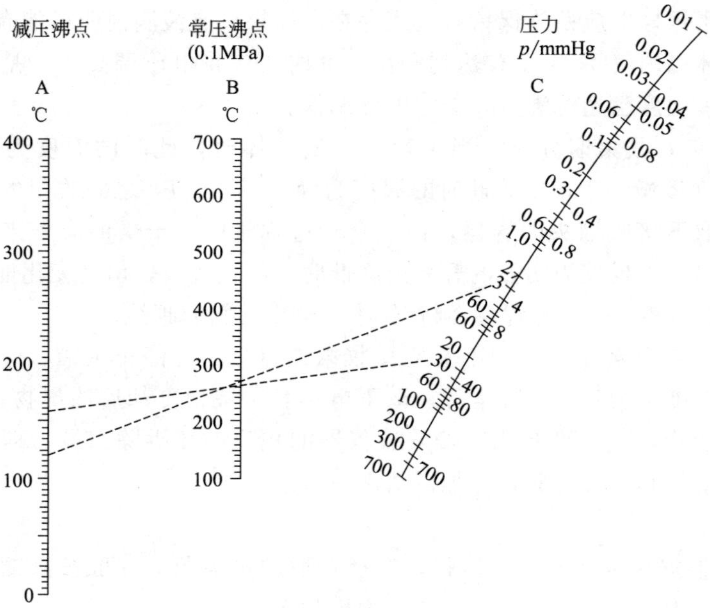

图 2-45　液体在常压下的沸点与减压下的沸点的经验关系图

例如，某液体化合物在常压下的沸点为 260℃，减压蒸馏时，体系压力为 20mmHg (2.67kPa)。该压力下，这一液体化合物的沸点是多少呢？根据图 2-45，用尺子连接 C 上的 20mmHg (2.67kPa) 与 B 上的 260℃两点，延伸至 A 上得一交点，该点便是该液体化合物在 20mmHg 下的沸点（约为 160℃），表示为 160℃/2.67kPa。同理，当已知某一液体化合物文献沸点为 120℃/2mmHg（0.266kPa），也可以用图 2-45 估计出常压下的沸点约为 270℃。

在一些有机化学手册中可以查到某些有机化合物的 A、B 常数值，这样即可直接计算出任一压力下的近似沸点，有些手册则直接给出化合物的蒸气压与沸点关系图。下面是两种估计减压对沸点影响的方法。

当从一个大气压降到25mmHg时，高沸点化合物的沸点可下降100～125℃。当压力在10～25mmHg之间，压力每下降1mmHg，沸点降低1℃左右。

要更详尽地了解不同压力下化合物的沸点，可查阅压力-温度关系图（图2-46）或计算表，也可用物理化学上介绍的Clausius-Clapegron方程式的积分计算求得。

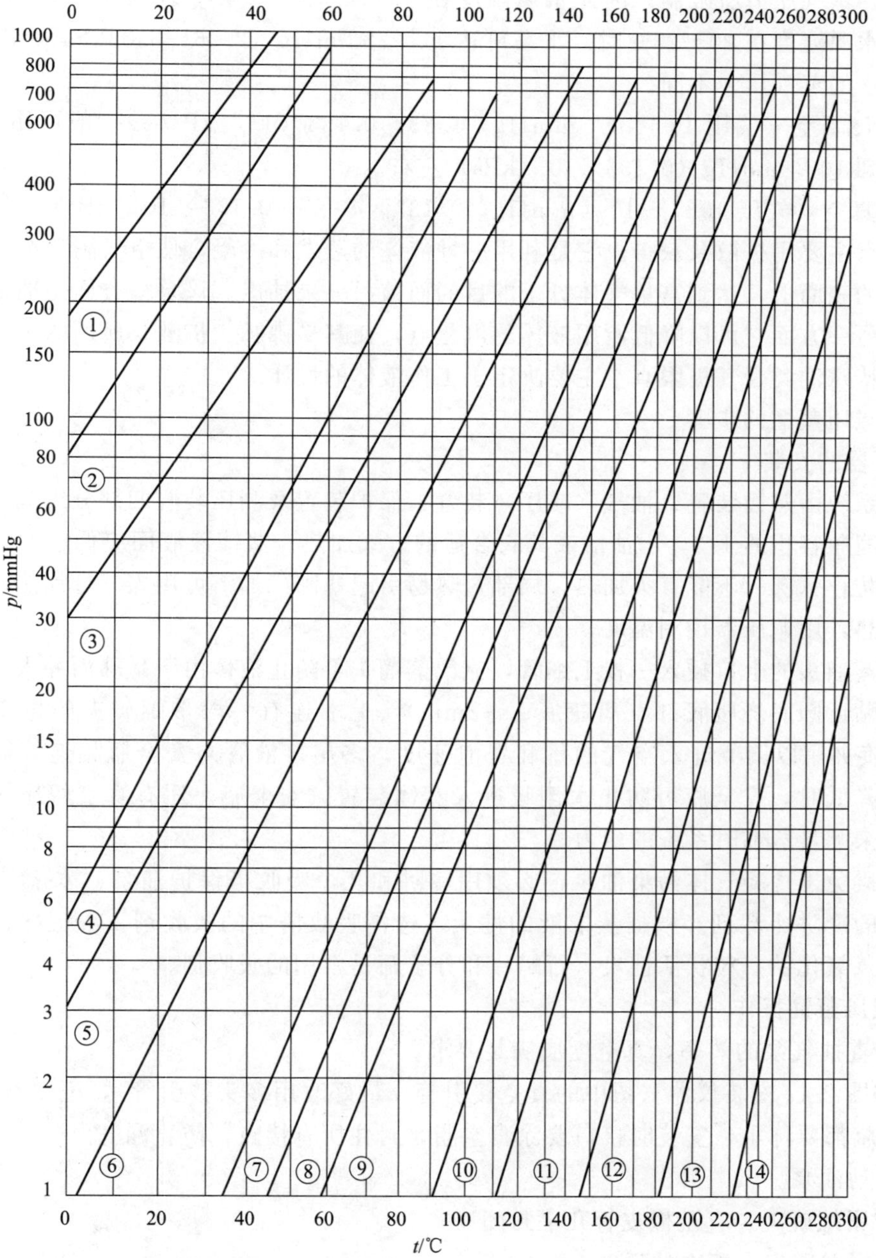

图2-46 某些有机物的压力与温度的关系

①乙醚；②丙酮；③苯；④水；⑤氯苯；⑥溴苯；⑦苯胺；⑧硝基苯；⑨喹啉；⑩十二烷基醇；⑪丙三醇；⑫邻苯二甲酸二丁酯；⑬二十四烷；⑭二十八烷

所谓真空只是相对真空，我们把任何压力较常压低的气态空间称之为真空，因此真空在程度上有很大的差别。为了应用方便，常常把不同程度的真空划分成几个等级。

a. 低真空（气压 760～10mmHg，101～1.33kPa） 在实验室中低真空一般可用水泵获得。水泵的抽空效率与水泵的质量及泵中水的流速和水温有关。好的水泵所能达到的最大真空度受水的蒸气压力所限制，因此水源温度在 3～4℃时，水泵可达 6mmHg（0.8kPa）真空度；而水源温度在 20～25℃时，水泵可达 17～25mmHg（2.26～3.33kPa），因为在不同温度下，水的蒸气压力不同。

b. 中度真空（气压 $10\sim10^{-3}$mmHg，$1.33\sim0.133\times10^{-3}$kPa） 一般可用油泵获得，最高可达到 10^{-3}mmHg（0.133×10^{-3}kPa）左右。

c. 高真空（气压 $10^{-3}\sim10^{-8}$mmHg，$0.133\times10^{-3}\sim0.133\times10^{-8}$kPa） 在实验室要达到高真空主要用扩散泵获得。它是利用一种液体的蒸发和冷凝，使空气附着在凝聚时所形成的液滴的表面上，达到富集气体分子的目的而被另一泵抽出。该泵一方面是抽走集结的气体分子，另一方面它可以降低所用液体的汽化点，使其易沸腾。扩散泵所用的工作液可以是油或其它特殊油类，其极限真空主要决定于工作液体的性质。

（2）减压蒸馏的步骤

① 仪器的安装

整个系统由蒸馏装置、抽气（减压）装置、保护装置及测压装置四部分组成。蒸馏液不能超过蒸馏瓶容积的 1/2，用油浴或其它合适的方式加热。蒸馏液液面应低于油浴液面，这样有助于防止暴沸。不能直火加热，局部过热易引起暴沸。油浴可用煤气灯加热，也可以用电阻丝加热，用调压器控制温度。

克氏蒸馏头的上口插入一根毛细管，克氏蒸馏头可防止液体由于暴沸而冲入冷凝管。毛细管下端贴近圆底烧瓶底部（离瓶底 1～2mm），上端连有一段带螺旋夹的橡皮管，见图 2-47。螺旋夹用以调节进入空气的量和冒泡速度，多尾接液管与安全瓶相连。当用水泵减压，水压降低时，安全瓶可防止水倒吸进入蒸馏装置。安全瓶上还有真空解压阀（活塞），压力计用来测量蒸馏时系统的压力。

为了避免未冷凝气体污染油泵，必须用冷阱和几个吸收塔保护油泵。冰-盐、液氮和干冰是常用的冷阱冷却剂。根据蒸馏液的性质，选择吸收塔中的吸收剂。浓硫酸、无水氯化钙、固体氢氧化钠、粒状活性炭、石蜡片和分子筛是常用的吸收剂。

② 减压蒸馏操作

a. 检查抽气泵的效率，真空度应满足要求。

b. 按图 2-47 安装仪器（图中的真空接引管，最好改用多头接引管），记住戴上防护镜，所有接收瓶都要称重，安装时接口要涂真空脂，封住所有接点，防止漏气。

c. 开动油泵。

d. 拧紧螺旋夹，直至橡皮管几乎封闭。

e. 缓慢关闭安全瓶上的活塞。

f. 几分钟后，记录压力。如压力不符合要求，全面检查所有接点是否严密。获得良好的真空度后，才能继续下面的操作。

g. 缓慢打开活塞，让内外压力逐渐平衡，关闭油泵，解除真空。

h. 加入待蒸馏液（不超过蒸馏烧瓶容积的 1/2），确保毛细管接近圆底烧瓶底部，打开油泵。此时安全瓶上解压阀应处在开启状态。真空未达最大，不能加热。慢慢关闭解压阀，

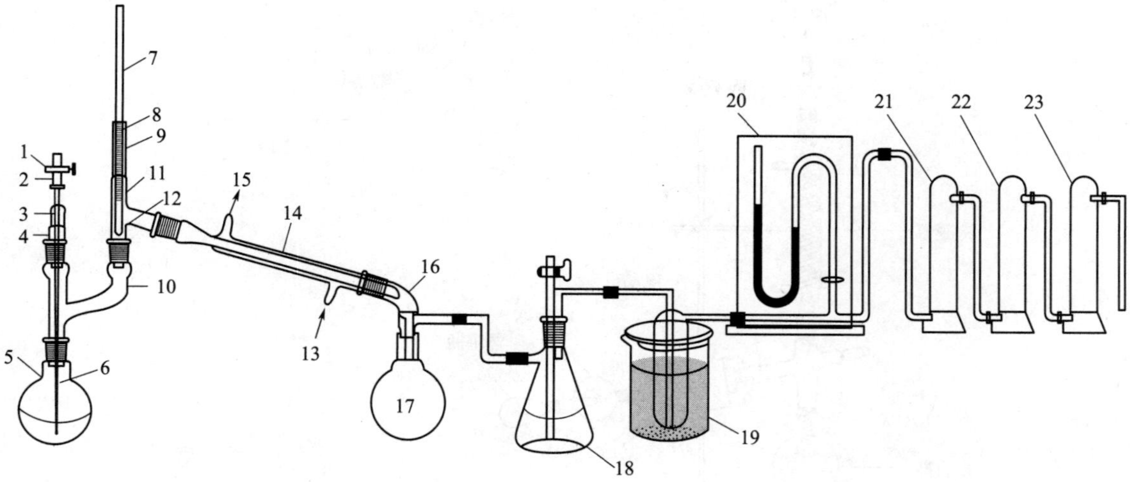

图 2-47　减压蒸馏装置

1—螺旋夹；2—橡胶管；3,8—单孔塞；4,9—套管；5—圆底烧瓶；6—毛细管；7—温度计；10—Y 形管；11—蒸馏头；12—水银球；13—进水；14—直形冷凝管；15—出水；16—真空接引管；17—接收瓶；18—安全瓶；19—冷阱；20—压力计；21—氯化钙塔；22—氢氧化钠塔；23—石蜡块塔

并准备随时打开。

i. 观察毛细管冒泡，调节螺旋夹，活塞关闭时，应有连续小气泡通过液体。

j. 调节升降台升高热源，开始加热。

k. 升温，当冷凝的蒸气环上升至温度计水银球且温度已恒定后，蒸馏开始，记录蒸馏时的温度、压力，蒸馏速度应保持 1 滴/s 左右。

l. 当新馏分（相同压力，沸点较高）蒸出时，转动多尾接引管，更换接收瓶收集相应的馏分。

m. 蒸馏结束，移去热源，让蒸馏瓶冷却，缓慢打开螺旋夹，然后解除真空，关掉油泵，移去接收瓶，所有的玻璃仪器拆下后立即清洗，以免接头粘连。

③ 注意事项

a. 减压蒸馏装置中与减压系统连接的橡皮管应都用耐压橡皮管，否则在减压时会因抽瘪而堵塞。

b. 一定要缓慢旋开安全瓶上的活塞，使压力计中的汞柱缓慢地恢复原状，否则，汞柱急速上升，有冲破压力计的危险。

(3) 旋转薄膜蒸发仪与溶剂的蒸除

在有机化学实验中，常常遇到的问题是蒸除大量溶剂，这是一项烦琐又耗时的工作。由于长时间加热，有时会造成化合物分解。而使用旋转薄膜蒸发仪则可以解决这个问题。

旋转薄膜蒸发仪装置见图 2-48。它由马达带动可旋转的圆底烧瓶、冷凝器和接收瓶组成，可在减压下使用。用热浴加热圆底烧瓶（水浴或油浴），由于装有待蒸发溶液的圆底烧瓶不断旋转，溶液在旋转过程中不断附于瓶壁形成薄膜，蒸发面积增大，在减压下极易挥发，不加沸石也不产生暴沸现象。实际操作中，为了防止溶液冲出或溶剂流回到圆底烧瓶，可在圆底烧瓶与转动的磨口间加防溅球（图 2-49）。

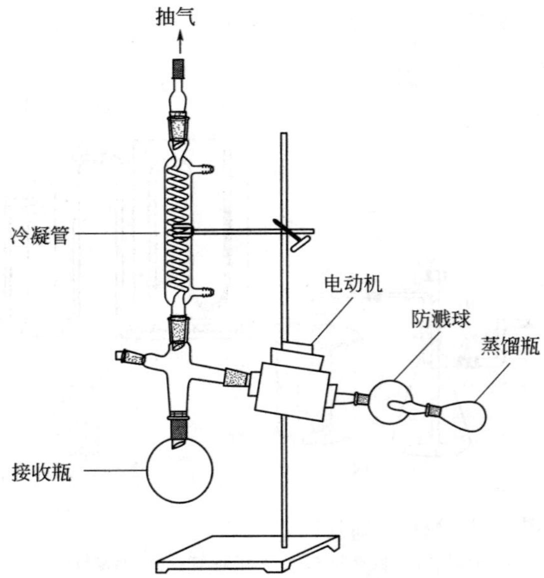

图 2-48　旋转薄膜蒸发仪

图 2-49　防溅球

使用旋转薄膜蒸发仪时，首先将所有仪器连接固定好，容易脱滑的位置应当用特制的夹子夹住。在冷凝器中通入冷凝水或装入冷却剂，然后打开水泵，关闭连在系统与水泵间的安全瓶活塞，使系统抽紧。确认整个系统已抽紧后（从压力计可以看出真空度），打开电动机开关，使蒸馏瓶旋转。小心加热装有蒸馏液的圆底烧瓶，热源温度根据被蒸溶剂在测出的系统的真空度下的沸点确定。加热时，使圆底烧瓶缓慢受热，蒸馏速度不可太快，以免造成冲冒等事故。蒸馏完毕，先关掉电动机开关，然后保护好蒸馏瓶，再解除真空。拆下蒸馏瓶，关闭冷凝水，回收接收瓶中的溶剂。

3. 水蒸气蒸馏

（1）原理

当两种互不相溶（或难溶）的液体 A 与 B 共存于同一体系时，每种液体都有各自的蒸气压，其蒸气压的大小与每种液体单独存在时的蒸气压一样（彼此不相干扰）。根据道尔顿（Dalton）分压定律，混合物的总蒸气压为各组分蒸气压之和。即

$$p = p_A + p_B$$

式中，p 为总的蒸气压；p_A 为与水不相混溶物质的蒸气压；p_B 为水的蒸气压。混合物的沸点是总蒸气压等于外界大气压时的温度，因此混合物的沸点比其中任一组分的沸点都要低。水蒸气蒸馏就是利用这一原理，将水蒸气通入不溶或难溶于水的有机化合物中，使该有机化合物在 100℃以下便能随水蒸气一起蒸馏出来。当馏出液冷却后，有机液体通常可从水相中分层析出。

根据气态方程式，在馏出液中，随水蒸气蒸出的有机物与水的物质的量之比等于它们在沸腾时混合物蒸气中的分压之比。即

$$\frac{n_A}{n_B} = \frac{p_A}{p_B}$$

式中，n_A、n_B 表示随水蒸气蒸出的有机物与水的物质的量，亦表示两种物质在一定容

积的蒸气中的物质的量。

而 $n_A = m_A/M_A$，$n_B = m_B/M_B$。其中 m_A、m_B 为各物质在一定容积中蒸汽的质量，M_A、M_B 为其分子量。因此这两种物质在馏出液中的相对质量可按下式计算：

$$\frac{m_A}{m_B}=\frac{M_A n_A}{M_B n_B}=\frac{M_A p_A}{M_B p_B}$$

上述关系式只适用于与水互不相溶或难溶的有机物，而实际上很多有机化合物在水中或多或少有些溶解，因此这样的计算仅为近似值，而实际得到的要比理论值低。如果被分离提纯的物质在 100℃以下的蒸气压为 1～5mmHg，则其在馏出液中的含量约占 1%，甚至更低，这时就不能用水蒸气蒸馏来分离提纯，而要用过热水蒸气蒸馏，方能提高被分离或提纯物质在馏出液中的含量。

水蒸气蒸馏是分离和纯化有机化合物的重要方法之一，它广泛用于从天然原料中分离出液体和固体产物，特别适用于分离那些在其沸点附近易分解的物质；适用于分离含有不挥发性杂质或大量树脂状杂质的产物；也适用于从较多固体反应混合物中分离被吸附的液体产物，其分离效果较常压蒸馏或重结晶好。

使用水蒸气蒸馏法时，被分离或纯化的物质应具备下列条件：

① 一般不溶或难溶于水；

② 在沸腾下与水长时间共存而不起化学反应；

③ 在 100℃左右时应具有一定的蒸气压（一般不小于 10mmHg）。

（2）水蒸气蒸馏的步骤

① 水蒸气蒸馏装置安装

水蒸气蒸馏装置由水蒸气发生器和简单蒸馏装置组成，图 2-50 是实验室常用水蒸气蒸馏装置。当用直接法进行水蒸气蒸馏时，用简单蒸馏或分馏装置即可。

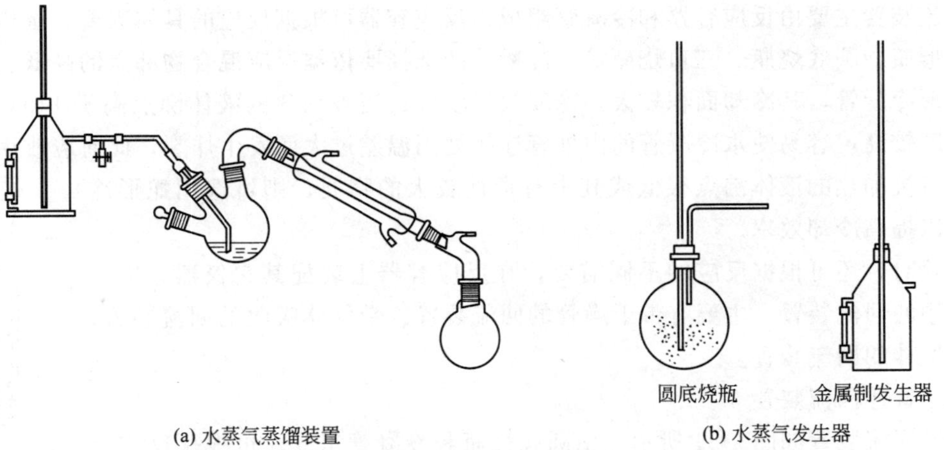

(a) 水蒸气蒸馏装置　　(b) 水蒸气发生器

图 2-50　水蒸气蒸馏装置

水蒸气发生器的上边安装一根长的玻璃管，将此管插入发生器底部，距底部距离 1～2cm，可用来调节体系内部的压力并可防止系统发生堵塞时出现危险，蒸汽出口管与一支玻璃三通管连接，它的一端与水蒸气发生器连接，另一端与蒸馏装置连接，下口接一段软的乳胶管，用螺旋夹夹住，以便调节蒸汽量。在与蒸馏系统连接时管路越短越好，否则水蒸气冷凝后会降低蒸馏瓶内温度，影响蒸馏效果。

② 水蒸气蒸馏的操作要点

蒸馏瓶可选用圆底烧瓶，也可用三口瓶。被蒸馏液体的体积不应超过蒸馏瓶容积的 1/3。将混合液加入蒸馏瓶后，打开三通上的螺旋夹。开始加热水蒸气发生器，使水沸腾。当有水从三通下面喷出时，将螺旋夹拧紧，使蒸汽进入蒸馏系统。调节进汽量，保证蒸汽在冷凝管中全部冷凝下来。

在蒸馏过程中，若在插入水蒸气发生器中的玻璃管内，蒸汽突然上升至几乎喷出时，说明蒸馏系统内压增高，可能系统内发生堵塞。应立刻打开螺旋夹，移走热源，停止蒸馏，待故障排除后方可继续蒸馏。当蒸馏瓶内的压力大于水蒸气发生器内的压力时，将发生液体倒吸现象，此时，应打开螺旋夹或对蒸馏瓶进行保温，加快蒸馏速度。

当馏出液不再浑浊时，用表面皿取少量馏出液，在日光或灯光下观察是否有油珠状物质，如果没有，可停止蒸馏。

停止蒸馏时先打开三通上的螺旋夹，移走热源，待稍冷却后，将水蒸气发生器与蒸馏系统断开。收集馏出物或残液（有时残液是产物），最后拆除仪器。

十二、回流

反应器中的液体经过加热产生蒸气，蒸气经过冷凝管时被冷凝，又流回到反应容器中，像这样连续不断地沸腾汽化与冷凝流回的过程叫做回流。这种装置就是回流装置。

1. 原理

许多有机化学反应，往往需要在溶剂中进行较长时间的加热。为防止在加热时反应物、产物或溶剂的蒸发逸散，避免易燃、易爆或有毒物质造成事故与污染，并确保产物收率，可在反应容器上竖直安装一支冷凝管，使反应体系中的液体被冷却回流至反应容器中，保持一定的反应温度进行反应，从而避免溶剂损失。

2. 回流操作

回流装置主要由反应容器和冷凝管组成。反应容器可根据反应的具体需要，选用适当规格的锥形瓶、圆底烧瓶、三口烧瓶等。冷凝管的选择要依据反应混合物沸点的高低。一般多采用球形冷凝管，其冷却面积较大，冷凝效果较好；当被加热的液体沸点高于 140℃时，其蒸气温度较高，容易使水冷凝管的内外管连接处因温差过大而发生炸裂，此时应改用空气冷凝管；若被加热的液体沸点很低或其中有毒性较大的物质，则可选用蛇形冷凝管，以提高冷却效率。

实验时，还可根据反应的不同需要，在反应容器上装配其它仪器，构成不同类型的回流装置。主要有带干燥管的回流装置、带气体吸收的回流装置、带机械搅拌的回流装置。

（1）普通回流装置

普通回流装置如图 2-51 所示。由圆底烧瓶和冷凝管组成。可根据反应物料量的不同，选择不同规格的圆底烧瓶。一般以所盛物料量占烧瓶容量的 1/2 左右为宜。若反应中有大量气体或泡沫产生，则应选用容积稍大些的烧瓶。

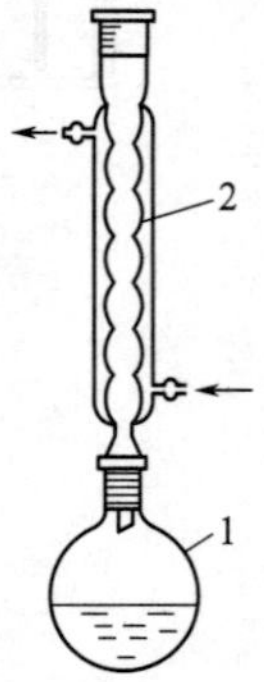

图 2-51 普通回流装置

1—圆底烧瓶；2—冷凝管

安装时以热源的高度为基准，首先固定圆底烧瓶，然后装配冷凝管，用铁夹夹在其中部固定。冷凝管下端为进水口，上端为出水口。

原料物及溶剂等可事先加入反应容器中，再安装冷凝管等其它仪器；也可在安装完毕后由冷凝管上口通过玻璃漏斗加入液体物料，或从安装温度计的侧口加入物料。沸石应事先加入。

检查装置各连接处的严密性后，先通冷却水，再开始加热。最初宜缓慢升温，然后逐渐升高温度使反应液沸腾或达到要求的反应温度。反应时间从第一滴回流液落入反应器中开始计算。

调节加热温度及冷却水流量，控制回流速度，使液体蒸气浸润面不超过冷凝管有效冷却长度的 1/3、回流速度为 2～3 滴/s 为宜，中途不可断冷却水。

回流结束时，应先停止加热，待冷凝管中没有蒸气后再停冷却水，冷却后按由上到下的顺序拆除装置。

（2）带有干燥管的回流装置

带有干燥管的回流装置如图 2-52 所示。与普通回流装置不同的是，在回流冷凝管上端装配有干燥管，以防止空气中的水汽进入反应体系。为防止体系被封闭，干燥管内不要填装粉末状干燥剂。可在管底塞上脱脂棉或玻璃棉，然后填装颗粒状或块状干燥剂（如无水氯化钙等）。干燥剂和脱脂棉或玻璃棉都不能装（或塞）得太实，以免堵塞通道，使整个装置成为封闭体系而造成事故。

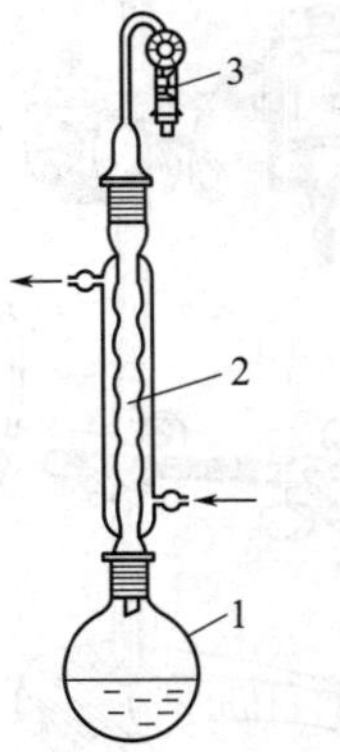

图 2-52 带有干燥管的回流装置

1—圆底烧瓶；2—冷凝管；3—干燥管

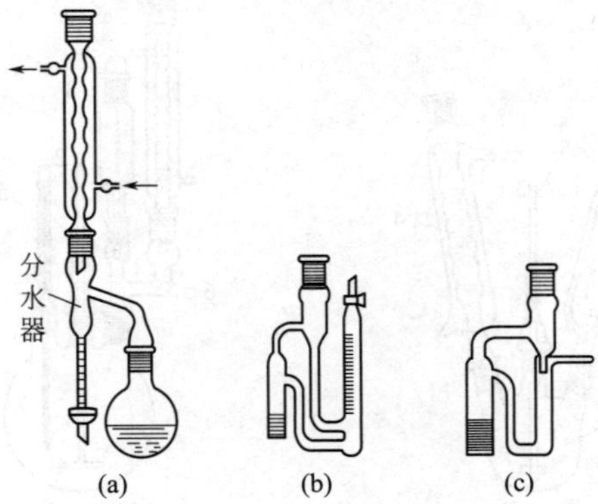

图 2-53 带有分水器的回流装置

（3）带有分水器的回流装置

带有分水器的回流装置是在反应容器和冷凝管之间安装一个分水器，如图 2-53(a) 所示。

带有分水器的回流装置常用于可逆反应体系。当反应开始后，反应物和产物的蒸气与水蒸气一起上升，经过冷凝管时被冷凝然后流回到分水器中，静置后分层，反应物和产物由侧管流回反应容器，而水则从反应体系中分出。由于反应过程中不断除去了生成物之一——水，因此使平衡向增加反应产物的方向移动。

当反应物及产物的密度小于水时，采用图 2-53(a) 所示的装置。加热前先在分水器中装满水，并使水面略低于支管口，然后放出比反应中理论出水量略多些的水。当反应物及产物的密度大于水时，则应采用图 2-53(b) 或（c）所示的分水器。采用图 2-53(b) 所示的分水器时，应在加热前用原料物通过抽吸的方法将刻度管充满；若需分出大量的水分，则可采用图 2-53(c) 所示的分水器，该分水器不需事先用液体填充，水充满时可直接排出。

使用带有分水器的回流装置制备物质时，可在出水量达到理论值后停止回流。

(4) 带有气体吸收的回流装置

带有气体吸收的回流装置如图 2-54(a) 所示。与普通回流装置不同的是多了一气体吸收装置，见图 2-54(b)、(c)。将一根导气管通过单孔塞与回流冷凝管的上口相连接，由导气管导出的气体通过接近液面的漏斗口（或导管口）进入吸收液中。

使用此装置要注意：漏斗口（或导管口）不得完全浸入吸收液中；在停止加热（包括反应过程中因故暂停加热）前，必须将盛有吸收液的容器移去，以防倒吸。

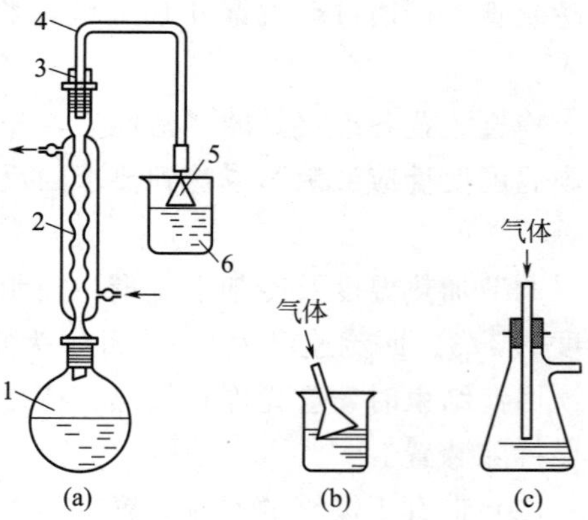

图 2-54　带有气体吸收的回流装置
1—圆底烧瓶；2—冷凝管；3—单孔塞；4—导气管；5—漏斗；6—烧杯

(5) 带有机械搅拌器、测温仪和滴液漏斗的回流装置

这种回流装置在反应容器上同时安装机械搅拌器、测温仪及滴液漏斗等仪器，如图 2-55 所示。

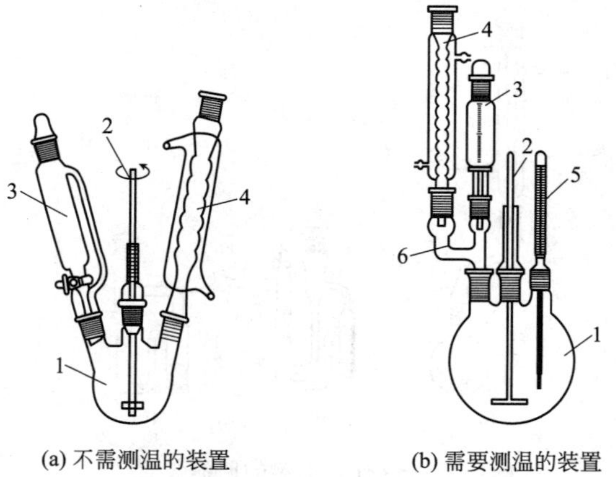

图 2-55　带有搅拌器、测温仪和滴液漏斗的回流装置
1—三口烧瓶；2—搅拌器；3—滴液漏斗；4—冷凝管；5—温度计；6—双口接管

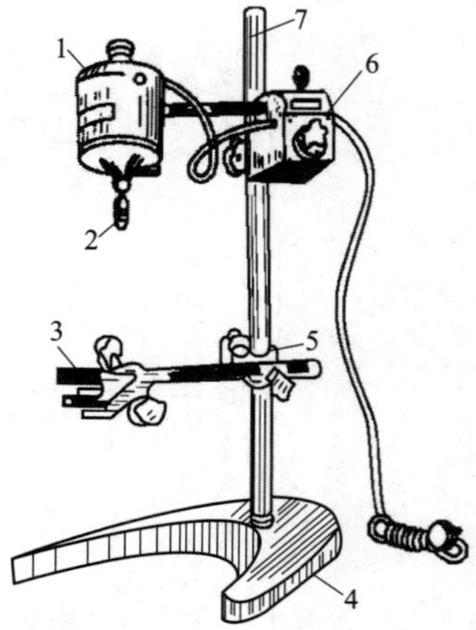

图 2-56　机械搅拌器
1—微型电动机；2—搅拌器轧头；3—固定夹；4—底座；5—十字夹；6—调速器；7—支柱

搅拌能使反应物之间充分接触，使反应物各部分受热均匀，并使反应放出的热量及时散开，从而使反应顺利进行。使用搅拌装置，既可缩短反应时间，又能提高反应效率。常用的搅拌装置是机械搅拌器。机械搅拌器由带支柱的机座、微型电动机和调速器等三部分组成（图 2-56）。电动机主轴配有搅拌器轧头，通过它将搅拌棒扎牢。

用于回流装置中的电动搅拌器一般具有密封装置。实验室用的密封装置有三种：简易密封装置、液封装置和聚四氟乙烯密封装置。

一般实验可采用简易密封装置［图 2-57(a)］。其制作方法是（以三口烧瓶作反应器为例）：在三口烧瓶的中口配上塞子，塞子中央钻一光滑、垂直的孔洞，插入一段长 6～7cm、内径比搅拌棒稍大些的玻璃管，使搅拌棒能在玻璃管内自由地转动；取一段长约 2cm、弹性较好、内径能与搅拌棒紧密接触的橡胶管，套于玻璃管上端，然后自玻璃管下端插入已制好的搅拌棒，这样，固定在玻璃管上端的橡胶管因与搅拌棒紧密接触而起到了密封作用；在搅拌棒与橡胶管之间涂抹几滴甘油或凡士林，可起到润滑和加强密封的作用。

液封装置如图 2-57(b) 所示。其主要部件是一个特制的玻璃密封管，可用石蜡油作填充液（油封闭器），也可用水银作填充液（汞封闭器）进行密封。

聚四氟乙烯密封装置如图 2-57(c) 所示，主要由置于聚四氟乙烯瓶塞和螺旋压盖之间的硅橡胶密封圈起密封作用。

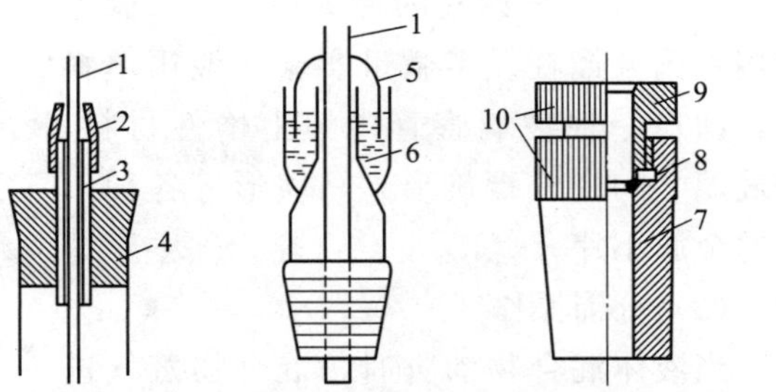

图 2-57　密封装置

1—搅拌棒；2—橡胶管；3—玻璃管；4—胶塞；5—玻璃密封管；6—填充液；7—塞体；8—胶垫；9—塞盖；10—滚花

密封装置装配好后，将搅拌棒的上端用橡胶管与固定在电动机转轴上的一短玻璃棒连接，下端距离三口烧瓶底约 0.5cm。在搅拌过程中要避免搅拌棒与塞中的玻璃管或烧瓶底相碰撞。

三口烧瓶的中间颈要用铁夹夹紧固定在搅拌器的支柱上。进一步调整搅拌器或三口烧瓶的位置，使装置正直。先用手转动搅拌棒，应无内外玻璃互相碰撞声。然后低速开动搅拌器，试验运转情况。当搅拌器和玻璃管、瓶底间没有摩擦的声音时，方可认为仪器装配合格，否则需要重新调整。最后再装配三口烧瓶另外两个颈口中的仪器。先在一个侧口中装配一个双口接管，双口接管上安装冷凝管和滴液漏斗。冷凝管和滴液漏斗也需用铁夹固定在搅拌器的支柱上。三口烧瓶的另一侧口装配温度计。再次开动搅拌器，如果运转正常，才能投入物料进行实验。

向反应器内滴加物料，常采用滴液漏斗或恒压漏斗。滴液漏斗的特点是当漏斗颈深入液面下时，仍能从伸出活塞的小口处观察滴加物料的速度。恒压漏斗除具有上述特点外，当反应器内压力大于外界大气压时，仍能顺利地滴加物料。

十三、分馏

简单分馏主要用于分离两种或两种以上沸点相近且混溶的有机溶液。分馏在实验室和工业生产中被广泛应用，工业上常称为精馏。

1. 原理

简单蒸馏能分离两种或两种以上沸点相差较大的液体混合物。而采用分馏柱能使沸点相近的液体化合物分离和提纯，这种方法称为分馏。

分馏就是在蒸馏瓶和蒸馏头之间加一支分馏柱的蒸馏。装上分馏柱且操作合理，一次分馏相当于连续几次的普通蒸馏。当烧瓶中的蒸气通过分馏柱时，部分冷凝，向下流动。如果柱温保持下高上低，当冷凝液向下流动时，将有部分蒸发，未冷凝蒸气和冷凝液重新蒸发的蒸气在柱中越升越高，同时不断重复这种蒸发-冷凝过程，这等于在柱内进行一系列普通蒸馏，一次次蒸发-冷凝，蒸气中易挥发组分越来越多，而向下流动的冷凝液难挥发组分越来越多，这样将液体混合物中的各组分分离开。简言之，分馏即为反复多次的简单蒸馏。在实验室常采用分馏柱来实现，而工业上采用精馏塔。

2. 分馏的步骤

(1) 分馏装置

分馏装置与简单蒸馏装置类似，不同之处是在蒸馏瓶与蒸馏头之间加了一根分馏柱，如

图 2-58 所示。分馏柱的种类很多，实验室常用韦氏分馏柱。半微量实验一般用填料柱，即在一根玻璃管管内填上惰性材料，如玻璃、陶瓷或螺旋形、马鞍形等各种形状的金属小片。

（2）分馏操作

当液体混合物沸腾时，混合物蒸气进入分馏柱（可以是填料塔，也可以是板式塔），蒸气沿柱身上升，通过柱身进行热交换，在柱内进行反复多次的冷凝-汽化-再冷凝-再汽化过程，以保证达到柱顶的蒸气为纯的易挥发组分，而蒸馏瓶中的液体为难挥发组分，从而高效率地将混合物分离。分馏柱沿柱身存在着动态平衡，不同高度段存在着温度梯度，此过程是一个热和质的传递过程。

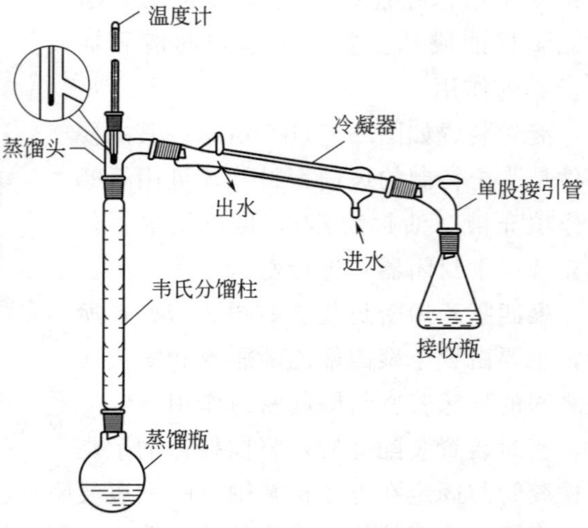

图 2-58　简单分馏装置图

3. 注意事项

① 在分馏过程中，不论使用哪种分馏柱，都应防止回流液体在柱内聚集，否则会减少液体和蒸气的接触面积，或者使上升的蒸气将液体冲入冷凝管中，达不到分馏的目的。为了避免这种情况的发生，需在分馏柱外面包一定厚度的保温材料，以保证柱内具有一定的温度，防止蒸气在柱内冷凝太快。当使用填充柱时，往往由填料装得太紧或不均匀，造成柱内液体聚集，这时需要重新装柱。

② 对分馏来说，在柱内保持一定的温度梯度是极为重要的。在理想情况下，柱温度与蒸馏瓶内液体沸腾时的温度接近。柱内自下而上温度不断降低，直至柱顶接近易挥发组分的沸点。一般情况下，柱内温度梯度的保持是通过调节馏出液速度来实现的，若加热速度快，蒸出速度也快，会使柱内温度梯度变小，影响分离效果。若加热速度慢，蒸出速度也慢，会使柱身被流下来的冷凝液阻塞，这种现象称为液泛。为了避免上述情况的出现，可以通过控制回流比来实现。所谓回流比，是指冷凝液流回蒸馏瓶的速度与柱顶蒸气通过冷凝管流出速度的比值。回流比越大，分离效果越好。回流比的大小根据物系和操作情况而定，一般回流比控制在 4∶1，即冷凝液流回蒸馏瓶为每秒 4 滴，柱顶馏出液每秒 1 滴。

③ 液泛能使柱身及填料完全被液体浸润，在分离开始时，可以人为地利用液泛将液体均匀地分布在填料表面，充分发挥填料本身的效率，这种情况叫做预液泛。一般分馏时，先将电压调得稍大些，一旦液体沸腾就应注意将电压调小，当蒸气冲到柱顶还未达到温度计水银球部位时，通过控制电压使蒸气保证在柱顶全回流，这样维持 5min。再将电压调至合适的位置，此时，应控制好柱顶温度，使馏出液以每 2～3 秒 1 滴的速度平稳流出。

4. 用于制备反应的分馏装置

当制备某些化学稳定性较差，长时间受热易发生分解、氧化或聚合的有机物时，可采用逐渐加入某一反应物的方式，以使反应能够和缓进行；同时通过分馏柱将产物不断地从反应体系中分离出来。装置如图 2-59 所示。

在三口烧瓶的中口安装分馏柱，分馏柱上依次连接蒸馏头、温度计、冷凝管、接引管和接收器。其操作方法及要求与简单分馏完全相同。三口烧瓶的一个侧口安装温度计，其水银球应浸入反应液面下。另一侧口安装滴液漏斗，滴液漏斗中盛放某一反应物。为使反应物料在内压较大时仍能顺利滴加到反应器中，通常采用恒压滴液漏斗或在普通滴液漏斗上通过胶塞安装平衡管代替恒压漏斗使用。

三口烧瓶、滴液漏斗和分馏柱应分别用铁夹固定在同一铁架台上。滴加物料的速度可根据反应的需要进行调节，速度可较一般分馏稍快些，每秒1～2滴即可。

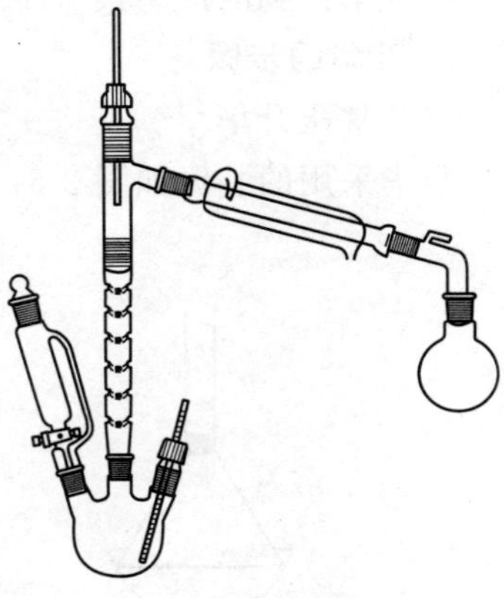

图 2-59　用于制备反应的分馏装置

十四、升华

升华是指一种物质从固态不经过液态直接转化为气态的过程，是物质在温度和气压低于三相点的时候发生的一种物态变化。

1. 原理

升华是提纯某些固体化合物的另一种方法。由于不是所有的固体化合物都具有升华的性质，因此，升华只适用于以下两种情况：①被提纯的固体化合物具有较高的蒸气压，在低于熔点时，就可以产生足够的蒸气，使固体不经过熔融状态直接转变成气体，从而达到分离的效果；②固体化合物中杂质的蒸气压较低，有利于分离。

一般由升华提纯得到的产物纯度比较高，操作比重结晶简便。但由于升华操作时间长，产品损失也较大，不适用于大量产品的提纯，只限于实验室内较少量（1～2g）物质的纯化。

严格来说，升华是指物质自固态不经过液态直接转化成蒸气的现象。然而对有机化合物的提纯来说重要的却是一些物质的蒸气不经过液态而直接转变成固态，这样能得到高纯度的物质。因此，在有机化学实验操作中，不管物质蒸气是由固态直接气化，还是由液态蒸发而产生的，只要是物质从蒸气不经过液态而直接转化成固态的过程都称之为升华。一般情况下，对称性较高的固态物质，具有较高的熔点，而且在熔点温度以下具有较高（高于2.67kPa）的蒸气压，才可采用升华来提纯。

为了了解和控制升华的条件，就必须研究固、液、气三相平衡图（图2-60）。图中*O*点为固、液、气三相同时并存的三相点，温度在三相点*O*点以下不存在液体；*OA*曲线表示固相和气相之间平衡时的温度和压力。因此，升华都是在三相点温度以下进行操作。

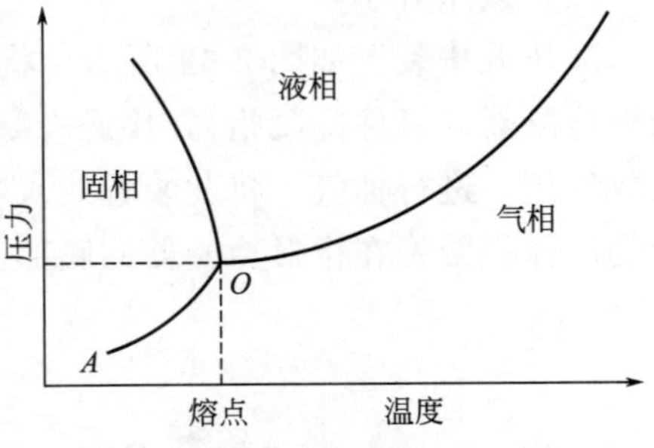

图 2-60　固、液、气三相平衡图

一种物质的正常熔点是其固、液两相在大气压下的平衡时温度。在三相点时的压力是固、液、气三相的平衡蒸气压，所以三相点时的温度和正常的熔点有些差别。通常差别只有几分之一摄氏度。

温度在三相点以下，物质只有固、气两相，若降低温度，蒸气就不经过液态而直接转变成固态。若升高温度，固态也不经过液态而直接变成蒸气。若某物质在三相点温度以下的蒸气压很高，因而其汽化速率很大，就可以较容易地从固体转换为蒸气。物质蒸气压随温度降低而下降非常显著。稍降低温度即能由蒸气直接转变成固态，此物质容易在常压下用升华方法提纯。然而有些物质在三相点时的温度及平衡蒸气压与熔点的温度及蒸气压相差不多，采用常压升华得到的产率很低时，为了提高升华的收率，可采用减压升华的方法来提纯。

2. 升华的步骤

(1) 常压升华

升华采用的装置如图 2-61 所示。

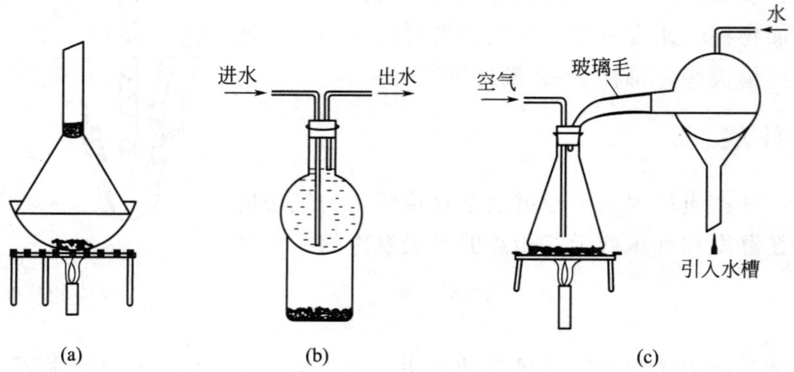

图 2-61　常压升华装置

图 2-61(a) 是实验室常用的常压升华装置。将被升华的固体化合物烘干，放入蒸发皿中，铺匀。取一大小合适的锥形漏斗，将颈口处用少量脱脂棉堵住，以免蒸气外逸，造成产品损失。选一张略大于漏斗底口的滤纸，在滤纸上扎一些小孔后盖在蒸发皿上，用漏斗盖住。将蒸发皿放在石棉网上，用电炉加热。在加热过程中应注意控制温度在熔点以下，慢慢升华。当蒸气开始通过滤纸上升至漏斗中时，可以看到滤纸和漏斗壁上有晶体析出。如晶体不能及时析出，可在漏斗外面用湿布冷却。当升华量较大时，可换用图 2-61 中装置（b）分批进行升华，通水进行冷却使晶体析出。当需要通入空气或惰性气体进行升华时，可换用图 2-61 中装置（c）。

(2) 减压升华

减压升华装置如图 2-62 所示。将样品放入吸滤管（a）或瓶（b）中，在吸滤管中放入指形冷凝器（又称冷凝指），接通冷凝水，抽气口与水泵连接好，打开水泵，关闭安全瓶上的放气阀，进行抽气。将此装置放入电热套或水浴中加热，使固体在一定压力下升华。冷凝后的固体将凝聚在指形冷凝器的底部。

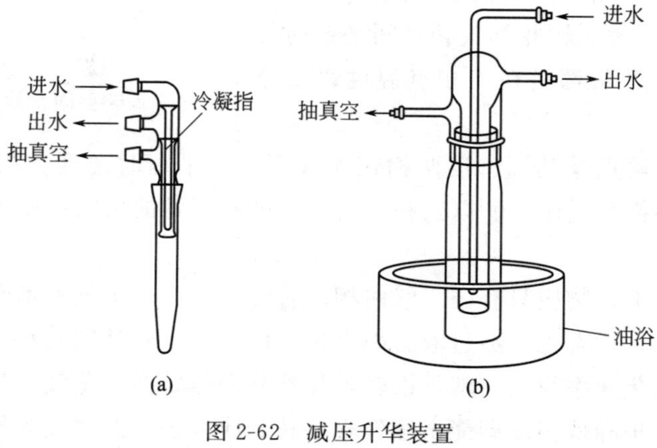

图 2-62　减压升华装置

十五、萃取

萃取是物质从一相向另一相转移的操作过程，它是有机化学实验中用来分离或纯化有机化合物的基本操作之一。应用萃取可以从固体或液体混合物中提取出所需要的物质，也可以用来洗去混合物中少量杂质。通常称前者为“萃取”（或“抽提”），后者称为“洗涤”。

根据被提取物质状态的不同，萃取分为两种：一种是用溶剂从液体混合物中提取物质，称为液-液萃取；另一种是用溶剂从固体混合物中提取所需物质，称为固-液萃取。

1. 液-液萃取

（1）原理

液-液萃取是利用物质在两种互不相溶（或微溶）的溶剂中溶解度或分配系数的不同，使物质从一种溶剂内转移到另一种溶剂中。分配定律是液-液萃取的主要理论依据。在两种互不相溶的混合溶剂中加入某种可溶性物质时，它能以不同的溶解度分别溶解于此两种溶剂中。实验证明，在一定温度下，若该物质的分子在此两种溶剂中不发生分解、电离、缔合和溶剂化等作用，则此物质在两液相中浓度之比是一个常数，不论所加物质的量是多少都是如此。用公式表示为

$$K=\frac{c_A}{c_B}$$

式中，c_A、c_B 表示一种物质在 A、B 两种互不相溶的溶剂中的物质的量浓度；K 是一个常数，称为“分配系数”，它可以近似地看作是物质在两溶剂中的溶解度之比。

由于有机化合物在有机溶剂中一般比在水中溶解度大，因而可以用与水不互溶的有机溶剂将有机物从水溶液中萃取出来。为了节省溶剂并提高萃取效率，根据分配定律，用一定量的溶剂一次加入溶液中萃取，则不如将同量的溶剂分成几份做多次萃取效率高。可用下式来说明。

设 V 为被萃取溶液的体积（mL）；m 为被萃取溶液中有机物（X）的总量（g）；m_n 为萃取 n 次后有机物（X）剩余量（g）；S 为萃取溶剂的体积（mL）。

经 n 次提取后有机物（X）剩余量可用下式计算：

$$m_n=m\left(\frac{KV}{KV+S}\right)^n$$

当用一定量的溶剂萃取时，希望在水中的剩余量越少越好。而上式 $KV/(KV+S)$ 总是小于 1，所以 n 越大，m_n 就越小。即将溶剂分成数份做多次萃取比用全部量的溶剂做一次萃取的效果好。但是，萃取的次数也不是越多越好，因为溶剂总量不变时，萃取次数 n 增加，S 就要减小。当 $n>5$ 时，n 和 S 两个因素的影响就几乎相互抵消了，n 再增加，$m_n/(m_n+1)$ 的变化很小，所以一般同体积溶剂分为 3～5 次萃取即可。

一般从水溶液中萃取有机物时，选择合适萃取溶剂的原则是：要求溶剂在水中溶解度很小或几乎不溶；被萃取物在溶剂中要比在水中溶解度大；溶剂与水和被萃取物都不反应；萃取后溶剂易于和溶质分离开，因此最好用低沸点溶剂，萃取后溶剂可用蒸馏进行回收。此外，价格便宜，操作方便，毒性小，不易着火也应考虑。

经常使用的溶剂有乙醚、苯、四氯化碳、氯仿、石油醚、二氯甲烷、二氯乙烷、正丁醇、乙酸乙酯等。一般水溶性较小的物质可用石油醚萃取；水溶性较大的可用苯或乙醚；水溶性极大的用乙酸乙酯。

常用的萃取操作包括：

① 用有机溶剂从水溶液中萃取有机反应物；

② 通过水萃取，从反应混合物中除去酸碱催化剂或无机盐类；

③ 用稀碱或无机酸溶液萃取有机溶剂中的酸或碱，使之与其它的有机物分离。

(2) 液-液萃取操作

萃取的主要仪器是分液漏斗。使用前在漏斗活塞上涂凡士林（注意不要把凡士林涂在活塞孔上，以免堵塞），塞好后旋转数圈，使凡士林均匀分布。然后于漏斗中放入水摇荡，检查两个活塞处是否漏水（确定不漏时再使用）。将水溶液倒入分液漏斗中，加入萃取剂，塞紧塞子，按正确要求拿好分液漏斗振摇（图 2-63）。右手握住漏斗口颈，食指压紧漏斗塞。左手握在漏斗活塞处，拇指与食指压紧活塞，把漏斗放平摇荡。然后把漏斗上口向下倾斜，下口管指向斜上方（要注意不要指向他人），左手仍握在活塞处，拇指与食拇两指开动活塞放气（图 2-64）。若不及时放气，分液漏斗振摇后，由于漏斗中的压力超过了大气压，塞子可能被顶开出现危险。经几次摇荡、放气后，把漏斗架在铁圈上，并把上口塞子上的小槽对准漏斗口颈上的通气孔。待液体分层后，将两层液体分开。下层液体由下口管放出，上层液体应由上口倒出，切不可从下面旋塞放出，以免被残留在漏斗下部的第一种液体所污染。将有机层存放在干燥的锥形瓶中，水溶液再倒回分液漏斗中，再用新的萃取溶剂萃取。萃取次数决定于分配系数，一般为 3～5 次。将所有萃取液合并，加入适当的干燥剂进行干燥，过滤后再蒸去溶剂，萃取后所得化合物视其性质确定纯化方法。若分不清哪一层是有机溶液，可取少量任何一层液体，于其中加水试，如加水后分层，即为有机相；不分层，说明是水相。在实验结束前，均不要把萃取后的水溶液倒掉，以免一旦弄错无法挽救！有时溶液中溶有有机物后，密度会改变，不要认为密度小的溶剂在萃取时一定在上层。

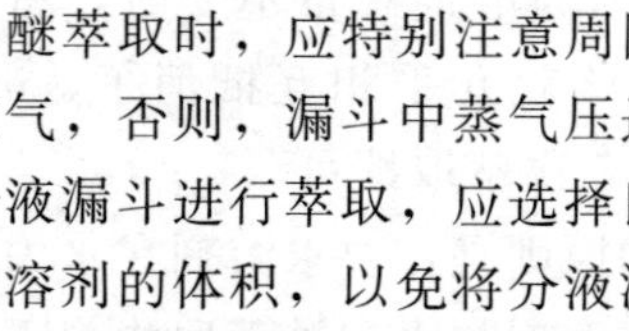

图 2-63　摇动漏斗的握姿

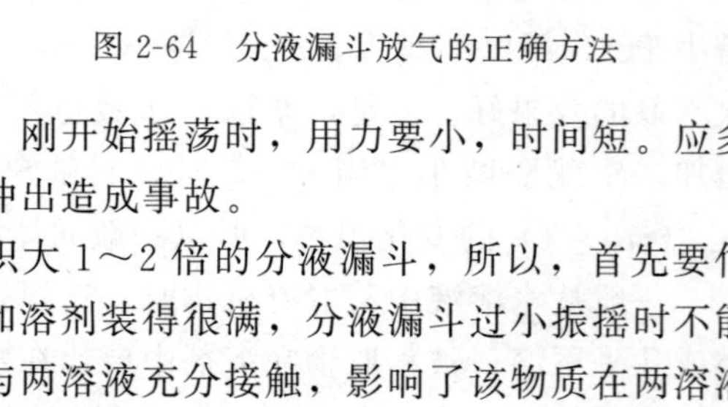

图 2-64　分液漏斗放气的正确方法

用乙醚萃取时，应特别注意周围不要有明火。刚开始摇荡时，用力要小，时间短。应多摇动多放气，否则，漏斗中蒸气压过大，液体会冲出造成事故。

用分液漏斗进行萃取，应选择比被萃取液体积大 1～2 倍的分液漏斗，所以，首先要估计溶液和溶剂的体积，以免将分液漏斗中的溶液和溶剂装得很满，分液漏斗过小振摇时不能使溶剂和溶液分散为小的液滴，被萃取物质不能与两溶液充分接触，影响了该物质在两溶液中的分配，降低了萃取效率。

在萃取某些含有碱性或表面活性较强的物质时（如蛋白质、长链脂肪酸等），易出现经振摇后溶液乳化不能分层或不能很快分层的现象。原因可能是两相分界之间存在少量轻质的不溶物；也可能是两液相交界处的表面张力小；或由于两液相密度相差太小。碱性溶液（例如氢氧化钠等）能稳定乳状质的絮状物而使分层更困难，在这种情况下可采取如下措施：①采取长时间静置；②利用盐析效应，在水溶液中先加入一定量的电解质（如氯化钠）或加饱和食盐水溶液，以提高水相的密度，同时又可以减小有机物在水相中的溶解度；③滴加数滴醇类化合物，改变表面张力；④加热，破坏乳状液（注意防止易燃溶剂着火）；⑤过滤除去少量轻质固体物（必要时可加入少量吸附剂，滤除絮状固体）。如若在萃取含有表面活性剂的溶液时形成乳状溶液，当实验条件允许时，可小心地改变pH值，使之分层。当遇到某些有机碱或弱酸的盐类，因在水溶液中能发生一定程度解离，很难被有机溶剂萃取出水相，为此，在溶液中要加入过量的酸或碱，以达到顺利萃取的目的。

(3) 注意事项

① 分液漏斗中的液体不宜太多，以免摇动时影响液体接触而使萃取效果下降。

② 液体分层后，上层液体由上口倒出，下层液体由下口经活塞放出，以免污染产品。

③ 在溶液呈碱性时，常产生乳化现象。有时由于存在少量轻质沉淀，两液相密度接近，两液相部分互溶等都会引起分层不明显或不分层。此时，静止时间应长一些，或加入一些食盐，增加两相的密度，使絮状物溶于水中，迫使有机物溶于萃取剂中，或加入几滴酸、碱、醇等，以破坏乳化现象。如上述方法不能将絮状物破坏，在分液时，应将絮状物与萃余相（水层）一起放出。

④ 液体分层后应正确判断萃取相（有机相）和萃余相（水相），一般根据两相的密度来确定，密度大的在下面，密度小的在上面。如果一时判断不清，应将两相分别保存起来，待弄清后，再弃掉不要的液体。

2. 固-液萃取

从固体混合物中萃取所需要的物质是利用固体物质在溶剂中的溶解度不同来达到分离、提取的目的。通常是用长时间浸出法或采用Soxhlet（索氏）提取器（图2-65）（脂肪提取器）来提取物质。前者是用溶剂长时间的浸润溶解而将固体物质中所需物质浸出来，然后用过滤或倾析的方法把萃取液和残留的固体分开。这种方法效率不高，时间长，溶剂用量大，实验室不常采用。

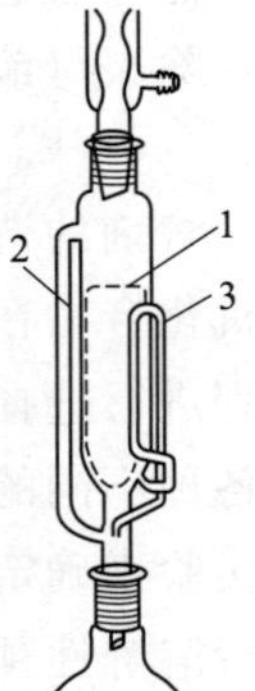

图2-65 Soxhlet提取器
1—素瓷套筒（或滤纸套筒，存放固体）；2—蒸气上升管；3—虹吸管；4—萃取用溶剂

Soxhlet提取器是利用溶剂加热回流及虹吸原理，使固体物质每一次都能为纯的溶剂所萃取，因而效率较高并节约溶剂，但对受热易分解或变色的物质不宜采用。Soxhlet提取器由三部分构成，上面是冷凝管，中部是带有虹吸管的提取管，下面是烧瓶。萃取前应先将固体物质研细，以增加液体浸溶的面积。然后将固体物质放入滤纸套内，并将其置于中部，内装物不得超过虹吸管，溶剂由上部经中部虹吸到烧瓶中。当溶剂沸腾时，蒸气通过通气侧管上升，经冷凝管冷凝成液体，滴入提取管中。当液面超过虹吸管的最高处时，产生虹吸，萃取液自动流入烧瓶中，因而萃取出溶于溶剂的部分物质。再蒸发溶剂，如此循环多次，直到待萃取物质大部分被萃取为止。固体中可溶物质富集于烧瓶中，然后用适当方法将萃取物质从溶液中分离出来。

固体物质还可用热溶剂萃取，特别是有的物质冷时难溶，热时易溶，则必须用热溶剂萃取。一般采用回流装置进行热提取，固体混合物在一段时间内被沸腾的溶剂浸润溶解，从而将所需的有机物提取出来。为了防止有机溶剂的蒸气逸出，常用回流冷凝装置，使蒸气不断地在冷凝管内冷凝，返回烧瓶中。回流的速度应控制在溶剂蒸气上升的高度不超过冷凝管的1/3为宜。

十六、重结晶

从有机反应中或者从天然物中获取的固体有机物，常含有杂质，必须加以纯化。重结晶是实验室常用的固体有机化合物的提纯方法之一。

1. 原理

固体有机物在溶剂中的溶解度与温度有密切关系。一般温度升高溶解度增大。若把待纯化的固体有机物溶解在热的溶剂中达到饱和，冷却时，由于溶解度降低，溶液变成过饱和而析出晶体。重结晶就是利用溶剂对被提纯物质及杂质的溶解度不同，让杂质全部或大部分留在溶液中（或被过滤除去）从而达到分离纯化的目的。

如果固体有机物中所含杂质较多或要求更高的纯度，可多次重复此操作，使产品达到所要求的纯度，此法称为多次重结晶。

一般重结晶只能纯化杂质在5%以下的固体有机物，如果杂质含量过高，往往需先经过其它方法初步提纯，如萃取、水蒸气蒸馏、减压蒸馏、柱色谱等，然后再用重结晶方法提纯。

2. 操作步骤

重结晶的一般步骤：①选择合适的溶剂；②将待重结晶物质制成热的饱和溶液（若含有色杂质，需加脱色剂如活性炭脱色）；③趁热过滤，除去不溶性杂质；④冷却析出晶体；⑤抽滤，除去母液；⑥晶体的洗涤和干燥。显然，选择合适的溶剂对于重结晶是最重要的一步。

（1）溶剂的选择

有机化合物在溶剂中的溶解性往往与其结构有关。在选择溶剂时应根据“相似相溶”的一般原理进行选择，溶质往往溶于结构与其相似的溶剂中。对于已知化合物可先从手册中查出其在各种不同的溶剂中的溶解度，了解化合物在各种不同溶剂中不同温度时的溶解度；也可通过实验来确定化合物的溶解度，即可取少量的重结晶物质放入试管中，加入不同种类的溶剂进行溶解性预试。选择合适的溶剂时应注意下列几个条件。

① 不与被提纯化合物发生化学反应。

② 在降低和升高温度时，被提纯化合物的溶解度应有显著差别。冷溶剂对被提纯化合物的溶解度越小，回收率越高。

③ 溶剂对杂质的溶解度非常大或非常小。前一种情况杂质留于母液内，后一种情况趁热过滤时杂质可被滤除。

④ 能生成较好的结晶。

⑤ 溶剂的沸点不宜太低，也不宜过高。溶剂沸点过低时制备溶液和冷却结晶两步操作温差小，固体物质溶解度改变不大，影响收率，而且低沸点溶剂操作也不方便；溶剂沸点过高，附着于晶体表面的溶剂不易除去。

⑥ 若有几种溶剂都合适时，则应根据结晶的回收率、操作的难易、溶剂的毒性大小及是否易燃、价格高低等择优选用。

某些有机化合物在许多溶剂中不是溶解度太大就是太小，很难找到一种合适的溶剂。这时，可考虑使用混合溶剂。混合溶剂一般是由两种能以任何比例互溶的溶剂组成，其中一种对被提纯化合物的溶解度较大，而另一种溶解度较小。一般常用的混合溶剂如下：

乙醇-水	丙酮-水	乙酸-水	乙醚-石油醚
吡啶-水	乙醚-甲醇	乙醚-丙酮	苯-石油醚

具体选择溶剂时，一般化合物可先查阅手册中溶解度一栏，如没有文献可查，只能用实验方法决定。其方法是：取少量（约 0.1g）被提纯的化合物研细后放入一支小试管中，加入 1mL 溶剂，加热并振荡，观察加热和冷却时试样的溶解情况。若冷却或温热时被提纯的化合物能全部溶解，则溶解度太大，此溶剂不适用。若加热到沸腾后，被提纯的化合物没有全部溶解，继续加热，慢慢滴加溶剂，每次加入量约 0.5mL，并加热至沸，若加入的溶剂已达 4mL，该化合物仍不能溶解，则溶解度太小，此溶剂也不适用。若 0.1g 被提纯的化合物能溶在 1～4mL 沸腾的溶剂中，将溶液冷却，观察结晶的析出情况。如结晶不能自行析出，可用玻璃棒摩擦液面下的试管壁，或加入晶种促使结晶析出，若此时结晶仍不析出，则此溶剂仍不适用。在这种条件下可改用其它溶剂或混合溶剂。

选择混合溶剂时，先将被提纯化合物加热溶于易溶的溶剂中，趁热过滤，除去不溶性杂质，再趁热滴入难溶溶剂至溶液浑浊，然后再加热使之变澄清，若不澄清，可再加入少量的易溶溶剂，使其刚好澄清，再将此热溶液放置冷却，使结晶析出。

(2) 热饱和溶液的制备

① 水溶剂　将待重结晶的固体放入锥形瓶或烧杯中，加入比需要量（根据查得的溶解度数据或由溶解度实验方法所得结果估计得到）稍少的适量水，加热至微沸，如未完全溶解，可分次逐渐添加水至刚好完全溶解，记下所用溶剂的量。

② 有机溶剂　使用有机溶剂重结晶时，必须用锥形瓶或圆底烧瓶，上面加上冷凝管，安装成回流装置。若使用沸点在 80℃以下的溶剂，加热时需用水浴。把固体放入瓶内，加入适量的溶剂，加热至微沸，如未完全溶解，再从冷凝管上口逐渐滴加溶剂至刚好溶解，记下所用溶剂的量。但要注意判断是否有不溶或难溶性杂质存在，以免误加过多溶剂。若难以判断，宁可先进行热过滤，然后将滤渣再用溶剂处理，并将两次滤液分别进行处理。

在重结晶中，若要得到比较纯的产品和比较好的收率，必须十分注意溶剂的用量。要减少溶解损失，应避免溶剂过量，但溶剂少了，又会给热过滤带来很多麻烦，可能造成更大的损失，所以要全面衡量以确定溶剂的用量，一般比需要量多加 20%左右的溶剂。

在溶解过程中，由于条件掌握不好，被提纯的化合物有时会成为油状物，这样往往会混入杂质和少量溶剂，对纯化产品不利。遇到这种情况应注意两点：首先，所选溶剂的沸点要低于溶质的熔点；其次，若不能选择出沸点比较低的溶剂，则应在比熔点低的温度下进行热溶解。例如乙酰苯胺的熔点为 114℃，用水重结晶时，加热至 83℃就熔化成油状物，这时，在水层中含有已溶解的乙酰苯胺，而在熔化成油状的乙酰苯胺中含有水。所以对待类似于乙酰苯胺的物质，当用水重结晶时，就应该遵循以下原则。

a. 所配制的热溶液要稀一些（在不会与溶剂发生共溶的浓度范围），但这会使重结晶的产率降低。

b. 乙酰苯胺在低于 83℃热溶解，过滤后让母液慢慢冷却。

当重结晶产品含有有色杂质时，可加入适量的活性炭脱色。活性炭脱色效果与溶剂的极性、杂质的多少有关。活性炭在水溶液及极性有机溶剂中脱色效果较好，而在非极性溶剂中效果不甚显著。使用活性炭脱色时要注意以下几点：①加活性炭以前，首先将待结晶化合物加热溶解在溶剂中，待溶液稍冷后再加入活性炭，活性炭不能加到沸腾的溶液中，否则会引起溶液暴沸，严重时甚至会有溶液被冲出来的危险；②加入活性炭的量，可以根据杂质的多少而定，一般为固体化合物的1%～5%。加入量过多，活性炭将吸附一部分纯产品。除活性炭脱色外，也可以采用色谱柱来脱色，如氧化铝吸附脱色等。

（3）趁热过滤

制备好的热溶液必须趁热过滤，以除去不溶性杂质，避免在过滤过程中有结晶析出。使用易燃溶剂进行热过滤时，附近的火源必须熄灭。具体见热过滤操作。

（4）结晶的析出与分离

将滤液置室温下冷却，使其慢慢析出结晶。不要将热滤液置于冷水中迅速冷却或在冷却下剧烈搅拌，因为这样形成的结晶颗粒很小，表面积大，吸附在表面上的杂质和母液较多。但也不要结晶过大（超过2mm以上），这样往往有母液或杂质包藏在结晶中，给干燥带来困难，同时也使产品纯度降低。所以只有经过严格处理才能得到较纯的过滤液，将其热溶液静置，慢慢冷却才会得到纯净晶体。在过滤、洗涤晶体过程中可将较大的结晶尽量压碎，将其中包含的母液洗涤抽滤除净。

杂质的存在将影响化合物晶核的形成和结晶体的生长，常见的化合物溶液虽已达到过饱和状态，但仍不易析出结晶，而是以油状物存在。为了促进化合物结晶体析出，通常采取以下措施，帮助其形成晶核，利于结晶生长。

① 用玻璃棒摩擦锥形瓶内壁，以形成粗糙面或玻璃小点作为晶核，使溶质分子呈定向排列形成结晶，促使晶体析出。

② 加入少量晶种促使晶体析出，这种操作称为“种晶”或“接种”。实验室若没有这种晶种，可以自己制备，其方法为：取数滴过饱和溶液于一支试管中旋转，使该溶液在容器壁表面呈一薄膜，然后将此容器放入冷冻液中，形成少量结晶作为“晶种”。也可以取一滴过饱和溶液于表面皿上，溶剂蒸发而得到晶种。

③ 冷冻过饱和溶液，用玻璃棒摩擦瓶内壁，温度越低，越易结晶。但过度冷却，往往也会使液体黏度增大，给分子间定向排列造成困难。此时，适当加入少量溶剂再冷冻，可得到晶体。

析出的结晶体与母液分离，常用布氏漏斗进行抽气过滤。为了更好地将晶体与母液分开，最好用清洁的玻璃塞将晶体在布氏漏斗上挤压，并随同抽气尽量把母液抽干。用少量冷溶剂洗涤晶体两次。洗涤时，应停止抽气，用镍勺轻轻把晶体翻松，滴上冷溶剂把晶体湿润，抽干，再重复一次。最后用镍勺把晶体压紧，抽到无液滴滴出为止。从漏斗上取出晶体放入培养皿或表面皿中时，注意勿使滤纸纤维附于晶体上，操作时常与滤纸一起取出，待干燥后，用玻璃棒轻敲滤纸，晶体即全部下来。

（5）结晶的干燥

经抽滤洗涤后的结晶体，表面上还有少量的溶剂，因此应选择适当方法进行干燥。重结晶后的产物，必须充分干燥，通过测定熔点来检验其纯度。固体物质干燥的方法很多，可根据晶体的性质和所用的溶剂来选择。

① 自然晾干　若产品不吸水，且溶剂的沸点不是很高的话，可以放在空气中使溶剂自然挥发，采用此法干燥大约需一周时间。

② 红外灯干燥　烘干不易挥发的溶剂，可根据产品性质（熔点高低、吸水性等）采用

红外灯烘干，此法要注意不要使温度过高，以免烤焦。

③ 用减压加热、真空恒温干燥器干燥 此法一般用于易吸水样品的干燥或制备标准样品。

(6) 有机溶剂回收

用蒸馏的方法回收有机溶剂。

十七、色谱法

色谱法是分离、提纯和鉴定有机化合物的重要方法，有着极其广泛的用途。色谱法的基本原理是利用混合物中各组分在某一物质中的吸附或溶解性能（即分配）的不同，或其它亲和作用性能的差异，使混合物溶液流经该物质时进行反复的吸附或分配等作用，从而将各组分分开。根据组分与固定相的作用原理不同，可分为吸附色谱、分配色谱、离子交换色谱、排阻色谱等；根据操作条件不同，可分为柱色谱、纸色谱、薄层色谱、气相色谱及高效液相色谱等类型。

1. 柱色谱

(1) 原理

柱色谱有吸附色谱和分配色谱两种。实验室中最常用的是吸附色谱，其原理是利用混合物中各组分在固定相上的吸附能力和流动相的解吸能力不同，让混合物随流动相流过固定相，发生反复多次的吸附和解吸过程，从而使混合物分离成两种或多种单一的纯组分。

在用柱色谱分离混合物时，将已溶解的样品加入已装好的色谱柱顶端，使其吸附在固定相（吸附剂）上，然后用洗脱剂（流动相）进行淋洗，流动相带着混合物的组分下移。样品中各组分在吸附剂上的吸附能力不同，以最为常用的硅胶柱为例。一般来说，极性大的吸附能力强，极性小的吸附能力相对弱一些，且各组分在洗脱剂中的溶解度也不一样，被解吸的能力也就不同。非极性组分由于在固定相中吸附能力弱，首先被解吸出来，被解吸出来的非极性组分随着流动相向下移动与新的吸附剂接触再次被固定相吸附。随着洗脱剂向下流动，被吸附的非极性组分再次与新的洗脱剂接触，并再次被解吸出来随着流动相向下流动。而极性组分由于吸附能力强，因此不易被解吸出来，其随着流动相移动的速度比非极性组分要慢得多（或根本不移动）。这样经过反复的吸附和解吸后，各组分在色谱柱上形成了一段一段的层带，若是有色物质，可以看到不同的色带。随着洗脱过程的进行从柱底端流出。每一色带代表一个组分，分别收集不同的色带，再将洗脱剂蒸发，就可以获得单一的纯净物质。

选择合适的吸附剂作为固定相对于柱色谱来说是非常重要的。常用的吸附剂有硅胶、氧化铝、氧化镁、碳酸钙和活性炭等。实验室一般用氧化铝或硅胶，在这两种吸附剂中氧化铝的极性更大一些，它是一种高活性和强吸附的极性物质。通常市售的氧化铝分为中性、酸性和碱性三种。酸性氧化铝适用于分离酸性有机物质；碱性氧化铝适用于分离碱性有机物质，如生物碱和烃类化合物；中性氧化铝应用最为广泛，适用于中性物质的分离，如醛、酮、酯、醇等类有机物质。市售的硅胶略带酸性。由于样品吸附在吸附剂表面上，因此颗粒大小均匀、比表面积大的吸附剂分离效率最佳。比表面积越大，组分在固定相和流动相之间达到平衡就越快，色带就越窄。通常使用的吸附剂颗粒大小以100～150目为宜。

吸附剂的活性还取决于吸附剂的含水量，含水量越高，活性越低，吸附剂的吸附能力就越弱；反之则吸附能力强。吸附剂的含水量和活性等级的关系如表 2-4 所示。

表 2-4 吸附剂的含水量和活性等级的关系

活性	Ⅰ	Ⅱ	Ⅲ	Ⅳ	Ⅴ
氧化铝含水量/%	0	3	6	10	15
硅胶含水量/%	0	5	15	25	38

注：一般常用的是Ⅱ级和Ⅲ级吸附剂；Ⅰ级吸附性太强，而且易吸水；Ⅳ级吸水性弱；Ⅴ级吸附性太弱。

在柱色谱分离中，洗脱剂的选择也是一个重要的因素。一般洗脱剂的选择是通过薄层色谱实验来确定的。具体方法是：先用少量溶解好（或提取出来的）的样品，在已制备好的薄层板上点样，用少量展开剂展开，观察各组分点在薄层板上的位置，并计算 R_f 值。能将样品中各组分完全分开的展开剂，即可作为柱色谱的洗脱剂。有时，单纯一种展开剂达不到所要求的分离效果，可考虑选用混合展开剂。

选择洗脱剂的另一个原则是：洗脱剂的极性不能大于样品中各组分的极性。否则会由于洗脱剂在固定相上被吸附，迫使样品一直保留在流动相中。在这种情况下，组分在柱中移动得非常快，很少有机会建立起分离所要达到的化学平衡，影响分离效果。不同的洗脱剂使给定的样品沿着固定相相对移动的能力，称为洗脱能力。在硅胶和氧化铝柱上，常用的洗脱剂按其极性的增大顺序可排列如下：石油醚（低沸点＜高沸点）＜环己烷＜四氯化碳＜甲苯＜二氯甲烷＜三氯甲烷＜乙醚＜甲乙酮＜二氧六环＜乙酸乙酯＜乙酸甲酯＜正丁醇＜乙醇＜甲醇＜水＜吡啶＜乙酸。

（2）操作步骤

利用色谱柱进行色谱分离，其操作程序可分为装柱、加样、洗脱、收集、鉴定五个步骤，对于每一步工作，都需要小心、谨慎地对待它。

① 装柱　装柱前应先将色谱柱洗干净，再进行干燥。在柱底铺一小块脱脂棉，再铺上约 0.5cm 厚的石英砂，然后进行装柱。装柱分为湿法装柱和干法装柱两种。

湿法装柱将吸附剂（氧化铝或硅胶）用极性最低的洗脱剂调成糊状，在柱内先加入约 3/4 柱高的洗脱剂，再将调好的吸附剂边敲边倒入柱中，同时，打开下旋活塞，在色谱柱下面放一个干净且干燥的锥形瓶或烧杯，接收洗脱剂。当装入的吸附剂有一定高度时，洗脱剂下流速度变慢，待所用吸附剂全部装完后，用流下来的洗脱剂转移残留的吸附剂，并将柱内壁残留的吸附剂淋洗下来。在此过程中，应不断敲打色谱柱，以使色谱柱填充均匀并没有气泡。柱子填充完后，在吸附剂上端覆盖一层约 0.5cm 厚的石英砂。覆盖石英砂的目的：一是使样品均匀地流入吸附剂表面；二是当加入洗脱剂时，可以防止吸附剂表面被破坏。柱色谱装置如图 2-66 所示。在整个装柱过程中，柱内洗脱剂的高度始终不能低于吸附剂最上端，否则柱内会出现裂痕和气泡。

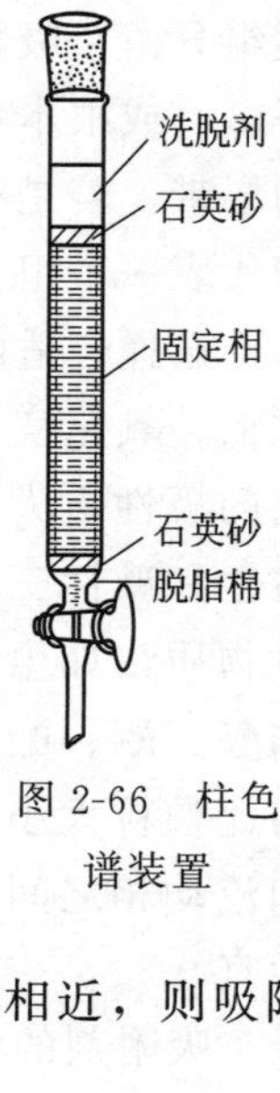

图 2-66　柱色谱装置

干法装柱在色谱柱上端放一个干燥的漏斗，将吸附剂倒入漏斗中，使其成为一细流连续不断地装入柱中，并轻轻敲打色谱柱柱身，使其填充均匀，再加入洗脱剂湿润。也可以先加入 3/4 的洗脱剂，然后再倒入干的吸附剂。装好吸附剂后，再在上面加一层约 0.5cm 的石英砂。

无论采用哪种方法，都不能使柱中有裂缝或有气泡。柱中所装吸附剂的用量，一般为被分离样品量的 30～50 倍。若待分离的样品中各组分性质比较相近，则吸附剂的用量会更大些，甚至可增大至100倍。柱高和柱直径之比约为7.5：1。

② 加样　若样品为液体，一般可直接加样。若样品为固体，则需将固体溶解在一定量的溶剂中，沿管壁加入至柱顶部。要小心，勿搅动表面。溶解样品的溶剂除了要求其纯度应合格、与吸附剂不起化学反应、沸点不能太高等条件外，还需具备：①溶剂的极性比样品的极性小一些，若溶剂极性大于样品的极性，则样品不易被吸附剂吸附；②溶剂对样品的溶解度不能太大，若溶解度太大，易影响吸附；也不能太小，否则，溶液体积增加，易使色谱分散。样品溶液加毕后，开放活塞，使液体渐渐流出，至溶剂液面刚好与吸附剂表面相齐（勿使吸附剂表面干燥），此时样品液集中在柱顶端的小范围区带，即开始用溶剂洗脱。

③ 洗脱　在洗脱过程中注意：a. 应连续不断地加入洗脱剂，并要求液面保持一定高度，使其产生足够的压力提供平稳的流速；b. 在整个操作中不能使吸附柱的表面流干，一旦流干后再加洗脱剂，易使柱中产生气泡和裂缝，影响分离；c. 应控制流速，一般流速不应太快，否则柱中交换来不及达到平衡，因而影响分离效果；太慢，会延长整个操作时间，而且对某些表面活性较大的吸附剂如氧化铝来说，有时会因样品在柱上停留时间过长，而使样品成分有所改变。

④ 收集　如果样品各组分有颜色，在柱上分离的情况可直接观察出来，分别收集各个组分即可。在多数情况下化合物无颜色，一般采用多份收集，每份收集量要小，对每份洗脱液，采用薄层色谱或纸色谱做定性检查。根据检查结果，可将组分相同的洗脱液合并后蒸去溶剂，留待做进一步的结构分析。对于组分重叠的洗脱液可以再进行色谱分离。

2. 薄层色谱

（1）原理

薄层色谱简称TLC，它是另外一种固-液吸附色谱，与柱色谱原理和分离过程相似，在柱色谱中适用的吸附剂的性质和洗脱剂的相对洗脱能力同样适用于TLC中。与柱色谱不同的是，TLC中的流动相沿着薄板上的吸附剂向上移动，而柱色谱中的流动相则沿着吸附剂向下移动。另外，薄层色谱最大的优点是需要的样品少、展开速度快、分离效率高。TLC常用于有机物的鉴定和分离，如通过与已知结构的化合物相比较，可鉴定有机混合物的组成。在有机化学反应中可以利用薄层色谱对反应进行跟踪。在柱色谱分离中，经常利用薄层色谱来确定其分离条件和监控分离的过程。薄层色谱不仅可以分离少量样品（几微克），而且也可以分离较大量的样品（可达500mg），特别适用于挥发性较低，或在高温下易发生变化而不能用气相色谱进行分离的化合物。在TLC中所用的吸附剂颗粒比柱色谱中用的要小得多，一般为260目以上。当颗粒太大时，表面积小，吸附量少，样品随展开剂移动速度快，斑点扩散较大，分离效果不好；当颗粒太小时，样品随展开剂移动速度慢，斑点不集中，效果也不好。薄层色谱所用的硅胶有多种：硅胶H不含黏合剂；硅胶G（Gypsum的缩写）含黏合剂（煅石膏）；硅胶GF254含有黏合剂和荧光剂，可在波长254nm紫外光下发出荧光；硅胶HF254只含荧光剂。同样，氧化铝也分为氧化铝G、氧化铝GF254及氧化铝HF254。氧化铝的极性比硅胶大，宜用于分离极性小的化合物。黏合剂除煅石膏外，还可用淀粉、聚乙烯醇和羧甲基纤维素钠（CMC）。使用时，一般配成百分之几的水溶液，如羧甲基纤维素钠的质量分数一般为0.5%～1%，最好是0.7%。淀粉的质量分数为5%。加黏合剂的薄板称为硬板，不加黏合剂的薄板称为软板。现在市面上已有很多牌号的硅胶板出售。

（2）操作步骤

① 薄层板的制备　薄板的制备方法有两种，一种是干法制板，另一种是湿法制板。干法制板常用氧化铝作吸附剂，将氧化铝倒在玻璃上，取直径均匀的一根玻璃棒，将两端用胶布缠好，在玻璃板上滚压，把吸附剂均匀地铺在玻璃板上。这种方法操作简便，展开快，但是样品展开点易扩散，制成的薄板不易保存。实验室最常用湿法制板。取 2g 硅胶 G，加入 5～7mL 0.7％的羧甲基纤维素钠水溶液，调成糊状。将糊状硅胶均匀地倒在载玻片上，先用玻璃棒铺平，然后用手轻轻震动至平。大量铺板或铺较大板时，也可使用涂布器。薄层板制备的好坏直接影响色谱分离的效果，在制备过程中应注意以下几点：

a. 铺板时，尽可能将吸附剂铺均匀，不能有气泡或颗粒等；

b. 铺板时，吸附剂的厚度不能太厚也不能太薄，太厚展开时会出现拖尾，太薄样品分不开，一般厚度为 0.5～1mm；

c. 湿板铺好后，应放在比较平的地方晾干，然后转移至试管架上慢慢地自然干燥，千万不要快速干燥，否则薄层板会出现裂痕。

② 薄层板的活化　薄层板经过自然干燥后，再放入烘箱中活化，进一步除去水分。不同的吸附剂及配方，需要不同的活化条件。例如硅胶一般在烘箱中逐渐升温，在 105～110℃下，加热 30min；氧化铝在 200～220℃下烘干 4h 可得到活性为Ⅱ级的薄层板，在 150～160℃下烘干 4h 可得到活性Ⅲ～Ⅳ级的薄层板，当分离某些易吸附的化合物时，可不用活化。所制得的薄板应该均匀、没有裂缝。将符合要求并活化的薄板置于干燥器中保存备用。

③ 点样　将样品用易挥发溶剂配成 1％～5％的溶液。在距薄层板的一端 10mm 处，用铅笔轻轻地画一条横线作为点样时的起点线，在距薄层板的另一端 5mm 处，再画一条横线作为展开剂向上爬行的终点线（划线时不能将薄层板表面破坏）。用内径小于 1mm 干净且干燥的毛细管吸取少量的样品，轻轻触及薄层板的起点线（即点样），然后立即抬起，待溶剂挥发后，再触及第二次。这样点 3～5 次即可，如果样品浓度低可多点几次。点好样品的薄层板［图 2-67(a)］待溶剂挥发后再放入展开缸中进行展开。

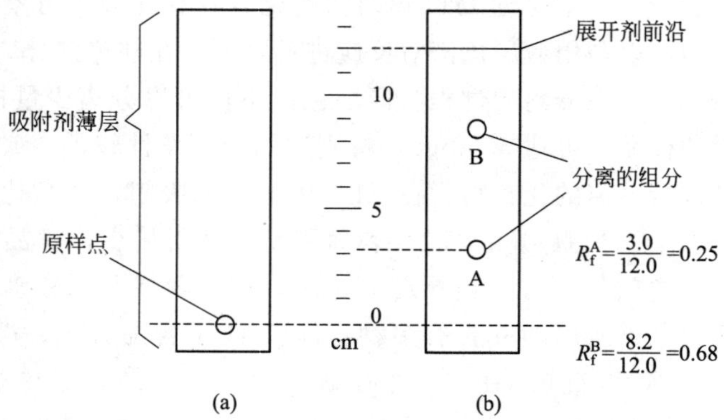

图 2-67　某组分 TLC 色谱展开过程及 R_f 值的计算

④ 展开　在此过程中，选择合适的展开剂是至关重要的。一般展开剂的选择与柱色谱中洗脱剂的选择类似，即极性化合物选择极性展开剂，非极性化合物选择非极性展开剂。当一种展开剂不能将样品分离时，可选用混合展开剂。混合展开剂的选择请参考色谱柱中洗脱剂的选择。

TLC 常用的展开剂的极性及展开能力由小到大依次为：戊烷＜四氯化碳＜苯＜氯仿＜二氯甲烷＜乙醚＜乙酸乙酯＜丙酮＜乙醇＜甲醇。展开时，在展开缸中注入配好的展开剂，将薄层板点有样品的一端放入展开剂中（注意展开剂液面的高度应低于样品斑点）。在展开过程中，样品斑点随着展开剂向上迁移，当展开剂前沿至薄层板上边的终点线时，立刻取出薄层板。如果样品本身有颜色，则将薄层板上分开的样品点用铅笔圈好，计算比移值 R_f。

⑤ 比移值 R_f 的计算　某种化合物在薄层板上上升的高度与展开剂上升高度的比值称为该化合物的比移值，常用 R_f 来表示：

$$R_f=\frac{\text{样品中某组分移动离开原点的距离}}{\text{展开剂前沿距原点中心的距离}}$$

图 2-67(b) 给出了某化合物的展开过程及 R_f 值。对于一种化合物，当展开条件相同时，R_f 值是一个常数。因此可用 R_f 值作为定性分析的依据。但是，影响 R_f 值的因素较多，如展开剂、吸附剂、薄层板的厚度、温度等，因此同一化合物 R_f 值与文献值会相差很大。在实验中常采用的方法是，在一块板上同时点一个已知物和一个未知物进行展开，通过计算 R_f 值来确定是否为同一化合物。

⑥ 显色　样品展开后，如果本身带有颜色，可直接看到斑点的位置。但是，大多数有机物是无色的，因此就存在显色的问题。常用的显色方法有两种：

a. 显色剂法　常用的显色剂有碘和三氯化铁水溶液等。许多有机化合物能与碘生成棕色或黄色的络合物。利用这一性质，在一密闭容器中（一般用展开缸即可）放几粒碘，将展开并干燥的薄层板放入其中，稍稍加热，让碘升华，当样品与碘蒸气反应后，薄层板上的样品点处即可显示出黄色或棕色斑点，取出薄层板用铅笔将点圈好即可。除饱和烃和卤代烃外，均可采用此方法。三氯化铁溶液可用于带有酚羟基化合物的显色。

b. 紫外光显色法　用硅胶 GF254 制成薄板层，由于加入了荧光剂，在 254nm 波长的紫外灯下，可观察到暗色斑点，此斑点就是样品点。以上这些显色方法在柱色谱和纸色谱中同样适用。

3. 纸色谱

（1）原理

纸色谱主要用于分离和鉴定有机物中多官能团或高极性化合物如糖、氨基酸等，它属于分配色谱的一种。它的分离作用不是靠滤纸的吸附作用，而是以滤纸作为惰性载体，以吸附在滤纸上的水或有机溶剂作为固定相（干燥滤纸本身有 6%～7%的水，另外将它置于饱和的湿气当中，还可吸收 20%～30%的水），流动相是被水饱和过的有机溶剂或水（展开剂）。利用样品中各组分在两相中分配系数的不同达到分离的目的。

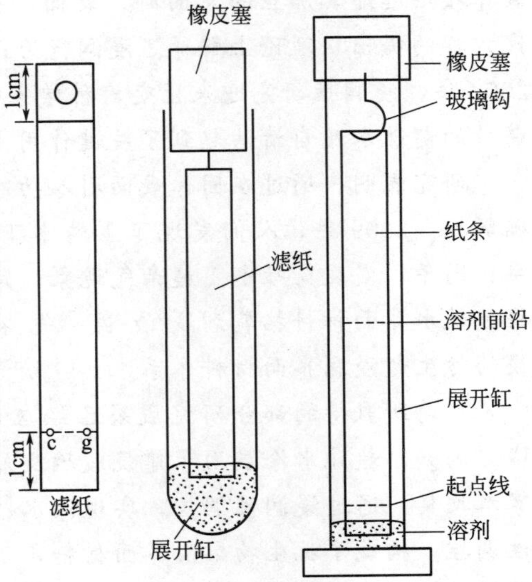

图 2-68　纸色谱装置

纸色谱的优点是操作简单，价格便宜，所得到的色谱图可以长期保存。缺点是展开时间较长，因而在展开过程中，溶剂的上升速度随着高度的增加而减慢。

(2) 操作步骤

① 准备工作　将预先裁好并在一端打了孔的滤纸条平铺于洁净的垫纸上，如图 2-68 所示，标记“起点线”和“终止线”，手不能接触滤纸工作部分（两线之间部分），以免污染。

在干燥洁净的展开缸中，盛入约 1cm 高的展开剂，塞紧带钩的塞子，垂直于锥形瓶或试管架的大孔中，让溶剂蒸气充满展开缸。

② 点样　用毛细管取待分离样品小心地在“起点线”分别点样，点样直径不应大于 3mm，两点之间的距离应大于 5mm，待其自然干燥。

③ 展开　手持滤纸打孔端，小心地置于事先盛有展开剂的展开缸中，旋动玻璃钩，使纸条下端约 5mm 插入展开剂中（不要大于 5mm，且纸条的边沿不可靠在展开缸壁上），然后用塞子塞紧后，静置。

④ 显色　当溶剂前沿接近“终止线”时（一般展开 6～8cm 即可，约需 1h），取出纸条，在溶剂前沿处划线，烘干后，喷涂显色剂，电吹风小心烘吹或在约 80℃下烘烤，直到显出色斑。用铅笔在斑点周围画圈。

⑤ 计算 R_f 值　量出原点至溶剂前沿的距离和原点至每个斑点中心的距离，求 R_f 值。

知识拓展

仿生超浸润界面材料体系的构筑及应用

出淤泥而不染的荷叶、翩翩起舞的水黾以及捕虫能手猪笼草等都是大自然的精妙创造，是自然界中具有超浸润特性的杰出代表。科学家们提出了二元协同理论，即将两个具有相反性质的纳米结构基元控制在协同距离上，将会产生新的特殊性质。这一发现将材料研究提升到哲学的高度，指导了界面纳米材料的设计，发展了仿生超浸润界面材料体系。

浸润性的研究可追溯到 1756 年发现的莱顿弗罗斯特（Leidenfrost）现象，即当液体接触远超其沸点的表面时，表面上会产生一层有隔热作用的蒸气；1805 年，杨氏方程的提出从理论上解释了浸润行为；1997 年，提出微结构是荷叶超疏水的关键；2002 年，浸润性研究迎来巨变，科学家们发现了荷叶表面的微纳多尺度复合结构对荷叶的超疏水及自清洁起到了关键作用。

研究表明，通过在固体表面引入功能高分子材料，可以实现表面不同浸润性的精确调控。2009 年，人们发现了鱼鳞水下的超疏油特性，发展了水下液/固超浸润体系；同年，发现荷叶水下超亲气现象，建立了水下气/固超浸润体系。2014 年，人们将超疏水界面材料拓展到液-液-固、气-液-固等一切三相体系中，创建了包含 64 种变换的仿生超浸润界面材料体系。

目前所取得的部分研究成果已经应用于能源、资源、环境、健康以及信息等领域。例如，超疏水涂层用于建筑玻璃及外墙的自清洁；超浸润界面设计用于防覆冰和雾水收集；通过浸润性调控，实现油水、有机溶剂及乳液的高效分离；利用界面浸润性调控，构筑了抗生物黏附界面材料，实现了癌细胞的高效捕获；调控基底浸润性，发展了纳米材料绿色印刷制版技术；设计并构筑非对称纳米孔材料，实现了可再生蓝色海洋能的捕获。图 2-69 为稳定的超疏水表面碳纳米管森林 SEM 照片。

(c)

图 2-69 碳纳米管森林 SEM 照片

（a）利用等离子体增强化学气相沉积法制备的碳纳米管森林；（b）聚四氟乙烯修饰的碳纳米管森林；（c）水滴在聚四氟乙烯上修饰的碳纳米管森林表面

习题

一、选择题

1. 使用天平称量物体质量前，发现托盘天平横梁的指针如图所示，则应（　　）。

A. 将游码向左调节

B. 将游码向右调节

C. 向右端调节平衡螺母

D. 向左端调节平衡螺母

2. 电子天平在检定前应准备（　　）。(多选并排序)

A. 预热　　B. 调水平　　C. 校准　　D. 清扫

3. 电子天平检定周期一般不超过（　　）。

A. 1 年　　B. 2 年　　C. 3 年　　D. 半年

4. 容量瓶上不作标记的是（　　）。

A. 刻度线　　B. 容量规格　　C. 温度　　D. 溶液的物质的量浓度

5. 下列关于容量瓶的说法正确的是（　　）。

A. 使用前要检验容量瓶是否漏液。

B. 为了便于操作，浓溶液稀释或固体溶解可直接在容量瓶中进行。

C. 用蒸馏水洗后必须要将容量瓶烘干。

D. 容量瓶上只标有温度和规格。

6. 溶液配制中量取25.00mL溶液，下面的容器中需要用到的是（　　）。

A. 量筒　　B. 移液管　　C. 量杯　　D. 吸量管

7. 滴定分析中，对化学反应的主要要求是（　　）。

A. 反应必须定量完成

B. 反应必须有颜色变化

C. 滴定剂与被测物必须是1∶1的计量关系

D. 滴定剂必须是基准物

8. 在滴定分析中，一般用指示剂颜色的突变来判断化学计量点的到达，在指示剂变色时停止滴定。这一点称为（　　）。

A. 化学计量点　　B. 滴定误差　　C. 滴定终点　　D. 滴定分析

9. 滴定管可估读到0.01mL，若要求滴定的相对误差小于0.1%，至少应耗用体积（　　）mL。

A. 10　　B. 20　　C. 30　　D. 40

10. 取用试剂时，错误的说法是（　　）

A. 不能用手接触试剂，以免危害健康和沾污试剂。

B. 瓶塞应倒置桌面上，以免弄脏，取用试剂后，立即盖严，将试剂瓶放回原处，标签朝外。

C. 要用干净的药匙取固体试剂，用过的药匙要洗净擦干才能再用。

D. 多取的试剂可倒回原瓶，避免浪费。

11. 打开浓盐酸、浓硝酸、浓氨水等试剂瓶塞时，应在（　　）中进行。

A. 冷水浴　　B. 走廊　　C. 通风橱　　D. 药品库

12. 滴定管若有油污时可用（　　）洗涤后，依次用自来水冲洗、蒸馏水洗涤三遍备用。

A. 去污粉　　B. 铬酸洗液　　C. 强碱溶液　　D. 都不对

13. 粘有AgCl的容器用（　）洗涤最合适。

A. 1＋1盐酸　　B. 1＋1硫酸　　C. 1＋1醋酸　　D. 1＋1氨水

14. 在实验室常用的玻璃仪器中，可以加热的仪器是（　　）。

A. 量筒和烧杯　　B. 容量瓶和烧杯　　C. 锥形瓶和烧杯　　D. 容量瓶和锥形瓶

15. 下列可在烘箱内烘烤的是（　　）。

A. 比色管　　B. 碘量瓶　　C. 容量瓶　　D. 量筒

16. 天平的零点若发生漂移，将使测定结果（　　）。

A. 偏高　　B. 偏低　　C. 不变　　D. 高低不一定

17. 离心操作时，正确的操作是（　　）。

A. 放置离心管的时候一定要对称放置。

B. 在开启离心机的时候一定要将离心机的盖子盖上。

C. 开启和关闭离心机的时候一定要慢慢增加或者减小速度的，不能一下子使速度改变很快。

D. 以上都是。

18. 下列气体的制备不能使用启普发生器的是（　　）。

A. $Zn+2HCl = ZnCl_2+H_2\uparrow$

B. $CaCO_3+2HCl = CaCl_2+CO_2\uparrow+H_2O$

C. $FeS+2HCl = FeCl_2+H_2S\uparrow$

D. $2KMnO_4+16HCl = 2KCl+2MnCl_2+5Cl_2\uparrow+8H_2O$

19. 为制备干燥、纯净的 CO_2 气体，将大理石与盐酸反应生成的气体先后通过装有下列物质的两个洗气装置，两个装置中应依次装入（　　）。

A. 水、无水 $CaCl_2$ 固体　　B. 饱和 $NaHCO_3$ 溶液、浓 H_2SO_4

C. 浓 H_2SO_4、饱和 Na_2CO_3　　D. 饱和 Na_2CO_3、稀 H_2SO_4

二、填空题

1. 某同学在做“用天平测量液体质量”的实验时，砝码盒中共有 100g、50g、10g、5g 砝码各一个，20g 砝码两个。

（1）首先把天平放在水平桌面上，并将游码移至标尺左端的________处后，若发现天平的指针偏向刻度盘的右侧，这时他可以调节横梁右侧的平衡螺母向________（选填“右”或“左”）端旋动，使天平横梁水平。在判断天平横梁是否水平时，眼睛应注意观察________。

（2）当调节天平平衡后，使用天平测物体的质量时，被测物体应放在________盘里，按________的顺序在________盘里加减砝码，并调节________在标尺上的位置，直至横梁恢复平衡。

2. 电子天平在一般情况下正常工作的温度范围为________。

3. 标准溶液的配制方法有________和________。

4. 滴定分析法包括________、________、________、________四大类。

5. 直接法配制标准溶液必须使用________。

6. 缓冲溶液具有________，在反应生成或外加少量的强酸强碱后，也能保持溶液的________基本不变。

7. 离心分离的核心部分是________，根据产生________的方式不同，可分为________和________两类。

8. 实验室中常用的铬酸洗液是用________和________配制而成的，铬酸洗液呈________颜色时表明氧化能力已降低至不能使用。

9. 能在明火或电炉上直接烤干的仪器是________。

①量筒　②试管　③烧杯　④移液管　⑤容量瓶　⑥表面皿　⑦蒸发皿

10. 常见的托盘天平是依据________原理设计的，而各种电子天平的制造则是依据________原理设计的。

三、判断题

1. 用纯水洗涤玻璃仪器时，使其既干净又节约用水的方法原则是少量多次。（　　）

2. 使用干燥箱时，试剂和玻璃仪器应该分开烘干。（　　）

3. 取液体试剂时可用吸管直接从原瓶中吸取。（　　）

4. 进行油浴加热时，温度失控，导致热油着火，此时可用水来灭火。（　　）

四、简答题

1. 适用于滴定分析法的化学反应必须具备哪些条件？

2. 滴定分析法的特点是什么？

3. 量器校正的原因是什么？有哪些校正方法？

4. 校正仪器时如何处理具塞锥形瓶内、外壁的水？为什么？

5. 仪器的干燥方法通常有几种？

6. 化学实验室常用的过滤方法有几种？简述其操作步骤。

参考答案

一、选择题

1.C 2.DBAC 3.A 4.D 5.A 6.B 7.A 8.C 9.B 10.D 11.C 12.B 13.D 14.C 15.B 16.D 17.D 18.D 19.B

二、填空题

1. (1) 零刻度线；左；指针是否指在刻度线中间；(2) 左；从大到小；右；游码 2. －10～40℃ 3. 直接配制法；间接配制法 4. 酸碱滴定法；配位滴定法；氧化还原滴定法；沉淀滴定法 5. 基准试剂 6. 一定的缓冲容量；pH 7. 离心分离设备；离心力；水旋；器旋 8. $K_2Cr_2O_7$；浓 H_2SO_4；黄绿色 9. ②⑦ 10. 杠杆；电磁学

三、判断题

1. √ 2. √ 3. × 4. ×

四、简答题

1. 反应定量完成（进行程度＞99.9%），无副反应发生；反应速率快；能用简便方法确定其滴定终点。

2. 加入标准溶液物质的量与被测物质的物质的量符合化学反应式所表示的计量关系；简便、快速、适用于常量分析；用途广泛，可以测定许多无机物和有机物，准确度高。

3. 吸管、容量瓶和滴定管是滴定分析用的主要量器。量器的实际容量与标称容量并不完全一致，总是存在或多或少的差值。在准确度要求较高的工作中，必须对量器进行校正，有相对校正和绝对校正两种方法。

4. 内壁的水可不管，外壁的水必须擦干。因为绝对校正法是由锥形瓶的增量（两次称量差）得出被校量器中量出的纯水质量，再通过计算得出被校量器的实际容量。如锥形瓶外壁有水，在称量过程中，取、放锥形瓶都会使外壁的水损失，使结果不准确。

5. 晾干、烘干、吹干、有机溶剂干燥法。

6. (1) 常压过滤；减压过滤；热过滤。

(2) 常压过滤操作步骤：

一贴：折叠好滤纸，一边三层，一边一层，放入漏斗中，用水润湿使之紧贴漏斗壁。

二低：一是滤纸的边缘要稍低于漏斗的边缘；二是在整个过滤过程中还要始终注意到滤液的液面要低于滤纸的边缘。

三靠：一是待过滤的液体倒入漏斗中时，盛有过滤液的烧杯嘴和玻璃棒要相靠（玻璃棒引流）；二是玻璃棒下端要靠在三层滤纸一边；三是漏斗管口与用来装盛滤液的烧杯内壁相靠。

减压过滤操作步骤：

① 安装仪器，检查布氏漏斗与抽滤瓶之间连接是否紧密，抽气泵连接口是否漏气；

② 修剪滤纸，使其略小于布氏漏斗，但要把所有的孔都覆盖住，并滴加蒸馏水使滤纸与漏斗连接紧密；

③ 将固液混合物转移到滤纸上；

④ 打开抽气泵开关，开始抽滤；

⑤ 过滤完之后，先取掉抽滤瓶接管，后关抽气泵；

⑥ 尽量使要过滤的物质处在布氏漏斗中央，防止其未经过滤，直接通过漏斗和滤纸之间的缝隙流下。

热过滤操作步骤：

① 将滤纸折叠成扇形滤纸使用；

② 选择颈短而粗的玻璃漏斗，置于铜漏斗中，接收滤液的烧杯内壁勿紧贴漏斗颈（以免滤液降温析出晶体沿器壁堆积，堵塞漏斗口，使过滤无法继续）；

③ 铜漏斗加水 2/3，加热至沸，放入扇形滤纸，其向外的棱边紧贴于漏斗壁上，最好用少量热溶剂润湿滤纸，立即将热溶液分批倒入。（但注意溶液切勿对准滤纸尖倒下去，以免冲破滤纸，造成透滤。也不要用玻璃棒引流，以免加速降温。）加入量不多于漏斗的 2/3，不少于 1/3，加完为止，并且过滤过程中，热水漏斗和烧杯内溶液始终应小火加热，以免冷却，析出晶体。

第三章 无机化学实验

实验一 粗食盐的提纯

【实验目的】

1. 了解用化学方法提纯氯化钠的原理和过程。

2. 掌握溶解、沉淀、常压过滤、减压过滤、蒸发浓缩、结晶、干燥等基本操作。

【实验原理】

化学试剂或医药用的 NaCl 都是以粗食盐为原料提纯的，粗食盐中含有可溶性杂质（主要是 Ca^{2+}、Mg^{2+}、K^{+}、SO_4^{2-} 等）和不溶性杂质（如泥沙等）。选择适当的试剂可使 Ca^{2+}、Mg^{2+}、SO_4^{2-} 等离子生成难溶盐沉淀而除去。处理方法是：在粗食盐溶液中加入稍过量的 $BaCl_2$ 溶液，溶液中的 SO_4^{2-} 便转化为难溶解的 $BaSO_4$ 沉淀而除去。

$$Ba^{2+} + SO_4^{2-} = BaSO_4 \downarrow$$

将溶液过滤，除去 $BaSO_4$ 沉淀和泥沙等。再在溶液中加入 NaOH 和 Na_2CO_3 的混合溶液，Ca^{2+}、Mg^{2+} 及过量的 Ba^{2+} 便生成沉淀。

$$Ca^{2+} + CO_3^{2-} = CaCO_3 \downarrow$$

$$Ba^{2+} + CO_3^{2-} = BaCO_3 \downarrow$$

$$2Mg^{2+} + CO_3^{2-} + 2OH^{-} = Mg_2(OH)_2CO_3 \downarrow$$

过滤除去 Ca^{2+}、Mg^{2+} 和过量的 Ba^{2+}，然后用 HCl 将溶液调至微酸性以中和 OH^{-} 和除去 CO_3^{2-}。

$$H^{+} + OH^{-} = H_2O$$

$$2H^{+} + CO_3^{2-} = H_2O + CO_2 \uparrow$$

少量的可溶性杂质（如 KCl），由于含量少，溶解度又很大，在最后的浓缩结晶过程中，绝大部分仍留在母液中而与 NaCl 分离[1]。

【仪器和药品】

仪器：托盘天平；烧杯（100mL）；量筒（50mL、5mL）；蒸发皿；玻璃棒；水泵；酒精灯；普通漏斗；漏斗架；布氏漏斗；吸滤瓶；滤纸；石棉网；铁三脚架；普通试管；试管架。

药品：粗食盐；$BaCl_2$（$1mol \cdot L^{-1}$）；Na_2CO_3（$1mol \cdot L^{-1}$）；NaOH（$2mol \cdot L^{-1}$）；HCl（$3mol \cdot L^{-1}$）；$(NH_4)_2C_2O_4$（饱和溶液）；HAc（$1mol \cdot L^{-1}$）；pH试纸；镁试剂[2]。

【实验步骤】

1. 粗食盐提纯

（1）粗盐溶解

在托盘天平上称取2g粗食盐，放入100mL烧杯中，用量筒加30mL蒸馏水，用玻璃棒搅拌并加热使其溶解。

（2）除SO_4^{2-}和食盐中的不溶性杂质

加热溶液至沸腾，边搅拌边逐滴加入$1mol \cdot L^{-1}$ $BaCl_2$溶液20滴，继续加热5min，使$BaSO_4$颗粒长大便于沉淀和过滤。将烧杯从石棉网上取下，待沉淀沉降后，取少量上层清液滴加1～2滴$1mol \cdot L^{-1}$ $BaCl_2$溶液，观察清液中是否有浑浊现象，如无浑浊现象则说明SO_4^{2-}已除尽，如仍有浑浊现象则继续滴加$1mol \cdot L^{-1}$ $BaCl_2$溶液，直至上层清液不再浑浊为止。沉淀完全后，继续加热5min，常压过滤，将$BaSO_4$沉淀和粗食盐中的不溶性杂质一起除去。

（3）除Ca^{2+}、Mg^{2+}和过量的Ba^{2+}

向滤液中加入10滴$2mol \cdot L^{-1}$ NaOH溶液和15滴$1mol \cdot L^{-1}$ Na_2CO_3溶液，加热至沸腾，静置，取上层清液加1～2滴$1mol \cdot L^{-1}$ Na_2CO_3溶液至无浑浊，常压过滤。

（4）除OH^-和CO_3^{2-}

向滤液中滴加$3mol \cdot L^{-1}$ HCl溶液，并用玻璃棒蘸取滤液在pH试纸上试验，直至溶液呈微酸性（pH值为3～4）。

（5）浓缩与结晶

将溶液倒入蒸发皿中，用小火加热浓缩至稀粥状的稠液为止（注意：不可蒸干!）。冷却，待结晶完全析出后用布氏漏斗过滤，尽量将结晶抽干。将结晶固体转移至蒸发皿中，在石棉网上用小火加热干燥，冷却称重，计算产率。

2. 产品纯度的检验

各取少量（约0.2g）提纯前和提纯后的氯化钠，分别用10mL蒸馏水溶解，然后各盛于三支试管中，分成三组，对照检验纯度（表3-1）。

（1）SO_4^{2-}的检验

在第一组溶液中分别加入1滴$1mol \cdot L^{-1}$ $BaCl_2$溶液，再加2滴$3mol \cdot L^{-1}$ HCl，观察是否有$BaSO_4$沉淀生成（在提纯后的氯化钠溶液中应无沉淀产生）。

（2）Ca^{2+}的检验

在第二组溶液中分别加入1滴$1mol \cdot L^{-1}$ HAc，再加入2滴$(NH_4)_2C_2O_4$饱和溶液，观察是否有CaC_2O_4沉淀生成（在提纯后的氯化钠溶液中应无白色草酸钙沉淀产生）。

（3）Mg^{2+}的检验

在第三组溶液中分别加入2滴$2mol \cdot L^{-1}$ NaOH溶液，使溶液呈碱性（可用pH试纸检验），再加入1～2滴镁试剂[3]，观察现象（在提纯后的氯化钠溶液中应无天蓝色沉淀产生）。

【实验结果】

1. 产量：________
2. 产率：________

3. 产品纯度检验

表 3-1 实验现象记录及结论

检验项目	检验方法	被检验液	实验现象	结论
SO_4^{2-}	$1mol\cdot L^{-1}$ $BaCl_2$ 溶液、$3mol\cdot L^{-1}$ HCl	粗 NaCl 溶液 纯 NaCl 溶液		
Ca^{2+}	$1mol\cdot L^{-1}$ HAc、$(NH_4)_2C_2O_4$ 饱和溶液	粗 NaCl 溶液 纯 NaCl 溶液		
Mg^{2+}	$2mol\cdot L^{-1}$ NaOH 溶液、镁试剂	粗 NaCl 溶液 纯 NaCl 溶液		

【注释】

[1] NaCl 溶液保持在 35℃以上结晶时，KCl 不析出；如果温度低于 35℃，KCl 将先析出。

[2] 镁试剂的配制：溶解 0.001g 对硝基苯偶氮间苯二酚于 100mL $1mol\cdot L^{-1}$ NaOH 溶液中。

[3] 镁试剂是一种有机染料，它在酸性溶液中呈黄色，在碱性溶液中呈红色或紫色，但被 $Mg(OH)_2$ 沉淀吸附后呈天蓝色，因此可以用来检验 Mg^{2+}。

【思考题】

1. 在除 Ca^{2+}、Mg^{2+}、SO_4^{2-} 等离子时，为什么要先加 $BaCl_2$ 溶液，后加 Na_2CO_3 溶液？能否先加 Na_2CO_3 溶液？
2. 过量的 CO_3^{2-}、OH^- 能否用硫酸或硝酸中和？HCl 加多了可否用 KOH 调回？
3. 加入沉淀剂除 SO_4^{2-}、Ca^{2+}、Mg^{2+}、Ba^{2+} 时，为何要加热？
4. 怎样除去实验过程中所加的过量沉淀剂 $BaCl_2$、NaOH 和 Na_2CO_3？
5. 提纯后的食盐溶液浓缩时为什么不能蒸干？
6. 在检验 SO_4^{2-} 时，为什么要加入盐酸溶液？

实验二 胶体溶液的制备及性质测定

【实验目的】

1. 了解胶体溶液的制备、保护和破坏的方法。
2. 验证胶体溶液的丁达尔效应、电泳现象以及胶体的聚沉现象。

【实验原理】

胶体溶液（溶胶）是半径为 1～100nm 的固体粒子（称分散质）在液体介质（称分散剂）中形成的一种高度分散的多相体系。目前制备方法主要有两种：①凝聚法，即在一定条件下使分子或离子凝结为胶粒；②分散法，即将大颗粒的分散质在一定条件下分散为胶粒。本实验采用凝聚法制备硫溶胶、氢氧化铁溶胶和碘化银溶胶，用分散法制备氢氧化铝溶胶。

溶胶不是一种特殊的物质，而是物质的一种特殊状态。溶胶的结构特点决定了它的一系列性质，如丁达尔效应、电泳现象等。溶胶的稳定性是相对的，只要破坏了溶胶的稳定因素，胶粒就会互相凝聚结合并形成大颗粒而沉降。使溶胶沉降的方法有加入强电解质，加入带相反电荷的溶胶，加热等。

加入适量的高分子溶液（如白明胶）可以增加溶胶的稳定性，对胶体有保护作用。

【仪器和药品】

仪器：酒精灯；铁三脚架；石棉网；烧杯；U 形电泳管（1 支）；石墨电极（2 个）；蒸馏水洗瓶；试管；量筒（5mL、25mL）。

药品：KI（$1mol \cdot L^{-1}$）；$AgNO_3$（$0.05mol \cdot L^{-1}$）；$AlCl_3$（$1mol \cdot L^{-1}$）；$CaCl_2$（$0.5mol \cdot L^{-1}$）；$NH_3 \cdot H_2O$（10%）；KNO_3（$0.1mol \cdot L^{-1}$）；$FeCl_3$（$0.1mol \cdot L^{-1}$）；Na_2SO_4（$0.5mol \cdot L^{-1}$）；NaCl（$5mol \cdot L^{-1}$）；白明胶（1%）；硫的酒精溶液（饱和）；尿素（s）。

【实验步骤】

1. 胶体溶液的制备

（1）凝聚法制备硫溶胶、$Fe(OH)_3$ 溶胶、AgI 溶胶

① 改变溶剂法制备硫溶胶　在一支试管中加入 3mL 蒸馏水，然后往水中滴加硫的酒精饱和溶液 5～6 滴，振荡试管，观察硫溶胶的生成。试加以解释。保留溶胶供后面实验用。

② 水解反应制备 $Fe(OH)_3$ 溶胶　向 25mL 沸水中滴加 3mL $0.1mol \cdot L^{-1}$ $FeCl_3$ 溶液并不断搅拌，继续煮沸 1～2min，即得红棕色 $Fe(OH)_3$ 溶胶（保留溶胶供后面实验用）。写出反应方程式。

③ 利用复分解反应制备 AgI 溶胶　取蒸馏水 25mL 于 100mL 小烧杯中，加入 $1mol \cdot L^{-1}$ KI 溶液 5 滴，混合均匀后在不断搅拌下滴加 $0.05mol \cdot L^{-1}$ $AgNO_3$ 溶液 5 滴。滴完后继续搅拌 1～2min，即得乳黄色 AgI 溶胶（保留溶胶供后面实验用）。写出胶团的结构。

（2）分散法制备 $Al(OH)_3$ 溶胶

向小烧杯中加入 2mL $1mol \cdot L^{-1}$ $AlCl_3$ 溶液，再加入 2mL 10%的 $NH_3 \cdot H_2O$，即有氢氧化铝沉淀析出。然后加入 50mL 水，煮沸 5min，静置冷却后，取上层清液供后面实验用。

2. 丁达尔效应和电泳现象

（1）丁达尔效应

把上面制备的各溶胶分别倒入试管，令光线通过溶胶，观察现象，并给予解释。

（2）电泳现象

装置如图 3-1 所示，将 6～7mL 蒸馏水由中间漏斗注入 U 形管内，滴加 4 滴 $0.1mol \cdot L^{-1}$ KNO_3 溶液，然后缓缓地注入 $Fe(OH)_3$ 溶胶，保持溶胶的液面相齐，在 U 形管的两端分别插入铜电极，接通直流电源，电压调至 30～40V。半小时后观察现象。由界面移动方向判断 $Fe(OH)_3$ 溶胶胶粒所带的是正电荷还是负电荷。写出 $Fe(OH)_3$ 溶胶的胶粒和胶团的结构式。

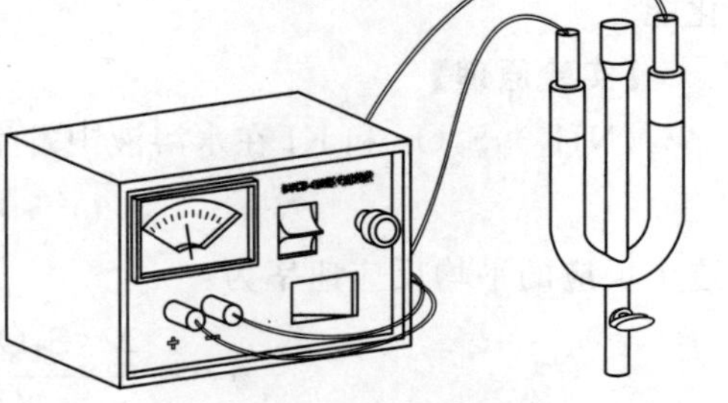

图 3-1　简单的电泳装置

3. 溶胶的聚沉

（1）$Fe(OH)_3$ 溶胶的聚沉

两支试管中各加入 $Fe(OH)_3$ 溶胶 10 滴，然后分别向两支试管中逐滴加入 $0.5mol \cdot L^{-1}$ Na_2SO_4 和 $5mol \cdot L^{-1}$ NaCl 溶液，边加边摇直到溶胶刚产生浑浊为止。记录各试管中所加电解质溶液的滴数，并比较各电解质溶液的聚沉能力大小。

（2）AgI 溶胶的聚沉

取三支试管，各加入 AgI 溶胶 10 滴，然后分别向三支试管中滴加 $1mol \cdot L^{-1}$ $AlCl_3$、$0.5mol \cdot L^{-1}$ $CaCl_2$、$5mol \cdot L^{-1}$ NaCl 溶液（边滴边摇），直至 AgI 溶胶刚产生浑浊为止。记录各试管中所加电解质溶液的滴数，并比较各电解质对 AgI 溶胶的聚沉能力。

（3）带有不同电荷溶胶的相互聚沉

取 10 滴 $Fe(OH)_3$ 溶胶，然后逐滴加入 AgI 溶胶，边加边摇，注意观察所发生的现象。说明原因。

（4）温度对溶胶稳定性的影响

取 10 滴 AgI 溶胶，加热至沸，观察有何变化。记录现象并解释之。

4. 高分子溶液对溶胶的保护作用

取两支试管，各加入 AgI 溶胶 10 滴，然后在一支试管中加入 1% 的白明胶 5 滴，在另一支试管中加入蒸馏水 5 滴，摇匀后各加入 $0.5mol \cdot L^{-1}$ $CaCl_2$ 溶液数滴［参照本实验 3（2）中的滴数］，放置片刻，观察变化是否相同。说明原因。

【思考题】

1. 溶胶具有丁达尔效应，是因为胶粒对光具有吸收作用吗？试解释原因。

2. 生成沉淀的实验中，往往需要加热，其作用是什么？

3. 把 $FeCl_3$ 溶液加到冷水中，也可以得到 $Fe(OH)_3$ 溶胶吗？为什么？

实验三 化学反应速率的测定

【实验目的】

1. 了解浓度、温度和催化剂对化学反应速率的影响。

2. 测定 $(NH_4)_2S_2O_8$ 与 KI 的反应速率，并计算反应级数、反应速率常数和反应的活化能。

【实验原理】

$(NH_4)_2S_2O_8$ 和 KI 在水溶液中发生如下反应：

$$S_2O_8^{2-} + 3I^- = 2SO_4^{2-} + I_3^- \tag{1}$$

这个反应的平均反应速率为：

$$v = -\frac{\Delta c(S_2O_8^{2-})}{\Delta t} = kc^m(S_2O_8^{2-})c^n(I^-)$$

式中，v 为反应的平均速率；$\Delta c(S_2O_8^{2-})$ 为 Δt 时间内 $S_2O_8^{2-}$ 的物质的量浓度的变化值；$c(S_2O_8^{2-})$、$c(I^-)$ 分别为 $S_2O_8^{2-}$ 和 I^- 的起始浓度，$mol \cdot L^{-1}$；k 为反应的速率常数；m、n 分别为反应物 $S_2O_8^{2-}$ 和 I^- 的反应级数。

为了测出在一定时间（Δt）内 $S_2O_8^{2-}$ 浓度的变化值，在混合 $(NH_4)_2S_2O_8$ 和 KI 溶液的同时，加入一定体积的已知浓度的 $Na_2S_2O_3$ 溶液和淀粉溶液，这样在反应（1）进行的同时，还有以下反应发生：

$$2S_2O_3^{2-}+I_3^- = S_4O_6^{2-}+3I^- \qquad (2)$$

由于反应（2）的速率比反应（1）的快得多，由反应（1）生成的 I_3^- 会立即与 $S_2O_3^{2-}$ 反应生成无色的 $S_4O_6^{2-}$ 和 I^-。因此在反应开始的一段时间内看不到碘与淀粉反应而显现出来的特有的蓝色，但一旦 $Na_2S_2O_3$ 耗尽，由反应（1）生成的微量 I_3^- 就会立即与淀粉作用，使溶液呈蓝色（$I_3^- \longrightarrow I^- + I_2$，碘遇淀粉显蓝色）。

由反应（1）和（2）的关系可以看出，$S_2O_8^{2-}$ 减少的量为 $S_2O_3^{2-}$ 减少量的一半，即

$$\Delta c(S_2O_8^{2-})=\frac{1}{2}\Delta c(S_2O_3^{2-})$$

由于从反应开始到蓝色出现标志着 $S_2O_3^{2-}$ 全部耗尽，所以从反应开始到出现蓝色这段时间 Δt，$S_2O_3^{2-}$ 浓度的改变 $\Delta c(S_2O_3^{2-})$ 实际上就是 $Na_2S_2O_3$ 的起始浓度。因此，只要测量出反应开始到溶液出现蓝色的时间 Δt，就可求算反应（1）的平均速率 v。

【仪器和药品】

仪器：烧杯（50mL，5 个）；量筒（10mL，4 个；5mL，2 个）；秒表（1 块）；玻璃棒或电磁搅拌器；温度计；试管；恒温水浴锅（1 台）。

药品：$(NH_4)_2S_2O_8$（0.20mol·L^{-1}）；KI（0.20mol·L^{-1}）；$Na_2S_2O_3$（0.01mol·L^{-1}）；KNO_3（0.20mol·L^{-1}）；$(NH_4)_2SO_4$（0.20mol·L^{-1}）；$Cu(NO_3)_2$（0.020mol·L^{-1}）；淀粉溶液（0.2%）。

【实验步骤】

1. 浓度对反应速率的影响

室温下，按表 3-2 实验编号 1 的用量分别量取 10.0mL 0.20mol·L^{-1} KI 溶液、4.0mL 0.01mol·L^{-1} $Na_2S_2O_3$ 溶液[1] 和 2.0mL 0.2%淀粉溶液，倒入 50mL 烧杯中，混合均匀。再用专用量筒[2] 量取 10.0mL 0.20mol·L^{-1} $(NH_4)_2S_2O_8$ 溶液，迅速倒入烧杯中，同时按动秒表，不断搅拌，仔细观察。当溶液刚开始出现蓝色时，立即按停秒表，记下反应时间 Δt 和室温。

用同样的方法按照表 3-2 的用量进行另外四次实验。为了使每次实验中的溶液离子强度和总体积保持不变，不足的量分别用 0.20mol·L^{-1} KNO_3 和 0.20mol·L^{-1} $(NH_4)_2SO_4$ 溶液补足。计算每次实验的反应速率 v，并填入表 3-2 中。

表 3-2　浓度对反应速率的影响　　室温：________℃

实验编号		1	2	3	4	5
试剂用量/mL 除淀粉外试剂的浓度/mol·L^{-1}	0.20mol·L^{-1} KI	10.0	10.0	10.0	5.0	2.5
	0.01mol·L^{-1} $Na_2S_2O_3$	4.0	4.0	4.0	4.0	4.0
	0.2%淀粉溶液	2.0	2.0	2.0	2.0	2.0
	0.20mol·L^{-1} KNO_3	0	0	0	5.0	7.5
	0.20mol·L^{-1} $(NH_4)_2SO_4$	0	5.0	7.5	0	0
	0.20mol·L^{-1} $(NH_4)_2S_2O_8$	10.0	5.0	2.5	10.0	10.0
26mL 混合液中反应物的起始浓度/mol·L^{-1}	$(NH_4)_2S_2O_8$					
	KI					
	$Na_2S_2O_3$					
反应时间 Δt/s						
$S_2O_8^{2-}$ 的浓度变化 $\Delta c(S_2O_8^{2-})$/mol·L^{-1}						

续表

实验编号	1	2	3	4	5
反应速率 v/mol·L^{-1}·s^{-1}					
$\lg v$					
$\lg c(S_2O_8^{2-})$				—	—
$\lg c(I^-)$		—	—		
m					
n					
反应速率常数 k					

2. 温度对反应速率的影响

按表 3-2 中实验编号 4 的试剂用量，把 KI、$Na_2S_2O_3$、淀粉和 KNO_3 溶液加到 50mL 烧杯中，把 $(NH_4)_2S_2O_8$ 溶液加在另一个大试管中。然后将它们同时放入高于室温 5℃的恒温水浴中恒温 10min[3]，将 $(NH_4)_2S_2O_8$ 迅速倒入烧杯中，同时计时并不断搅拌，当试液刚出现蓝色时，记录反应时间 Δt。

利用热水浴在高于室温 10℃、15℃的条件下，重复上述实验，记录反应时间。

将三个温度下的实验结果和实验编号 4 的数据记入表 3-3 进行比较，可得出什么结论？

表 3-3　温度对反应速率的影响

实验编号	4	6	7	8
反应温度/℃				
反应时间 Δt/s				
反应速率 v/mol·L^{-1}·s^{-1}				

3. 催化剂对反应速率的影响

在室温下，按表 3-2 中实验编号 4 的试剂用量，把 KI、$Na_2S_2O_3$、淀粉和 KNO_3 溶液加到 50mL 烧杯中，再加入 10 滴 0.020mol·L^{-1} $Cu(NO_3)_2$ 溶液[4]，搅匀，然后迅速加入 $(NH_4)_2S_2O_8$，同时计时并不断搅拌，当试液刚出现蓝色时，记录反应时间 Δt。

分别加入 1 滴、5 滴 0.020mol·L^{-1} $Cu(NO_3)_2$ 溶液［为使总体积和离子强度一致，不足 10 滴的用 0.20mol·L^{-1} $(NH_4)_2SO_4$ 溶液补充］，重复上述实验，记录反应时间。

将上述实验结果和表 3-2 中实验编号 4 的数据记入表 3-4 进行比较，可得出什么结论？

表 3-4　催化剂对反应速率的影响

实验编号	4	9	10	11
加入 0.020mol·L^{-1} $Cu(NO_3)_2$ 溶液的滴数	0	1	5	10
反应时间 Δt/s				
反应速率 v/mol·L^{-1}·s^{-1}				

【实验结果】

1. 反应级数和反应速率常数的计算

将反应速率 $v=kc^m(S_2O_8^{2-})c^n(I^-)$ 两边取对数，$\lg v=m\lg c(S_2O_8^{2-})+n\lg c(I^-)+\lg k$，当 $c(I^-)$ 不变时（即实验编号 1、2、3），以 $\lg v$ 对 $\lg c(S_2O_8^{2-})$ 作图，可得一直线，斜率

即为 m。同理，当 $c(S_2O_8^{2-})$ 不变时（即实验编号 1、4、5），以 $\lg v$ 对 $\lg c(I^-)$ 作图，可求得 n，此反应的级数则为 $m+n$。

将求得的 m 和 n 代入 $v=kc^m(S_2O_8^{2-})c^n(I^-)$ 即可求得反应速率常数 k。将数据填入表 3-2。

2. 反应活化能的计算

由阿伦尼乌斯公式，反应速率常数 k 与反应温度的关系为：

$$\lg k=-\frac{E_a}{2.303RT}+A$$

式中，E_a 为反应的活化能；R 为摩尔气体常数；T 为热力学温度。测出不同温度的 k 值，以 $\lg k$ 对 $\frac{1}{T}$ 作图，可得一直线，由直线的斜率$\left(-\frac{E_a}{2.303R}\right)$可求得反应的活化能 E_a。将数据填入表 3-5 中。

表 3-5　数据处理结果

实验编号	4	6	7	8
反应速率常数 $k/(\text{mol·L}^{-1})^{1-m-n}$				
$\lg k$				
$1/T/\text{K}^{-1}$				
反应活化能 $E_a/\text{kJ·mol}^{-1}$				

【注释】

[1] 本实验对试剂有一定要求。KI 溶液应为无色透明的溶液，不宜使用有 I_2 析出的浅黄色溶液。$(NH_4)_2S_2O_8$ 易分解，固体和溶液都不能久放。

[2] 实验的溶液种类较多，量筒要专用。

[3] 在恒温条件下的反应要一直在恒温体系中进行。

[4] 催化剂的加入方式要尽量一样，使液滴大小相等。

【思考题】

1. 根据反应方程式，能否确定反应级数？用本实验的结果加以说明。

2. 本实验 $Na_2S_2O_3$ 的用量过多或过少，对实验结果有何影响？

3. 在编号为 2 和 3 的实验中添加不同量的 $(NH_4)_2SO_4$ 溶液，在编号为 4 和 5 的实验中添加不同量 KNO_3 溶液用意何在？如何选择添加试剂？

4. 若不用 $S_2O_8^{2-}$ 而改用 I^- 或 I_3^- 的浓度变化来表示反应速率，则反应速率常数 k 是否一样？

5. 下列操作情况对实验结果有何影响？

(1) 先加 $(NH_4)_2S_2O_8$ 溶液，后加 KI 溶液；(2) 慢慢加入 $(NH_4)_2S_2O_8$ 溶液。

实验四　电导法测定硫酸钡的溶度积

【实验目的】

1. 熟悉沉淀的生成、陈化、离心分离、洗涤等基本操作。

2. 了解饱和溶液的制备。

3. 了解难溶电解质溶度积测定的一种方法。

4. 学习电导率仪的使用。

【实验原理】

硫酸钡是难溶电解质，在饱和溶液中存在如下平衡：

$$BaSO_4(s) \rightleftharpoons Ba^{2+} + SO_4^{2-}$$

$$K_{sp}^{\ominus}(BaSO_4) = [c(Ba^{2+})/c^{\ominus}][c(SO_4^{2-})/c^{\ominus}] = [c(SO_4^{2-})/c^{\ominus}]^2$$

由此可见，只需测定出 $c(Ba^{2+})$、$c(SO_4^{2-})$ 中任何一种浓度值即可求出 $K_{sp}^{\ominus}(BaSO_4)$，由于 $BaSO_4$ 的溶解度很小，很难直接测定。因此可把饱和溶液看作无限稀释的溶液，离子的活度与浓度近似相等。由于饱和溶液的浓度很低，因此，常常采用电导法，通过测定电解质溶液的电导率计算离子浓度。

电导是电阻的倒数：

$$G = \kappa \frac{A}{l}$$

式中，G 为电导，S（西门子）；A 为截面积，m^2；l 为长度，m；l/A 为电导池常数或电极常数，由电极标出；κ 为电导率，$S \cdot m^{-1}$。

由于测得 $BaSO_4$ 的饱和溶液电导率包括水的电导率，因此 $BaSO_4$ 的电导率为：

$$\kappa(BaSO_4) = \kappa(BaSO_4\ 溶液) - \kappa(H_2O)$$

对于电解质溶液，浓度不同则其电导率亦不同。1mol 电解质溶液全部置于相距为 1m 的两个平行电极之间溶液的电导率称为摩尔电导率，用 Λ_m 表示。若溶液的摩尔浓度以 c 表示，则摩尔电导率可表示为：

$$\Lambda_m = \frac{\kappa}{1000c}$$

Λ_m 的单位是 $S \cdot m^2 \cdot mol^{-1}$，$c$ 的单位是 $mol \cdot L^{-1}$。若电离程度极小，可认为溶液是无限稀释的，则 Λ_m 可用极限摩尔电导率 Λ_m^{∞} 代替。$\Lambda_m^{\infty}(BaSO_4) = 287.2 \times 10^{-4} S \cdot m^2 \cdot mol^{-1}$，因此只要测得电导率 κ 值，即可求得溶液浓度：

$$c(BaSO_4) = \frac{\kappa(BaSO_4)}{1000 \times \Lambda_m^{\infty}(BaSO_4)}$$

【仪器和药品】

仪器：电导率仪及铂黑电极；离心机；烧杯（100mL，1个；150mL，2个）；量筒；玻璃棒；表面皿；离心机；离心试管；酒精灯。

药品：H_2SO_4（$0.05mol \cdot L^{-1}$）；$BaCl_2$（$0.05mol \cdot L^{-1}$）；$AgNO_3$（$0.01mol \cdot L^{-1}$）。

【实验步骤】

1. $BaSO_4$ 沉淀的制备

取浓度均为 $0.05mol \cdot L^{-1}$ $BaCl_2$ 和 H_2SO_4 溶液各 30mL，分别加入两个小烧杯中，将 H_2SO_4 溶液加热至近沸，在不断搅拌下，逐滴将 $BaCl_2$ 溶液加入 H_2SO_4 溶液中，加完后盖上表面皿，继续加热煮沸 5min，再小火保温 10min，搅拌数分钟后，取下静置、陈化。当沉淀上面的溶液澄清时，倾去上层清液。将沉淀和少量余液用玻璃棒搅成乳状，分次转移至离心试管中，进行离心分离，弃去上层清液。

在小烧杯中盛约 40mL 蒸馏水，加热至近沸，用其洗涤离心试管中的 $BaSO_4$ 沉淀，每次加 4～5mL，用玻璃棒将沉淀充分搅混，再离心分离，弃去洗涤液，重复洗涤至洗涤液中

无 Cl^- 为止（用 0.01mol·L^{-1} $AgNO_3$ 溶液检验之）。

2. $BaSO_4$ 饱和溶液的制备

在上面制得的纯 $BaSO_4$ 沉淀中加少量水，用玻璃棒将沉淀搅混后，全部转移到小烧杯中，再加蒸馏水 60mL，搅拌均匀后，盖上表面皿，加热煮沸 3～5min，稍冷后，再置于冷水浴中搅拌 5min，换冷水浴再静置，冷却至室温，当沉淀至上面的溶液澄清时，取上层清液，测电导率。

3. 电导率的测定

（1）测蒸馏水的电导率。

（2）测 $BaSO_4$ 饱和溶液的电导率（表 3-6）。

【实验结果】

表 3-6　实验结果及数据处理

室温/℃	κ($BaSO_4$ 溶液)/$\mu S \cdot cm^{-1}$	κ(H_2O)/$\mu S \cdot cm^{-1}$

【注意事项】

1. 实验中确保 Cl^- 除干净，测量电导率要使用同一台电导率仪。
2. 注意沉淀洗涤和转移的方法。
3. 注意离心机和电导率仪的正确使用。

【思考题】

1. 制备 $BaSO_4$ 时，为什么要洗至无 Cl^-？
2. 制备 $BaSO_4$ 饱和溶液时，溶液底部一定要有沉淀吗？
3. 在测定 $BaSO_4$ 的电导率时，水的电导率为什么不能忽略？

实验五　转化法制备硝酸钾

【实验目的】

1. 学习利用各种易溶盐在不同温度时溶解度的差别来制备易溶盐的原理和方法。
2. 了解结晶和重结晶的一般原理和方法。
3. 进一步巩固溶解、加热、蒸发、减压过滤的基本操作。
4. 掌握热过滤的基本操作。

【实验原理】

用 $NaNO_3$ 和 KCl 制备 KNO_3，其反应式为：

$$NaNO_3 + KCl \xlongequal{} NaCl + KNO_3$$

当 KCl 和 $NaNO_3$ 溶液混合时，在混合液中同时存在由 Na^+、K^+、Cl^-、NO_3^- 这四种离子组成的四种盐 KNO_3、KCl、NaCl、$NaNO_3$，本实验简单地利用四种盐于不同温度时在水中溶解度的差异（表 3-7）来分离 KNO_3 晶体。

NaCl、KCl 的溶解度随温度变化不大，而 $NaNO_3$ 和 KNO_3 在高温时具有较大或很大的溶解度，温度降低时 $NaNO_3$ 的溶解度明显减小，KNO_3 的溶解度急剧下降。根据这种差别，将一定浓度的 $NaNO_3$ 和 KCl 混合液加热浓缩，当温度达 118～120℃时，由于 KNO_3、$NaNO_3$ 溶解度增加很多，达不到饱和，不析出；而 NaCl、KCl 的溶解度增加甚少，随着浓缩、溶剂的减少，NaCl、KCl 析出。通过热过滤除去 NaCl、KCl，将滤液冷却至室温，即有大量 KNO_3 析出，而 $NaNO_3$ 由于室温下溶解度大则留在溶液中，从而得到 KNO_3 粗产品。再经过重结晶提纯，可得到纯品。

表 3-7 四种盐在水中的溶解度（g/100g）

盐	温度/℃										
	0	10	20	30	40	50	60	70	80	90	100
KNO_3	13.3	20.9	31.6	45.8	63.9	85.5	110.0	138.0	169.0	202.0	246.0
KCl	27.6	31.0	34.0	37.0	40.0	42.6	45.5	48.1	51.1	54.0	56.7
$NaNO_3$	73.0	80.0	88.0	96.0	104.0	114.0	124.0	—	148.0	—	180.0
NaCl	35.7	35.8	36.0	36.3	36.6	37.0	37.3	37.8	38.4	39.0	39.8

【仪器和药品】

仪器：托盘天平；烧杯（50mL）；量筒；水浴锅；玻璃棒；石棉网；试管；热滤漏斗；铁架台；酒精灯；短颈漏斗；滤纸；布氏漏斗；吸滤瓶；真空泵。

药品：硝酸钠（s）；氯化钾（s）；$AgNO_3$（$0.10mol\cdot L^{-1}$）；KNO_3（饱和溶液）。

【实验步骤】

1. 硝酸钾粗产品的制备

称取 8.5g $NaNO_3$ 和 7.5g KCl 放入 50mL 小烧杯中，加入 15mL 蒸馏水，标记出溶液液面高度。将烧杯放在石棉网上小火加热搅拌，待盐全部溶解后再继续加热，将溶液蒸发至原体积的 2/3，这时烧杯中有晶体析出（什么晶体?）。趁热过滤，将滤液转移到小烧杯中，自然冷却，此时又有晶体析出（这又是什么晶体?），然后抽滤，并用饱和 KNO_3 溶液洗两遍，将晶体抽干、称重。计算理论产量和实际产率。

2. 粗产品的重结晶

留出 0.10g 粗产品供纯度检验，其余粗产品按粗产品：水＝2：1（质量比）加水溶解，加热并不断搅拌（若溶液沸腾晶体还未全部溶解，可按少量多次的原则补加少量水），待晶体全部溶解后停止加热，冷却、结晶、抽滤，并用饱和 KNO_3 溶液洗两遍，将晶体抽干、称重。

3. 纯度检验

取粗产品和纯产品各 0.10g，分别置于两支小试管内，各加 2mL 蒸馏水，振荡溶解，然后再各加 2 滴 $0.10mol\cdot L^{-1}$ $AgNO_3$ 溶液，观察现象，并作出结论（表 3-8）。

【实验结果】

1. 理论产量：________
2. 实际产率：________
3. 产品纯度检验

表 3-8 实验现象记录及结论

检验项目	检验方法	被检验物质	实验现象	结论
纯度检验	$0.10mol\cdot L^{-1}$ $AgNO_3$ 溶液	粗产品		
		纯化后产品		

【注意事项】

1. 蒸发时，为防止因玻璃棒长而重、烧杯小而轻，以至重心不稳而倾翻烧杯，应选择细玻璃棒，同时在不搅动溶液时，将玻璃棒搁在另一烧杯上。

2. 若溶液总体积已小于 2/3，过滤的准备工作还未做好，则不能过滤，可在烧杯中加水至 2/3 以上，再蒸发浓缩至 2/3 后趁热过滤。

3. 要控制浓缩程度，蒸发浓缩时，溶液一旦沸腾，火焰要小，只要保持溶液沸腾就行。烧杯很烫时，可用烧杯钳、干净的小手帕或未用过的小抹布折成整齐的长条移动烧杯，以便迅速转移溶液。趁热过滤的操作一定要迅速、全部转移溶液与晶体，使烧杯中的残余物减到最少。

4. 趁热过滤失败，不必从头做起。只要把滤液、漏斗中的固体全部回收到原来的小烧杯中，加一定量的水至原记号处，再加热溶解、蒸发浓缩至 2/3，趁热过滤即可。万一漏斗中的滤纸与固体分不开，滤纸也可回收到烧杯中，在趁热过滤时与氯化钠晶体一起除去。

【思考题】

1. 怎样利用溶解度的差别由氯化钾、硝酸钠制备硝酸钾？
2. 能否将除去氯化钠后的滤液直接冷却制取硝酸钾？
3. 实验成败的关键在何处？应采取哪些措施才能使实验成功？

实验六 缓冲溶液的配制和性质

【实验目的】

1. 学习缓冲溶液及常用等渗磷酸盐缓冲溶液的配制方法。
2. 加深对缓冲溶液性质的理解。
3. 强化吸量管的使用方法。
4. 学习使用 pHS-3C 型酸度计。
5. 培养环境保护意识。

【实验原理】

普通溶液不具备抗酸、抗碱、抗稀释作用。

缓冲溶液通常是由一对共轭酸碱组成，如足够浓度的弱酸及其共轭碱、弱碱及其共轭酸、多元酸的酸式盐及其次级盐，它具有抵抗外加的少量强酸（强碱）或适当稀释而保持溶液 pH 值基本不变的作用。

本实验通过普通溶液和配制成的缓冲溶液对加入酸、碱或适当稀释前后 pH 值的变化来探讨缓冲溶液的性质。

根据缓冲溶液中共轭酸碱对所存在的质子转移平衡：

$$HB + H_2O \rightleftharpoons B^- + H_3O^+$$

缓冲溶液 pH 值的计算公式为：

$$pH=pK_a^{\ominus}-\lg\frac{c(\text{酸})/c^{\ominus}}{c(\text{共轭碱})/c^{\ominus}}=pK_a^{\ominus}+\lg\frac{c(B^-)/c^{\ominus}}{c(HB)/c^{\ominus}}=pK_a^{\ominus}+\lg \text{缓冲比}$$

式中，$pK_a^{\ominus}$ 为酸解离常数的负对数。此式表明缓冲溶液的 pH 值主要取决于弱酸的 $pK_a^{\ominus}$ 值，其次取决于缓冲比。

需注意的是，由上述公式算得的 pH 值是近似的，准确计算应该用活度而不应该用浓度。要配制准确 pH 值的缓冲溶液，可参考有关手册和参考书上的配方，它们的 pH 值是由精确的实验方法确定的。

缓冲容量（β）是衡量缓冲能力大小的尺度。缓冲容量（β）的大小与缓冲溶液总浓度、缓冲组分的比值有关。

$$\beta=2.303\times\frac{[c(HB)/c^{\ominus}]\times[c(B^-)/c^{\ominus}]}{[c(HB)/c^{\ominus}]+[c(B^-)/c^{\ominus}]}=2.303\times\frac{[c(B^-)/c^{\ominus}]}{1+\text{缓冲比}}$$

缓冲溶液总浓度越大则 β 越大；缓冲比越趋向于 1，则 β 越大，当缓冲比为 1 时，β 达极大值。

实验室中最简单的测定缓冲容量的方法是利用酸碱指示剂变色来进行判断。例如本实验就使用了甲基红指示剂（表 3-9）。

表 3-9 甲基红指示剂变色范围

pH 值	<4.2	4.2～6.3	>6.3
颜色	红色	橙色	黄色

医学上常用等渗磷酸盐缓冲盐水（PBS）作为体外细胞缓冲培养液。PBS 是与人体血浆渗透压（280～320kPa）等渗，并与人体血液 pH 值（7.35～7.45）一致的含有 NaCl、KCl、Na_2HPO_4、KH_2PO_4 等物质的磷酸盐缓冲液。根据不同用途，PBS 有不同的配制方法，如用于细胞培养的 PBS 配方为：8g NaCl、0.2g KCl、0.24g KH_2PO_4、1.44g Na_2HPO_4，加水至 800mL，用 HCl 调 pH 值至 7.4，补水至 1L，消毒灭菌即得。

其在水溶液中的质子转移平衡如下：

$$H_2PO_4^- + H_2O \rightleftharpoons HPO_4^{2-} + H_3O^+ \qquad K_{a_2}^{\ominus}$$

由上式可知该缓冲液 pH 的计算公式为

$$pH=pK_a^{\ominus}-\lg\frac{c(\text{酸})/c^{\ominus}}{c(\text{共轭碱})/c^{\ominus}}=pK_{a_2}^{\ominus}+\lg\frac{c(HPO_4^{2-})/c^{\ominus}}{c(H_2PO_4^-)/c^{\ominus}}$$

该公式计算出来的数值由于未考虑溶液的活度，故所得的数值为近似值。

【仪器和药品】

仪器：吸量管（5mL，5 支；10mL，5 支）；比色管（20mL，4 支）；量筒（10mL）；烧杯（50mL，6 个）；试管（10mL，6 支；20mL，6 支）；滴管；玻璃棒；洗瓶；pHS-3C 型酸度计。

药品：HAc（0.10mol·L^{-1}，1.0mol·L^{-1}）；NaAc（0.10mol·L^{-1}，1.0mol·L^{-1}）；KH_2PO_4（0.15mol·L^{-1}）；Na_2HPO_4（0.10mol·L^{-1}）；NaCl（0.15mol·L^{-1}）；KCl（0.15mol·L^{-1}）；NaOH（1.0mol·L^{-1}）；HCl（1.0mol·L^{-1}，0.15mol·L^{-1}）；蒸馏水；甲基红指示剂；广泛 pH 试纸；自带试样溶液。

【实验内容】

1. 缓冲溶液的配制

按照表 3-10 中用量，用吸量管配制甲、乙、丙及细胞培养用 PBS 缓冲溶液[1] 于已标号的 4 支 20mL 比色管中，备用。

表 3-10　缓冲溶液的配制

编号	试剂	浓度/mol·L^{-1}	用量/mL	总体积/mL
甲	HAc	1.0	6.00	12.00
	NaAc	1.0	6.00	
乙	HAc	0.10	4.00	8.00
	NaAc	0.10	4.00	
丙	HAc	0.10	0.30	3.00
	NaAc	0.10	2.70	
细胞培养用 PBS	KH_2PO_4	0.15	0.20	17.70
	Na_2HPO_4	0.10	1.70	
	NaCl	0.15	15.50	
	KCl	0.15	0.30	

2. 缓冲溶液的性质

（1）缓冲溶液的抗酸、抗碱、抗稀释作用

取 7 支试管，按表 3-11 分别加入下列溶液，用广泛 pH 试纸测 pH 值。然后分别在各试管中滴加 2 滴 1.0mol·L^{-1} HCl 溶液或 2 滴 1.0mol·L^{-1} NaOH 溶液，再测 pH 值。记录实验数据，解释所得结果。

（2）缓冲容量与缓冲溶液总浓度（c）及缓冲比$\dfrac{c(B^-)}{c(HB)}$的关系

取 6 支试管，按表 3-12 分别加入下列溶液，用广泛 pH 试纸测 pH 值。然后在 1～4 号试管中各加 2 滴 1.0mol·L^{-1} HCl 溶液或 2 滴 1.0mol·L^{-1} NaOH，再测 pH 值。5～6 号试管中分别滴入 2 滴甲基红指示剂，溶液呈红色。然后一边振摇一边逐滴加入 1.0mol·L^{-1} NaOH 溶液，直至溶液的颜色刚好变成黄色。记录所加的滴数。记录实验结果，解释所得结果。

3. PBS 溶液及自带试样溶液 pH 值的测定

先用 pH 试纸测量 PBS 溶液及自带试样溶液的 pH 值，然后用 pHS-3C 型酸度计分别测定它们的 pH 值[2]，记录在表 3-13 中，并比较所测的 pH 值是否与预想的一致。

【实验结果】

表 3-11　缓冲溶液的抗酸、抗碱、抗稀释作用

实验编号	1	2	3	4	5	6	7
缓冲溶液(甲)/mL	2.0	2.0	/	/	/	/	2.0
H_2O/mL	/	/	2.0	2.0	/	/	5.0
NaCl/mL	/	/	/	/	2.0	2.0	/
pH(1)							
1.0mol·L^{-1} HCl/滴	2	/	2	/	2	/	/
1.0mol·L^{-1} NaOH/滴	/	2	/	2	/	2	/
pH(2)							
|ΔpH|							

结论：________________________________。

表 3-12 缓冲容量 β 与缓冲比 $\frac{c(B^-)}{c(HB)}$ 及缓冲溶液总浓度（c）间的关系

实验项目	β 与 c 关系				β 与 $\frac{c(B^-)}{c(HB)}$ 关系	
实验编号	1	2	3	4	5	6
缓冲溶液(甲)/mL	2.0	/	2.0	/	/	/
缓冲溶液(乙)/mL	/	2.0	/	2.0	2.0	/
缓冲溶液(丙)/mL	/	/	/	/	/	2.0
pH(1)						
甲基红指示剂/滴	/	/	/	/	2	2
溶液颜色	/	/	/	/		
1.0mol·L^{-1}HCl/滴	2	2	/	/	/	/
1.0mol·L^{-1}NaOH/滴	/	/	2	2	至溶液刚好变成黄色需要( )滴	至溶液刚好变成黄色需要( )滴
pH(2)						
|ΔpH|						

结论：______________________________。

表 3-13 PBS 溶液及自带试样溶液 pH 值的测定

实验项目	PBS 溶液	自带试样 1	自带试样 2
广泛 pH 试纸			
pHS-3C			
|ΔpH|			

结论：______________________________。

【注释】

[1] 本实验方法配制的细胞培养用 PBS 溶液，已与人体血浆渗透压等渗，若 PBS 溶液 pH 值不等于 7.4，可直接用 0.15mol·L^{-1} HCl 调节 pH 值至 7.4。

[2] 每测定完一种溶液，复合电极需用蒸馏水洗净并吸干后才能测定另一种溶液。

【思考题】

1. 缓冲溶液的 pH 值由哪些因素决定？
2. 为什么缓冲溶液具有缓冲能力？
3. pH 试纸与 pHS-3C 型酸度计测定溶液的 pH 值的准确度如何？
4. 为何每测完一种溶液，复合电池需用蒸馏水洗净并吸干后才能测定另一种溶液？
5. 本实验是如何设计以验证这些性质的？
6. 本实验属定量测定还是定性测定？
7. 如果只有 HAc 和 NaOH、HCl 和 $NH_3·H_2O$、KH_2PO_4 和 NaOH，能够进行上述实验吗？你将怎样进行实验设计？

实验七 化学反应速率和化学平衡

【实验目的】

1. 加深浓度、温度和催化剂等条件对化学反应速率影响的理解。

2. 加深浓度、温度对化学平衡影响的理解。

3. 学习试剂取用等基本操作。

【实验原理】

$Na_2S_2O_3$ 和 H_2SO_4 在水溶液中发生如下反应：

$$Na_2S_2O_3+H_2SO_4 = Na_2SO_4+H_2SO_3+S\downarrow$$

这个反应的平均反应速率为：

$$v=kc^m(Na_2S_2O_3)c^n(H_2SO_4) \quad (1)$$

式中，v 为反应的平均速率；k 为反应的速率常数。

速率常数与温度间的定量关系如下：

$$k=Ae^{-\frac{E_a}{RT}} \quad (2)$$

式中，A 为指前因子或频率因子；E_a 为反应的活化能；R 为摩尔气体常数；T 为热力学温度。

从式(1) 可知，在一定温度下，反应速率的快慢与反应物的浓度有关。本实验通过改变 $Na_2S_2O_3$ 和 H_2SO_4 的浓度，根据析出 S（溶液浑浊）的时间，验证浓度对反应速率的影响。

根据式(2) 可知，k 随温度升高成指数关系增加。一般情况下，温度每升高 10K，反应速率加快 2～4 倍。加入催化剂，由于改变了反应的途径，降低了反应的活化能，故能提高反应速率。

可逆反应达到平衡后，如果改变平衡的条件（如浓度、温度等），平衡将向减弱或消除这种改变的方向移动，从而建立新的平衡。

【仪器和药品】

仪器：恒温水浴锅（1 个）；量筒（10mL，3 个）；试管；玻璃棒；温度计（1～100℃）；秒表；火柴。

药品：$Na_2S_2O_3$（0.02$mol\cdot L^{-1}$）；H_2SO_4（0.10$mol\cdot L^{-1}$）；H_2O_2（3%）；$FeCl_3$（饱和，0.20$mol\cdot L^{-1}$）；NH_4SCN（饱和，0.10$mol\cdot L^{-1}$）；MnO_2(s)；NH_4Cl(s)；封装有 NO_2 和 N_2O_4 混合气体的玻璃球。

【实验步骤】

1. 化学反应速率

（1）浓度对反应速率的影响

取一支试管加入 3mL 0.02$mol\cdot L^{-1}$ $Na_2S_2O_3$ 溶液和 6mL 蒸馏水，振荡使之混合均匀，然后量取 5mL 0.10$mol\cdot L^{-1}$ H_2SO_4 溶液倾入试管中，并立即按动秒表计时，待溶液开始变浑浊时停止计时，记下溶液变浑浊时所需的时间。

用同样的方法按照表 3-14 的用量进行另外两次实验，记录反应时间，将实验数据填入表 3-14 中。根据实验结果，说明浓度对反应速率的影响。

（2）温度对反应速率的影响

取两支试管，一支加入 2mL 0.02$mol\cdot L^{-1}$ $Na_2S_2O_3$ 溶液，另一支加入 2mL 0.10$mol\cdot L^{-1}$ H_2SO_4 溶液，置于高于室温 10℃的恒温水浴中 10min，然后将两支试管中溶液混合（盛有混合溶液的试管仍应放在热水浴中，以保持一定温度），并立即开始计时，待溶液变浑浊时停止计时，记录溶液变浑浊所需的时间。

在室温和高于室温20℃的条件下，用同样的方法按照表3-15的用量进行另外两次实验，记录反应时间，将实验数据填入表3-15中。根据实验结果，说明温度对反应速率的影响。

(3) 催化剂对反应速率的影响

取一支试管，加入2mL 3% H_2O_2，用燃着未熄灭（带有余烬）的火柴梗插入管口，观察现象。然后再往试管中加入少许 MnO_2 粉末，进行同样的实验，观察现象，填入表3-16中。根据实验现象，说明催化剂对反应速率的影响。

2. 化学平衡

(1) 浓度对化学平衡的影响

$$FeCl_3 + 3NH_4SCN \rightleftharpoons Fe(SCN)_3 + 3NH_4Cl$$

在一小烧杯里加入5滴 $0.20mol \cdot L^{-1}$ $FeCl_3$ 溶液和5滴 $0.10mol \cdot L^{-1}$ NH_4SCN 溶液。加20mL蒸馏水稀释，用玻璃棒搅拌，混合均匀。将所得溶液平均分装在四支试管中。第一支试管中加入1～2滴饱和 $FeCl_3$ 溶液，第二支试管中加入1～2滴饱和 NH_4SCN 溶液，第三支试管中加入少量固体 NH_4Cl。观察它们颜色的变化，并与第四支试管中的溶液进行比较，将实验数据填入表3-17中。根据实验结果，说明浓度对化学平衡的影响。

(2) 温度对化学平衡的影响

取一个 N_2O_4-NO_2 平衡球，球内装有处于平衡状态的 N_2O_4 和 NO_2 气体，这时球内存在如下平衡：

$$\underset{\text{(红棕色)}}{2NO_2} \underset{\text{吸热}}{\overset{\text{放热}}{\rightleftharpoons}} \underset{\text{(无色)}}{N_2O_4}$$

将一球浸入热水烧杯中，另一球浸入冷水烧杯中，观察两个烧瓶内颜色的变化，将实验现象填入表3-18中。根据实验现象，请说明温度对化学平衡的影响。

(3) 压力对化学平衡的影响

$$\underset{\text{(红棕色)}}{2NO_2} \underset{\text{减压}}{\overset{\text{增压}}{\rightleftharpoons}} \underset{\text{(无色)}}{N_2O_4}$$

取一个100mL的注射器，内装 NO_2 与 N_2O_4 达平衡的混合气体，把针头插入橡胶塞，推拉注射器以改变气体的体积。观察实验现象，并填入表3-18中，请说明压力对化学平衡的影响。

【实验结果】

1. 化学反应速率

(1) 浓度对反应速率的影响

表3-14 浓度对化学反应速率的影响

实验编号	试剂用量/mL			反应时间/s
	$0.02mol \cdot L^{-1}$ $Na_2S_2O_3$	H_2O	$0.10mol \cdot L^{-1}$ H_2SO_4	
1	3	6	5	
2	6	3	5	
3	9	0	5	

(2) 温度对反应速率的影响

表 3-15　温度对化学反应速率的影响

实验编号	试剂用量/mL		实验温度/℃	反应时间/s
	0.02mol·L^{-1} $Na_2S_2O_3$	0.10mol·L^{-1} H_2SO_4		
1	2	2		
2	2	2		
3	2	2		

(3) 催化剂对反应速率的影响

表 3-16　催化剂对化学反应速率的影响

实验现象	结论

2. 化学平衡

(1) 浓度对化学平衡的影响

表 3-17　浓度对化学平衡的影响

实验序号	加入的物质	颜色变化(与第四支试管比较)	平衡被破坏后反应进行的方向
1	饱和 $FeCl_3$		
2	饱和 NH_4SCN		
3	固体 NH_4Cl		

(2) 温度、压力对化学平衡的影响

表 3-18　温度、压力对化学平衡的影响

实验名称	实验现象	结　论
温度对化学平衡的影响		
压力对化学平衡的影响		

【思考题】

1. 本实验研究了浓度、温度、催化剂对反应速率的影响，对有气体参加的反应，压力有怎样的影响？如对反应 $2NO(g)+O_2(g)$ ══ $2NO_2(g)$，将反应容器缩小至原来的一半，那么反应速率将增加几倍？

2. 在含有 $Fe(SCN)_3$ 的血红色溶液中，加入 $FeCl_3$ 或 NH_4SCN 溶液时，为什么溶液颜色变得更深？

实验八　溶液中离子间的平衡

【实验目的】

1. 了解影响电离平衡移动的因素。

2. 加深对溶度积规则的理解，学习离心分离操作及电动离心机的使用方法。

3. 掌握有关物质浓度、溶液的酸度对电极电位及氧化还原反应方向、产物的影响。

4. 了解有关配合物的生成及配离子与简单离子的区别。

5. 了解配位平衡与沉淀反应、氧化还原反应、溶液酸碱性的关系。

【实验原理】

电解质分为强电解质和弱电解质。强电解质在水溶液中是完全电离的，而弱电解质在水溶液中是部分电离的，存在电离平衡。如：

$$HAc \rightleftharpoons H^+ + Ac^-$$

在弱电解质溶液中加入与弱电解质含有相同离子的其它强电解质时，可使弱电解质的电离度降低，这种作用称为同离子效应。

难溶电解质的饱和溶液中，存在着沉淀和溶解的多相平衡，如

$$PbI_2(s) \rightleftharpoons Pb^{2+} + 2I^-$$

其平衡常数的表达式为 $K_{sp}^{\ominus}=[c(Pb^{2+})/c^{\ominus}][c(I^-)/c^{\ominus}]^2$，$K_{sp}^{\ominus}$ 称为溶度积。应用化学平衡移动原理，比较离子积 Q 和溶度积 $K_{sp}^{\ominus}$ 可得出溶度积规则：

$Q>K_{sp}^{\ominus}$ 为过饱和溶液，有沉淀析出；

$Q=K_{sp}^{\ominus}$ 为饱和溶液，达到平衡状态；

$Q<K_{sp}^{\ominus}$ 为不饱和溶液，无沉淀析出。

配离子具有相当程度的稳定性，它在水溶液存在着配位解离平衡，如：

$$Cu^{2+} + 4NH_3 \rightleftharpoons [Cu(NH_3)_4]^{2+} \qquad K_f^{\ominus}=\frac{c([Cu(NH_3)_4]^{2+})/c^{\ominus}}{[c(Cu^{2+})/c^{\ominus}][c(NH_3)/c^{\ominus}]^4}$$

$K_f^{\ominus}$ 越大，配离子越稳定，解离的趋势越小。通过酸碱反应、沉淀反应、氧化还原反应可使配位平衡发生移动。

凡是能发生电子转移或电子对偏移的反应称为氧化还原反应。影响电极电位的因素很多，温度一定时，浓度和压力对电极电位的影响可用能斯特方程来表达：

$$\varphi=\varphi^{\ominus}+\frac{0.059V}{n}\lg\frac{c(\text{氧化型})/c^{\ominus}}{c(\text{还原型})/c^{\ominus}}$$

电极电位越大，说明电对中的氧化型物质的氧化能力越强；电极电位越小，说明电对中的还原型物质的还原能力越强。改变氧化型或还原型物质的浓度（如酸碱反应、沉淀反应、配位反应等），会使氧化型与还原型物质的浓度比值发生改变，从而改变电对的电极电位。

氧化还原反应的方向总是：

$$\text{强氧化剂}+\text{强还原剂}=\!=\!=\text{弱氧化剂}+\text{弱还原剂}$$

【仪器和药品】

仪器：试管；量筒；药匙；离心试管；离心机；胶头滴管；恒温水浴锅。

药品：HAc（0.1mol·L^{-1}）；HCl（6mol·L^{-1}）；$NH_3 \cdot H_2O$（0.1mol·L^{-1}，6mol·L^{-1}）；$BaCl_2$（0.1mol·L^{-1}）；$(NH_4)_2C_2O_4$（饱和）；$AgNO_3$（0.1mol·L^{-1}）；NaCl（0.1mol·L^{-1}）；Na_2S（0.1mol·L^{-1}）；HNO_3（6mol·L^{-1}）；$Pb(NO_3)_2$（0.1mol·L^{-1}）；KI（0.1mol·L^{-1}）；$CuSO_4$（0.1mol·L^{-1}）；$Na_2S_2O_3$（0.1mol·L^{-1}）；$FeCl_3$（0.1mol·L^{-1}）；KBr（0.1mol·L^{-1}）；NaOH（0.1mol·L^{-1}，2mol·L^{-1}）；$K_3[Fe(CN)_6]$（0.1mol·L^{-1}）；NH_4SCN（0.1mol·L^{-1}）；

NH_4F（2mol·L^{-1}）；Na_2SO_3（0.1mol·L^{-1}）；H_2SO_4（1mol·L^{-1}）；H_2O_2（3%）；$KMnO_4$（0.01mol·L^{-1}）；浓 H_2SO_4；CCl_4 溶液；氯水；NaAc(s)；NH_4Cl(s)；酚酞指示剂；甲基橙指示剂。

【实验步骤】

1. 电离平衡及其移动

① 取 10 滴 0.1mol·L^{-1} HAc 溶液于试管中，加入 1 滴甲基橙指示剂，观察溶液显什么颜色？再向该试管中加入少量 NaAc 固体，观察溶液颜色有何变化？说明原因。

② 取 10 滴 0.1mol·L^{-1} $NH_3 \cdot H_2O$ 溶液于试管中，加入 1 滴酚酞指示剂，观察溶液显什么颜色？再向该试管中加入少量 NH_4Cl 固体，观察溶液颜色有何变化？说明原因。

综合上述两个实验，讨论电离平衡的移动。

2. 沉淀的生成和溶解

① 取 5 滴 0.1mol·L^{-1} $BaCl_2$ 溶液于离心试管中，加入 3 滴饱和 $(NH_4)_2C_2O_4$ 溶液，观察现象。离心分离，弃去上层清液，在沉淀上滴加 6mol·L^{-1} HCl 溶液，有何现象？写出反应方程式，并解释观察到的现象。

② 取 5 滴 0.1mol·L^{-1} $AgNO_3$ 溶液于试管中，加入 2 滴 0.1mol·L^{-1} NaCl 溶液，观察现象。再向该试管中滴加 6mol·L^{-1} $NH_3 \cdot H_2O$，边加边摇动试管，有何现象？写出反应方程式，并解释观察到的现象。

③ 取 5 滴 0.1mol·L^{-1} $AgNO_3$ 溶液于离心试管中，加入 2 滴 0.1mol·L^{-1} Na_2S 溶液，观察现象。离心分离，弃去上层清液，在沉淀上滴加 6mol·L^{-1} HNO_3 溶液 10 滴，并在水浴上进行加热，有何现象？写出反应方程式，并解释观察到的现象。

④ 取 3 滴 0.1mol·L^{-1} $Pb(NO_3)_2$ 溶液于离心试管中，加入 5 滴 0.1mol·L^{-1} NaCl 溶液，振荡试管，观察现象。待沉淀完全后，离心分离，弃去上层清液，并用 10 滴蒸馏水洗涤沉淀，再离心分离，弃去上层清液，然后在沉淀上加入 5 滴 0.1mol·L^{-1} KI 溶液，振荡试管，观察现象。然后离心分离，弃去上层清液，在沉淀上加入 5 滴 0.1mol·L^{-1} Na_2S 溶液，观察现象。每加入一种新的溶液，都必须注意观察沉淀的生成及颜色的变化。写出反应方程式，并解释观察到的现象。

3. 配离子的生成及配位解离平衡

(1) 简单离子和配离子的区别

① 在一支试管中加入 5 滴 0.1mol·L^{-1} $FeCl_3$ 溶液和 5 滴 2mol·L^{-1} NaOH 溶液，在另一支试管中加入 5 滴 0.1mol·L^{-1} $K_3[Fe(CN)_6]$ 溶液和 5 滴 2mol·L^{-1} NaOH 溶液，观察两支试管的现象有何不同，并说明原因。

② 在一支试管中加入 5 滴 0.1mol·L^{-1} $FeCl_3$ 溶液，在另一支试管中加入 5 滴 0.1mol·L^{-1} $K_3[Fe(CN)_6]$ 溶液，然后向两支试管中分别加入 1 滴 0.1mol·L^{-1} NH_4SCN 溶液，观察两支试管的现象有何不同，并说明原因。

(2) 配离子的生成与解离

① 在一支试管中加入 10 滴 0.1mol·L^{-1} $CuSO_4$ 溶液，然后再滴加 6mol·L^{-1} $NH_3 \cdot H_2O$ 溶液，直到生成的沉淀（是什么?）又溶解，再多加 5 滴 6mol·L^{-1} $NH_3 \cdot H_2O$ 溶液。然后将溶液分成两份，其中一份加入 2 滴 0.1mol·L^{-1} NaOH 溶液，另一份加入 2 滴 0.1mol·L^{-1} Na_2S 溶液，观察现象并解释之，写出反应方程式。

② 在一支试管加入 5 滴 0.1mol·L^{-1} $AgNO_3$ 溶液，然后滴加 6mol·L^{-1} $NH_3 \cdot H_2O$ 溶液，直到生成的沉淀（是什么?）又溶解，再多加 5 滴 6mol·L^{-1} $NH_3 \cdot H_2O$。然后将溶液分成两份，其中一份加入 1 滴 0.1mol·L^{-1} NaOH 溶液，另一份加入 1 滴 0.1mol·L^{-1} KI 溶液，观察现象并解释之，写出反应方程式。

（3）配位平衡的移动

① 两种配离子间的转化

在一支试管加入 5 滴 0.1mol·L^{-1} $FeCl_3$ 溶液，观察并记录溶液的颜色，然后加入 1 滴 0.1mol·L^{-1} NH_4SCN 溶液，溶液的颜色有何变化？再向溶液中滴加 2mol·L^{-1} NH_4F 溶液，直到溶液完全褪色。写出反应方程式。比较 Fe^{3+} 的两种配合物的稳定性。

② 配位平衡和沉淀溶解平衡

在一支试管中加入 5 滴 0.1mol·L^{-1} $AgNO_3$ 溶液，然后按下列顺序进行实验，并写出每一步骤反应的化学方程式。

Ⅰ. 先加入 5 滴 0.1mol·L^{-1} NaCl 溶液至生成白色沉淀；

Ⅱ. 再滴加 6mol·L^{-1} $NH_3 \cdot H_2O$ 溶液，边滴边振荡至沉淀刚好溶解；

Ⅲ. 再加入 5 滴 0.1mol·L^{-1} KBr 溶液至生成浅黄色沉淀；

Ⅳ. 然后逐滴滴加 0.1mol·L^{-1} $Na_2S_2O_3$ 溶液，边滴边振荡至沉淀刚溶解；

Ⅴ. 然后再逐滴滴加 0.1mol·L^{-1} KI 溶液至生成黄色沉淀。

通过上述实验比较 AgCl、AgBr、AgI 三者溶解度的大小和 $[Ag(NH_3)_2]^+$、$[Ag(S_2O_3)_2]^{3-}$ 配离子稳定性的大小。

③ 配位平衡与氧化还原反应

取一支试管加入 3 滴 0.1mol·L^{-1} $FeCl_3$ 溶液和 3 滴 0.1mol·L^{-1} KI 溶液，再加入 1mL CCl_4 并振荡试管，观察现象并解释之。写出反应的方程式。

再取一支试管加入 3 滴 0.1mol·L^{-1} $FeCl_3$ 溶液，逐滴加入 2mol·L^{-1} NH_4F 溶液至溶液呈无色，再加入 3 滴 0.1mol·L^{-1} KI 溶液和 1mL CCl_4 并振荡试管，与前面实验对比，观察现象并解释之。写出反应的方程式。

④ 配位平衡与介质酸碱性

在一支试管中加入 10 滴 0.1mol·L^{-1} $FeCl_3$ 溶液，逐滴加入 2mol·L^{-1} NH_4F 溶液至溶液呈无色，然后将此溶液分成两份，其中一份加入 3 滴 2mol·L^{-1} NaOH 溶液，另一份加入 3 滴浓硫酸，观察各试管溶液颜色的变化。写出反应方程式，说明介质的酸碱性对配位平衡的影响（反应会产生 HF，最好在通风橱中操作）。

4. 氧化还原反应

（1）电极电势与氧化还原反应的关系

在一支试管中加入 3 滴 0.1mol·L^{-1} $FeCl_3$ 溶液和 5 滴 0.1mol·L^{-1} KI 溶液，振荡试管使之混匀，再加入 1mL CCl_4，振荡试管，观察 CCl_4 层颜色的变化。用 0.1mol·L^{-1} KBr 溶液代替 KI 溶液，重复上述实验，观察是否反应？

另取一支试管，加 10 滴 0.1mol·L^{-1} KBr 溶液和 5 滴氯水，摇匀后，再加入 1mL CCl_4 溶液，并振荡试管，观察 CCl_4 层颜色的变化。

根据上述实验结果确定 Cl_2/Cl^-、Br_2/Br^-、I_2/I^-、Fe^{3+}/Fe^{2+} 四个电对电极电势的相对大小，并写出有关的化学反应方程式。

（2）氧化性与还原性的相对性

① 双氧水的氧化性

取一支试管，加入 3 滴 0.1mol·L^{-1} KI 溶液和 3 滴 1mol·L^{-1} H_2SO_4 溶液，然后加入 2 滴 3% H_2O_2 溶液，观察溶液的颜色有何变化，再加入 1mL CCl_4 溶液，并振荡试管，观察 CCl_4 层颜色的变化。写出反应方程式。

② 双氧水的还原性

取一支试管，加入 2 滴 0.01mol·L^{-1} $KMnO_4$ 溶液和 3 滴 1mol·L^{-1} H_2SO_4 溶液，然后加入 5 滴 3% H_2O_2 溶液，观察溶液的颜色有何变化，写出反应方程式。根据实验结果说明 H_2O_2 的氧化还原性。

（3）酸碱度对氧化还原反应的影响

取三支试管，先各加入 2 滴 0.01mol·L^{-1} $KMnO_4$ 溶液，然后在第一支试管中加入 3 滴 2mol·L^{-1} H_2SO_4 溶液，第二支试管中加入 6 滴蒸馏水，第三支试管中加入 6 滴 6mol·L^{-1} NaOH 溶液。

再分别往这三支试管中各加 10 滴 0.1mol·L^{-1} Na_2SO_3 溶液。观察溶液的颜色有何变化，写出反应的方程式。根据实验结果说明介质的酸碱性对氧化还原反应产物的影响。

（4）沉淀平衡对氧化还原反应的影响

在一支试管中加入 5 滴 0.1mol·L^{-1} $CuSO_4$ 溶液和 10 滴 0.1mol·L^{-1} KI 溶液，观察现象。再逐滴加入 0.1mol·L^{-1} $Na_2S_2O_3$ 溶液以除去反应中生成的碘单质，观察沉淀的颜色。解释现象并写出反应的方程式。

【思考题】

1. 什么是同离子效应？
2. 溶度积规则的内容是什么？
3. 影响配位平衡的主要因素是什么？
4. 为什么双氧水既可以作氧化剂又可以作还原剂？

实验九　植物与土壤中某些元素的鉴定

【实验目的】

1. 增加学生对探索大自然奥秘的兴趣。
2. 了解从植物、土壤中分离和鉴定化学元素的方法。

【实验原理】

植物中大量存在的元素是碳、氢、氧、氮四种。必需的微量金属元素中，相对含量高的首先是铁，其次是锌，接着是镁、钙、铜和钾。个别植物可能某些元素的含量特别高。植物生长主要靠土壤提供养分，因此可以从植物的汁液中，或植物、土壤的浸取液中分离和鉴定化学元素。

【仪器和药品】

仪器：电热板；研钵；离心机；抽滤装置。

药品：HAc（5%）；HCl（2mol·L^{-1}，4%）；$NH_3·H_2O$（浓）；EDTA（3%）-甲醛溶液；$(NH_4)_2C_2O_4$（饱和）；$Na(C_6H_5)_4B$（3%）；NaCl（10%）；H_2SO_4-$(NH_4)_2MoO_4$ 溶液；HCl-$(NH_4)_2MoO_4$ 溶液；$SnCl_2$（0.5mol·L^{-1}）；$NaHCO_3$（0.5mol·L^{-1}）；NaOH（2mol·L^{-1}）；$K_4[Fe(CN)_6]$(s)；KSCN（0.3mol·L^{-1}）；H_2SO_4（2mol·L^{-1}）；酒石酸钾钠（10%）；奈氏试剂；HNO_3（浓）；镁试剂；茜素 S；$NaNO_2$(s)；CCl_4。

【实验步骤】

1. 植物材料的准备

选取有不同代表性的植株 5～10 株，选取叶绿素少、输导组织发达的主要功能部位为原料，挤取汁液或放入蒸发皿中在通风橱内加热灰化，移至研钵中磨细后用 2mol·L^{-1} HCl 浸取。汁液或浸取液按下述步骤进行鉴定。

2. 元素的鉴定

（1）钙、镁、铝、铁的鉴定

浸取液 $\xrightarrow[NH_3·H_2O]{pH=8}$

- 滤液
  - Ca^{2+} 的鉴定［饱和 $(NH_4)_2C_2O_4$］
  - Mg^{2+} 的鉴定（镁试剂）
- 沉淀 $\xrightarrow[过量]{NaOH}$
  - 滤液 ⟶ Al^{3+} 的鉴定（茜素 S 法[1]）
  - 沉淀 ⟶ Fe^{3+} 的鉴定（$K_4[Fe(CN)_6]$ 或 KSCN）

（2）磷的鉴定

1 滴植物汁液中加入 1 滴 HCl-$(NH_4)_2MoO_4$ 溶液。若生成黄色沉淀，则表示有 PO_4^{3-} 存在。再加 1 滴 $SnCl_2$ 溶液出现蓝色称“钼蓝”。

用植物灰测磷时，用浓硝酸浸取使磷溶解，取清液做磷的鉴定。

（3）土壤养分浸取液的制备及土壤中铵态氮和磷的鉴定

取 5g 土壤，加入 15mL 0.5mol·L^{-1} $NaHCO_3$，搅拌 2min。取上层清液鉴定氮和磷。取 4 滴土壤浸提液，加 1 滴酒石酸钾钠溶液，消除 Fe^{3+} 的干扰。用奈氏试剂检验 NH_4^+。取 4 滴土壤浸取液，加 1 滴 2mol·L^{-1} H_2SO_4，并滴加 H_2SO_4-$(NH_4)_2MoO_4$ 溶液，搅匀。加 1 滴 $SnCl_2$ 溶液，出现“钼蓝”，表示有磷。

（4）土壤中钾的鉴定

取 5g 土壤，加少许 10% 的 NaCl 溶液，搅拌 2min。清液用于测定钾。取 8 滴土壤浸取液，加 1 滴 EDTA-甲醛溶液，搅匀。加 1 滴 3% $Na(C_6H_5)_4B$ 溶液出现白色沉淀，表示有钾存在。

【注释】

[1] Al^{3+} 的鉴定，加入几滴茜素 S，用 H_2SO_4 中和至溶液由紫变红。滴加浓氨水，有红色沉淀，表示有 Al^{3+}。

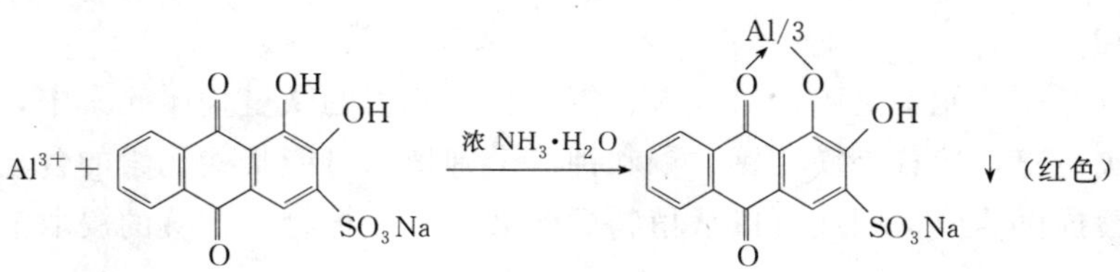

【思考题】

1. 植物灰化处理样品适宜的条件是什么？

2. 哪些植物中钾含量较高？钾怎样鉴定？
3. 植物中钙、镁、铝、铁的分离鉴定应注意些什么？

知识拓展

单兵野战净水器

部队驻训野外，水看似是最简单不过的保障，但用作战标准去考量却并不简单。一位参加过上甘岭战役的老战士回忆，阵地坑道断水后实在是渴极了，大家就喝“光荣茶”。后来，连尿也没得喝了。有的战士将牙膏抹在嘴唇上，用清凉缓解焦渴。无意中发现坑道里裸露的石头表面凉飕飕的，用舌头一舔有水分。战士们就趴在石头上，用舌头舔上面的水渍。革命前辈正是凭借这样顽强的战场生存意志，赢得战争胜利。

在战场上，保存自己就是消灭敌人，水就是生命。单兵净水器能为部队提供安全的饮水保证。军队的野战装备，必须要考虑在野外净化水源的需要。二战时，野外净水设备就已成为军队的标配。20 世纪 70 年代中期，单兵野战净水器横空出世。单兵野战净水器体积小、质量轻、坚固耐用，能适应世界范围净化各种淡水的需要，几分钟内就能出水、饮水，净水容量可高达 2000 L。

中国的军用净水装备也一直在发展进化，20 世纪 70 年代末，净水片出现在解放军的战备物资清单中。净水片的主要成分为氯或碘，可以杀灭水源中存在的病毒、细菌或微生物，但是并不能将水过滤，因此这种方法只适合过滤相对干净清澈的水。2004 年，中国后勤工程学院研制的新型便携式分队野战净水器已作为必须装备，随同赴利比里亚的中国维和部队工程兵大队出国，保障供水任务。这种净水器质量只有十多公斤，功能多而流程简单，不需要电源和投加任何化学药剂，便可将一般的地面水一次性净化成合格的饮用水，每小时可达 150L，能够保障一个建制排一天的正常饮用。2007 年由总后军需研究所主导研发的新一代单兵野战净水器，成为我军装备首选，是一项重要的国防科技研究成果。该单兵净水器可以挂在战士腰间，便携性好，使用方便，产水量大，净水能力达 5000L；此外，它能在极端气温条件下（−55～70℃）保存和使用。从技术和功能上来说，中国野战单兵净水器是世界最先进的。

净水器的核心技术是滤芯材料。总后军需研究所的专家们经过多次试验选材，最后决定采用立升企业自主研发的立升 PVC 合金毛细管式超滤膜为核心滤材。选定滤芯材料后，在半年多时间内，总后军需研究所研究人员的大部分时间是在会议室、实验室和生产车间里度过的。他们一次次深入研讨、一次次模拟实验、一次次产品检测，在经过数百次技术改进后，单兵野战净水器才得以出现在 2007 年的建军八十周年主题展览上。

该净水器能 100％滤除水中的铁锈、藻类、泥沙、胶体等悬浮污染物以及各种致病菌，解决了以往国内外同类产品采用微滤膜无法彻底滤除细菌微生物、无法保证水质微生物安全性等方面的问题；能完全滤除水中有害的溶解性重金属离子（如铅、镉、铬、砷），保证了净化后水的口感好且无异味。

新一代单兵野战净水器的研发成功，是对未来野战条件下的军需保障方式的新探索，可增强部队对战争环境的适应能力，对提高部队单兵作战能力、保证野外生存起到巨大作用，它是我军野战部队的重要装备之一。

习题

一、选择题

1. 粗食盐提纯中，如果不小心直接蒸干了，那么制备的精盐中肯定含有（　　）。

A. Ca^{2+}　　B. Mg^{2+}　　C. K^{+}　　D. SO_4^{2-}

2. 减压过滤时，在布氏漏斗内的滤纸的大小应服从（　　）原则。

A. 刚好覆盖住漏斗底部　　B. 略小于漏斗直径

C. 略大于漏斗直径　　D. 随便只要压紧漏斗即可

3. 对于 $Fe(OH)_3$ 溶胶，下列电解质中聚沉能力最大的是（　　）。

A. $CaCl_2$　　B. NaCl　　C. $NaSO_4$　　D. $AlCl_3$

4. 对胶体稳定起主要作用的是（　　）。

A. 丁达尔效应　　B. 胶粒带电　　C. 布朗运动　　D. 胶体是单相体系

5. 化学反应速率实验中，当溶液出现蓝色停止计时，这时候证明溶液中（　　）已经反应完。

A. $(NH_4)_2S_2O_8$　　B. KI　　C. $Na_2S_2O_3$　　D. 淀粉

6. 电导率仪用的电极是（　　）。

A. 甘汞电极　　B. 铂黑电极　　C. 铂电极　　D. 氯化银电极

7. 把下列溶液加入 $Fe(SCN)_3$ 中，颜色会变浅的是（　　）。

A. $FeCl_3$　　B. NaCl　　C. NaSCN　　D. NH_4SCN

8. H_2O_2 溶液中，加入 MnO_2 后，会产生大量气泡，MnO_2 的作用是（　　）。

A. 氧化　　B. 还原　　C. 催化　　D. 不起作用

9. $AgNO_3$ 溶液中加入过量氨水后，生成（　　）。

A. HNO_3　　B. AgOH　　C. $[Ag(NH_3)_2]^+$　　D. NH_4NO_3

10. 下列沉淀中，可以溶解于盐酸的是（　　）。

A. CaC_2O_4　　B. AgCl　　C. $BaSO_4$　　D. AgI

二、填空题

1. 粗食盐提纯实验中，检验 SO_4^{2-} 是否除净用的是________，检验 Ca^{2+} 用的是________，检验 Mg^{2+} 的方法是在________条件下加入镁试剂，如果溶液显示________，证明有 Mg^{2+} 存在。

2. 过量 $AgNO_3$ 与 KI 制备的 AgI 溶胶胶团结构式为________，在电泳实验中该胶粒向________极移动。

3. 转化法制 KNO_3，是利用几种盐类在不同温度下的________不同来分离的。

4. N_2O_4-NO_2 平衡体系，放于冷水中的球颜色比放于热水中的________（填深或浅），说明 $2NO_2 \rightleftharpoons N_2O_4$ 是________（填吸热或放热）反应。增大压强，体系颜色将变________（填深或浅）。

5. 取 10 滴 $0.1mol \cdot L^{-1}$ HAc 溶液于试管中，加入 1 滴甲基橙指示剂，溶液显________，再向该试管中用________加入少量 NaAc 固体，溶液颜色________，是因为________（填同离子效应或盐效应）。

6. $KMnO_4$ 在酸性、中性、碱性条件下的还原产物分别是________、________、________。

7. $FeCl_3$ 溶液中滴加 KI 溶液，加 CCl_4 振荡，CCl_4 层变________色，说明有________生

成；同样实验，若是在 $FeCl_3$ 溶液中滴加 NH_4F 至溶液无色，再加 KI 溶液，CCl_4 层________（变或不变）红色。

8. 鉴别溶液中是否有 P 元素，加入 HCl-$(NH_4)_2MoO_4$，若有黄色沉淀生成，说明有________$^-$存在，继续加 1 滴 $SnCl_2$ 溶液，溶液变________色。

三、判断题

1. 粗食盐提纯实验中，几种离子的除去顺序可以根据自己需要改变。（　　）
2. 化学反应速率测定中，加入 $Na_2S_2O_3$ 的量可以比 $(NH_4)_2S_2O_8$ 多。（　　）
3. 缓冲溶液就是 pH 永远不变的溶液。（　　）
4. $FeCl_3$ 溶液可以氧化 KI，$K_3[Fe(CN)_6]$ 由于没有游离的 Fe^{3+}，所以不能氧化 KI。（　　）
5. 所有的氧化剂的氧化能力都随着溶液的酸性增大而增强。（　　）
6. 高分子溶液对溶胶有保护作用，但加入量太少会因敏化作用使溶胶更容易聚沉。（　　）

四、简答题

1. 在粗食盐的提纯实验中，在除 Ca^{2+}、Mg^{2+}、SO_4^{2-} 等离子时，为什么要先加 $BaCl_2$ 溶液，后加 Na_2CO_3 溶液？

2. 粗食盐提纯实验中，怎么去除实验过程中所加的过量的沉淀剂 $BaCl_2$、NaOH 和 Na_2CO_3？

3. 在 $AgNO_3$ 溶液中，依次加入 NaCl、$NH_3 \cdot H_2O$、KBr、$Na_2S_2O_3$、KI 几种物质，描述实验现象，并写出相应的方程式。

4. 化学反应速率实验中，$Na_2S_2O_3$ 的用量过多或过少对实验结果会有什么影响？

5. 什么是同离子效应？

五、设计题

现在有一种试剂标签缺失，只知道是 $MgCl_2$、$CaCl_2$、$MgSO_4$、$CaSO_4$ 中的一种，请设计实验进行鉴别。

参考答案

一、选择题

1. C　2. B　3. C　4. B　5. C　6. B　7. B　8. C　9. C　10. A

二、填空题

1. $BaCl_2$；$(NH_4)_2C_2O_4$；碱性；天蓝色　2. $[(AgCl)_m \cdot n\,Ag^+ \cdot (n-x)\,NO_3^-]^{x+} \cdot xNO_3^-$；负极　3. 溶解度　4. 浅；放热；浅　5. 红色；药匙；变浅；同离子效应　6. Mn^{2+}；MnO_2；K_2MnO_4　7. 紫红；I_2；不变　8. PO_4^{3-}；蓝

三、判断题

1. ×　2. ×　3. ×　4. ×　5. ×　6. √

四、简答题

1. 先加入 $BaCl_2$ 溶液，是为了除去 SO_4^{2-}，后加 Na_2CO_3 溶液，是为了去除 Ca^{2+}、Mg^{2+} 以及过量的 Ba^{2+}。要完全去除某种离子，反应物必须过量，若是顺序倒过来，后除

SO_4^{2-}，则会又引入杂质离子 Ba^{2+}，又必须加 Na_2CO_3 溶液来去除，重复操作了。

2. (1) 过量的 $BaCl_2$ 的去除：在除去 Ca^{2+} 时加入 Na_2CO_3 生成 $CaCO_3$ 沉淀，同时 Ba^{2+} 也转化为 $BaCO_3$，过滤时一并除去。(2) 过量的 NaOH 和 Na_2CO_3 的去除：加入 HCl 调节 pH 值为 4～5，Na_2CO_3 与 HCl 生成 CO_2、H_2O 和 NaCl，NaOH 与 HCl 生成 H_2O 和 NaCl，加热蒸发时一并除去。

3. 实验现象依次为：出现白色沉淀，沉淀消失，出现淡黄色沉淀，淡黄色沉淀消失，出现黄色沉淀。相应方程式为：

$$Ag^+ + Cl^- \longrightarrow AgCl\downarrow$$

$$AgCl + 2NH_3 \longrightarrow [Ag(NH_3)_2]^+ + Cl^-$$

$$[Ag(NH_3)_2]^+ + Br^- \longrightarrow AgBr\downarrow + 2NH_3$$

$$AgBr + 2S_2O_3^{2-} \longrightarrow [Ag(S_2O_3)_2]^{3-} + Br^-$$

$$[Ag(S_2O_3)_2]^{3-} + I^- \longrightarrow AgI\downarrow + 2S_2O_3^{2-}$$

4. 加入 $Na_2S_2O_3$ 是用来消耗 $(NH_4)_2S_2O_8$ 与 KI 反应生成的 I_2。如果 $Na_2S_2O_3$ 用量过多，生成的 I_2 反应完之后 $Na_2S_2O_3$ 还有剩余，则实验中不会出现蓝色，导致实验失败；若 $Na_2S_2O_3$ 用量过少，则溶液变蓝所用时间太短，实验误差较大。

5. 在弱酸、弱碱溶液或难溶电解质中加入含有相同离子的强电解质，从而使其解离度降低或溶解度变小的现象，叫同离子效应。

五、设计题

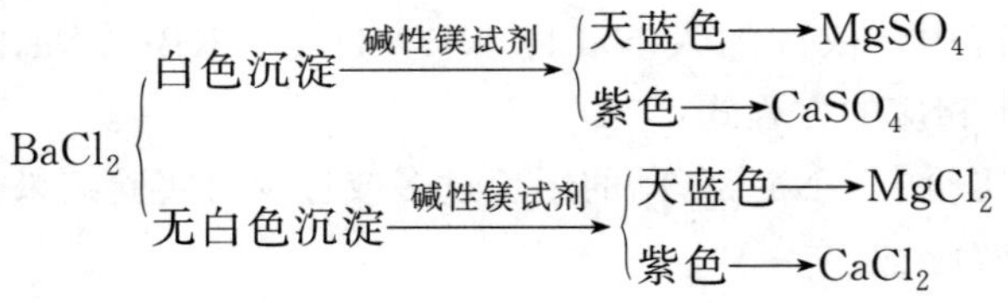

第四章 化学分析实验

实验十 酸碱标准溶液的配制及标定

【实验目的】

1. 掌握酸碱标准溶液的配制、保存以及标定方法。
2. 熟悉指示剂变色性质和终点颜色的变化。
3. 掌握滴定操作和滴定终点的判断。
4. 练习分析天平的使用。

【实验原理】

浓 HCl 因含有杂质且易挥发，NaOH 因易吸收空气中的水分和 CO_2，不能直接配制成准确浓度的溶液，只能先配成近似浓度的溶液，然后再用基准物质进行标定。

标定 HCl 的基准物质常用硼砂（$Na_2B_4O_7 \cdot 10H_2O$）和无水 Na_2CO_3，标定 NaOH 的基准物质常用邻苯二甲酸氢钾（$KHC_8H_4O_4$）和草酸（$H_2C_2O_4 \cdot 2H_2O$）。

无水 Na_2CO_3 标定 HCl 的反应如下：

$$Na_2CO_3 + 2HCl \longrightarrow 2NaCl + H_2O + CO_2$$

计量点时，由于生成的 H_2CO_3 是弱酸，溶液 pH≈4，故可选用甲基橙作指示剂，溶液由黄色变为橙色即为终点。

$KHC_8H_4O_4$ 标定 NaOH 的反应如下：

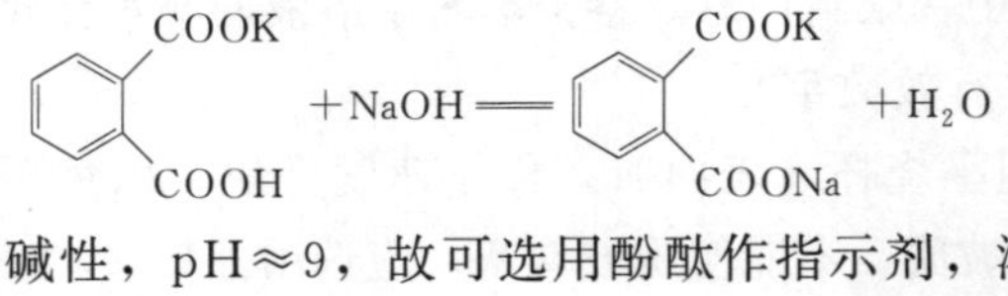

计量点时，溶液呈弱碱性，pH≈9，故可选用酚酞作指示剂，溶液由无色变为微红色即为终点。

标定酸（碱）后，根据碱（酸）的体积比，可求算其准确浓度。

【仪器和药品】

仪器：移液管；酸式滴定管；碱式滴定管；锥形瓶；洗耳球；电子天平；托盘天平；量筒；试剂瓶；表面皿；烧杯。

药品：浓 HCl（A. R.）；无水 Na_2CO_3（G. R.）；$KHC_8H_4O_4$（A. R.）；NaOH（A. R.）；

酚酞指示剂（0.2%乙醇溶液）；甲基橙指示剂。

【实验步骤】

1. HCl标准溶液的配制与标定

（1）$0.2mol \cdot L^{-1}$ HCl标准溶液的配制

在通风橱内，用量筒量取约2mL浓HCl，倒入装有约30mL蒸馏水的试剂瓶中，加蒸馏水稀释至100mL[1]，盖上玻璃塞，摇匀，贴好标签，备用。

（2）HCl标准溶液的标定

准确称取0.10～0.13g无水Na_2CO_3（准确到小数点后四位）两份，分别置于两个250mL锥形瓶中，各加20～30mL蒸馏水溶解（可稍加热以加快溶解，但溶解后需冷却至室温）。滴入2～3滴甲基橙指示剂，摇匀，用HCl标准溶液滴定至溶液由黄色变为橙色，30s不褪色，即为终点，记录消耗的HCl体积[2]（$V_{HCl}=V_{终读数}-V_{初读数}$，单位mL），平行滴定，计算HCl溶液的准确浓度[3]，数据记录见附录十六。要求相对误差不大于0.4%。计算公式如下：

$$c_{HCl}(mol \cdot L^{-1})=\frac{m_{Na_2CO_3}}{M_{\frac{1}{2}Na_2CO_3}\times V_{HCl}\times 10^{-3}}$$

2. NaOH标准溶液的配制与标定

（1）$0.05mol \cdot L^{-1}$ NaOH标准溶液的配制

在托盘天平上用表面皿迅速地称取约0.2g NaOH于100mL小烧杯中[4]，加入约30mL蒸馏水溶解，然后转移至试剂瓶中，用蒸馏水稀释至100mL，摇匀后，用橡胶塞塞紧[5]，贴好标签，备用。

（2）NaOH标准溶液的标定

在电子分析天平上准确称取邻苯二甲酸氢钾0.12～0.15g两份[6]，分别置于两个250mL锥形瓶中，加入蒸馏水30mL溶解后，滴入2滴酚酞指示剂。用碱式滴定管装满NaOH标准溶液滴定至微红色，30s不褪色，即为终点。记录消耗的NaOH体积（$V_{NaOH}=V_{终读数}-V_{初读数}$，单位mL），平行滴定，计算NaOH溶液的准确浓度。计算公式如下：

$$c_{NaOH}(mol \cdot L^{-1})=\frac{m_{KHC_8H_4O_4}}{M_{KHC_8H_4O_4}\times V_{NaOH}\times 10^{-3}}$$

【注释】

[1] 这种配制方法对于初学者较为方便，但不够严格。

[2] 体积读数准确到小数点后两位，初读数应调节到0.00。平行滴定时，滴定管需加满溶液重新调零。滴定过程中，眼睛注意观察锥形瓶中溶液的颜色变化，近终点时半滴操作。

[3] 准确浓度含四位有效数字。

[4] NaOH的称取用小烧杯或表面皿，称量速度应快，以免潮解。

[5] NaOH溶液腐蚀玻璃，不能使用玻璃塞，应选用橡胶塞，否则放置长久，瓶子打不开。

[6] 基准物质的称量，采用减量法，读数准确到小数点后四位。

【思考题】

1. 配制NaOH标准溶液时，应选用何种天平称取？为什么？

2. HCl和NaOH标准溶液为什么不能直接配制成准确浓度？

3. 在滴定分析实验中，滴定管和移液管为何需用所装的溶液润洗？所用的锥形瓶和烧杯是否也要用所装的溶液进行润洗？为什么？

4. 配制 HCl 和 NaOH 标准溶液时，加入蒸馏水的体积是否需要准确，为什么？

5. 标定 HCl 的基准物质无水 Na_2CO_3 如保存不当，吸收了少量水分，对标定 HCl 标准溶液浓度有何影响？

实验十一　食醋中总酸量的测定

【实验目的】

1. 学习强碱滴定弱酸的基本原理及指示剂的选择原则。
2. 掌握食醋中总酸量的测定原理和方法。
3. 练习移液、定容、滴定的基本操作。

【实验原理】

食醋的主要成分是醋酸（CH_3COOH），简写为 HAc，此外还含有少量其它弱酸，如葡萄糖酸、琥珀酸、乳酸等。其 $cK_a > 10^{-8}$，可以用 NaOH 标准溶液准确滴定。由于其它酸也会与 NaOH 反应，故测出的是总酸量，分析结果通常用含量最多的 HAc 表示。

用 NaOH 的标准溶液滴定 HAc 的反应方程式为：

$$NaOH + HAc = NaAc + H_2O$$

计量点时生成 NaAc，溶液的 pH 值约为 8.6，偏碱性，故可选用酚酞作指示剂，溶液由无色变为微红色即为终点。

由于 CO_2 对该测定有影响，应选用无 CO_2 蒸馏水。测定结果常以每 1L 或每 100mL 原食醋溶液中所含 HAc 的质量表示，即以醋酸的酸度 ρ_{HAc} 表示，其单位为 $g \cdot L^{-1}$。

【仪器和药品】

仪器：移液管；碱式滴定管；锥形瓶；容量瓶；洗耳球。

药品：NaOH 标准溶液；酚酞指示剂（0.2%乙醇溶液）；食醋样品。

【实验步骤】

用移液管准确移取食醋试样 15.00mL 于 100mL 容量瓶中[1]，用蒸馏水[2] 稀释至刻度，摇匀静置。准确移取 15.00mL 上述试液两份，分别置于 250mL 锥形瓶中，加入酚酞指示剂 2 滴，摇匀。用 NaOH 标准溶液滴定至溶液呈微红色，保持 30s 不褪色，即为终点，记录消耗的 NaOH 体积，平行测定，计算食醋的总酸度。计算公式如下：

$$\rho_{HAc}(g \cdot L^{-1}) = c_{NaOH} \times V_{NaOH} \times 10^{-3} \times M_{HAc} \times \frac{100.00}{15.00} \times \frac{10^3}{15.00}$$

【注释】

[1] 大多数食醋颜色较深，应根据实际情况稀释后测定。

[2] 实验中使用的蒸馏水应经过煮沸，除去 CO_2。

【思考题】

1. 测定食用醋含量时，为什么选用酚酞为指示剂，能否选用甲基橙或甲基红为指示剂？

2. 用容量瓶配制溶液时，按规范操作已稀释至凹液面，但将溶液混匀后发现液面有所下降，这时是否应该补加蒸馏水？为什么？

3. 以 NaOH 标准溶液滴定 HAc 溶液，属于哪类滴定？怎么判定能否准确滴定？

4. 测定醋酸含量时，所用的蒸馏水不能含有 CO_2，为什么？

实验十二 铵盐中含氮量的测定

【实验目的】

1. 了解弱酸强化的基本原理。

2. 掌握甲醛法测定铵盐中含氮量的原理和方法。

【实验原理】

铵盐如 NH_4Cl 和 $(NH_4)_2SO_4$ 是常用的氮肥，为强酸弱碱盐，由于 NH_4^+ 的酸性太弱（$K_a=5.6\times10^{-10}$），不能用 NaOH 标准溶液直接滴定。可采用返滴定法（蒸馏法）或置换滴定法（甲醛法）进行测定，实验室中常用甲醛法。甲醛法是利用甲醛和铵的强酸盐反应，生成质子化六亚甲基四胺和 H^+，反应方程式为：

$$4NH_4^+ + 6HCHO = (CH_2)_6N_4H^+ + 3H^+ + 6H_2O$$

生成的酸可用 NaOH 标准溶液滴定，反应方程式为：

$$(CH_2)_6N_4H^+ + 3H^+ + 4OH^- = (CH_2)_6N_4 + 4H_2O$$

计量点时溶液呈弱碱性，pH 值约为 8.76，可选用酚酞为指示剂，溶液由无色变为微红色即为终点。

【仪器和药品】

仪器：碱式滴定管；容量瓶；锥形瓶；移液管；洗耳球、电子天平；小烧杯；量筒。

药品：$(NH_4)_2SO_4$（A. R.）；NaOH 标准溶液；中性甲醛溶液（18%）；酚酞指示剂（0.2%乙醇溶液）；甲基红指示剂。

【实验步骤】

1. $(NH_4)_2SO_4$ 溶液的配制

准确称取 0.10～0.13g $(NH_4)_2SO_4$ 样品，置于 100mL 小烧杯中，加约 30mL 蒸馏水溶解，稀释定容至 100mL 容量瓶中，摇匀。

2. 铵盐中含氮量的测定

用移液管准确移取两份铵盐溶液各 15.00mL 于 250mL 锥形瓶中[1]，在通风橱内加 5mL 中性甲醛溶液[2]，静置 5min。滴加酚酞指示剂 2 滴，摇匀，用 NaOH 标准溶液滴定至微红色，30s 不褪色即为终点，记录消耗的 NaOH 体积（V_{NaOH}），平行测定，计算铵盐中氮的含量。计算公式如下：

$$w_N = \frac{c_{NaOH} \times V_{NaOH} \times 10^{-3} \times M_N}{m_{(NH_4)_2SO_4}} \times \frac{100.00}{15.00} \times 100\%$$

【注释】

[1] 如果铵盐中含有游离酸，应事先中和除去，先加甲基红指示剂，用 NaOH 溶液滴定至溶液呈橙色，然后再加入甲醛溶液进行测定。

[2] 甲醛中常含有微量甲酸，应预先以酚酞为指示剂，用 NaOH 溶液中和至溶液呈微红色。

【思考题】

1. $(NH_4)_2SO_4$ 试样溶解于水后呈现酸性还是碱性？能否用 NaOH 标准溶液直接测定其中的含氮量？

2. 如果要测定 $(NH_4)_2CO_3$ 中的氮含量，应采用什么方法和步骤？

实验十三　混合碱含量的测定

【实验目的】

1. 了解多元弱碱滴定过程中 pH 值变化及指示剂的选择。
2. 掌握双指示剂法测定混合碱中各组分的含量的原理、方法和计算。
3. 进一步练习称量、滴定、移液、定容等基本操作。

【实验原理】

混合碱是 Na_2CO_3 与 NaOH 或 Na_2CO_3 与 $NaHCO_3$ 的混合物，用 HCl 标准溶液滴定混合碱时有两个化学计量点，可采用双指示剂法测定各组分的含量。

第一个计量点时，化学反应可能为：

$$NaOH + HCl \xlongequal{} NaCl + H_2O$$
$$Na_2CO_3 + HCl \xlongequal{} NaCl + NaHCO_3$$

溶液的 pH 值约为 8.3，可选用酚酞作指示剂，溶液从红色至呈无色为终点，消耗 HCl 体积为 V_1（mL）。此时试液中所含 NaOH 完全被中和，Na_2CO_3 也被滴定成 $NaHCO_3$。

第二个计量点时，反应为：

$$NaHCO_3 + HCl \xlongequal{} NaCl + H_2O + CO_2$$

溶液的 pH 值约为 3.9，可选用甲基橙作指示剂，溶液由黄色变为橙色为终点，消耗 HCl 体积为 V_2（mL）。

根据 V_1 和 V_2 的大小，可以判断混合碱的组成。当 $V_1 > V_2$ 时，混合碱为 Na_2CO_3 与 NaOH；当 $V_2 > V_1$ 时，组成为 Na_2CO_3 与 $NaHCO_3$。

【仪器和药品】

仪器：酸式滴定管；容量瓶；锥形瓶；移液管；电子天平；小烧杯；洗耳球。

药品：HCl 标准溶液；甲基橙指示剂；酚酞指示剂（0.2%乙醇溶液）；混合碱样品。

【实验步骤】

准确称取混合碱试样 0.10～0.13g 于 100mL 小烧杯中[1]，加 30mL 蒸馏水溶解，定容至 100mL。用移液管准确移取 15.00mL 上述试液两份于 250mL 锥形瓶中，加入 2 滴酚酞指示剂，用 HCl 标准溶液[2] 滴定至溶液由红色变为无色，即为第一个终点[3]，记录所用 HCl 体积为 V_1。再往锥形瓶中加 1～2 滴甲基橙指示剂，继续用 HCl 滴定溶液由黄色变为橙色，即为第二个终点[4]，记录所用 HCl 溶液的体积 V_2。平行测定，根据 V_1、V_2 的相对大小，判断混合碱的组成，计算各组分的含量，并计算总碱量。总碱量由混合碱消耗的总盐酸量，折算以 Na_2CO_3 的含量表示，计算公式如下：

$$w_{总碱量}=\frac{c_{HCl}\times(V_1+V_2)\times10^{-3}\times M_{\frac{1}{2}Na_2CO_3}}{m_{试样}}\times\frac{100.00}{15.00}\times100\%$$

【注释】

[1] 称量要迅速，试样尽量少暴露在空气中，以减少误差。

[2] HCl 标准溶液使用前，需再次摇匀。

[3] 第一滴定终点滴定速度宜慢，摇动要均匀，否则溶液中 HCl 局部过量，会与溶液中的 $NaHCO_3$ 反应，产生 CO_2，带来滴定误差。

[4] 第二计量点滴定过程中，因 CO_2 易形成过饱和溶液，酸度增大，使终点过早出现，所以在滴定接近终点时，应剧烈地摇动溶液或加热。

【思考题】

1. 采用双指示剂法测定混合碱，在同一份溶液中测定（可能有 NaOH、Na_2CO_3、$NaHCO_3$），判断下列情况下，混合碱中存在的成分是什么？

(1) $V_1=0$，$V_2>0$；(2) $V_2=0$，$V_1>0$；(3) $V_1>V_2>0$；(4) $V_2>V_1>0$；(5) $V_1=V_2>0$

2. 滴定过程中，为什么要连续滴定？

3. 测定混合碱，接近第一化学计量点时，若滴定速度太快，摇动锥形瓶不够，致使滴定液 HCl 局部过浓，会对测定造成什么影响？为什么？

实验十四 EDTA 溶液的配制与标定

【实验目的】

1. 学习 EDTA 标准溶液的配制和标定方法。

2. 了解常用金属指示剂及其变色原理。

【实验原理】

乙二胺四乙酸简称 EDTA，常用 H_4Y 表示，是络合滴定中最常用的滴定剂，能与大多数金属离子形成稳定的 1∶1 络合物，常用的为其带结晶水的二钠盐。因其易吸附少量水分并且其中含有少量杂质而不能直接用作标准溶液，所以需要间接法配制，即先把 EDTA 配成所需要的大概浓度，然后用基准物质进行标定。

用于标定 EDTA 的基准物质有 Cu，Zn，Ni，Pb，$CaCO_3$，$ZnSO_4\cdot7H_2O$，$MgSO_4\cdot7H_2O$ 等。当选用纯金属作基准物质时，应除去金属表面的氧化膜。

标定时，常用铬黑 T 作指示剂，在 pH=10 的条件下，滴定过程中发生的反应如下：

滴定前，

$$HIn^{2-}(纯蓝色)+M^{2+}\rightleftharpoons MIn^{-}(酒红色)+H^{+}$$

滴定至终点时，反应为

$$MIn^{-}(\text{酒红色})+HY^{3-} \rightleftharpoons MY^{2-}+HIn^{2-}(\text{纯蓝色})$$

其中，M 为金属离子，HIn 为指示剂，溶液颜色由酒红色变为蓝色即为终点。

【仪器和药品】

仪器：酸式滴定管；锥形瓶；容量瓶；烧杯；移液管；洗耳球；电子天平；试剂瓶；表面皿；托盘天平。

药品：EDTA（二钠盐）；Zn 片；$MgSO_4 \cdot 7H_2O$；HCl 溶液（$6mol \cdot L^{-1}$）；NH_3-NH_4Cl 缓冲溶液（pH＝10）；铬黑 T；二甲酚橙指示剂；六亚甲基四胺溶液（20%）。

【实验步骤】

1. $0.01mol \cdot L^{-1}$ EDTA 标准溶液的配制

在托盘天平上，称取 0.8g EDTA 二钠盐于 100mL 小烧杯中，加约 30mL 蒸馏水加热溶解，冷却后转入试剂瓶中[1]，稀释至 200mL。

2. 基准物溶液的配制

准确称取去掉氧化层之后的纯金属 Zn 0.10～0.13g，置于 100mL 烧杯中，加入 $6mol \cdot L^{-1}$ HCl 4mL，立即盖上表面皿，待其溶解后，用少量水洗表面皿及烧杯内壁，洗涤液一同转入 100mL 容量瓶中，用水稀释至刻度，摇匀。计算 Zn^{2+} 标准溶液的准确浓度。

准确称取 $MgSO_4 \cdot 7H_2O$ 0.15～0.18g，置于小烧杯中，加 30mL 蒸馏水溶解，定容至 100mL，摇匀，计算 Mg^{2+} 标准溶液的准确浓度。

3. EDTA 标准溶液的标定[2]

（1）以 Zn^{2+} 为基准物质标定

用移液管吸取 15.00mL Zn^{2+} 标准溶液于 250mL 锥形瓶中，加 2 滴二甲酚橙指示剂，摇匀，滴加 20% 的六亚甲基四胺溶液至溶液呈现稳定的紫红色，再多加 2mL 六亚甲基四胺。用 EDTA 标准溶液滴定至溶液由紫红色变为黄色，即为终点，平行测定。根据消耗 EDTA 的体积，计算 EDTA 标准溶液的准确浓度。

（2）以 Mg^{2+} 为基准物质标定

用移液管准确移取 Mg^{2+} 标准溶液 15.00mL，置于 250mL 锥形瓶中，加 4mL pH＝10 的 NH_3-NH_4Cl 缓冲溶液，摇匀，再加入铬黑 T 少许[3]，用 EDTA 标准溶液滴定至溶液由酒红色变为蓝色，即为终点，平行测定。根据消耗 EDTA 的体积，计算 EDTA 标准溶液的准确浓度。

计算公式如下：

$$c_{\text{EDTA}}(mol \cdot L^{-1})=\frac{m_{\text{基准物}}}{M_{\text{基准物}} \times V_{\text{EDTA}} \times 10^{-3}} \times \frac{15.00}{100.00}$$

【注释】

[1] EDTA 若长期储于玻璃瓶中，其可能与玻璃中的钙镁离子络合，影响其浓度。

[2] 配位反应比酸碱反应速率要慢，滴定过程中应慢滴快摇。

[3] 铬黑 T 分子内有硝基与偶氮基，可以发生分子内的氧化还原反应，在空气中放置不稳定，应现用现配。

【思考题】

1. 配位滴定法与酸碱滴定法相比，有哪些不同点？操作中应注意哪些问题？

2. 如果用 HAc-NaAc 缓冲溶液，能否用铬黑 T 作指示剂？为什么？

3. 以 Zn^{2+} 为基准物质标定 EDTA 时，还可采用其它指示剂吗？怎样进行测定？

实验十五 自来水中总硬度及钙镁含量的测定

【实验目的】

1. 了解水的硬度表示方法及测定意义。
2. 掌握 EDTA 法测定 Ca^{2+}、Mg^{2+} 含量的原理和方法。
3. 掌握铬黑 T 和钙指示剂的应用条件及终点颜色的判断。

【实验原理】

水的总硬度是指水中钙镁离子的总量，一般折合成 CaO 或 $CaCO_3$ 来计算。每升水中含 1mg CaO 定为 1 度，每升水含 10mg CaO 称为一个德国度（°）。水的硬度用德国度作为标准来划分时，一般把小于 4°的水称为很软水，4°～8°的水称为软水，8°～16°的水称为中硬水，16°～32°的水称为硬水，大于 32°的水称为很硬水。

1. 水的总硬度的测定

在 pH=10 的氨性缓冲溶液中，以铬黑 T 为指示剂，EDTA 滴定。铬黑 T 首先与游离的 Ca^{2+}、Mg^{2+} 结合，反应如下：

$$HIn^{2-}(\text{纯蓝色})+Ca^{2+} \rightleftharpoons CaIn^{-}(\text{酒红色})+H^{+}$$

$$HIn^{2-}(\text{纯蓝色})+Mg^{2+} \rightleftharpoons MgIn^{-}(\text{酒红色})+H^{+}$$

化学计量点时，EDTA 夺取指示剂配合物中的 Ca^{2+}、Mg^{2+}，使指示剂（HIn^{2-}）游离出来，溶液由酒红色变为纯蓝色即为终点。

$$CaIn^{-}(\text{酒红色})+HY^{3-} \rightleftharpoons CaY^{2-}+HIn^{2-}(\text{纯蓝色})$$

$$MgIn^{-}(\text{酒红色})+HY^{3-} \rightleftharpoons MgY^{2-}+HIn^{2-}(\text{纯蓝色})$$

生成配合物的稳定性顺序为 $CaY^{2-}>MgY^{2-}>MgIn^{-}>CaIn^{-}$

2. 钙镁含量的测定

在 pH=12 的条件下，以钙指示剂为指示剂，EDTA 滴定，测定 Ca^{2+} 含量，然后由测定水的总硬度时消耗 EDTA 的体积减去测定 Ca^{2+} 含量时消耗 EDTA 的体积进而求得 Mg^{2+} 含量。

$$Mg^{2+}+2OH^{-} = Mg(OH)_2\downarrow \quad (pH=12)$$

若水中含有 Fe^{3+}、Al^{3+}、Cu^{2+}、Zn^{2+}、Pb^{2+} 时，分别以三乙醇胺及 Na_2S 作掩蔽剂掩蔽。

【仪器和药品】

仪器：移液管；洗耳球；锥形瓶；酸式滴定管；量筒。

药品：EDTA 标准溶液；铬黑 T；钙指示剂；NaOH 溶液（10%）；缓冲溶液；自来水样。

【实验步骤】

1. 水的总硬度的测定

用移液管准确移取 15.00mL 自来水[1] 两份于 250mL 锥形瓶中，加 pH=10 的缓冲溶液 4mL，铬黑 T 少许（0.1g 左右），充分摇匀，用 EDTA 标准溶液滴定到溶液由酒红色变为蓝色[2] 即为终点。记录 EDTA 用量 V_1，平行测定，计算总硬度。计算公式如下：

$$总硬度(°)=\frac{c_{EDTA}\times V_1\times M_{CaO}\times 10^3}{10\times 15.00}$$

2. 钙镁含量的测定

用移液管准确移取 15.00mL 自来水两份于 250mL 锥形瓶中，加 2mL 10% NaOH 溶液，充分摇匀，加钙指示剂少许（0.1g 左右），摇匀，用 EDTA 标准溶液滴定到溶液由酒红色变为蓝色即为终点[3]。记录 EDTA 用量 V_2，平行测定，计算钙镁含量。计算公式如下：

$$\rho_{Ca}(mg\cdot L^{-1})=\frac{c_{EDTA}\times V_2\times M_{Ca}\times 10^3}{15.00}$$

$$\rho_{Mg}(mg\cdot L^{-1})=\frac{c_{EDTA}\times (V_1-V_2)\times M_{Mg}\times 10^3}{15.00}$$

【注释】

[1] 自来水样应提前静置至澄清再移取。

[2] 滴定终点时溶液为纯蓝色，若蓝中带紫，则 EDTA 不足；若蓝中带绿，则 EDTA 过量。

[3] 实验终点不够敏锐，特别是滴定 Ca^{2+}，近终点要慢滴，每滴一滴都要充分摇匀，直到纯蓝色为止。

【思考题】

1. EDTA、铬黑 T 分别与 Ca^{2+}、Mg^{2+} 形成的配合物稳定性顺序是怎样的？
2. 为什么滴定 Ca^{2+}、Mg^{2+} 总量时要控制溶液 pH=10？滴定 Ca^{2+} 时要控制 pH=12？
3. 配位滴定为什么要使用缓冲溶液？
4. 如果只有铬黑 T 指示剂，能否测定 Ca^{2+} 的含量，怎么测定？
5. 为什么硬水洗衣服费洗衣粉？

实验十六 莫尔法测定可溶性氯化物中氯含量

【实验目的】

1. 掌握莫尔法测定氯离子的原理和方法。
2. 加深理解分步沉淀的原理和应用。

【实验原理】

在中性或弱碱性溶液中，以 K_2CrO_4 为指示剂，用 $AgNO_3$ 标准溶液进行滴定可溶性氯，该方法称为莫尔法。由于 AgCl 的溶解度比 Ag_2CrO_4 的小，因此溶液中首先析出 AgCl 沉淀。化学计量点时，Cl^- 完全反应，AgCl 定量析出，滴入的 $AgNO_3$ 溶液即与 CrO_4^{2-} 生成砖红色 Ag_2CrO_4 沉淀。主要反应如下：

$$Ag^+ + Cl^- \longrightarrow AgCl\downarrow(白色) \qquad K_{sp}=1.8\times 10^{-10}$$

$$2Ag^+ + CrO_4^{2-} = Ag_2CrO_4 \downarrow \text{(砖红色)} \qquad K_{sp}=2.0\times10^{-12}$$

滴定最适宜 pH 值范围为 6.5～10.5，如有铵盐存在，溶液的 pH 值范围最好控制在 6.5～7.2 之间。

指示剂的用量对滴定有影响，一般以 5.0×10^{-3} mol·L^{-1} 为宜。凡能与 Ag^+ 生成难溶化合物或配合物的阴离子都干扰测定，如 AsO_4^{3-}、AsO_3^{3-}、S^{2-}、CO_3^{2-}、$C_2O_4^{2-}$、PO_4^{3-} 等。其中 H_2S 可加热煮沸除去，将 SO_3^{2-} 氧化成 SO_4^{2-} 后不再干扰测定。大量 Cu^{2+}、Co^{2+}、Ni^{2+} 等有色离子将会影响终点的观察。能与 CrO_4^{2-} 指示剂生成难溶化合物的阳离子也干扰测定，如 Ba^{2+}、Pb^{2+}、Al^{3+}、Fe^{3+}、Bi^{3+}、Sn^{4+} 等高价金属离子在中性或弱碱性溶液中易水解产生沉淀，也会干扰测定。

【仪器和药品】

仪器：托盘天平；电子天平；容量瓶；移液管；锥形瓶；棕色酸式滴定管；洗耳球；烧杯。

药品：$AgNO_3$（0.1mol·L^{-1}）；NaCl（基准试剂）；K_2CrO_4 指示剂（5%）；氯化物试样。

【实验步骤】

1. 0.1mol·L^{-1} $AgNO_3$ 溶液的配制与标定

① 在托盘天平上称取 8.5g $AgNO_3$ 于 250mL 烧杯中[1]，加约 50mL 不含 Cl^- 的蒸馏水溶解后，将溶液转入棕色试剂瓶中，用水稀释至 500mL，摇匀，在暗处避光保存。

② 用电子天平准确称取 0.57～0.60g NaCl 基准物于 100mL 小烧杯中，加入 30mL 不含 Cl^- 的蒸馏水溶解，稀释定容至 100mL，摇匀，备用。

③ 用移液管准确移取 15.00mL 上述 NaCl 试液两份于 250mL 锥形瓶中，加入不含 Cl^- 蒸馏水 15mL，加 5% K_2CrO_4 溶液 1mL，在不断摇动下，用 $AgNO_3$ 标准溶液滴定至从黄色变为砖红色即为终点[2]。平行测定，根据 NaCl 标准溶液的浓度和消耗 $AgNO_3$ 溶液的体积，计算 $AgNO_3$ 溶液的准确浓度。计算公式如下：

$$c_{AgNO_3}(\text{mol}\cdot\text{L}^{-1})=\frac{m_{NaCl}}{M_{NaCl}\times V_{AgNO_3}\times10^{-3}}\times\frac{100.00}{15.00}$$

2. 试样分析

① 准确称取氯化物试样 0.8g 于 100mL 小烧杯中，加约 30mL 蒸馏水溶解后，定量转移至 100mL 容量瓶中，摇匀。

② 准确移取两份上述氯化物试液 15.00mL，加入 5% K_2CrO_4 1mL，边剧烈摇动边用 $AgNO_3$ 标准溶液滴定至溶液呈现砖红色沉淀，记录消耗的 $AgNO_3$ 体积，平行测定，计算试样中氯化物含量。计算公式如下：

$$w_{Cl}=\frac{c_{AgNO_3}\times V_{AgNO_3}\times10^{-3}\times M_{Cl}}{m_{试样}}\times\frac{100.00}{15.00}\times100\%$$

③ 空白实验取 15.00mL 蒸馏水，按上述操作，计算时应扣除空白测定所消耗的 $AgNO_3$ 标准溶液的体积。

④ 实验完毕，将装有 $AgNO_3$ 溶液的滴定管先用蒸馏水冲洗 2～3 次后，再用自来水洗干净，以免产生 AgCl 沉淀，难以洗净[3]。

【注释】

[1] $AgNO_3$ 若与有机物接触，则起还原作用，加热颜色变黑，所以不要使 $AgNO_3$ 与皮肤接触。

[2] 注意控制酸度和指示剂用量。

[3] 含银废液应予以回收，且不能随意倒入水槽。

【思考题】

1. 配制的 $AgNO_3$ 标准溶液要储于棕色瓶中，保存在暗处，为什么？

2. 空白测定有何意义？以 K_2CrO_4 为指示剂时，其浓度太大或太小对滴定结果有何影响？

3. 能否用莫尔法以 NaCl 标准溶液直接滴定 Ag^+？为什么？

4. 氯的测定除莫尔法外，还有什么其它方法？

实验十七　肥料中钾含量的测定

【实验目的】

1. 了解肥料试样溶液的制备方法。

2. 学习以四苯硼酸钠为沉淀剂测定钾含量的重量分析法。

【实验原理】

肥料试样经处理后，在弱碱性介质中，以四苯硼酸钠为沉淀剂，产生四苯硼酸钾沉淀。反应方程式如下：

$$K^+ + Na[B(C_6H_5)_4] \longrightarrow K[B(C_6H_5)_4] \downarrow + Na^+$$

将沉淀过滤、洗涤、干燥、称重，根据沉淀质量计算化肥中钾含量。

【仪器和药品】

仪器：电子天平；烧杯；容量瓶；漏斗；干燥箱；G4 砂芯坩埚；表面皿；锥形瓶；量筒。

药品：浓 HCl；EDTA 溶液（二钠盐，10%）；$Al(OH)_3$；NaOH 溶液（20%）；酚酞指示剂（0.2%乙醇）；四苯硼酸钠溶液（2.5%）；四苯硼酸钠洗涤液（0.1%）；肥料试样。

【实验步骤】

1. 肥料试样溶液的制备

准确称取试样 1～2g（含氧化钾约 200mg），置于 250mL 锥形瓶中，加蒸馏水约 60mL，加热煮沸 30min，冷却，定量转移到 100mL 容量瓶中，用水稀释至刻度，混匀，过滤。

2. 试液中钾含量的测定

准确移取上述试液 15.00mL 于 250mL 烧杯中[1]，加 EDTA 溶液 12mL[2]，加 2～3 滴酚酞指示剂，滴加 20% NaOH 溶液至刚出现红色时，再过量 1mL。盖上表面皿，在通风橱内缓慢加热煮沸 15min[3]，冷却。在不断搅拌下，于盛有试样溶液的烧杯中逐滴加入 15mL 四苯硼酸钠沉淀剂，并过量 5mL，继续搅拌 1min，静置 15min 以上[4]，用已恒重的 G4 砂芯坩埚过滤。再用四苯硼酸钠洗涤液洗涤沉淀 2～3 次，最后用蒸馏水洗涤 2～3 次。

将盛有沉淀的坩埚置于 (120±5)℃ 干燥箱中，干燥 1.5h，取出后置于干燥器内冷却，称重。再烘干，冷却，称重，直至恒重。根据四苯硼钾沉淀的质量，计算肥料中 K_2O 的质量分数。计算公式如下：

$$w_{K_2O}=\frac{(m_2-m_1)\times 0.1314}{m_{试样}}\times\frac{100.00}{15.00}\times 100\%$$

式中，m_1 为空坩埚质量，g；m_2 为坩埚和四苯硼酸钾沉淀的质量，g；$m_{试样}$ 为称取的肥料试样质量，g；0.1314 为四苯硼酸钾 [$KB(C_6H_5)_4$] 换算为氧化钾（K_2O）的系数。

空白实验的测定，除不加试液外，分析步骤及试剂用量同上述步骤。

【注释】

[1] 如果试样中含有氰氨基化合物或有机物时，在加入 EDTA 溶液之前，先加溴水和活性炭处理；加入 EDTA 是为了使阳离子与 EDTA 络合，以防阳离子干扰。

[2] 含阳离子较多时可加 25mL。

[3] 试液加热时应保持微沸，并控制在 15min，注意防止因温度过高、时间过长而导致试液浓缩，钠离子浓度增加，由此产生正偏差。

[4] 要保证在碱性条件下加沉淀剂，在此条件下生成的四苯硼酸钾沉淀稳定，沉淀静置时间要 15min 以上，以利于四苯硼酸钾晶体的形成。

【思考题】

1. 在加入四苯硼酸钠之前，加入 NaOH 的作用是什么？
2. 为什么要用四苯硼酸钠洗涤液洗涤沉淀？

实验十八 水中 COD 的分析

【实验目的】

1. 初步了解环境分析的重要性及水样的采集和保存方法。
2. 对水样中耗氧量（COD）与水体污染的关系有所了解。
3. 掌握高锰酸钾法测定水中 COD 的原理及方法。

【实验原理】

水的耗氧量是水质污染程度的主要指标之一，分为生物耗氧量（BOD）和化学耗氧量（COD）。化学耗氧量（COD）指水体中易被强氧化剂氧化的还原性物质所消耗的氧化剂的量，换算成氧的含量，以 $mg\cdot L^{-1}$ 计。根据滴定剂的不同，氧化还原滴定法分为高锰酸钾法、重铬酸钾法、碘量法、铈量法和溴酸钾法等。其中，测定化学耗氧量的方法有重铬酸钾法、酸性高锰酸钾法和碱性高锰酸钾法。

酸性高锰酸钾法测定 COD 时，在水样中加入 H_2SO_4 及过量的 $KMnO_4$ 溶液，加热使其中的还原性物质氧化。剩余的 $KMnO_4$ 用一定量过量的 $Na_2C_2O_4$ 还原，再以 $KMnO_4$ 标准溶液返滴定 $Na_2C_2O_4$ 的过量部分。

反应方程式为：

$$4MnO_4^-+5C+12H^+\rightleftharpoons 4Mn^{2+}+5CO_2+6H_2O$$

剩余的 $KMnO_4$ 用 $Na_2C_2O_4$ 还原反应为：

$$2MnO_4^-+5C_2O_4^{2-}+16H^+\rightleftharpoons 2Mn^{2+}+10CO_2+8H_2O$$

再以 $KMnO_4$ 返滴 $Na_2C_2O_4$ 过量部分，通过实际消耗 $KMnO_4$ 的量来计算水中还原性物质的量。

市售 $KMnO_4$ 常含少量 MnO_2 及其它杂质，且蒸馏水中也常含少量有机物，这些物质都能促使 $KMnO_4$ 还原，因此 $KMnO_4$ 标准溶液不能直接配制，必须进行标定。标定 $KMnO_4$ 溶液常采用 $Na_2C_2O_4$ 作基准物质，其易提纯，性质稳定。

【仪器和药品】

仪器：移液管；酸式滴定管；锥形瓶；表面皿；洗耳球；托盘天平；电子天平；量筒；棕色试剂瓶；G3 或 G4 砂芯漏斗。

药品：$KMnO_4$（A. R.）；$Na_2C_2O_4$ 基准物质；$Na_2C_2O_4$ 标准溶液；H_2SO_4（$3mol \cdot L^{-1}$，$6mol \cdot L^{-1}$）；水样。

【实验步骤】

1. 0.02mol·L^{-1} $KMnO_4$ 标准溶液的配制与标定

称取 1.6g $KMnO_4$ 溶于 500mL 新煮沸并冷却的蒸馏水中，盖上表面皿，加热沸腾并保持 1h。冷却后，转移至棕色玻璃试剂瓶中，于暗处放置 2～3 天后，用 G3 或 G4 砂芯漏斗过滤，滤液贮于清洁带塞的棕色试剂瓶中，备用。

准确称取 0.13～0.16g $Na_2C_2O_4$ 基准物质两份于 250mL 锥形瓶中，加约 30mL 蒸馏水使其溶解，再各加入 10mL $3mol \cdot L^{-1}$ H_2SO_4，加热至 75～85℃（即开始冒蒸气时的温度），待褪色后，趁热用 $KMnO_4$ 标准溶液滴定至溶液呈粉红色并保持 30s 不褪色，即为终点。平行测定，计算 $KMnO_4$ 标准溶液的准确浓度。

2. 水样中 COD 的测定

用移液管准确移取 15.00mL 水样[1]，置于 250mL 锥形瓶中，加入 5mL $6mol \cdot L^{-1}$ H_2SO_4，再准确加入 10.00mL $KMnO_4$ 标准溶液（体积记录为 V_1），置于电炉上加热至微沸[2]（紫红色不应褪去，否则应增加 $KMnO_4$ 溶液的体积）。取下锥形瓶，趁热用移液管移入 10.00mL $Na_2C_2O_4$ 标准溶液，充分摇匀（此时溶液由红色变为黄色，再变为无色，否则应增加 $Na_2C_2O_4$ 的体积）。趁热用 $KMnO_4$ 标准溶液滴定至稳定的微红色即为终点[3]，记录消耗 $KMnO_4$ 的体积为 V_2，平行滴定。

用移液管准确移取 15.00mL 蒸馏水，置于 250mL 锥形瓶中，操作步骤同上，求得空白值，计算耗氧量时将空白值减去。

计算公式如下：

$$\mathrm{COD}(\mathrm{mg \cdot L^{-1}}) = \frac{\left[\frac{5}{4}c_{KMnO_4}(V_1+V_2) - \frac{1}{2}c_{Na_2C_2O_4}V_{Na_2C_2O_4}\right] \times M_{O_2}}{15.00}$$

【注释】

[1] 水样的污染程度不同，所取体积不同。

[2] 在室温下，上述反应的速度缓慢，因此常需将溶液加热至 75～85℃时进行滴定。滴定完毕时溶液的温度也不应低于 60℃。而且滴定时溶液的温度也不宜太高，超过 90℃，部分 $H_2C_2O_4$ 会发生分解。

[3] 严格控制滴定速度，慢—快—慢。由于反应是一个自动催化反应，随着 Mn^{2+} 的产生，反应速率逐渐加快。所以开始滴定时，应逐滴缓慢加入，在 $KMnO_4$ 红色没有褪去之前，不急于加入第二滴。加入几滴 $KMnO_4$ 溶液后，滴定速度可稍快些，在接近终点时，滴

定速度要缓慢逐滴加入。

【思考题】

1. 水样的采集和保存应注意哪些事项？

2. 水样加入 $KMnO_4$ 煮沸后，若红色消失说明什么？应采取什么措施？

3. 高锰酸钾法常用什么作指示剂？如何指示终点？

实验十九 高锰酸钾法测定 H_2O_2 含量

【实验目的】

1. 学习高锰酸钾法测定 H_2O_2 含量的原理和方法。

2. 掌握 $KMnO_4$ 自身指示剂的特点，并对自动催化反应有所了解。

【实验原理】

H_2O_2 俗称双氧水，在常温常压下是无色透明溶液，由于具有强氧化性，在工业、生物、医药等方面应用广泛，比如用作漂白剂、消毒剂、脱氯剂等。

在酸性溶液中可用 $KMnO_4$ 标准溶液直接滴定 H_2O_2。其反应为：

$$2MnO_4^- + 5H_2O_2 + 6H^+ = 2Mn^{2+} + 8H_2O + 5O_2\uparrow$$

反应在室温、稀硫酸溶液中进行，开始时反应速率较慢，但随着反应的进行，生成的 Mn^{2+} 可起催化作用（或加入 $MnSO_4$）使反应加快。以 $KMnO_4$ 自身为指示剂，用 $KMnO_4$ 溶液直接滴定至微红色，30s 内不褪色即为终点。

【仪器和药品】

仪器：酸式滴定管；锥形瓶；移液管；洗耳球；容量瓶；量筒。

药品：$KMnO_4$ 标准溶液；H_2SO_4 溶液（$3mol \cdot L^{-1}$）；H_2O_2 试样。

【实验步骤】

① 准确移取 H_2O_2 试样 15.00mL[1]，加蒸馏水定容至 100mL，摇匀。

② 准确移取 15.00mL 上述 H_2O_2 稀释液于 250mL 锥形瓶中，加 5mL $3mol \cdot L^{-1}$ H_2SO_4，摇匀，用 $KMnO_4$ 标准溶液滴定至溶液呈微红色[2]，30s 不褪色时为终点，记录所消耗的 $KMnO_4$ 标准溶液的体积，平行滴定，计算 H_2O_2 的含量。计算公式如下：

$$\rho_{H_2O_2}(g \cdot L^{-1}) = \frac{c_{\frac{1}{5}KMnO_4} \times V_{KMnO_4} \times M_{H_2O_2} \times 100.00}{15.00 \times 15.00}$$

【注释】

[1] H_2O_2 含量不同，所取试样的体积不同。

[2] 滴定速度为慢—快—慢。

【思考题】

1. 用高锰酸钾法测定 H_2O_2 时，能否用 HCl、HNO_3 或 HAc 来控制酸度？

2. 用高锰酸钾法测定 H_2O_2 时，为何不能通过加热来加速反应？

3. H_2O_2 有什么重要性质？使用时应注意些什么？

实验二十　碘量法测定葡萄糖含量

【实验目的】

1. 学会间接碘量法测定葡萄糖含量的原理和方法。

2. 进一步掌握返滴定法操作和有色溶液滴定时体积的正确读法。

【实验原理】

碘量法可分为直接碘量法和间接碘量法两种，常用淀粉作为指示剂。测定葡萄糖含量的方法有间接碘量法和旋光法。间接碘量法是在碱性条件下，以 $Na_2S_2O_3$ 标准溶液滴定析出的 I_2 而实现对葡萄糖含量的测定。由于 I_2 易挥发，在水中的溶解度很小，见光易分解，而 I^- 很容易被空气中的 O_2 氧化，因此在反应完全后应立即滴定，勿剧烈摇动。

在碱性条件下，I_2 与 NaOH 作用生成次碘酸钠（NaIO），次碘酸钠可将葡萄糖（$C_6H_{12}O_6$）分子中的醛基定量地氧化为羧基，发生的反应为：

$$I_2+2OH^- \xlongequal{} IO^-+I^-+H_2O$$

$$IO^-+C_6H_{12}O_6 \xlongequal{} C_6H_{12}O_7+I^-$$

总反应式为：

$$I_2+C_6H_{12}O_6+2OH^- \xlongequal{} C_6H_{12}O_7+2I^-+H_2O$$

过量的 IO^- 在碱性溶液中歧化成 I^- 和 IO_3^-：

$$3IO^- \xlongequal{} IO_3^-+2I^-$$

溶液酸化后，又析出 I_2：

$$IO_3^-+5I^-+6H^+ \xlongequal{} 3I_2+3H_2O$$

再以 $Na_2S_2O_3$ 标准溶液滴定析出的 I_2：

$$I_2+2S_2O_3^{2-} \xlongequal{} S_4O_6^{2-}+2I^-$$

由上述反应关系式，可知计量关系为：

$$n(I_2)=n(C_6H_{12}O_6)+\frac{1}{2}n(Na_2S_2O_3)$$

由滴定消耗的 $Na_2S_2O_3$ 标准溶液求得剩余 I_2 溶液的物质的量，计算得到葡萄糖的含量。

【仪器和药品】

仪器：电子天平；托盘天平；烧杯；酸式滴定管；碱式滴定管；容量瓶；棕色试剂瓶；移液管；洗耳球；锥形瓶；碘量瓶；量筒。

药品：I_2（A. R.）；KI（A. R.）；$Na_2S_2O_3\cdot5H_2O$（A. R.）；Na_2CO_3（A. R.）；$K_2Cr_2O_7$（A. R.）；KI 溶液（20%）；HCl 溶液（$6mol\cdot L^{-1}$）；淀粉溶液（0.5%）；NaOH

溶液（$1mol \cdot L^{-1}$）；葡萄糖试样（0.05%）。

【实验步骤】

1. $0.02mol \cdot L^{-1}$ $Na_2S_2O_3$ 溶液的配制与标定

称取 2.6g $Na_2S_2O_3 \cdot 5H_2O$ 溶于 500mL 新煮沸的冷蒸馏水中，加入 0.1g Na_2CO_3，保存于棕色试剂瓶中，放置一周后进行标定。

准确称取 0.10～0.13g $K_2Cr_2O_7$ 于 100mL 小烧杯中，加约 30mL 蒸馏水溶解，并转入 100mL 容量瓶中，用水稀释至刻度，摇匀，计算其准确浓度。

用移液管准确移取 15.00mL $K_2Cr_2O_7$ 标准溶液于 250mL 碘量瓶中，加 $6mol \cdot L^{-1}$ HCl 6mL，加入 5mL 20% KI。摇匀后盖上瓶塞，于暗处放置 5min。然后加 30mL 水稀释[1]，用 $Na_2S_2O_3$ 溶液滴定至浅黄绿色，再加入 2mL 淀粉指示剂，继续滴定至溶液蓝色消失并变为绿色即为终点。平行测定，计算 $Na_2S_2O_3$ 标准溶液的准确浓度。

2. $0.01mol \cdot L^{-1}$ I_2 标准溶液的配制与标定

称取 1.3g I_2 于小烧杯中，加入 4g KI 和少量蒸馏水，用玻璃棒搅拌至 I_2 全部溶解后[2]，加水稀释至 500mL，摇匀，贮存于棕色试剂瓶中[3]。

用移液管准确移取 15.00mL I_2 标准溶液于 250mL 锥形瓶中，加 30mL 蒸馏水，用 $Na_2S_2O_3$ 标准溶液滴定至溶液呈浅黄色时，加入 2mL 淀粉指示剂，用 $Na_2S_2O_3$ 标准溶液滴定至蓝色恰好消失为止，即为终点。平行测定，计算 I_2 标准溶液的准确浓度。

3. 葡萄糖试液中葡萄糖含量的测定

用移液管准确移取稀释后的葡萄糖试液 15.00mL 于 250mL 碘量瓶中，准确加入 15.00mL I_2 标准溶液。缓慢加入 $1mol \cdot L^{-1}$ NaOH 溶液[4]，边加边摇，直至溶液呈浅黄色。将碘量瓶加塞，摇匀，于暗处放置 10～15min。再加 1mL $6mol \cdot L^{-1}$ HCl 使溶液成酸性，立即用 $Na_2S_2O_3$ 溶液滴定至溶液呈淡黄色。加入 1mL 淀粉指示剂，继续滴定蓝色消失即为终点。平行测定，计算试样中葡萄糖的含量。计算公式如下：

$$\rho_{C_6H_{12}O_6}(g \cdot L^{-1}) = \frac{\left[c_{I_2}V_{I_2} - \frac{1}{2}c_{Na_2S_2O_3}V_{Na_2S_2O_3}\right] \times M_{C_6H_{12}O_6}}{V_{试液}}$$

【注释】

[1] 稀释是为了降低 Cr^{3+} 的浓度，使颜色变浅，又可降低酸度，更有利于滴定。

[2] 一定要待 I_2 完全溶解后再转移，做完实验后，剩余的 I_2 溶液应倒入回收瓶中。

[3] 碘易受有机物的影响，不可使用软木塞、橡胶塞，并应贮存于棕色瓶内避光保存。

[4] 加 NaOH 溶液的速度不能过快，否则过量 NaIO 来不及氧化 $C_6H_{12}O_6$ 就歧化成不与 $C_6H_{12}O_6$ 反应的 $NaIO_3$ 和 NaI，使测定结果偏低。

【思考题】

1. 配制 I_2 溶液时加入过量 KI 的作用是什么？将称得的 I_2 和 KI 一起加水到一定体积是否可以？

2. I_2 溶液应装入何种滴定管中？为什么？棕色滴定管应如何读数？

3. I_2 溶液浓度的标定和葡萄糖含量的测定中均用到淀粉指示剂，各步骤中淀粉指示剂加入的时机有什么不同？

4. 为什么在氧化葡萄糖时滴加 NaOH 溶液的速度要慢，且加完后要放置一段时间？而在酸化后则要立即用 $Na_2S_2O_3$ 标准溶液滴定？

知识拓展

电化学生物传感器

生物传感器是以固定化的生物体成分（酶、蛋白质、DNA、抗体、抗原、生物膜等）或生物体本身（细胞、微生物、组织等）为敏感材料，与适当的化学换能器相结合产生的一种快速检测各种物理、化学和生物量的器件。通过一些特殊的转化元件（如电极），把一些热、光、声以及反应的信号转化成电信号，就可制成操作简单、选择性高、灵敏度好的电化学生物传感器。其示意图如下：

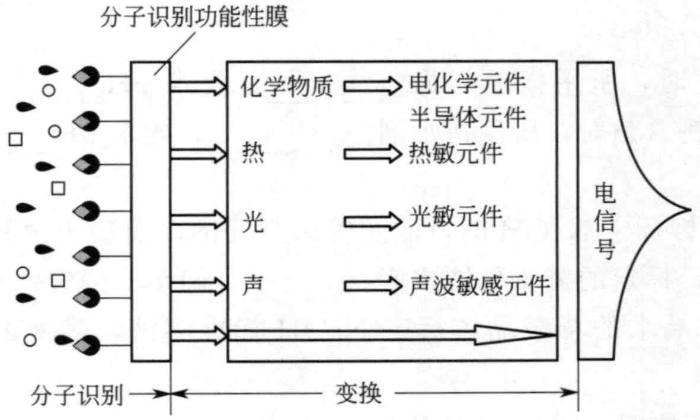

生物传感器的原理示意

电化学生物传感器的特点主要有以下几个方面：(a) 在检测过程中，一般不需要其他试剂，也无需对样品进行复杂的处理，就可以对待检样品快速检测，能在短时间内得出结果；(b) 检测的方法通常简单，结果比较准确；(c) 可联机监测、连续分析和反复使用，可自动化操作；(d) 体积小，便于随身携带，成本低，易推广。

这些年随着传感器技术的迅猛发展，一些研究成果已在生物技术、食品工业、临床检测、生物医药、环境分析等领域获得实际应用。

习题

一、选择题

1. $KMnO_4$ 法测定自来水中 COD 含量时所用的指示剂是（　）。

A. 铬黑 T　　B. 自身指示剂　　C. 酚酞　　D. 钙指示剂

2. 下列可用来作为标定氢氧化钠的基准物质是（　）。

A. 草酸钠　　B. 无水碳酸钠　　C. 硼砂　　D. 邻苯二甲酸氢钾

3. 在 COD 测定实验中，加入 $Na_2C_2O_4$ 标液的温度是（　）。

A. 室温　　B. 55～65℃　　C. 75～85℃　　D. 100℃

4. 水的硬度用德国度作为标准来划分时，一般把 4°～8°的水称为（　）。

A. 软水　　B. 硬水　　C. 很软水　　D. 中硬水

5. 双指示剂法测混合碱时，若消耗 HCl 体积 $V_1<V_2$，则该混合碱组成为（　　）。

A. Na_2CO_3、$NaHCO_3$　　B. Na_2CO_3、NaOH

C. $NaHCO_3$、NaOH　　D. Na_2CO_3

6. 碘量法测定葡萄糖含量采用的是（　　）。

A. 酸碱滴定法　　B. 沉淀滴定法　　C. 配位滴定法　　D. 氧化还原滴定法

7. 在 $KMnO_4$ 标准溶液的标定实验中，滴定速度应控制为（　　）。

A. 先快后慢　　B. 先慢后快　　C. 慢—快—慢　　D. 始终较慢

二、填空题

1. EDTA 全称为________，是一种____元酸，常用______表示。作为配位剂，共有____个配位原子。

2. 肥料中钾含量的测定实验，我们采用的是分析实验中常用的________法，用到的沉淀剂是________。

3. 测定水的总硬度时，所用指示剂为________，要求 pH________，终点颜色变化是________；测定水中钙含量时，所用指示剂为________，要求 pH________，终点颜色变化是________。

4. 用邻苯二甲酸氢钾标定 NaOH 时，滴定管未赶气泡，而滴定过程中气泡消失，则滴定体积用量偏________，标定的氢氧化钠浓度________（偏小、偏大、不变）。

5. 若用失去部分结晶水的草酸晶体标定 NaOH 标准溶液，溶液浓度会________（偏小、偏大、不变）。

6. 水中 COD 的分析实验中，COD 指的是________。

7. 莫尔法测定可溶性氯化物中氯含量中用到的指示剂是________，pH 值应控制在________。

8. EDTA 的标定实验中，是以________作为指示剂，并需加入________溶液至溶液呈现稳定的紫红色，然后用 EDTA 标准溶液滴定至溶液由紫红色变为________。

9. 碘量法可分为________和________两种，常用________作为指示剂。

10. 实验室中标定 NaOH 溶液的基准物质有____和____；标定盐酸的基准物质通常有________和________。

三、判断题

1. 在测定 COD 的实验中，调节酸度用的是盐酸。（　　）

2. 在滴定操作时，先用滴定管滴定后振荡锥形瓶。（　　）

3. 高锰酸钾可以用直接法配制其准确浓度的溶液。（　　）

4. EDTA 是两性物质，既可以装在酸式滴定管中，也可以装在碱式滴定管中。（　　）

5. 双氧水在常温常压下是无色透明溶液，具有强氧化性，没有还原性。（　　）

6. 莫尔法测氯时，滴定终点的现象是产生砖红色的沉淀。（　　）

7. 碘量法测定葡萄糖含量时，溶液应控制在碱性条件。（　　）

8. 测自来水中 Ca^{2+} 含量应控制溶液 pH 值在 10 左右。（　　）

四、简答题

1. 高锰酸钾法测定 H_2O_2 含量时，为什么在滴定过程中，开始需要缓慢滴加，而后可以加快滴定速度？

2. HCl 和 NaOH 标准溶液应采用什么方法配制？说明原因。

3. 食醋中总酸量的测定实验中，是属于酸碱滴定、氧化还原滴定、配位滴定还是沉淀滴定？怎么判定能否准确滴定？为什么选用酚酞为指示剂，能否选用甲基橙或甲基红为指示剂？已知 HAc 的 $K_a=1.8\times10^{-5}$。

4. NaOH 的标定实验中，所用的滴定管为何需用所装的溶液润洗？所用的锥形瓶是否也要用所装的溶液进行润洗？为什么？

5. 在水中 COD 含量测定实验中，水样加入 $KMnO_4$ 煮沸后，若红色消失说明什么？应采取什么措施？用什么调节酸度？常用什么作指示剂？加入 $Na_2C_2O_4$ 温度应该控制在什么范围，为什么？

五、综合题

在自来水总硬度及钙镁含量的测定实验中，某同学测定有如下数据：已知 EDTA 的浓度 $c=0.001579\text{mol}\cdot\text{L}^{-1}$，$M_{CaO}=56.08\text{g}\cdot\text{mol}^{-1}$，$M_{Ca}=40.08\text{g}\cdot\text{mol}^{-1}$，$M_{Mg}=24.31\text{g}\cdot\text{mol}^{-1}$。完成下列表格，并写出反应方程式和计算公式。

指示剂种类	项目	Ⅰ	Ⅱ
铬黑 T 指示剂	$V_{水样}$/mL	10.00	
	$V_{1初读数}$/mL	0.00	0.20
	$V_{1终读数}$/mL	14.40	15.00
	V_1/mL		
	水的总硬度/(°)		
钙指示剂	$V_{水样}$/mL	10.00	
	$V_{2初读数}$/mL	0.10	0.05
	$V_{2终读数}$/mL	8.00	7.90
	V_2/mL		
	$w_{Ca}/\text{mg}\cdot\text{L}^{-1}$		
	$w_{Mg}/\text{mg}\cdot\text{L}^{-1}$		

参考答案

一、选择题

1. B 2. D 3. C 4. A 5. A 6. D 7. C

二、填空题

1. 乙二胺四乙酸；四；H_4Y；6 2. 重量分析；四苯硼酸钠 3. 铬黑 T；10；红色变为蓝色；钙指示剂；12；红色变为蓝色 4. 大；偏小 5. 偏大 6. 化学耗（需）氧量 7. 铬酸钾；6.5～10.5 8. 二甲酚橙；六亚甲基四胺；黄色 9. 直接碘量法；间接碘量法；淀粉 10. 邻苯二甲酸氢钾；草酸；无水碳酸钠；硼砂

三、判断题

1. × 2. × 3. × 4. √ 5. × 6. √ 7. √ 8. ×

四、简答题

1. 反应在室温、稀硫酸溶液中进行，开始时反应速率较慢，但随着反应的进行，生成的 Mn^{2+} 可起催化作用（或加入 $MnSO_4$）使反应加快。

2. 均应采用间接法配制。因为它们二者都不是基准物质，不能直接确定其物质的量。

3. 属于酸碱滴定；判定能否准确滴定的条件是 $K_a c_0 \geqslant 10^{-8}$，醋酸能准确滴定。滴定终点 pH 在 9 左右，所以选用酚酞为指示剂，不能选用甲基橙或甲基红为指示剂。

4. 滴定管和移液管需要润洗，若不润洗，则会减小所装标准溶液的浓度，影响测定数据结果；锥形瓶和烧杯不需要润洗，若润洗，锥形瓶和烧杯中会引入标准溶液，从而严重影响实验结果。

5. 红色消失说明 $KMnO_4$ 加得不够，需要补加 $KMnO_4$ 标准溶液。用硫酸调节酸度。$KMnO_4$ 法用的指示剂是其本身（$KMnO_4$）。加入 $Na_2C_2O_4$ 温度应该控制在 75～85℃范围，温度太高，$Na_2C_2O_4$ 在溶液中不稳定，温度太低，反应太慢。

五、综合题

计算公式参考实验十五。

		Ⅰ	Ⅱ
铬黑 T 指示剂	$V_{水样}$/mL	10.00	
	$V_{1初读数}$/mL	0.00	0.20
	$V_{1终读数}$/mL	14.40	15.00
	V_1/mL	14.40	14.80
	水的总硬度	8.5°	8.7°
钙指示剂	$V_{水样}$/mL	10.00	
	$V_{2初读数}$/mL	0.10	0.05
	$V_{2终读数}$/mL	8.00	7.90
	V_2/mL	7.90	7.85
	w_{Ca}/mg·L^{-1}	33.33	33.12
	w_{Mg}/mg·L^{-1}	16.63	17.79

第五章 有机化学实验

实验二十一 熔点的测定

【实验目的】

1. 掌握熔点的测定原理及操作方法。

2. 了解熔点测定的意义。

【实验原理】

物质的熔点是在101.325kPa下固-液态间的平衡温度，纯化合物从开始熔化（初熔）至完全熔化（全熔）的温度范围称为熔程，也称熔点范围或熔距，一般不超过0.5～1℃，熔点测定时一定要记录初熔和全熔的温度。

每一个纯的固体有机物都有一定的熔点，熔点是固体有机物最重要的物理常数之一，不仅可以用来鉴定固体有机化合物，同时可鉴别未知物或判断纯度。如果被测物质含有杂质时，其熔点往往较纯化合物低，且熔程较长。

要鉴别两种熔点相同的化合物（如被测未知物与已知物的熔点相同）是否为同一物质时，可采用混合熔点法。即按一定比例（1∶9、1∶1、9∶1）将二者混合，测定其熔点，若无熔点降低或熔程拉长现象，就可判断所测未知物是已知化合物；若熔点降低，熔程拉长，则二者不是同一物质。少数易分解的有机化合物尽管纯度高，但也没有固定的熔点，且熔点范围也较大，主要是由于样品受热尚未熔融前就局部分解，分解产物的存在犹如引入了杂质。

【仪器和药品】

仪器：提勒管；熔点管；玻璃管；温度计；酒精灯；铁架台；显微熔点测定仪。

药品：苯甲酸（熔点121～122℃）；萘（熔点80～81℃）；液体石蜡。

方法一 毛细管法

【实验步骤】

1. 样品的装入

取少许（约0.1g）待测熔点的干燥样品于研钵内研成粉末，倒入干净的表面皿上并集成一堆，将熔点管开口端向下插入粉末中，再将熔点管开口向上竖立在桌面磕几下，使样品进入管底，反复数次。然后把熔点管开口向上放入垂直于桌面长 30～40cm 的玻璃管中自由落下，利用重力在桌面上跳动，使样品紧密地落于熔点管底部，如此反复 10～20 次，直到熔点管内样品高度为 2～3mm 为止。每种样品装三根熔点管。

2. 仪器的安装

将装好样品的熔点管用橡皮圈固定在温度计上，并使装有样品的部分置于温度计水银球中部（图 5-1），再将温度计插入已装好浴液[1] 的提勒管（又叫 b 形管）中，浴液高度略高于上叉管口，水银球处于提勒管上下叉管的中间（图 5-2）。注意不能使橡皮圈触及溶液，以免污染溶液。

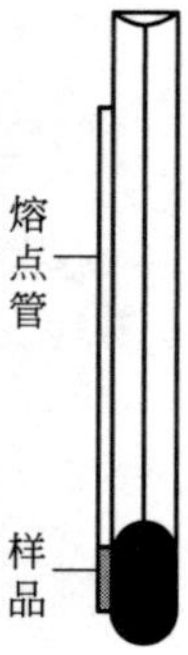

图 5-1　样品位置示意图

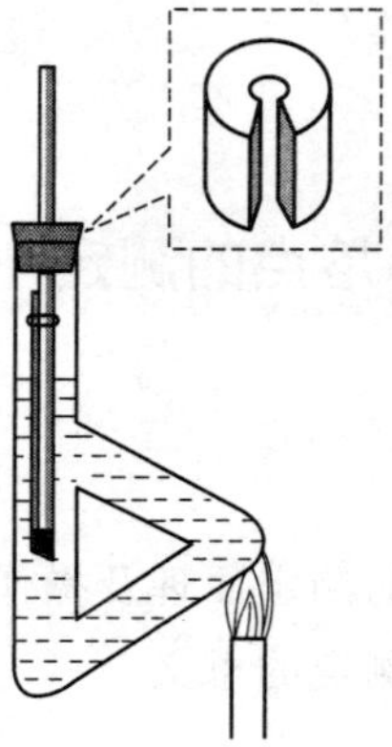

图 5-2　熔点测定装置

3. 熔点的测定

如果测定未知物的熔点，应先对样品粗测一次，测得样品大致熔程后，第二次再做准确的测定。升温速度直接影响测定结果的准确性[2]。

（1）粗测　仪器与样品安装好后，用小火加热侧管，如图 5-2 所示，使管中的浴液对流循环，均匀升温。粗测时，升温速度可稍快些，5～6℃·min^{-1}，观察熔点管中的现象，当样品开始塌落、润湿并有液相产生时，表示开始熔化（初熔）；当固体刚好完全消失，表示完全熔化（全熔），记录初熔和全熔温度的读数，得到一个近似的熔点。

（2）精测　将浴液温度缓慢冷却至样品近似熔点以下 30℃左右。在冷却的同时，换上一根新的装有样品的熔点管[3]，做精密的测定。精测时，开始升温速度为 5～6℃·min^{-1}，离近似熔点 10～15℃时，放慢升温速度，保持在 1～2℃·min^{-1}，越接近熔点升温速度越慢，约 1℃·min^{-1}。记录初熔和全熔的两点温度，即为该化合物的熔程。

（3）实验后处理　实验完毕，取下温度计，让其自然冷却至接近室温时再用水冲洗，提勒管中的浴液冷却至接近室温后，再倒入回收瓶中。

方法二　显微熔点测定仪法

【实验步骤】

1. 将微量样品放在干燥洁净的载玻片上，再盖上盖玻片后放在加热台上，调节镜头，使显微镜焦点对准样品，从而从镜头中可看到晶体外形。装上温度传感器，接通电源，打开开关，调节升温旋钮控制升温速度。

2. 粗测时，升温速度可稍快些，5～6℃·min^{-1}。观察样品变化，当样品的结晶棱角开始变圆时，表示熔化开始，为初熔温度；当结晶形状完全消失变为小液滴时，表示完全熔化，记录初熔至全熔的温度，得到一个近似的熔点。

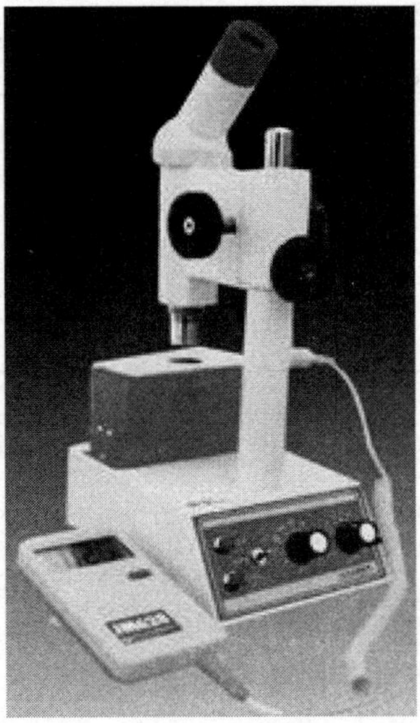
图 5-3 显微熔点测定仪

3. 停止加热，用镊子取走载玻片，打开显微熔点测定仪的风扇，并将加热台冷却至熔点以下 30℃。重新装上样品，精测时需要严格控制升温速率，每分钟不超过 1℃，观察晶体形状，记录初熔至全熔的温度。仪器见图 5-3。

【注释】

[1] 提勒管中的浴液可根据待测物的熔点选定，熔点在 95℃以下用水；95～220℃用液体石蜡或甘油；220～270℃用浓硫酸。

[2] 严格控制升温速度是熔点测定准确与否的关键，原因有三个：①温度计水银球的玻璃壁比熔点管管壁薄，水银受热早，而样品受热相对较晚；②热量从熔点管外传至管内需要时间；③实验者即观察样品熔化同时又要读出温度需要时间，因此，只有缓慢加热才能减少由此带来的误差。

[3] 每次测量后都要更换样品，因为已测过的样品有可能已发生分解或改变晶体形式。

【思考题】

1. 加热快慢为什么会影响熔点？在什么情况下加热可以快一些，什么情况下则要慢一些？

2. 为什么进行第二次测定熔点时，必须更换新的熔点管？

3. 已测得甲、乙两样品的熔点均为 125℃，将它们以任意比例混合后所测得的熔点仍为 125℃，则甲、乙两种样品是否为同一物质？

4. 测定熔点有什么意义？

5. 测定熔点时，若有下列情况将产生什么结果？

(1) 熔点管壁太厚； (2) 熔点管不洁净；
(3) 样品研得不细或装得不紧； (4) 加热太快；
(5) 样品未完全干燥或含有杂质； (6) 熔点管底部未完全封闭，尚有一针孔

附：温度计的校正

测定熔点时，熔点的读数与实际熔点之间常有一定的差距，原因是多方面的，温度计的影响是一个重要因素。温度计刻度划分有全浸式和半浸式两种，全浸式温度计的刻度是在温度计的汞线全部均匀受热的情况下刻出来的，而在测熔点时仅有部分汞线受热，因而露出来的汞线温度较全部受热者低。另外，长期使用的温度计，玻璃也有可能发生变形使刻度不准。为了校正温度计，可选用一套标准温度计与之比较，也可采用纯有机化合物的熔点作为标准校正。用后者校正时，先选择数种已知熔点的纯有机化合物（表 5-1）作标准，以实测的熔点为纵坐标，测得的熔点与标准熔点（文献值）的差值为横坐标作图，可得校正曲线。凡是用这支温度计测定的校正值便可通过曲线直接查得。零点的确定选用蒸馏水-纯冰的混

合物。

表 5-1 温度计校正标准样品的熔点

样品	熔点/℃	样品	熔点/℃
冰-水	0	苯甲酸	122.4
二苯胺	54～55	尿素	132.7
苯甲酸苄酯	71	水杨酸	159
萘	80.3	对苯二酚	170～171
间二硝基苯	89～90	马尿酸	190～191
乙酰苯胺	114.3	蒽	216.2～216.4

实验二十二 沸点的测定

【实验目的】

1. 了解沸点测定的原理和意义。
2. 掌握常量法和微量法测定沸点的方法。

【实验原理】

任何液体物质在一定温度下都具有一定的蒸气压，并随温度的升高而增大。当蒸气压与外界大气压相等时，就有大量的气泡从液体内部逸出，即液体沸腾，此时的温度称为液体的沸点。通常所说的沸点是指在 101.325kPa 下液体沸腾时的温度，例如，在 101.325kPa 下，水的沸点是 100℃；无水乙醇的沸点是 78.5℃。任何纯净的液体化合物在一定的压力下都有一定的沸点，而且它们的沸程（开始沸腾至完全沸腾的温度范围）也很小（0.5～1.0℃），当含有杂质时，则沸点会发生变化且沸程增大。所以测定沸点也是鉴定液体化合物及其纯度的一种方法。

纯净的液体化合物，在一定的压力下虽然都有一定的沸点，但具有一定沸点的液体有机化合物不一定都是纯物质。因为某些有机化合物常与其它组分形成二元或三元共沸混合物，它们也具有固定的沸点。例如，95%乙醇与 4.5%水混合，沸点为 78.15℃；83.2%乙酸乙酯、9.0%乙醇与 7.8%水混合物，沸点为 70.3℃。

【仪器和药品】

仪器：圆底烧瓶；蒸馏头；温度计；直形冷凝管；接引管；接收瓶；小烧杯；小试管；毛细管；酒精灯；温度计；水浴（或电热套）。

药品：工业酒精；沸石；丙酮。

方法一 常量法

【实验步骤】

常量法即是用常压蒸馏法测定沸点的方法。

1. 蒸馏装置安装

参考第二章化学实验基本操作（十一）中常压蒸馏（图 2-44）。

2. 蒸馏法测乙醇的沸点

往 50mL 圆底烧瓶加入 20mL 95%的乙醇和 1～2 粒沸石[1]，通入冷凝水，用水浴或电热套加热[2]。注意观察圆底烧瓶中蒸气上升情况及温度计读数的变化。当瓶内液体开始沸腾、蒸气前沿上升到温度计水银球上时，温度计读数急剧上升，蒸气进入冷凝器被冷凝为液体，流入接收瓶。记录第一滴蒸馏液从蒸馏头侧管滴下的温度 T_1，调节热源温度，控制蒸馏速度[3]（每秒 1～2 滴为宜）。待温度恒定不变时，表明前馏分已蒸净，此时应更换一个干燥的锥形瓶作接收瓶，并记录这一温度 T_2。当蒸馏到瓶中剩少量液体（1～2mL）时，记录最后温度 T_3，停止蒸馏。温度 T_2～T_3 为 95%乙醇的沸点。停止蒸馏时应先移去热源，待温度降至 40℃左右时，关闭冷却水，再拆除仪器。

方法二　微量法

【实验步骤】

将待测沸点的液体（工业酒精、丙酮）滴入小试管（或自制长约 5cm、外径 5～8cm 的试管）中，盛待测液体的试管用橡皮圈固定在温度计上（图 5-4），然后插入 b 形管浴液中。若用烧杯加热，则需要不断搅拌烧杯中的浴液，使加热均匀。当温度慢慢升高时，将会有小气泡从毛细管中经液面溢出，继续加热至接近液体沸点有一连串气泡快速溢出时停止加热，液体正要进入毛细管瞬间（注意观察最后一个气泡刚欲缩进毛细管的瞬间）时，记下温度计的读数，即为该液体的沸点[4]。每支毛细管只可用于一次测定。一个样品测定需重复 2～3 次，测得平行数据误差不得超过 1℃。

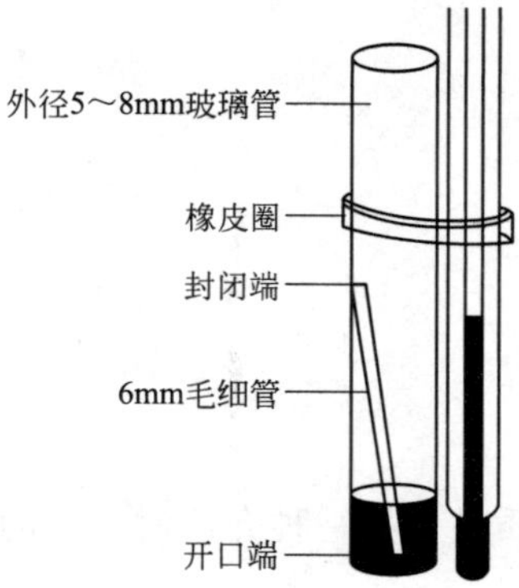

图 5-4　微量法测沸点

【注释】

[1] 在蒸馏前，常加入 1～2 粒陶瓷片或沸石作止暴剂。止暴剂受热后，能产生细小的空气泡，成为液体分子汽化的中心，防止过热及暴沸现象，使蒸馏操作顺利平稳进行。止暴剂必须在蒸馏前加入，如果开始忘了加，应将液体稍冷后再加，否则在液体已达或快达沸点时加入，将引起猛烈的暴沸，若被蒸馏物系易燃物，会引起火灾。中途停止蒸馏后，需继续蒸馏时，应补加新的止暴剂，用过的止暴剂不能重复使用。

[2] 加热时可视液体沸点的高低而选用适当的热源。沸点在 80℃以下的易燃性液体，宜用水浴或电热套加热；高沸点的液体可用电热套、沙浴或油浴加热。若用直火加热，圆底烧瓶下面要垫石棉网，而且瓶底和石棉网之间要留有适当距离，使圆底烧瓶受热均匀和受热面积增加。切勿对未被液体浸到的烧瓶壁加热，否则沸腾的液体将产生过热蒸气，使温度计读数偏高。

[3] 蒸馏的速度太快或太慢都不好，蒸馏速度太快易带出较高沸点的化合物，蒸馏出的产品纯度不够；蒸馏速度太慢，可能造成温度计水银球周围的蒸气短时间内中断，致使温度计上的读数波动，同时也浪费时间。在整个蒸馏过程中，应控制热源，使温度计的水银球上始终保持有液珠，以保持气、液两相平衡。蒸馏速度一般控制在每秒 1～2 滴为宜。

[4] 微量法的原理：在最初加热时，毛细管内存在的空气膨胀逸出管外，继续加热出现

气泡流。当加热停止时，留在毛细管内的唯一蒸气是由毛细管内的样品受热所形成。此时，若液体受热温度超过其沸点，管内蒸气压就高于外压，若液体冷却，其蒸气压下降到低于外压时，液体即被压入毛细管内。当气泡不再冒出而液体刚要进入管内（即最后一个气泡刚要回到管内）的瞬间，毛细管内压与外压正好相等，所测温度即为液体的沸点。

【思考题】

1. 蒸馏时加入沸石的作用是什么？若蒸馏进行中发现未加沸石该如何补加？用过的沸石可以回收重复使用吗？

2. 在蒸馏操作中，若把温度计水银球插在液面上或者在蒸馏烧瓶支口上方，将产生什么误差？

3. 纯粹的液体化合物在一定压力下有一定的沸点，但具有一定沸点的液体是否为纯物质？为什么？

实验二十三 折射率的测定

【实验目的】

1. 了解折射率测定的原理和意义。

2. 学习使用阿贝折光仪测定液体折射率的方法。

【实验原理】

由于光在不同介质中的传播速度不同，所以当光从一种介质进入另一种介质时，它的传播方向发生改变，这一现象称为光的折射。根据折射定律，光线自介质 A（空气）进入介质 B（液体）时，入射角 α 与折射角 β 的正弦之比等于介质 B 对介质 A 的相对折射率，即折射率 n（图 5-5）：

$$n=\frac{\sin\alpha}{\sin\beta}$$

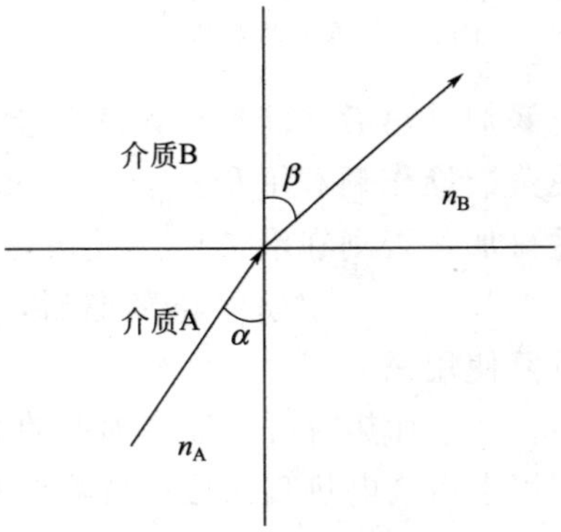

图 5-5 光的折射

由于用单色光要比白色光更能测得精确的折射率，所以测定折射率时常用钠光（$\lambda=589$nm）。物质的折射率除与它的结构有关外，还与介质的密度、温度[1]、压力以及波长等因素有关。

折射率是有机化合物最重要的物理常数，它能精确而方便地被测出来，可作为液体物质纯度的标准，亦可用于鉴定未知化合物，还可用于确定混合物的组成。在蒸馏两种或两种以上的液体混合物且当各组分的沸点彼此接近时，可利用折射率确定馏分的组成。因为当各组分的结构相似且极性小时，混合物的折射率与组分物质量之间呈线性关系。

【仪器和药品】

仪器：阿贝折光仪。

药品：无水乙醇；乙醇（95%）；氯仿；苯；擦镜纸；脱脂棉。

【实验步骤】

1. 将阿贝折光仪置于光源充足的桌面上，记录温度计所示温度。

2. 打开直角棱镜，用脱脂棉或擦镜纸蘸少量乙醇或丙酮轻轻擦洗上下镜面（不可来回擦，只可单向擦），待晾干后使用[2]。

3. 测定样品之前，需对阿贝折光仪进行校正[3]（见附注）。

4. 用滴管将待测液体（无水乙醇、95%乙醇、氯仿、苯）滴加到进光棱镜的磨砂面上2～3滴，关紧棱镜，使液体夹在两棱镜的夹缝中呈一液层，液体要充满视野，无气泡。若待测液体易挥发，则在测定过程中，需从棱镜侧面的小孔注加样液，保证样液充满棱镜夹缝。旋转手轮并在目镜视场中找到明暗分界线的位置[4]，再转动阿米西棱镜手轮使分界线不带任何色彩，微调手轮，并使明暗分界线对准十字线的中心，从读数镜筒读出折射率。每个样品重复测定三次，取平均值（表5-2)。

5. 测定完毕后，用脱脂棉或擦镜纸将棱镜表面的样品拭去，再用沾有丙酮的脱脂棉球轻轻朝一个方向擦干净（严禁用手指触及棱镜）。待溶剂挥发干后，关上棱镜。

若需测量在不同温度时的折射率[5]，将温度计旋入温度计座中，接上恒温器的通水管，把恒温器的温度调节到所需测量温度，接通循环水，待温度稳定10min后即可测量。如果温度不是标准温度，可根据下列公式计算标准温度下的折射率：

$$n_D^t = n_D^{20} - 0.00045(t-20)$$

式中，t 为测定时的温度；D为钠光灯D线波长（λ=589nm)。

表5-2　不同温度下纯水和无水乙醇的折射率

温度/℃	水的折射率 n_D^t	无水乙醇的折射率 n_D^t
14	1.3335	—
16	1.3333	1.3621
18	1.3332	1.3612
20	1.3330	1.3605
22	1.3328	1.3597
24	1.3326	1.3589
26	1.3324	1.3580
28	1.3322	1.3572
30	1.3319	1.3564
32	1.3316	1.3556
34	1.3314	1.3547

【注释】

[1] 化合物的折射率随温度的升高而降低。当温度升高1℃时，物质的折射率减少3.5×10^{-4}～5.5×10^{-4}，故常采用4×10^{-4}为温度变化常数。

[2] 阿贝折光仪的棱镜必须注意保护，不得被镊子、滴管等用具造成刻痕。不能测定强酸、强碱等有腐蚀性的液体。

[3] 用蒸馏水校正仪器的方法是：打开棱镜，滴入1～2滴蒸馏水于棱面上，关紧棱镜，转动刻度盘，使读数镜内标尺度数等于重蒸馏水的折射率，调节反光镜，使入射光进入棱镜组，从望远镜中观察，转动手轮，消除色散，使视野中的明暗分界线最清晰，再用一特制的小旋子旋转右面镜筒下方的方形螺旋，使明暗界限和“十”字交叉重合。

[4] 如果在目镜中看不到半明半暗现象，而是看到畸形现象，这是因棱镜间未充满液体所致。若出现弧形光环，则可能是有光线未经过棱镜面而直接照射在聚光透镜上。

[5] 阿贝折光仪的量程为1.3000～1.7000，精确度为±0.0001。当液体折射率不在其量程范围内时，则调不到明暗界线，该液体的折射率就不能用阿贝折光仪来测定。

【思考题】

1. 影响化合物折射率的因素有哪些？
2. 为什么液体的折射率总在1.3000～1.7000之间而不会是1？
3. 有一液体的折射率被报告为$n_D^{20}=1.24732$，这种表述是否正确？

附：阿贝折光仪的结构及仪器校正方法

测定液体化合物折射率一般使用阿贝折光仪。其构造如图5-6所示。

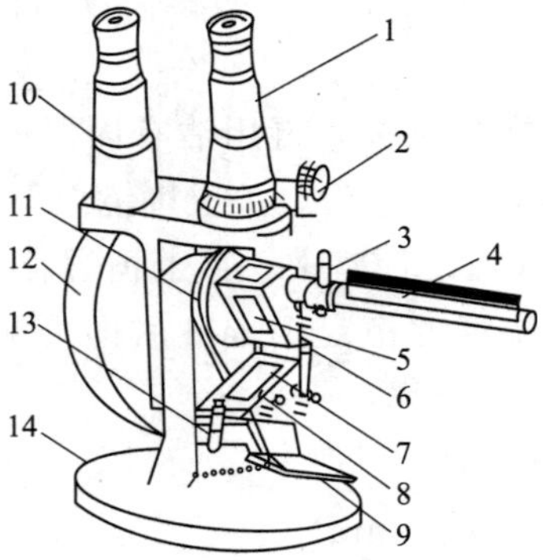

图5-6 阿贝折光仪

1—测量镜筒；2—阿米西棱镜手轮；3—恒温器镜头；4—温度计；5—测量棱镜；6—铰链；7—辅助棱镜；8—加样品孔；9—反射镜；10—读数镜筒；11—转轴；12—刻度盘罩；13—棱镜锁紧扳手；14—底座

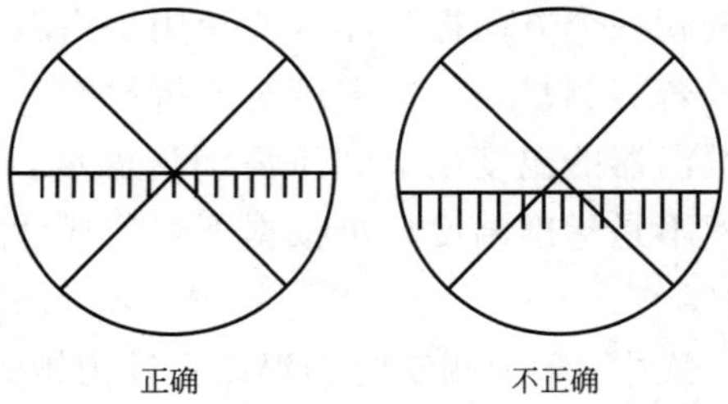

图5-7 折光仪在临界时目镜视野图

为保证测定折射率的准确性，需对折光仪刻度盘上的读数进行校正。取2～3滴纯水均匀地置于磨砂棱镜上，然后关紧棱镜，调节反射镜9，使光线射入。转动手轮，使测量棱镜5转动，在目镜中观察明暗分界线上下移动，同时转动阿米西棱镜手轮2，消除视野中色彩带，使视野中明暗分界线清晰（图5-7），当调到现场中的明暗分界线恰好处在“十”字线中心时，观察读数镜筒10视野中右边标尺所指示的刻度值，即是纯水的折射率。然后将其平均值与它的标准值（$n_D^t=1.33299$）比较。校正值一般很小，若误差太大，整个仪器应重新校正。

实验二十四 旋光度的测定

【实验目的】

1. 了解手性化合物的旋光性及其测定的原理、方法和意义。
2. 了解旋光仪的构造并掌握使用旋光仪测定物质旋光度的方法。
3. 学习比旋光度的计算。

【实验原理】

光是一种电磁波，它是依靠振动前进的，其振动方向垂直于前进方向。如果使一束光通过一个尼科尔（Nicol）棱镜，由于只有在与棱镜晶轴相平行的平面上光波才能通过棱镜，所以通过棱镜后的光只保留了在一个平面上的振动光波。这种只在一个平面上振动的光叫做平面偏振光，简称偏振光。偏振光的振动平面叫做偏振面。

偏振光在物质中传播时，有些物质如空气、水、乙醇等对偏振光没有影响，偏振光透过它们以后仍然维持原来的振动方向。另一些物质，如葡萄糖、乳酸等能使透过它们的偏振光的振动平面旋转一定的角度。

有机化合物的分子结构不对称时，它可以使通过的平面偏振光的振动平面偏转一定的角度，这种能使平面偏振光的偏振面发生旋转的性质，叫做旋光性、手性或光学活性。具有旋光性的物质称为旋光性物质、手性化合物或光学活性物质。偏振光偏振面旋转的角度叫旋光度 α。能使偏振面向右旋转（顺时针方向）叫做右旋，用（+）或（d）表示；使偏振面向左旋转（逆时针方向），叫做左旋，用（−）或（l）表示。

手性化合物的旋光度与溶液浓度、测定温度、光源波长、样品管长度等有关。因此为了比较不同物质的旋光性能，通常用比旋光度来表示物质的旋光性，比旋光度是物质特有的物理常数，其数学表达式为：

$$[\alpha]_{\lambda}^{t}=\frac{\alpha}{cl}$$

式中，t 为测定时的温度，一般为室温（20℃）；λ 为所用光源的波长，一般采用钠光（λ=589.3nm，用 D 表示）；α 为旋光仪测得的旋光度；c 为溶液浓度，$g\cdot mL^{-1}$；l 为样品管长度，dm。

手性化合物的旋光度可用旋光仪来测定。从钠光源发出的光，通过一个固定的 Nicol 棱镜（起偏镜）变成平面偏振光。平面偏振光通过装有旋光物质的盛液管时，偏振光的振动平面会向左或向右旋转一定的角度，通过另一个尼科尔棱镜（检偏镜）就可以测得旋光度 α。

旋光度的测定对于研究具有旋光性的分子构型及确定某些反应机理具有重要的作用，也可以用来判断手性化合物的纯度及其含量。

【仪器和药品】

仪器：旋光仪；样品管。

药品：4%葡萄糖；4%果糖。

【实验步骤】

1. 旋光仪接通电源，使钠光灯发光稳定（约 20min）。

2. 将样品管洗好，装上蒸馏水，确保光路中不能有气泡[1]。将装满蒸馏水的样品管擦干，放入旋光仪中，盖上旋光仪的盖子，校正至零点[2]。

3. 将装满葡萄糖或果糖溶液[3]的样品管，放入旋光仪中，测定旋光度，计算其比旋光度[4]。每个样品重复测 3 次，取平均值。

果糖和葡萄糖的物理常数如表 5-3 所示。

表 5-3 有关物质的物理常数

化合物	分子量	熔点/℃	相对密度 d_4^{20}	$[\alpha]_D^{20}$
果糖	180.16	103～105	$1.69g\cdot cm^{-3}$	−92°
葡萄糖	180.16	146～150	$1.54g\cdot cm^{-3}$	+52.7°

【注释】

［1］如果光路中有气泡，偏振光遇到气泡会发生散射，使测得的数据不准确。

［2］每次测定前应以溶剂作空白校正，测定后，再校正 1 次，以确定在测定时零点有无变动；如第 2 次校正时发现零点有变动，则应重新测定旋光度。

［3］待测液体或固体物质的溶液应不显浑浊或不含有混悬的小粒。如含有，应预先过滤。

［4］物质的比旋光度与测定光源、测定波长、溶剂、浓度和温度等因素有关。因此，表示物质的比旋度时应注明测定条件。

【思考题】

1. 为什么在样品测定前要检查旋光仪的零点？通常用来作为零点检查液的溶剂应符合哪些条件？

2. 使用旋光仪有哪些注意事项？

3. 影响旋光度测定的因素主要有哪些？

附：常见旋光仪的外形图及使用说明

一、WZZ-2A 型自动指示旋光仪

1. 使用方法

（1）将仪器电源插头插入 220V 交流电源［要求使用交流电子稳压器（1KVA）］，并将接地脚可靠接地（图 5-8）。

图 5-8　WZZ-2A 型自动指示旋光仪

（2）打开电源开关，这时钠光在交流工作状态下启辉，经 20min 钠光源灯激活后，钠光灯发光稳定。打开光源开关（若光源打开后，钠光灯熄灭，则再将光源开关上下重复打开 1～2 次，使钠光灯在直流下点亮为正常）。

（3）打开测量开关，这时数码管应有数字显示。将装有蒸馏水或其它空白溶剂的试管放入样品室，盖上箱盖，待示数稳定后，按清零按钮。试管中若有气泡，应先让气泡浮在凸颈处。通光面的两端的雾状水滴，应用软布擦干。试管螺帽不宜旋得过紧，以免产生应力，影响读数。试管安放时应注意标记的位置和方向。取出试管，将待测样品注入试管，按相同的位置和方向放入样品室内，盖好盖，仪器数显窗将显示出该样品的旋光度。注意试管应用被测试样润洗数次。

（4）逐次按复测按钮，重复读几次数，取平均值作为样品的测定结果。如样品超过测量范围，仪器在±45°范围内来回振荡。此时，取出试管，仪器即自动转回零位。此时可将试液稀释一倍再测。

（5）仪器使用完毕后，应依次关闭测量、光源、电源开关。登记使用时间和仪器状况。

2. 注意事项

（1）工作台应坚固稳定，不得有明显的冲击和震动，并不得有强烈电磁场的干扰。

（2）钠光灯有一定使用寿命，连续使用一般不超过4h，并不得在瞬间反复开关。

（3）钠光灯启辉后至少20min后发光才能稳定，测定或读数时应在钠光灯稳定后读取，测定时钠光灯应尽量使用直流电路供电。

（4）试样管两端的玻璃盖玻片应用软布或擦镜纸擦干，试样管两端的螺帽应旋至适中的位置，过紧容易产生应力损坏盖玻片，过松容易漏液。

（5）每次测定前应以溶剂作空白校正，测定后再校正一次，以确定在测定时零点有无变动；如第二次校正时发现零点有变动，则应重新测定供试品溶液的旋光度。

（6）测定零点或停点时，必须按动复测钮数次，使检偏镜分别向左或右偏离光学零位，减少仪器的机械误差，同时通过观察左右复测数次的停点，检查仪器的重复性和稳定性，必要时，也可用旋光标准石英管校正仪器的准确度。

（7）测定结束后，试样管必须洗净晾干，镜片应保持干燥清洁，防止灰尘和油污的污染。

（8）样品室内应保持干燥清洁，仪器不用期间可放置硅胶吸潮。

（9）对见光后旋光度变化大的化合物必须避光操作，对旋光度随时间发生改变的化合物必须在规定的时间内完成旋光度测定。

二、WZZ-2B型自动指示旋光仪（图5-9）

图5-9 WZZ-2B型自动指示旋光仪

1. 使用方法

（1）将仪器电源插头插入220V交流电源，要求使用交流电子稳压器（IKVA）并将接地脚可靠接地。

（2）打开电源开关，需经20min钠光灯预热，使之发光稳定。打开直流开关（若直流开关扳上后，钠光灯熄灭，则再将直流开关上下重复扳动1～2次，使钠光灯在直流下点亮为正常）。

（3）将装入蒸馏水或其它空白溶剂的试管放入样品室，盖上箱盖。按清零按钮，使示数盘显示为“0”。试管安放时应注意标记的位置和方向。

（4）取出试管。将待测样品注入试管，按相同的位置和方向放入样品室内，盖好箱盖，示数盘将转出该样品的旋光度。示数盘上示值“－”为左旋，示值“＋”为右旋。按下自测键，重复读几次数，取平均值作为样品的测定结果。

(5) 如样品超过测量范围，仪器在±45°处自动停止。同时，取出试管，按一下复位按钮开关，仪器即自动转回零位。

(6) 仪器使用完毕后，应依次关闭示数、直流电源开关。

2. 仪器维护

(1) 旋光仪应放在通风干燥和温度适宜的地方，以免受潮发霉。

(2) 旋光仪连续使用时间不宜超过 4h。如果使用时间较长，中间应关熄 10～15min，待钠光灯冷却后再继续使用，或用电风扇吹风，减少灯管受热程度，以免亮度下降和寿命降低。

(3) 试管用后要及时将溶液倒出，用蒸馏水洗涤干净，揩干放好。所有镜片均不能用手直接揩擦，应用柔软绒布揩擦。

(4) 旋光仪停用时，应将塑料套套上。装箱时，应按固定位置放入箱内并压紧。

3. 影响因素

(1) 溶剂的影响

旋光物质的旋光度主要取决于物质本身的结构。另外，还与光线透过物质的厚度，测量时所用光的波长和温度有关。如果被测物质是溶液，影响因素还包括物质的浓度，溶剂也有一定的影响。因此旋光物质的旋光度，在不同的条件下，测定结果通常不一样。

(2) 温度的影响

温度升高会使旋光管膨胀而长度加长，从而导致待测液体的密度降低。另外，温度变化还会使待测物质分子间发生缔合或解离，使旋光度发生改变。不同物质的温度系数不同，一般在－(0.01～0.04)℃之间。为此在实验测定时必须恒温，旋光管上装有恒温夹套，与超级恒温槽连接。

(3) 浓度和样品管长度对比旋光度的影响

在一定的实验条件下，常将旋光物质的旋光度与浓度视为成正比，因为将比旋光度作为常数。而旋光度和溶液浓度之间并不是严格地呈线性关系，因此严格讲比旋光度并非常数，旋光度与样品管的长度成正比。样品管通常有 10cm、20cm、22cm 三种规格。经常使用的是 10cm 长度的样品管。但对旋光能力较弱或者较稀的溶液，为提高准确度，降低读数的相对误差，需用 20cm 或 22cm 长度的样品管。

实验二十五 相对密度的测定

【实验目的】

1. 了解密度测定的意义。

2. 掌握测定液体密度的方法。

【实验原理】

密度又称质量密度，是鉴定液体化合物的重要常数。密度指单位体积内所含物质的质量，用符号 ρ 表示，即

$$\rho=\frac{m}{V}$$

密度的单位为 $g \cdot cm^{-3}$ 或 $kg \cdot m^{-3}$。

在实际工作中，使用更多的是相对密度，通常用 d_4^t 表示，其含义为20℃时某物质的质量与4℃时同体积水的质量之比（水在4℃时密度为 $1.0000g \cdot cm^{-3}$）。常见液体化合物的相对密度如表5-4所示。

表5-4　常见液体化合物的相对密度

名称	相对密度 d_4^{20}	名称	相对密度 d_4^{20}
38%盐酸	1.1886	硫酸	1.8361
乙醇(无水)	0.7893	乙醚	0.7137
65%硝酸	1.3913	丙酮	0.7899
99%醋酸	1.0524	乙酐	1.0820
50% KOH	1.5143	乙酸乙酯	0.9003
50% NaOH	1.5253	苯	0.8787
20% Na_2CO_3	1.2132	甲苯	0.8669
水	1.0000	氯仿	1.4832
甲醇	0.7914	四氯化碳	1.5940

物质的密度大小与它所处的条件（温度、压力）有关，而对于固体或液体物质，压力对密度的影响可忽略不计。

实验测定相对密度的方法主要有密度计法和密度瓶法，密度瓶法测定的结果较密度计法准确。

【仪器和药品】

仪器：密度瓶；熔点管瓶塞；恒温槽；分析天平；密度计。

药品：乙醇；乙酸乙酯。

方法一　密度瓶法

【实验步骤】

将清洁、干燥的密度瓶[1] 精确称量至±0.001g，其质量为 m。再用已知密度的液体充满密度瓶，将熔点管瓶塞稍压至适当位置（此时应注意瓶内不得有空气泡），置于恒温槽内[2]，10min后取出，将瓶中液面调至密度瓶刻度处，擦干外壁，称量得 m_1，此即为已知液体在测定温度时的质量。倒去已知液体，将瓶干燥，放入待测液体，恒温10min，用同法称其质量得 m_2，其为待测液体在测定温度时的质量。每次称量结果必须取其两次称量的平均值。用以下公式计算测定温度 t 时待测液体的相对密度。

$$d_4^t = \frac{m_2 - m_0}{m_1 - m_0}$$

方法二　密度计法

【实验步骤】

密度计[3] 是基于浮力原理，其上部细管内有刻度标签表示相对密度，下端球体内装有水银铅粒。将密度计放入液体样品中即可直接读出其相对密度，该法操作简便迅速，适用于量大且准确度要求不高的测量。

测量时，先将密度计洗净擦干，使其慢慢沉入待测样品中，再轻轻按下少许，使密度计上端也被待测液湿润，然后任其自然上升，直至静止。从水平位置观察，密度计与液面相交处的刻度值即为该样品的相对密度。同时测量样品的温度。

【注释】

[1] 密度瓶即为过去的比重瓶，规格有 $5cm^3$、$10cm^3$、$25cm^3$、$50cm^3$ 等，可根据样品量选用。

[2] 由于液体的体积与温度有关，所以必须使密度瓶在恒温槽内恒温，温度偏差允许为±0.03℃。

[3] 密度计即为过去的比重计和比轻计。测量相对密度大于1的为比重计，小于1的为比轻计，使用时要注意密度计上注明的温度。

【思考题】

1. 测量物质的相对密度有哪些方法？
2. 用密度瓶测量相对密度时为何瓶内不能有气泡？
3. 密度计和密度瓶测定相对密度的原理是否一样？

实验二十六 苯甲酸的重结晶

【实验目的】

1. 学习重结晶法提纯固体有机物的原理和方法。
2. 掌握热过滤、减压过滤等基本操作。

【实验原理】

苯甲酸一般由甲苯氧化所得，其粗品中常含有未反应的原料、中间体、催化剂、不溶性杂质和有色杂质等，因而呈棕黄色块状并带有难闻的怪气味。可以用水作溶剂用重结晶法纯化。苯甲酸在水中的溶解度见表5-5。

表5-5 苯甲酸在水中的溶解度

温度/℃	4	25	50	95
溶解度/g	0.1	0.17	0.95	6.8

重结晶的基本原理和基本操作可参考第二章化学实验基本操作（十六）中重结晶。

【仪器和药品】

仪器：烧杯；量筒；托盘天平；酒精灯；表面皿；水泵；布氏漏斗；吸滤瓶；电热板；玻璃棒；短颈玻璃漏斗；热滤漏斗；滤纸；铁架台。

药品：粗品苯甲酸；活性炭。

【实验步骤】

1. 用托盘天平称取2g苯甲酸粗品，置于200mL烧杯中，加入50mL蒸馏水，放于电热板上加热并用玻璃棒搅动，观察溶解情况。如至水沸腾仍有不溶性固体，可分批补加少量蒸馏水直至沸腾温度下全溶或基本溶解[1]。然后再补加10mL蒸馏水[2]，总用水量约为60mL。暂停对溶液加热，稍冷后加入少量活性炭[3]，搅拌使之混合均匀，再煮沸5～10min。

2. 将热滤漏斗（铜漏斗）固定在铁架台上，注入沸水，再放入短颈玻璃漏斗，短颈漏斗中放一张菊花形滤纸，并将酒精灯置于热滤漏斗支管口处加热（图5-10）。短颈漏斗有一

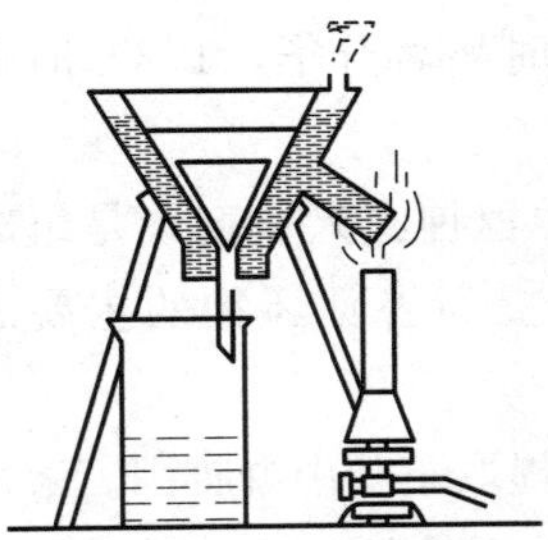

图 5-10　热过滤装置

定温度后将热溶液快速倒入漏斗中过滤，每次倒入液体不要太满，也不要等溶液全部滤完再加入，待过滤的溶液要继续用小火加热，以防冷却析晶。待所有的溶液过滤完毕后，用少量热水洗涤漏斗和滤纸。

3. 滤毕，自然冷却至室温，再用冷水冷却，以便结晶完全。用布氏漏斗减压抽滤晶体，烧杯中残留的晶体用母液洗净，并全部转入布氏漏斗中，抽干压实，使晶体和母液分离。停止抽滤，用少量冷水润湿晶体，然后抽干，如此重复 2～3 次，除去晶体表面吸附的少量母液。将晶体放入烘箱中烘干，称重，计算回收率。纯苯甲酸为无色针状晶体，熔点为 122.4℃。

$$回收率=\frac{结晶后样品质量}{粗样品质量}\times 100\%$$

【注释】

[1] 如果补加水并加热沸腾后，未溶物没有减少，则可能是不溶性杂质。

[2] 为防止热过滤时因溶剂挥发而析出晶体，溶剂用量可比沸腾时饱和溶液所需的溶剂量再过量 20%左右。

[3] 不许将活性炭加到正在沸腾的溶液中，否则将造成暴沸现象，使溶液溢出。

【思考题】

1. 简述重结晶溶剂的选择原则。
2. 为什么活性炭要在固体物质完全溶解后加入？为什么不能在溶液沸腾时加入？
3. 重结晶时，溶剂的用量为什么不能过量太多，也不能太少？
4. 简述有机化合物重结晶的步骤和各步的目的。

实验二十七　茶叶中咖啡因提取及纯度鉴定

【实验目的】

1. 通过从茶叶中提取咖啡因，掌握几种从天然产物中提取、纯化有机物的方法。
2. 学会升华的基本操作和索氏（Soxhlet）提取器的使用。

【实验原理】

咖啡因（又名咖啡碱）是一种生物碱，属于嘌呤衍生物。它广泛存在于茶、咖啡、可可等植物中，在茶叶中的含量为 1%～5%。它的化学名称是 1,3,7-三甲基-2,6-二氧嘌呤，其结构式如下：

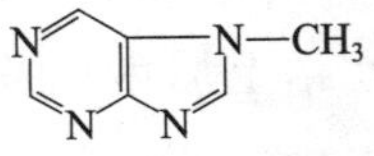

嘌呤

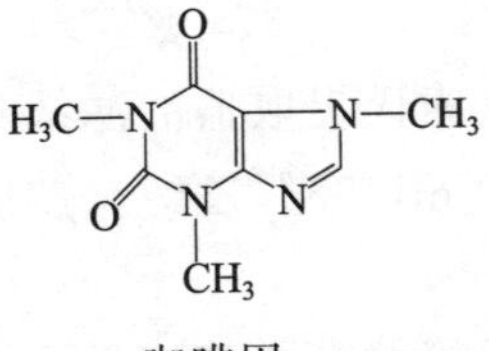

咖啡因

含结晶水的咖啡因是无色针状结晶，味苦，易溶于氯仿、二氯甲烷，可溶于水、丙酮和乙醇等溶剂中。在100℃时失去结晶水，并开始升华，升温到120℃时显著升华，178℃时迅速升华。无水咖啡因的熔点为235℃。

咖啡因具有刺激心脏、兴奋大脑神经和利尿作用。医药上作为中枢神经兴奋剂，是组成头痛镇痛药片复方阿司匹林（APC）的成分之一，也是抑制睡眠、提高警觉药物的主要成分。咖啡因可以通过测定熔点及光谱法加以鉴别。

根据咖啡因的溶解性和易升华的特点，通常采用溶剂法和升华法来提取茶叶中咖啡因。溶剂法是利用咖啡因的极性，选择合适的有机溶剂从茶叶中萃取咖啡因，然后浓缩、冷却结晶、抽滤、干燥得到咖啡因晶体，也可以用索氏提取器提取，然后浓缩，得到咖啡因晶体。升华法是将茶叶碎末于容器中直接加热到110～160℃，咖啡因升华，经冷却、收集结晶，得到纯品。

本实验给出三种提取方法，可采用分组对比法组织学生实验，然后就实验结果进行讨论，比较各种方法的产品产率、纯度及操作程序。亦可任选一种方法独立进行。

【仪器和药品】

[方法一]

仪器：圆底烧瓶；烧杯；量筒；球形冷凝管；玻璃漏斗；布氏漏斗；吸滤瓶；分液漏斗；普通蒸馏装置。

药品：茶叶；粉状碳酸钙；二氯甲烷；丙酮；石油醚（60～90℃）；脱脂棉。

[方法二]

仪器：索氏提取器；蒸发皿；水浴装置；砂锅；玻璃漏斗；量筒；温度计；普通蒸馏装置；滤纸。

药品：茶叶；生石灰；乙醇（95%）。

[方法三]

仪器：蒸发皿；玻璃漏斗；砂锅；温度计。

药品：茶叶；生石灰；脱脂棉；滤纸。

【实验步骤】

1. 提取、分离和纯化

[方法一]

（1）称取10g茶叶、10g碳酸钙混合研磨后，放入250mL的圆底烧瓶中，然后加入250mL水，摇动混合，装上回流冷凝管，加热回流20min。所得提取液趁热用玻璃漏斗（铺垫一层脱脂棉）滤入500mL烧杯中，冷至室温后，转入分液漏斗中，用50mL二氯甲烷分2次萃取，合并萃取液，用普通蒸馏法回收二氯甲烷，蒸馏瓶中的残留物即为咖啡因粗品。

（2）粗品用20mL二氯甲烷溶解后移入50mL烧杯中，在通风橱内用水浴加热蒸去二氯甲烷。在残留物中加入5mL丙酮，溶解后趁热过滤，滤液中滴加石油醚至转动溶液时有淡淡的浑浊为止。

（3）冷却后，即有结晶析出。最后用布氏漏斗抽滤，收集产品。干燥后称重，计算产率。

[方法二]

（1）称取10g茶叶放入索氏提取器的滤纸套筒[1]中，包好。再往抽提器中加入150mL 95%乙醇，圆底烧瓶加入50mL 95%乙醇，然后在水浴上加热，回流提取到提取液中颜色较浅（时间约需2.5h）。

（2）待抽提器内最后一筒的提取液虹吸下去时停止加热，稍冷，小心拆卸下冷凝管和抽提器，然后改成普通蒸馏装置，回收大部分乙醇。再把残余液趁热倒入蒸发皿中，用少量乙醇淋洗烧瓶，并入蒸发皿中。加入 4g 生石灰[2]，搅拌成糊状，然后在水蒸气浴上不断搅拌蒸干（谨防着火），擦去蒸发皿边沿粉末[3]，盖上一张刺有许多小孔且孔刺向上的滤纸，再在滤纸上罩一玻璃漏斗，用砂锅小心升温至 220℃左右[4] 升华。当滤纸上出现白色针状结晶时，停止加热。稍冷，小心取下滤纸，将附在上面的咖啡因刮下。如果残渣仍为绿色，可再次加热升华，直至变为棕色为止。合并几次升华的咖啡因，称重、计算产率。

［方法三］

将 10g 茶叶与 5g 生石灰研成粉末状，置于蒸发皿中放在 80～100℃砂锅上，小心焙炒至浅黄色，用带孔滤纸盖好蒸发皿，再用一漏斗覆盖（漏斗颈用小团棉花虚塞），常压升华装置见图 5-11。然后慢慢升温，控制砂浴温度在 200～220℃。茶叶中咖啡因升华至滤纸上结晶，然后收集（必要时可反复升化三次）。称重、计算产率。

图 5-11　常压升华装置

2. 产品的检验

（1）测定熔点。纯咖啡因为白色针状结晶体，熔点 234.5℃。

（2）测定红外光谱。

【注释】

［1］滤纸套大小既要紧贴器壁，又能方便取放，其高度不能超过虹吸管，用滤纸包茶叶时要严谨，防止漏出堵塞虹吸管。纸套上面折成凹形，以保证回流液均匀浸润被萃取物。

［2］生石灰起吸水及中和有机酸作用。

［3］避免升华时污染产品。

［4］升华操作在此实验中为最关键的一步，指示升华温度的温度计一定要放在合适的位置，使温度计正确反映出升华的温度。升华用的蒸发皿容积不要太大。

【思考题】

1. 方法一用到的碳酸钙，方法二和方法三用到的生石灰，它们各起什么作用？
2. 升华装置中，为什么要在蒸发皿上覆盖刺有小孔的滤纸？漏斗颈为什么要塞上棉花？
3. 升华过程中，为什么必须除尽茶叶中水分？为什么必须严格控制温度？

实验二十八　油料作物中粗油脂的提取

【实验目的】

1. 了解油脂提取的原理和意义。
2. 掌握用索氏提取器提取油脂的操作方法。

【实验原理】

油脂是高级脂肪酸甘油酯的混合物，种类繁多，均可溶于乙醚、苯、石油醚等脂溶性有机溶剂，常采用有机溶剂连续萃取法从油料作物中萃取得到。萃取的基本原理和基本操作可参考第二章化学实验基本操作（十五）。

本实验以烘干粉碎的花生粒为原料，以沸程为 60～90℃的石油醚为溶剂，在索氏提取器中进行油脂的连续提取，然后蒸馏回收溶剂即得花生油粗脂，粗油脂中含有一些脂溶性色素、游离脂肪酸、磷脂、胆固醇及蜡等杂质。

【仪器和药品】

仪器：索氏提取器；圆底烧瓶；电热套；滤纸；托盘天平；蒸馏装置。

药品：花生仁；石油醚；沸石。

【实验步骤】

1. 称取 5g 花生粒（提前烘干并粉碎[1]）装入滤纸筒内封好，放入索氏提取器的抽提筒内[2]。向干燥洁净的已提前称重的烧瓶内加入 60mL 石油醚和 1～2 粒沸石，连好装置（图 5-12）。接通冷凝水，用电热套加热，回流提取 1.5～2h 或虹吸 4 次，控制回流速率为每秒 2～3 滴[3]。当最后一次提取器中的石油醚虹吸到烧瓶时，停止加热。

2. 冷却后，将提取装置改成蒸馏装置，用电热套[4] 加热蒸馏回收石油醚[5]。待温度计读数明显下降时，停止加热，烧瓶内所剩的浓缩物为粗油脂。待烧瓶冷却后，用托盘天平称重，烧瓶增加的质量减去沸石的质量即为粗油脂的质量，计算粗油脂的提取率。花生油为淡黄色透明液体。

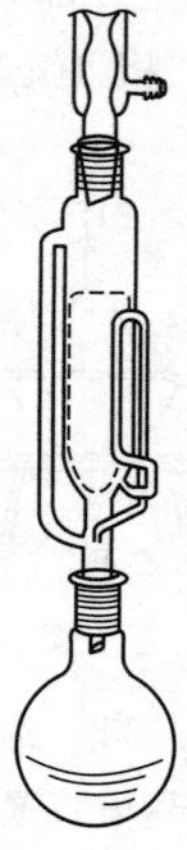

图 5-12 索氏提取装置

【注释】

[1] 花生粒研磨得越细，提取速率越快。但太细的花生粒会从滤纸缝中漏出，堵塞虹吸管或随石油醚流入烧瓶中。

[2] 滤纸筒的直径要略小于提取器的内径，其高度要超过虹吸管，但样品高度不得高于虹吸管的高度。

[3] 回流速率不能过快，否则冷凝管中冷凝的石油醚没有充分浸提花生油就发生虹吸。

[4] 本实验加热仪器不能使用酒精灯。

[5] 蒸馏时加热温度不能太高，否则油脂容易焦化。

【思考题】

1. 索氏提取器由哪几部分组成？试述索氏提取器的萃取原理。它和一般的浸泡萃取比较有哪些优点？

2. 若用乙醚、氯仿、己烷、苯等溶剂分别萃取水溶液，它们将在上层还是下层？

3. 提取时为什么不能用火焰直接加热？如果直接加热，可能会产生什么后果？

4. 本实验采取哪些措施以提高花生油的出油率？

实验二十九 从橙皮中提取柠檬烯

【实验目的】

1. 掌握水蒸气蒸馏的原理、应用及实验操作。

2. 了解从天然产物中提取挥发油的一般原理和方法。

【实验原理】

工业上常用水蒸气蒸馏的方法从植物中获取挥发性成分。这些挥发性成分的混合物统称

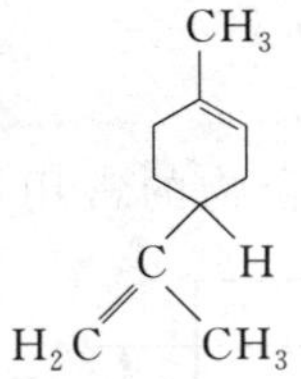
柠檬烯

为精油，大都具有令人愉快的香味。从柠檬、橙子和柚子等水果的果皮中提取的精油90%以上是柠檬烯。

柠檬烯是一种单萜，分子中有一个手性中心。其 *S*-(−)-异构体存在于松针油、薄荷油中；*R*-(+)-异构体存在于柠檬油、橙皮油中；外消旋体存在于香茅油中。本实验是先采用水蒸气蒸馏法把柠檬烯从橙皮中提取出来，再用二氯甲烷萃取，蒸去二氯甲烷以获取精油，然后测定其折射率和比旋光度。

【仪器和药品】

仪器：水蒸气蒸馏装置；分液漏斗；圆底烧瓶。

药品：橙子皮；二氯甲烷；无水硫酸钠。

【实验步骤】

1. 将2～3个（约60g）橙子皮[1] 剪成细碎的碎片，投入250mL长颈烧瓶中，加入约30mL水，可参考第二章化学实验基本操作安装水蒸气蒸馏装置（图2-50）。

2. 打开螺旋夹，加热水蒸气发生器至水沸腾，T形管的支管口有大量水蒸气冒出时夹紧螺旋夹，打开冷凝水，水蒸气蒸馏即开始进行，可观察到在馏出液的水面上有一层很薄的油层[2]。当馏出液收集60～70mL时，打开螺旋夹，然后停止加热。

3. 将馏出液加入分液漏斗中，每次用10mL二氯甲烷萃取3次，合并萃取液，置于干燥的50mL锥形瓶中，加入适量无水硫酸钠干燥0.5h以上。

4. 将干燥好的溶液滤入50mL蒸馏瓶中，用水浴加热蒸馏。当二氯甲烷基本蒸完后再减压蒸馏以除去残留的二氯甲烷[3]。最后瓶中留下少量橙黄色液体即为橙油，主要成分为柠檬烯。测定橙油的折射率和比旋光度[4]。

纯粹的柠檬烯的沸点：176℃；n_D^{20}：1.4727；$[\alpha]_\lambda^t$：+125.6°。

【注释】

[1] 橙皮最好是新鲜的，如果没有，干的亦可，但效果会稍微差些。

[2] 蒸馏过程中如发现水从安全管顶端喷出或出现倒吸现象，说明系统内压力过大，应立即打开T形管的螺旋夹，停止加热，待排除故障后，方可继续蒸馏。

[3] 也可以用旋转蒸发仪直接减压蒸馏。

[4] 测定比旋光度可将几组所得柠檬烯合并起来，用95%乙醇配成5%溶液进行测定。

【思考题】

1. 安全管为什么不能抵住水蒸气发生器的底部？

2. 苯甲醛（沸点178.1℃）进行水蒸气蒸馏时，在97.9℃沸腾，这时 $p(H_2O)$ = 93.8kPa，p(苯甲醛)=7.5kPa，请计算馏出液中苯甲醛的含量。结果说明了什么？

3. 水蒸气蒸馏法分离和提纯的化合物应具备哪些条件？

实验三十 纸色谱分离氨基酸

【实验目的】

1. 掌握纸色谱分离氨基酸的原理。

2. 掌握纸色谱的操作技术。

【实验原理】

纸色谱法（paper chromatography）是生物化学上分离、鉴定氨基酸混合物的常用技术，可用于蛋白质的氨基酸成分的定性鉴定和定量测定；也是定性或定量测定多肽、核酸碱基、糖、有机酸、维生素、抗生素等物质的一种分离分析工具。

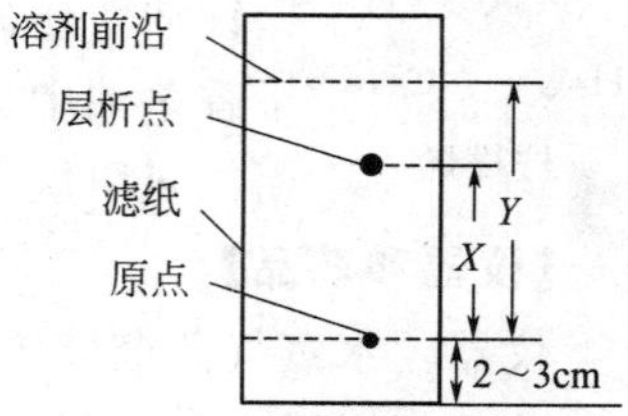

图 5-13　纸色谱展开图

纸色谱法是用滤纸作为惰性支持物的分配层析法，其中滤纸纤维素上吸附的水是固定相，展开剂用的有机溶剂是流动相。实验时，将样品点在距滤纸一端 2～3cm 的某一处，该点称为原点；然后在密闭容器中展开剂沿滤纸的一个方向进行展开，这样混合氨基酸在两相中不断分配，由于分配系数不同，不同氨基酸分布在滤纸的不同位置上（图 5-13）。物质被分离后在纸色谱图谱上的位置可用比移值（rate of flow，R_f）来表示。

所谓 R_f，是指在纸色谱中，从原点至氨基酸停留点（又称为层析点）中心的距离（X）与原点至溶剂前沿的距离（Y）的比值：

$$R_f=\frac{\text{原点至层析点的距离}}{\text{原点至溶剂前沿的距离}}=\frac{X}{Y}$$

在一定条件下某种物质的 R_f 值是常数。R_f 值的大小与物质的结构、性质、溶剂系统、温度、湿度、层析滤纸的型号和质量等因素有关。

【仪器和药品】

仪器：层析缸；量筒；点样毛细管；喷雾器；吹风机（或烘箱）；层析滤纸；直尺；铅笔；塑料胶带。

药品：正丁醇；乙酸；0.5%赖氨酸；0.5%丙氨酸；0.5%异亮氨酸；混合液（0.5%赖氨酸+0.5%丙氨酸+0.5%异亮氨酸）；0.1%水合茚三酮溶液。

【实验步骤】

1. 取层析滤纸[1]（长 22cm，宽 14cm）一张，在纸的一端距边缘 2～3cm 处用铅笔画一条直线，在此直线上每间隔 3cm 做一记号。

2. 用毛细管将各氨基酸样品分别点在 4 个位置上[2]，晾干后重复点样 2～3 次。每点在纸上扩散的直径最大不超过 5mm[3]。

3. 将滤纸直立于盛有约 1cm 深的展开剂的层析缸中[4]，（点样的一端在下，扩展剂的液面需低于点样线 1cm）。待溶剂上升 15～20cm 时即取出滤纸，用铅笔描出溶剂前沿界线，自然干燥或用吹风机热风吹干。

4. 用喷雾器均匀喷上 0.1%水合茚三酮溶液[5]，然后自然干燥或用吹风机吹干即可显出各层析斑点。

计算各种氨基酸的 R_f 值并判断混合样品中都有哪些氨基酸，将自己的实验结果贴在实验报告上。

【注释】

[1] 在层析纸制作、点样、显色、吹干及 R_f 值测定等操作过程中，手只能拿在最上端，以防被手沾污。

[2] 吸样后的毛细管要垂直落在层析纸点样处，样点大小要基本一致。

[3] 点样点的直径不能大于 0.5cm，否则分离效果不好，并且样品用量大会造成“拖

尾”现象。

[4] 样点不要浸在展开剂中。

[5] 喷显色剂时，使层析纸湿润即可，切勿流淌，并迅速吹干。

【思考题】

1. 纸色谱法的原理是什么？

2. 何谓 R_f 值？影响 R_f 值的主要因素是什么？

3. 层析纸上的样品斑点浸在展开剂中是否可以？为什么？

4. 悬挂层析纸为什么不能接触层析缸壁？

实验三十一 偶氮苯和邻硝基苯胺的柱色谱分离

【实验目的】

1. 了解柱色谱分离有机物的原理、吸附剂的选择和溶剂的选择。

2. 掌握柱色谱分离有机物的操作步骤。

3. 进一步理解色谱法分离、提纯有机化合物的基本原理。

【实验原理】

色谱法是分离、纯化、鉴定有机化合物的重要方法，也可以检测反应进展情况。其原理是利用混合物中各组分在某一物质（如硅胶）中的吸附、溶解性能（分配）的不同，或亲和能力的差异，使得混合溶液流经此物质的过程中，经过反复的吸附或分配等作用，从而将各组分分开。故色谱法可分为吸附色谱、分配色谱、离子交换色谱、排阻色谱；也可根据操作不同分为薄层色谱、柱色谱、纸色谱、气相色谱、高压液相色谱等，柱色谱实验的分离原理及操作要点见第二章化学实验基本操作（十七）。

本实验以中性氧化铝为吸附剂，以石油醚：乙酸乙酯（体积比 20：1）为洗脱剂。由于在被分离的偶氮苯和邻硝基苯胺两者中，吸附剂对前者的吸附较弱，所以在淋洗过程中，偶氮苯首先被洗脱，而邻硝基苯胺的洗脱，就需用极性稍大的乙醇（或氯仿）作为洗脱剂。

【仪器和药品】

仪器：色谱柱（直径 2cm，长 30cm）；50mL 锥形瓶；滴管；蒸发皿；玻璃漏斗。

药品：中性氧化铝；石油醚；乙酸乙酯；石英砂；偶氮苯；邻硝基苯胺；对硝基苯胺。

【实验步骤】

1. 在色谱柱[1] 的底部用脱脂棉轻轻塞紧，关闭活塞，从柱顶加入石油醚至柱高的 3/4 处。打开活塞，控制流速为每秒 1 滴。然后自柱顶用玻璃漏斗加入中性氧化铝约 10g（或用石油醚将中性氧化铝调成浆状物，直接倒入色谱柱），边加边轻轻敲打色谱柱，使填装紧密而均匀[2]，最后在中性氧化铝顶部加入一层石英砂[3]。

2. 当石油醚的液面恰好降至中性氧化铝上端的表面上时[4]，立即用滴管沿柱壁加入约 3mL 邻硝基苯胺和对硝基苯胺混合液[5,6]。当溶液液面降至中性氧化铝上端表面时，用滴管滴入石油醚洗去沾附在柱壁上的混合物。直至所有分离物至中性氧化铝内。

3. 然后用石油醚：乙酸乙酯（体积比 20：1）淋洗，控制滴加速度，直至观察到色层带的形成和分离。当黄色偶氮苯色层带到达柱底时，立即更换另一接收器，收集全部此色层带。然后改用乙醇[7]为洗脱剂，并收集淡黄色对硝基苯胺色层带。用薄层色谱（石油醚：乙酸乙酯＝20：1）检验收集的各色带是否为纯化合物并计算偶氮苯及邻硝基苯胺的 R_f 值。

4. 将上述含有偶氮苯和邻硝基苯胺的溶液分别蒸除洗脱剂，并将固体转移至蒸发皿中，烘干得固体结晶产物，干燥后测熔点。

偶氮苯熔点：67～68℃，邻硝基苯胺熔点：71～71.5℃。

【注释】

[1] 色谱柱的大小，取决于被分离物的量和吸附性。一般的规格柱的直径为其长度的1/10至1/4。实验室中常用的色谱柱，其直径在0.5cm至10cm之间。当吸附物的色带占吸附剂高度的1/10～1/4时，此色谱柱已经可用于色谱分离了。

[2] 色谱柱填装紧密与否，对分离效果很有影响。若柱中留有气泡或各部分松紧不匀（或有断层）时，会影响渗滤速度和显色的均匀。

[3] 加入石英砂的目的，是使加料时不致把吸附剂冲起，影响分离效果。若无石英砂，也可用玻璃毛或剪成比柱子内径略小的滤纸压在吸附剂上面。

[4] 为了保持柱子的均一性，使整个吸附剂浸泡在溶剂或溶液中是必要的，否则当柱中溶剂或溶液流干时，就会使柱身干裂，影响渗滤和显色的均一性。

[5] 最好用移液管或滴管将被分离溶液转移至柱中。

[6] 此溶液由0.55g对硝基苯胺和0.7g邻硝基苯胺溶于3mL石油醚中配成。

[7] 这里若改用极性稍强的甲醇，则洗脱速度可快些。有时为了洗脱分离极性相近的化合物，需按不同比例配制极性不同的混合溶剂作洗脱剂。

【思考题】

1. 为什么极性大的组分要用极性较大的溶剂洗脱？

2. 在中性氧化铝柱子上，若分离下列两组混合物，组分中哪一个在柱的上端？

① 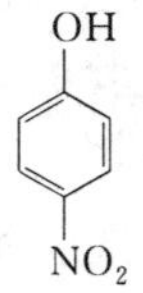 和 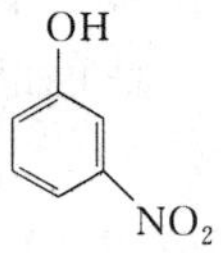　② 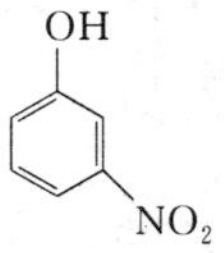 和 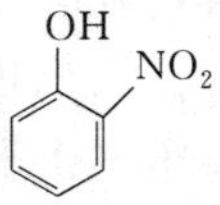

3. 柱子中若留有空气或填装不匀，会怎样影响分离效果？如何避免？

4. 本实验分离两个化合物的依据是什么？

实验三十二 环己烯的制备

【实验目的】

1. 学习酸催化下由环己醇脱水制备环己烯的原理和方法，加深对消除反应的理解。

2. 初步掌握分馏技术。

3. 巩固蒸馏、液态有机物的洗涤与干燥、分液漏斗的使用等技术。

【实验原理】

醇在催化剂作用下加热，发生1,2-消除反应脱水生成烯。本实验用环己醇在浓硫酸

（或磷酸）作脱水剂情况下脱去一分子水生成环己烯：

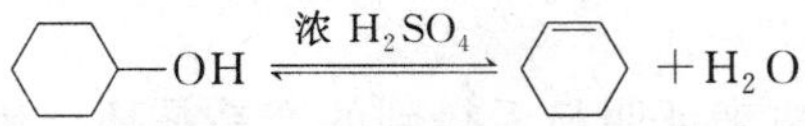

由于整个反应是可逆的，为了提高反应的产率，必须及时地把生成的烯烃蒸出，还可避免烯烃的聚合和醇分子间的脱水等副反应的产生。由于反应物和产物的沸点相差不大，不能用蒸馏的方法进行分离，需要利用分馏进行分离，提高反应产率。分馏的基本原理和基本操作可参考第二章化学实验基本操作（十三）。

【仪器和药品】

仪器：圆底烧瓶；分馏柱；冷凝管；温度计；接引管；接收瓶；冷水槽；分液漏斗；锥形瓶；蒸馏头；电热套；量筒。

药品：环己醇；浓硫酸；无水氯化钙；沸石；饱和氯化钠溶液。

【实验步骤】

1. 将10mL（9.6g）环己醇[1] 置于干燥圆底烧瓶中，加入1mL浓硫酸[2] 和几粒沸石，充分振荡使混合均匀[3]，安装好分馏装置，用小锥形瓶作为接收瓶，置于冰水浴中。

2. 将烧瓶在石棉网上用小火缓慢加热至沸[4]。由于环己醇可与产物环己烯形成共沸物（含环己醇30.5%，沸点64.9℃），且环己烯可与水形成共沸物（含水10%，沸点70.8℃），因此控制加热速度使分馏柱上端的温度不超过73℃，馏出液为带水的混合物。当烧瓶中只剩下很少量的残渣并出现阵阵白雾时，即可停止蒸馏。全部蒸馏时间约1h。

3. 将馏出液转移至分液漏斗，加入5mL饱和氯化钠溶液[5]，充分振荡后静置分层。将下层水溶液自漏斗下端活塞放出、上层的粗产物自漏斗上口倒入干燥的小锥形瓶中，加入1～2g无水氯化钙干燥[6]。

4. 待粗产品变澄清透明（约0.5h，时时摇荡）后，滤去氯化钙，将产品移至干燥的蒸馏烧瓶中[7]，装好蒸馏装置（装置要求事先干燥），加入1～2粒沸石后用水浴加热蒸馏，收集81～85℃的馏分，称量并计算产率。若在80℃以下有较多馏分，蒸出产物浑浊，说明干燥不够完全，应重新干燥后再进行蒸馏。

环己烯为无色液体，沸点：83℃，d_4^{20}：0.8012，n_D^{20}：1.4465。

【注释】

[1] 环己醇在常温下是黏稠状液体，应注意转移中的损失，且环己醇有毒，不要吸入其蒸气或触及皮肤。

[2] 脱水剂可以用浓磷酸或浓硫酸。浓磷酸的用量必须在浓硫酸的一倍以上，但它却比浓硫酸有明显的优点：一是不产生炭渣；二是不产生难闻气味。

[3] 环己醇与浓硫酸应充分混合，否则在加热过程中可能会局部炭化。

[4] 最好用空气浴，使蒸馏受热均匀。加热温度不宜过高，速度不宜过快，以减少未反应的环己醇蒸出。

[5] 加入NaCl饱和溶液的目的是减少产物在水中的溶解度，达到更好的分离目的。

[6] 水层应尽可能分离完全，否则将增加无水氯化钙的用量，使产物被干燥剂吸收而造成损失，这里用无水氯化钙比较合适，因为它还可以除去少量的环己醇。

[7] 在蒸馏已干燥的产物时，蒸馏所用仪器都应充分干燥。

【思考题】

1. 在环己烯制备实验中，为什么要控制分馏柱顶温度不超过73℃？

2. 为什么蒸馏粗环己烯的装置要完全干燥？

3. 分馏的原理是什么？

4. 如何用简单的化学方法来证明最后得到的产品是环己烯？

实验三十三 正溴丁烷的制备

【实验目的】

1. 了解以正丁醇、溴化钠和浓硫酸为原料制备正溴丁烷的基本原理和方法。

2. 掌握带有害气体吸收装置的加热回流操作。

3. 进一步熟悉巩固洗涤、干燥和蒸馏操作。

【实验原理】

醇和氢溴酸在硫酸催化下发生亲核取代反应生成溴代烃。

制备正溴丁烷时，首先用 NaBr 和浓 H_2SO_4 反应得到氢溴酸，然后氢溴酸和正丁醇作用制备正溴丁烷。由于浓 H_2SO_4 的存在会使醇脱水生成副产物烯烃和醚。

主反应：

$$NaBr + H_2SO_4 \longrightarrow HBr + NaHSO_4$$

$$CH_3CH_2CH_2CH_2OH + HBr \xrightarrow{\triangle} CH_3CH_2CH_2CH_2Br + H_2O$$

副反应：

$$CH_3CH_2CH_2CH_2OH \xrightarrow[\triangle]{H_2SO_4} CH_3CH_2CH{=}CH_2 + CH_3CH_2CH_2CH_2OCH_2CH_2CH_2CH_3$$

$$2HBr + H_2SO_4 \longrightarrow Br_2 + SO_2 + 2H_2O$$

反应结束后，正溴丁烷、1-丁烯、正丁醚以及未反应的原料正丁醇这些低沸点化合物可以用蒸馏的方法蒸馏出来，浓硫酸等高沸点杂质就留在烧瓶中。蒸馏出来的正溴丁烷、1-丁烯、正丁醚以及未反应的原料正丁醇，除产物正溴丁烷以外，其它三种可能的副产品都可以溶于浓硫酸而除去。

【仪器和药品】

仪器：100mL 圆底烧瓶；直形冷凝管；电热套；橡皮管；尾接管；500mL 烧杯；锥形瓶；托盘天平；温度计套管；漏斗；蒸馏头；200℃温度计；分液漏斗；10mL 量筒；20mL 量筒。

药品：正丁醇；溴化钠；浓硫酸；10%碳酸钠溶液；饱和碳酸氢钠溶液；无水氯化钙。

【实验步骤】

1. 在 100mL 的圆底烧瓶中加入 10mL H_2O，边搅拌边加入 12mL 浓硫酸。冷却后，加入 9.2mL（0.1mol）正丁醇和 13g NaBr（0.126mol）混合均匀后[1]，安装带有尾气吸收的回流装置，操作要点见第二章化学实验基本操作（图 2-54）。

2. 用电热套开始加热[2]，使反应温度维持在回流速度为每秒 2～3 滴，回流 30min。

3. 回流结束冷却后，将回流装置改为蒸馏装置，控制馏出速度为每秒 1～2 滴，得粗正溴丁烷[3]。

4. 将粗正溴丁烷移至分液漏斗中，加入 10mL 水洗涤（产物在下层），静置分层后，弃去上层液体。将产物转入分液漏斗中，用 5mL 浓硫酸洗涤[4]，尽量分去硫酸层（下层）。有机相依次用 10mL 水（除硫酸）、10mL 饱和碳酸氢钠溶液（中和未除尽的硫酸）和 10mL 水（除残留的碳酸氢钠）洗涤后，转入干燥的锥形瓶中，加入 1～2g 的无水氯化钙干燥，间歇摇动锥形瓶，直到液体清亮为止。将正溴丁烷小心倾倒入量筒，量出体积并计算产率。

正溴丁烷及其反应相关副产物的物理常数见表 5-6。

表 5-6　有关物质的物理常数

化合物	分子量	熔点/℃	沸点/℃	相对密度 d_4^{20}	折射率 n_D^{20}
正丁醇	74.12	−89.8	118.0	0.810	1.3991
正溴丁烷	137.03	−112.4	101.6	1.275	1.4396
1-丁烯	56.10	−185.4	−6.3	0.5946	1.3777
正丁醚	130.22	−97.9	142.4	0.773	1.3992

【注释】

[1] 加料顺序不能调整，加浓硫酸时一定要分批加，且要摇匀。

[2] 开始加热不要过猛，否则回流时反应液的颜色很快变成橙色或橙红色。应小火加热至沸，并始终保持微沸状态。

[3] 正溴丁烷是否蒸完，可以从以下几个方面判断：

(1) 馏出液是否由浑浊变为澄清；

(2) 反应瓶上层油层是否消失；

(3) 取一试管收集几滴溜出液，加水振摇，观察有无油珠出现。

[4] 浓硫酸洗涤除去粗产物中少量未反应的正丁醇及副产物正丁醚、1-丁烯。

【思考题】

1. 加料时，先使溴化钠与浓硫酸混合，然后加正丁醇及水，可以吗？为什么？

2. 反应后的产物可能含哪些杂质？各步洗涤的目的何在？用浓硫酸洗涤时为何要用干燥的分液漏斗？

3. 用分液漏斗洗涤产物时，正溴丁烷时而在上层时而在下层。你用什么简便的方法加以判断？

4. 反应装置中采取哪些措施避免 HBr 逸出而污染环境？

5. 为什么用分液漏斗洗涤产物时摇动后要放气，应从哪里放气？

实验三十四　正丁醚的制备

【实验目的】

1. 掌握醇分子间脱水制备醚的反应原理和实验方法。

2. 学习使用分水器的实验操作。

【实验原理】

醇分子间脱水生成醚是制备简单醚的常用方法。

用浓硫酸作为催化剂，在不同温度下正丁醇和浓硫酸作用生成的产物会有不同，主要是正丁醚或1-丁烯，因此反应需严格控制温度。

主反应：

$$CH_3CH_2CH_2CH_2OH \xrightarrow[140℃]{H_2SO_4} CH_3CH_2CH_2CH_2OCH_2CH_2CH_2CH_3 + H_2O$$

副反应：

$$CH_3CH_2CH_2CH_2OH \xrightarrow[170℃]{H_2SO_4} CH_3CH_2CH{=}CH_2 + H_2O$$

【仪器和药品】

仪器：100mL圆底烧瓶；直形冷凝管；电热套；橡皮管；尾接管；分水器；100mL烧杯；托盘天平；温度计套管；漏斗；蒸馏头；温度计（200℃，1支）；分液漏斗；10mL量筒；20mL量筒；锥形瓶。

药品：正丁醇；浓硫酸；10%碳酸钠溶液；5%氢氧化钠；饱和氯化钙溶液；无水氯化钙；沸石；饱和食盐水。

【实验步骤】

1. 在100mL圆底烧瓶中加入15.6mL（0.17mol）正丁醇，边摇边加2.5mL浓硫酸[1]，混匀后，加入沸石，安装回流装置，先在分水器内放置比分水器体积少2mL的水[2]。

2. 用电热套开始加热，使反应温度维持在回流速度为每秒2～3滴，反应中产生的水经冷凝后收集在分水器的下层，上层有机相积至分水器支管时，即可返回烧瓶。充满时停止反应[3]。

3. 将回流装置改成蒸馏装置，再加1～2粒沸石，蒸馏至无馏出物为止。

4. 将馏出液倒入盛有20mL水的分液漏斗中，充分振摇，静置弃去下层水溶液。上层粗产物依次用10mL水、10mL 5% NaOH[4]、10mL水和10mL饱和氯化钙溶液洗涤[5]。将粗产物自漏斗上口倒入洁净干燥的小锥形瓶中，然后用1～2g无水氯化钙干燥，将正丁醚小心倾倒入量筒，量出体积并计算产率。

反应产物正丁醚及相关物质的物理常数见表5-7。

表5-7 有关物质的物理常数

化合物	分子量	熔点/℃	沸点/℃	相对密度 d_4^{20}	折射率 n_D^{20}
正丁醇	74.12	−88.9	118.0	0.8109	1.3993
正丁醚	130.23	−97.9	142.2	0.7689	1.3992

【注释】

[1] 投料时需充分摇动，否则硫酸局部过浓，加热后易使反应溶液变黑。

[2] 本实验根据理论计算失水体积为1.5mL，故分水器放满水后先放掉约2mL水。

[3] 制备正丁醚的适宜温度是130～140℃，但开始回流时，这个温度很难达到，因为正丁醚可与水形成共沸物（含水33.4%，沸点94.1℃）；另外，正丁醚与水及正丁醇形成三元共沸物（含水29.9%，正丁醇34.6%，沸点90.6℃），正丁醇也可与水形成共沸物（含水44.5%，沸点93℃），故在100～115℃之间反应30min之后可达到130℃以上。

[4] 在碱洗过程中，不宜剧烈地摇动分液漏斗，否则严重乳化，难以分层。

[5] 正丁醇溶在饱和氯化钙溶液中，而正丁醚微溶。

【思考题】

1. 能否用本实验方法由乙醇和 2-丁醇制备乙基仲丁基醚？为什么？
2. 使用分水器的目的是什么？
3. 制备正丁醚时，试计算理论上应分出多少体积的水？实际上往往超过理论值，为什么？

实验三十五　苯乙酮的制备

【实验目的】

1. 学习 Fridel-Crafts 酰化法制备芳香酮的原理和方法。
2. 掌握带干燥管和气体吸收的回流装置。
3. 进一步巩固常压蒸馏和滴液漏斗的使用。

【实验原理】

苯和酰基化试剂在路易斯酸的催化下发生 Fridel-Crafts 反应生成芳香酮。

反应方程式为：

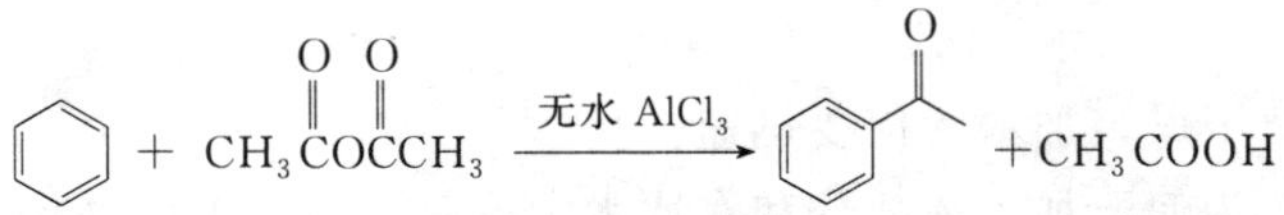

路易斯酸都可以催化此类反应，常见的路易斯酸有 $FeCl_3$、$SnCl_4$、BF_3、$ZnCl_2$、$AlCl_3$ 等，其中以无水 $AlCl_3$ 效果最佳。常见的酰基化试剂主要是酰氯和酸酐，酰氯的反应活性大于酸酐，但由于反应中会产生 HCl 气体，而酸酐反应时产生的羧酸不会以气体的形式逸出，对环境和实验者都是安全的，所以一般选用酸酐作为酰基化试剂。

不同类型酰基化试剂需要的路易斯酸的量也不相同，这是因为路易斯酸在作催化剂时会和酰氯或酸酐中的酰基氧发生络合，导致用酰氯作酰基化试剂时，催化剂加入的量是酰氯量的一倍多，而用酸酐作酰基化试剂时则为两倍多，才能达到较好的催化效果。

【仪器和药品】

仪器：100mL 三口瓶；直形冷凝管；空气冷凝管；恒压滴液漏斗；电热套；橡皮管；尾接管；锥形瓶；托盘天平；10mL 量筒；圆底烧瓶；干燥管；漏斗。

药品：乙酸酐；无水苯；无水三氯化铝；浓盐酸；5%氢氧化钠溶液；无水氯化钙；苯；无水硫酸镁。

【实验步骤】

1. 在 100mL 三口瓶中，安装带有干燥及气体吸收的反应装置，操作要点见第二章化学实验基本操作（图 2-54）[1]。干燥管中用无水氯化钙作为干燥剂，用氢氧化钠水溶液吸收反应中产生少量的 HCl 气体。

2. 迅速称取 13g 经研细的无水 $AlCl_3$ 放入三口瓶中[2]，再加入 16mL 无水苯，塞住另一瓶口。自恒压滴液漏斗慢慢滴加 4mL 乙酸酐，控制滴加速度勿使反应过于激烈，以三口瓶稍热为宜[3]。边滴加边摇荡三口瓶，10～15min 滴加完毕。沸水浴上回流 15～20min，直至不再有 HCl 气体逸出为止。

3. 将反应物冷至室温，在搅拌下倒入盛有 18mL 浓盐酸和 35g 碎冰的烧杯中进行分解（在通风橱中进行）。当固体完全溶解后，将混合物转入分液漏斗，分出有机层，水层每次用 8mL 苯萃取两次，合并有机层和苯萃取液，依次用等体积 5%氢氧化钠溶液和水洗涤一次，用无水硫酸镁干燥。

4. 干燥后的产物加入 50mL 的圆底烧瓶中，水浴或电热套小火加热蒸去残留的苯。当温度上升至 140℃左右时，停止加热，稍冷却后将直形冷凝管改换为空气冷凝管，收集 195～202℃馏分，称重，产量约 4g。

反应产物苯乙酮及相关物质的物理常数见表 5-8。

表 5-8　有关物质的物理常数

化合物	分子量	熔点/℃	沸点/℃	相对密度 d_4^{20}	溶解性
苯	78.11	5.5	80.1	0.8786	不溶
乙酸酐	102.09	−73.1	139.55	1.0820	微溶
苯乙酮	120.15	20.5	202	1.5318	不溶

【注释】

[1] 注意正确安装 HCl 气体吸收装置，防止倒吸。

[2] 所用仪器和试剂必须干燥，称取和加入无水 $AlCl_3$ 时应快速。

[3] 乙酸酐的滴加速度要慢。

【思考题】

1. 本装置为何要干燥，加料为何要迅速？
2. 反应完成后，为何要加入浓盐酸和在冰水中冰解（加入 1：1 的浓盐酸和水）？
3. Fridel-Crafts 反应中烷基化和酰基化的催化剂用量是否相同，为什么？

实验三十六　肉桂酸的制备

【实验目的】

1. 学习用芳香醛与酸酐制备肉桂酸的原理和方法。
2. 熟练回流、蒸馏、抽滤等基本操作。

【实验原理】

芳香醛与具有 α-H 的脂肪酸酐在碱的催化下共热发生类似于羟醛缩合的反应，生成芳基取代的 α,β-不饱和酸，此反应称为 Perkin 反应。

催化剂通常是相应酸酐的羧酸钾或钠盐，也可以用碳酸钾或叔胺代替。

本实验以苯甲醛和乙酸酐为原料，用无水碳酸钾作催化剂制取肉桂酸。

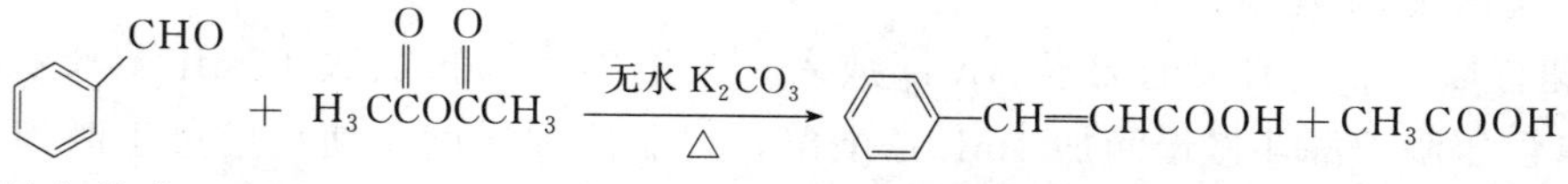

反应混合物在 150～170℃下长时间加热，发生部分脱羧而产生不饱和烃类副产物，并进而生成树脂状物，若反应温度过高（200℃），这种现象更明显。

【仪器和药品】

仪器：100mL 圆底烧瓶；直形冷凝管；电热套；橡皮管；尾接管；100mL 锥形瓶；托盘天平；10mL 量筒；20mL 量筒；50mL 量筒。

药品：苯甲醛；乙酸酐；无水碳酸钾；沸石；浓盐酸；10% NaOH 水溶液；活性炭；pH 试纸。

【实验步骤】

1. 在 100mL 圆底烧瓶中加入 5mL（5.3g，0.05mol）新蒸馏[1] 的苯甲醛、14mL 乙酸酐[2] 和 7g 无水碳酸钾，加入沸石，安装回流装置。

2. 用电热套开始加热，控制反应温度在 150～170℃（回流速度为每秒 2～3 滴），反应 45min。

3. 将反应液冷却至约 60℃，加入 40mL 水，边加边搅拌，此时有固体析出。将回流装置改为蒸馏装置，控制馏出速度为每秒 1～2 滴，蒸除苯甲醛至馏出液无油珠为止。

4. 烧瓶冷却至室温，向粗肉桂酸中慢慢加入 40mL 10% NaOH 水溶液使肉桂酸固体形成钠盐而溶解，用 pH 试纸检验，直到 pH 值为 8 左右。如果有不溶物，过滤除去。如果溶液有颜色，加入活性炭加热脱色，趁热过滤，滤液冷至室温。滤液在搅拌下加入 40mL 稀盐酸（20mL 浓盐酸和 20mL 水配制）至 pH 试纸变红，肉桂酸析出[3]，冷却至结晶完全，过滤、干燥后称重并计算产率。

如果产品不纯，可在水或水与乙醇 3∶1 的溶液中进行重结晶。

反应产物肉桂酸及相关物质的物理常数见表 5-9。

表 5-9 有关物质的物理常数

化合物	分子量	熔点/℃	沸点/℃	相对密度 d_4^{20}
苯甲醛	106.12	−26	178.8	1.041
乙酸酐	102.09	−73.1	138.6	1.082
肉桂酸	148.17	133	300	1.245

【注释】

[1] 久置的苯甲醛含苯甲酸，影响产品的产量和纯度，故使用前需蒸馏提纯。

苯甲酸含量较多时可用下法除去：用 10%碳酸钠溶液洗至无 CO_2 放出，然后用水洗涤，再用无水硫酸镁干燥，干燥时加入 1%对苯二酚以防氧化，减压蒸馏，收集 79℃/25mmHg、69℃/15mmHg 或 62℃/10mmHg 的馏分，沸程 2℃，贮存时可加入 0.5%对苯二酚。

[2] 乙酸酐应是新蒸的，收集 139～140℃的馏分。

[3] 肉桂酸有顺反异构体，通常以反式存在，为无色晶体，熔点 133℃。

【思考题】

1. 具有何种结构的醛能进行 Perkin 反应？

2. 苯甲醛和丙酸酐在无水丙酸钾存在下相互作用会得到什么产物？写出反应式。

实验三十七 乙酰水杨酸的制备

【实验目的】

1. 掌握乙酰水杨酸的制备方法。

2. 巩固重结晶、熔点测定等基本操作。

【实验原理】

乙酰水杨酸，又名阿司匹林，是一种常用的解热镇痛药。制备方法是用少量的浓硫酸或浓磷酸作催化剂，以水杨酸和乙酸酐为原料来制备。

主反应：

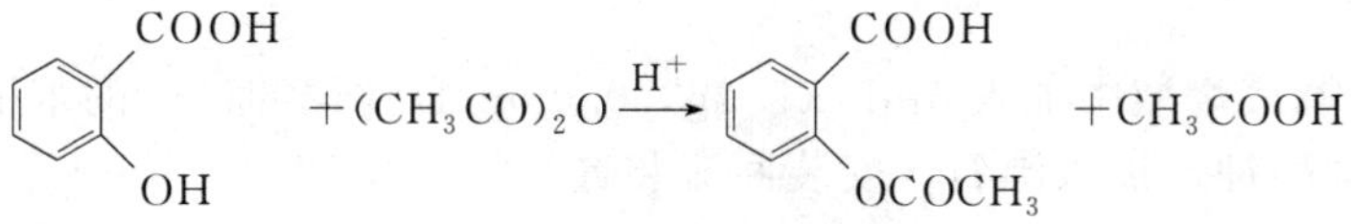

副反应：

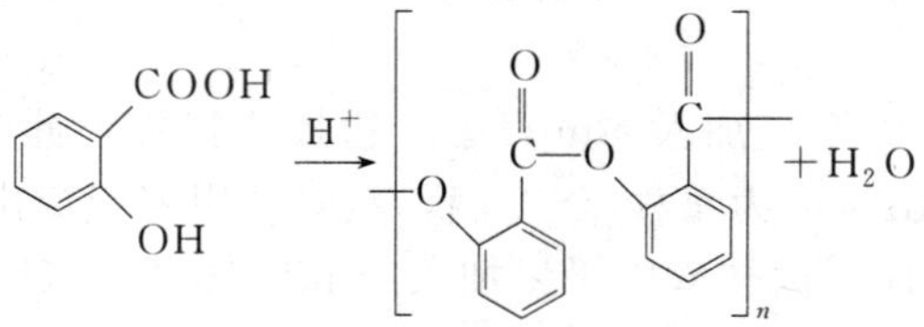

利用乙酰水杨酸能与碳酸氢钠反应生成水溶性的钠盐，而副产物聚合物不能溶于碳酸氢钠的性质，将它们分开，达到分离的目的。

可能存在于最终产物中的杂质是水杨酸，这是由乙酰化反应不完全或由于产物在分离步骤中发生水解造成的，它可以在重结晶等纯化过程中除去。与大多数酚类化合物一样，水杨酸可与 $FeCl_3$ 形成深紫色络合物；乙酰水杨酸因酚羟基已被酰化，不再与 $FeCl_3$ 发生颜色反应，因此杂质很容易被检出。

【仪器和药品】

仪器：托盘天平；250mL 锥形瓶；抽滤瓶；布氏漏斗；水泵；250mL 烧杯；量筒；水浴装置；玻璃棒；玻璃漏斗；表面皿；试管；回流装置。

药品：水杨酸；乙酸酐；饱和碳酸氢钠；三氯化铁；乙酸乙酯；浓硫酸；浓盐酸。

【实验步骤】

1. 在干燥的锥形瓶中加入 2g（$0.014mol \cdot L^{-1}$）水杨酸、5mL（$0.05mol \cdot L^{-1}$）乙酸酐[1] 和 5 滴浓硫酸，摇动锥形瓶使水杨酸全部溶解后，置于水浴锅中加热 5～10min，温度为 80～85℃[2]。冷至室温，即有乙酰水杨酸结晶析出[3]。加入 50mL 水，将混合物继续在冰水浴中冷却使结晶完全，减压抽滤，用滤液反复淋洗锥形瓶，直至所有晶体被收集到布氏漏斗中，每次用少量冷水洗涤晶体几次，继续抽滤将溶剂抽干得粗产物。

2. 将粗产物转移至烧杯中，在搅拌下加入 25mL 饱和碳酸氢钠溶液，搅拌至晶体溶解，直至无二氧化碳气泡产生。抽滤，副产物聚合物被滤除，用 5～10mL 水分次冲洗烧杯和漏斗，合并滤液，倒入预先盛有 4～5mL 浓 HCl 和 10mL 水配成的溶液的烧杯中，搅拌均匀，即有乙酰水杨酸沉淀析出。将烧杯置于冰浴中冷却，使结晶完全。抽滤，用洁净的玻璃棒挤压晶体，尽量抽去滤液，再用少量冷水洗涤 2～3 次，干燥，称重，产量约为 1.5g（产率为 83.3%）。

3. 取少许晶体加入盛有 5mL 蒸馏水的试管中，溶解后，加入 1～2 滴 1% $FeCl_3$ 溶液，观察有无颜色反应。

4. 为了得到更纯的产品，取以上干燥的粗产品 1g，加入少量的乙酸乙酯[4]（需 2～3mL），安装冷凝管水浴加热溶解。如有不溶物出现，可用预热过的玻璃漏斗趁热过滤。将滤液冷却至室温，应有晶体析出。如无结晶析出，可在水浴上稍加浓缩，并将溶液置于冰水浴中冷却。或用玻璃棒摩擦瓶壁，抽滤收集产物，干燥后测熔点[5]。

乙酰水杨酸为白色针状晶体，熔点为135～136℃。

【注释】

[1] 乙酸酐应是新蒸的，收集139～140℃馏分。

[2] 温度过高，会增加副产物的生成。

[3] 若无结晶析出，可用玻璃棒摩擦瓶壁并将反应物置于冰水浴中冷却使结晶产生。

[4] 用有机溶剂重结晶时，不能在烧杯等敞口容器中进行，而应使用回流装置，避免溶剂蒸气的散发或火灾事故的发生。

[5] 乙酰水杨酸易受热分解，因此熔点不很明显，它的分解温度为128～135℃。测定熔点时，应先将热载体加热至120℃左右，然后放入样品测定。

【思考题】

1. 常用的乙酰化试剂有哪些？哪一种较经济？哪一种反应最快？

2. 制备阿司匹林时，加入浓硫酸的作用是什么？

3. 反应中有哪些副产物？应如何除去？

4. 阿司匹林在沸水中受热时，分解而得到一种物质，它对三氯化铁显色，为什么？

5. 有一个三组分混合液甲苯-苯胺-苯甲酸，利用其何种性质将其分离；在分离过程中各组分发生了何种变化？写出分离提纯的流程图。

实验三十八 乙酰苯胺的制备

【实验目的】

1. 掌握乙酰苯胺制备的原理和方法。

2. 巩固重结晶和减压过滤技术。

【实验原理】

乙酰苯胺可以由苯胺经过乙酰化反应得到。常用的酰基化试剂有乙酰氯、乙酸酐、乙酸等，其反应活性顺序为乙酰氯>乙酸酐>乙酸。用乙酸作酰基化试剂反应平缓、价格便宜、操作方便，由于苯胺的反应活性较高，因此本实验采用乙酸作酰基化试剂。乙酰化反应在有机合成中常用来保护氨基，例如，苯胺在与具有氧化性的硝酸、氯气等反应时，通常都需要先进行乙酰化加以保护，以免氨基被氧化。氨基乙酰化后，其定位效应不改变，但降低了芳环的活化能力，可使反应由多元取代变为一元取代，主要产物是对位取代物。这一反应在有机合成上是很有用的。

反应式如下：

【仪器和药品】

仪器：蒸馏装置；烧杯；锥形瓶；量筒；吸滤瓶；布氏漏斗；真空泵；滤纸。

药品：苯胺（新蒸馏）；冰醋酸；锌粉；活性炭。

【实验步骤】

1. 微型实验

（1）在 20mL 圆底烧瓶中，放入 3.0mL（0.033mol）新蒸馏的苯胺[1]、4.4mL（0.0762mol）冰醋酸和少许锌粉[2]，装好蒸馏装置。

（2）将圆底烧瓶在石棉网上用小火加热，使反应物保持微沸 5min，然后逐渐升温，当温度达到 100℃左右时，即见到有液体馏出。保持温度在 105～110℃，使馏出液保持在每分钟 1～2 滴，反应 30min，同时蒸出生成的水及少量醋酸。当发现温度计汞柱自行下降或圆底烧瓶内有白雾出现时，表示反应已经完成，停止加热。

（3）在搅拌下趁热将反应物倒入 10mL 冷水[3] 中，即有白色固体析出，冷却后抽滤，并用少量冷水洗涤，以除去固体表面吸附的醋酸，即得到乙酰苯胺粗产品。

（4）将乙酰苯胺的粗产品溶于 40mL 热水[4] 中，加热至沸，使之溶解，如仍有未溶解的油珠[5]，可补加热水，直到油珠全部溶解。产品完全溶解后，移去火源，待稍冷后，加入少量活性炭，搅拌煮沸脱色[6]，然后趁热减压过滤，母液冷却后即有乙酰苯胺白色晶体析出。

（5）待母液充分冷却后，将其抽滤，滤饼用少量蒸馏水洗涤。干燥，称量，计算产率，测其熔点。

2. 常量实验

（1）在 50mL 圆底烧瓶中，放置 5mL（0.055mol）新蒸苯胺、7.5mL（0.13mol）冰醋酸及少许锌粉。装上一支短的韦氏分馏柱，顶端插上蒸馏头和温度计，蒸馏头支管直接和接引管相连，用锥形瓶收集馏出液。

（2）小火加热，是反应物保持微沸 15min，然后逐渐升高温度。当温度达到 100℃时，即有液体馏出，维持温度在 105～110℃约在 45min，反应生成的水及大部分醋酸已被蒸出（约 4mL）。当温度计汞柱下降或有白雾出现时，表示反应趋于完成。在搅拌下，将反应物趁热倒入 50mL 冷水中，冷却后抽滤，用冷水洗涤，粗产品用热水重结晶。产量约 5g。

纯乙酰苯胺是无色片状晶体，熔点 114.3℃。

【注释】

[1] 采用新蒸苯胺主要是保证原料的纯度，减少杂质的干扰。因苯胺放置时间过久，颜色变深，杂质增多。蒸馏苯胺时，最好加入少许锌粉，以防止苯胺在蒸馏时被氧化。苯胺有毒，操作时要避免与皮肤接触及吸入蒸气，若不慎触及皮肤，立即先用水冲洗，再用肥皂和温水洗涤。

[2] 锌粉的作用是防止苯胺在反应过程中被氧化。但是要注意，锌粉不宜多加，否则在后处理时会出现不溶于水的氢氧化锌，影响操作。

[3] 反应冷却后，固体产物立即析出，沾附在反应器壁上不易处理，故需趁热在搅拌下倒入冷却水中，以除去过量的醋酸及未反应的苯胺（二者生成苯胺醋酸盐而溶于水中）。

[4] 不同温度时乙酰苯胺在水中的溶解度：

温度/℃	100	80	50	25	20
溶解度/(g/100g)	5.55	3.45	0.84	0.56	0.46

[5] 乙酰苯胺与 H_2O 会生成低共熔混合物，油珠即熔融态的低共熔物，当 H_2O 量足够时，随温度升高，油珠会溶解消失。

[6] 需待溶液稍冷后再加入活性炭，否则会引起暴沸；煮沸过程中要及时补加因加热而蒸发损失的水，防止晶体析出而影响过滤。

【思考题】

1. 本实验采取了哪些措施来提高乙酰苯胺的收率？
2. 本实验中开始时为什么要小火加热使反应物保持微沸 5min？
3. 按理论计算，反应完成时应产生几毫升水？为什么实际收集的液体比理论量多？
4. 用苯胺作原料进行苯环上的取代反应时，为什么一般要先进行酰基化反应？

实验三十九 烃、芳香烃、卤代烃、醇、酚的化学性质

【实验目的】

1. 验证烃、芳香烃、卤代烃、醇和酚的化学性质，了解物质结构与性质之间的关系。
2. 了解不同烃基结构、不同卤原子对反应速率的影响。
3. 比较醇和酚的化学性质。

【实验原理】

烷烃分子中每个碳原子均以 sp^3 杂化方式与氢原子形成弱极性的 σ 键，性质比较稳定，但在适当的条件下（光照或加热）可以发生自由基取代反应。

烯烃和炔烃分子中不但有 σ 键，而且有 π 键，具有不饱和性，易发生亲电加成反应和氧化反应。端炔（R—C≡CH）含有活泼氢原子，可被 Ag^+、Cu^+ 等金属离子取代生成金属炔化物，可鉴别端炔型化合物。

芳香烃具有芳香性，易发生亲电取代反应，苯环上的氢常被—X、$—NO_2$、$—SO_3H$、—R、—COR 等取代。发生二元取代时，第二个取代基的活性及位置与第一个取代基的性质有关。

卤代烃分子中有极性卤原子，主要发生亲核取代反应和消除反应。卤代烃可与 $AgNO_3$ 的乙醇溶液发生取代反应生成难溶于水的卤化银沉淀，此反应可用于卤代烃的鉴别。烃基结构相同时，不同卤原子由于其离去倾向不同而速率不同：RI＞RBr＞RCl＞RF。

不同结构的卤代烯烃发生亲核取代反应的活性也不同，活性顺序为：烯丙基型卤代烃＞隔离型卤代烃（卤代烷烃）＞乙烯型卤代烃。利用不同卤代烯烃发生亲核取代反应活性的差异，与 $AgNO_3$ 的醇溶液反应时，由于生成卤化银的速率不同，可以鉴别不同类型的卤代烯烃。烯丙基型卤代烃在 3min 内生成沉淀；隔离型卤代烃（卤代烷烃）温热可生成沉淀；乙烯型卤代烃加热也不产生沉淀。

醇分子中羟基上的氢原子较为活泼，可以被活泼金属 Na、K、Mg 等取代，生成金属醇化物和氢气，金属醇化物遇水可水解得到醇和氢氧化钠；醇与卢卡斯试剂（浓盐酸＋无水氯化锌）反应生成难溶于水的氯代烃，不同类型的醇与卢卡斯试剂反应的速度不同，因此可利用卢卡斯试剂溶液呈现浑浊的快慢（叔醇＞仲醇＞伯醇），鉴别六个碳以下的醇；伯醇和仲醇容易发生氧化反应，可使 $KMnO_4$ 或 $K_2Cr_2O_7$ 溶液改变颜色，叔醇一般不被氧化。

酚类化合物分子中，羟基氧原子上未共用电子对与苯环上的大 π 键形成多电子 π-π 共轭体系，使酚在水溶液中能电离出质子而显酸性。另外，π-π 共轭增大了芳环的电子云密度，

有利于芳环的亲电取代反应，如苯酚与饱和溴水生成三溴苯酚的白色沉淀，此反应可鉴别苯酚；大多数酚与三氯化铁溶液作用生成有颜色的配合物，这是检出酚羟基的特征反应；酚类物质容易被氧化，生成有色物质。

【仪器和药品】

仪器：酒精灯；铁架台；石棉网；试管夹；烧杯；锥形试管；水浴锅；火柴。

药品：环己烷；环己烯；苯；溴水（饱和溶液）；无水乙醇；$KMnO_4$（0.5%）；$K_2Cr_2O_7$（5%）；H_2SO_4（1∶5）；银氨溶液；氯化亚铜氨溶液；乙炔/丙酮（饱和溶液）；HNO_3（1∶1）；HNO_3（5%）；氯苯；氯化苄；1-氯丁烷；1-溴丁烷；1-碘丁烷；$AgNO_3$/乙醇（2%）；金属钠；正丁醇；仲丁醇；叔丁醇；卢卡斯试剂（浓盐酸＋无水氯化锌）；NaOH（0.1%）；$CuSO_4$（1%）；甘油；酚酞；苯酚（饱和溶液）；对苯二酚（饱和溶液）；1,2,3-苯三酚（饱和溶液）；$FeCl_3$（1%）；未知物 A_1、B_1、C_1、D_1、E_1。

【实验步骤】

1. 烃的化学性质

（1）溴的四氯化碳溶液实验　在三支试管中分别接入 3 滴环己烷、3 滴环己烯及 3 滴苯，再各加入 3% Br_2/CCl_4 溶液 1 滴，静置观察现象。

（2）高锰酸钾溶液实验　取三支试管，分别加入 2 滴环己烷、2 滴环己烯及 2 滴苯，再各加入 1 滴 5% $KMnO_4$ 溶液和 1 滴 1∶5 H_2SO_4 溶液，摇匀，放在试管架上静置，观察现象。

（3）生成金属炔化物实验　取 2 滴银氨溶液加入一试管中，2 滴氯化亚铜氨溶液加入另一试管中，再各加入 1 滴乙炔的丙酮溶液，观察现象。产物用 1∶1 HNO_3 溶液处理[1]。

2. 卤代烃的化学性质

（1）取三支试管，用蒸馏水洗净，干燥后分别加入 2 滴氯苯、2 滴氯化苄、2 滴氯丁烷，然后各加入 10 滴 2% $AgNO_3$/乙醇溶液，摇匀，仔细观察现象。10min 后，将未产生沉淀的试管在 70℃水浴中加热 5min，观察有无沉淀生成。有沉淀生成的试管中加入 2 滴 5% HNO_3 溶液，观察现象。根据实验结果排列上述卤代烃反应活性顺序，并解释原因。

（2）取三支干燥试管，分别 2 滴 1-氯丁烷、2 滴 1-溴丁烷、2 滴 1-碘丁烷，再各加入 10 滴 2% $AgNO_3$/乙醇溶液，如上述（1）中操作方法观察沉淀生成速度，记录活性顺序。

3. 醇的化学性质

（1）醇钠的生成与水解　取一支干燥试管，加入 5 滴无水乙醇和一粒金属钠[2]（半个绿豆粒大小），观察现象。待金属钠全部消失后[3]，待微热蒸去多余的乙醇，使醇钠析出，加入几滴水使固体溶解，用酚酞指示剂检验溶液的碱性。

（2）卢卡斯反应　取三支干燥试管，分别加入 1 滴正丁醇、1 滴仲丁醇和 1 滴叔丁醇，再各加 4 滴卢卡斯试剂，振荡后在室温下静置[4]，观察其最初 5min 及 1h 后混合物的变化，记下溶液变浑浊及分层时间。

（3）氧化反应　取三支试管，各加入 1 滴 5% $K_2Cr_2O_7$ 溶液和 1 滴 H_2SO_4 溶液，摇匀，然后分别加入 2 滴正丁醇、2 滴异丁醇、2 滴叔丁醇，混合均匀后观察现象。如反应过慢，可同时浸入水浴中加热，并随时振荡。

（4）多元醇与氢氧化铜的作用　试管中加入 1mL 0.1% NaOH 及 1 滴 1% $CuSO_4$ 溶液，配制成新鲜的 $Cu(OH)_2$，再加入 5 滴甘油，观察现象。

4. 酚的化学性质

(1) 酸性实验 取一支试管，加1滴0.1% NaOH溶液和1滴酚酞，然后逐滴加入饱和苯酚溶液，摇动至红色消失为止，解释现象。继续通入CO_2至酸性，又有什么现象发生？

(2) 溴水实验 取试管一支，加入5滴饱和苯酚溶液，然后逐滴加入饱和溴水，观察现象。继续加入饱和溴水，又有什么现象？

(3) 与$FeCl_3$的呈色反应[5] 取三支试管，分别加入2滴苯酚、2滴对苯二酚和2滴1,2,3-苯三酚的饱和溶液，再各加入1滴1% $FeCl_3$溶液，摇匀后观察颜色的变化。

(4) 氧化反应 取一支试管，加入对苯二酚溶液5滴、1∶5 H_2SO_4溶液1滴和5% K_2CrO_7溶液2滴，振荡混合均匀后，静置数分钟，观察有无暗绿色针状结晶生成。

5. 未知物鉴定

未知物A_1、B_1、C_1、D_1、E_1分别是环己烯、叔丁醇、正丁醇、苯酚和氯化苄中的一种，请鉴别出每个编号样品是哪一种化合物。

【注释】

[1] 乙炔金属化合物在干燥状态下易爆炸。为了避免发生危险，实验完毕，应立即在生成的金属炔化物中加入稀硝酸，煮沸销毁。

[2] 用镊子从瓶中取出一小块金属钠，先用滤纸吸干外面的溶剂油，再投入试管中。

[3] 反应液中残存有钠粒时，应先取出用少量乙醇销毁。

[4] 反应温度最好控制在26～27℃，如室温过低，可在水浴中微热。

[5] 与$FeCl_3$作用，苯酚呈蓝紫色，对苯二酚先绿后棕，静置后析出美丽的暗绿色针状醌氢醌结晶，苯三酚呈淡棕色。

【思考题】

1. 乙炔有何特性？具有何种结构的炔烃能生成金属炔化物。
2. 比较环己烷、环己烯、苯的结构特点和化学性质。
3. 卤代烃与硝酸银作用，为什么不用硝酸银的水溶液而要用硝酸银的乙醇溶液？
4. 卢卡斯试剂只适用于鉴别6个碳原子以下的醇，为什么？
5. 为什么苯酚的溴代反应比苯和甲苯的溴代反应速率快得多？

实验四十 醛、酮、羧酸、胺的化学性质

【实验目的】

1. 验证醛、酮、羧酸、胺的化学性质，了解物质结构与性质之间的关系。
2. 掌握鉴别醛、酮、羧酸、胺的化学方法。

【实验原理】

醛、酮化合物的分子中都含有羰基，故又称为羰基化合物，它们易发生亲核加成反应，例如，与饱和$NaHSO_3$反应生成α-羟基磺酸钠白色沉淀，与2,4-二硝基苯肼反应生成黄色、橙色或红色的2,4-二硝基苯腙沉淀等。2,4-二硝基苯腙是一种具有固定熔点的结晶，易于从反应体系中分离出来，因此常用来检验醛、酮的存在。

醛、酮的还原性不同，可选用合适的氧化剂鉴别它们。例如，托伦试剂与醛反应，与酮不反应。托伦试剂是一种银氨配离子溶液，与醛反应后，醛被氧化成相应的羧酸，银离子被还原成金属银可附着于洁净的试管壁上形成银镜，因而此反应又称为银镜反应。

斐林试剂与低级脂肪醛在沸水浴中反应较快，最终产生砖红色氧化亚铜沉淀。而一些常见的芳香醛，在相同的条件下（沸水浴 3～5min）不发生反应。分子中含有 $\mathrm{CH_3\overset{\overset{O}{\|}}{C}}$— 结构的醛、酮或者经氧化后能生成这种结构的化合物（如含有 $\mathrm{CH_3\overset{\overset{OH}{|}}{C}H}$— 结构的醇）均能与次碘酸钠（$NaOH+I_2$）作用，生成黄色的碘仿（$CHI_3$）沉淀，此反应称为碘仿反应，常用来鉴别含有上述结构的化合物。

羧酸的官能团是羧基（—COOH），具有明显的酸性，且酸性比碳酸强，一般羧酸无还原性，但甲酸和草酸例外，它们能在酸性介质中与高锰酸钾作用，被氧化成二氧化碳和水，高锰酸钾则被还原成二价锰离子，反应液呈无色。

羧酸衍生物主要有酰卤、酸酐、酯和酰胺等，它们都可以发生水解、醇解和氨解等反应，其中酰卤反应最快，酸酐其次，酰胺反应最慢。

乙酰乙酸乙酯在水溶液中存在烯醇式和酮式结构的互变异构现象，两种结构平衡存在，因此它既具有烯醇化合物的性质（例如与三氯化铁显色、使溴水褪色等），又具有羰基化合物的性质（如与羰基试剂反应）。

胺是一类具有碱性的化合物，可以和大多数的酸形成盐。胺能与酰卤、酸酐等酰基化试剂反应生成酰胺。例如苯胺与乙酸酐反应生成乙酰苯胺白色结晶。

此外，芳香胺分子中氨基的存在导致芳环的亲电取代反应易于进行，苯胺在室温下就能与溴水反应，生成 2,4,6-三溴苯胺白色沉淀。芳香伯胺与亚硝酸在低温下能发生重氮化反应，当芳环上连有强吸电子基团时，重氮化反应更易进行。

酰胺的水解反应需在酸或碱的催化下进行。

【仪器和药品】

仪器：铁架台；铁环；石棉网；酒精灯；试管架；水浴锅；烧杯；锥形试管；火柴。

药品：甲醛；乙醛；苯甲醛；$NaHSO_3$（饱和溶液）；丙酮；乙醇；斐林（Fehling）试剂 A；斐林（Fehling）试剂 B；托伦（Tollens）试剂（新制）；HCl（1∶1）；2,4-二硝基苯肼；甲酸；NaOH（5%）；乙酸；HNO_3（1∶1）；草酸（饱和溶液）；碘-碘化钾溶液；$NaHCO_3$（饱和溶液）；H_2SO_4（1∶5）；浓 HCl；$KMnO_4$（0.5%）；乙酰胺（s）；乙酰酐；NaOH（20%）；乙酰乙酸乙酯；蒸馏水；溴水（饱和）；二苯胺；$FeCl_3$（1%）；对氨基苯磺酸（饱和溶液）；苯胺；$NaNO_2$（10%）；β-萘酚试剂；红色石蕊试纸；蓝色石蕊试纸；未知物 A_2、B_2、C_2、D_2、E_2。

【实验步骤】

1. 醛、酮的化学性质

（1）与亚硫酸氢钠的加成反应　取两支试管，各加入饱和亚硫酸氢钠溶液 3 滴，一支试管中加入 2 滴苯甲醛，另一试管中加入 3～4 滴丙酮，混合均匀。在冷水中冷却数分钟，观察是否有固体生成。

（2）与 2,4-二硝基苯肼的反应　取三支试管，各加入 2 滴 2,4-二硝基苯肼试剂，再分别加入 1 滴乙醛、1 滴丙酮、1 滴苯甲醛，摇匀，观察有无黄色或橙色沉淀析出。如无，可加入数滴冷水，再观察现象。

(3) 羟醛缩合反应　取一支试管，加入乙醛 4 滴和 5% NaOH 溶液 2 滴，慢慢加热至液体开始沸腾，注意颜色的变化和刺鼻气味[1]。

(4) 碘仿反应　在四支试管中分别加入 2 滴甲醛、2 滴乙醛、2 滴丙酮和 2 滴乙醇，再各加入 2 滴碘-碘化钾溶液，然后在每支试管中逐渐加入 5% NaOH 至碘的颜色恰好褪去[2]，观察现象并比较结果。若无沉淀生产，可置温水浴中温热片刻，冷却后再观察。

(5) 银镜反应　在两支洁净的试管里[3]，各加入 5 滴新配的托伦试剂。然后在一支试管中加入 1 滴乙醛，另一支试管中加入 1 滴丙酮，迅速摇匀后，立即加入 50～60℃温水浴中（静置，勿再摇动），5～10min 后取出观察现象。实验完毕，试管中立即加入少量 1∶1 HNO_3 溶液，煮沸洗去银镜。

(6) 与斐林（Fehling）试剂的反应　在三支试管中各加入斐林试剂 A 3 滴、斐林试剂 B 3 滴，混合均匀后，分别加入 1 滴乙醛、1 滴丙酮、1 滴苯甲醛，摇匀后，放在沸水浴中加热 3～5min[4]，取出观察并比较结果。

2. 羧酸及其衍生物的化学性质

(1) 羧酸的酸性　取一支试管，加入 2 滴乙酸，然后加入 3 滴饱和 $NaHCO_3$ 溶液，观察有无气泡冒出。

(2) 羧酸的氧化　取三支试管，分别加入 3 滴甲酸、3 滴乙酸、3 滴草酸饱和溶液，然后各加入 1 滴 0.5% $KMnO_4$ 和 1 滴 1∶5 H_2SO_4 溶液，摇匀静置，观察比较高锰酸钾溶液颜色变化的情况。

(3) 乙酸酐的水解　取一支试管，加入 5 滴冷水和 3 滴乙酸酐，观察现象。把试管微微加热，再观察现象，并用蓝色石蕊试纸检验溶液的酸性。

(4) 乙酰乙酸乙酯的互变异构

① 酮型反应　取一支试管，加入 2 滴 2,4-二硝基苯肼和 1 滴乙酰乙酸乙酯，观察有无浑浊现象。如无，可滴加蒸馏水并观察现象。

② 烯醇型反应　取一支试管，加入 2 滴乙酰乙酸乙酯，再慢慢滴加饱和溴水 2～3 滴，观察现象。

③ 酮型和烯醇型互变　在一支试管中加入 10 滴蒸馏水和 1 滴乙酰乙酸乙酯，振荡，使之溶解。再加入 1 滴 1% $FeCl_3$ 溶液，摇匀，观察颜色变化。最后迅速滴加 2 滴饱和溴水，摇匀后再观察颜色变化[5]。

3. 胺的化学性质

(1) 碱性与成盐　取一支试管，加入 3 滴蒸馏水和 1 滴苯胺，观察溶解情况。向溶液中滴入浓盐酸 1～2 滴，摇动，再观察溶解情况。最后用水稀释，观察溶液澄清与否。另取一支试管，加入二苯胺晶体少许（半个绿豆粒大小），再加入 3～5 滴乙醇使其溶解，向试管中滴 3～5 滴蒸馏水，溶液呈乳白色。滴加浓盐酸使溶液刚好变为透明后，再向试管中滴加水，观察溶液与否变浑浊[6]。

(2) 酰化反应　取一支试管，加入苯胺 2 滴、醋酸酐 2 滴，边加边冷却，观察有无乙酰苯胺白色结晶生成。

(3) 重氮化反应　在一支试管中加入饱和对氨基苯磺酸 5 滴或苯胺 5 滴和 0.1g $NaNO_2$ 固体及 1mL 1∶1 HCl 溶液，摇匀后放入 0℃冰水中冷却，加入 β-萘酚试剂 1 滴[7]，观察现象。

(4) 苯胺的溴化反应　取一支试管中加入 5 滴水和 1 滴苯胺，摇匀后加入 1 滴饱和溴水，观察有无白色沉淀生成。

(5) 乙酰胺的水解　取两支试管，各加入少许乙酰胺固体（半个绿豆粒大小），在一支试管中加入 6 滴 20% NaOH 溶液，另一支试管中加入 6 滴 1∶5 H_2SO_4 溶液，两试管均加热至沸，检验试管中各放出何物（前者用红色石蕊试纸检验是否放出 NH_3，后者用蓝色石蕊试纸检验是否有乙酸生成）。

4. 未知物鉴定

未知物 A_2、B_2、C_2、D_2、E_2 中有甲酸、乙酸、乙醛、丙酮、苯胺，请用本实验的试剂将它们一一鉴别出来。

【注释】

[1] 乙醛在碱溶液中起羟醛缩合反应，加热脱水生成的 2-丁烯醛呈橘黄色，有刺鼻味。

[2] 若碱过量，加热后会使生成的碘仿消失。

[3] 试管内壁必须干净，否则金属银呈黑色细粒状沉淀析出。故应先用氢氧化钠溶液或硝酸洗涤试管，再用蒸馏水冲洗干净。

[4] 部分芳香醛和斐林试剂混合后，在沸水浴中加热时间过长（10～30min）也可发生反应。

[5] 滴加溴水速度要快，否则褪色现象不明显。另外溴水用量不可太多或太少，太多颜色重现时间延长，太少则难以褪去与三氯化铁形成的颜色。

[6] 苯胺在水中溶解度小，和盐酸反应成盐后溶解度增大。二苯胺不溶于水，它的盐酸盐只在过量酸存在时才溶于水。盐用水稀释，则水解又生成二苯胺。

[7] β-萘酚试剂的配制：取 4g β-萘酚，用 20% NaOH 溶解后加水稀释至 50mL。

【思考题】

1. 在醛、酮与亚硫酸氢钠的反应里，为什么亚硫酸氢钠溶液要饱和且需新配制的？

2. 甲醛能否发生羟醛缩合反应，为什么？

3. 斐林试剂呈深蓝色，与低级脂肪醛共热时，溶液颜色依次有下列变化：蓝—绿—黄—红色沉淀。你能解释此现象吗？可否据此对反应进程作出判断？

4. 为什么甲酸有还原性而乙酸对氧化剂稳定？

5. 比较苯胺和二苯胺的碱性强弱，并用实验事实加以说明。

6. 在区别醛、酮的实验中，若丙酮中含有少量乙醛杂质，应如何弃除之？根据何在？

实验四十一　糖、氨基酸、蛋白质的化学性质

【实验目的】

1. 验证糖、氨基酸、蛋白质的化学性质，了解物质性质与结构之间的关系。

2. 掌握糖类、氨基酸的鉴别方法。

【实验原理】

糖又称碳水化合物，属于多羟基醛、多羟基酮、多羟基醛酮的缩聚物，在生物体内担负

着多种生理功能。根据水解情况，可将其分为单糖、低聚糖和多糖三类。在浓酸作用下，糖类化合物能生成糠醛及糠醛衍生物，当有酚类化合物存在时，可进一步生成有色物质。例如，在浓硫酸作用下，所有的糖都能与α-萘酚生成紫色物质，这是鉴别糖类的一个较普遍的定性反应，称莫力希（Molisch）反应。单糖中酮糖与间苯二酚的浓盐酸溶液即西列凡诺夫（Seliwanoff）试剂作用很快生成红色物质，醛糖在同一条件下反应较慢，2min 内无现象，据此可鉴别酮糖与醛糖。

单糖都具有还原性，能使本尼迪特（Benedict）试剂还原，生成砖红色的氧化亚铜沉淀，还原性双糖（例如乳糖）也具有此类性质。非还原性双糖（例如蔗糖），在一定条件下水解后生成单糖时才呈现出还原性。

淀粉是一种多糖，无还原性，但在酸或酶的作用下可水解成单糖，从而显示单糖性质。淀粉具有螺旋形分子结构，这种螺旋结构能允许碘分子钻入而形成一种蓝色包合物，因此淀粉遇碘显蓝色，反应非常灵敏，常用于检验淀粉或碘的存在。加热时，蓝色包合物被破坏，蓝色随之褪去，冷却后，这种包合物可恢复结构，蓝色重新显现。

氨基酸分子中同时含有氨基（$—NH_2$）和羧基（—COOH），它既有胺的性质，又具有羧基的性质，还具有两基团共同作用形成的特殊性质，如酸碱两性、成肽反应、呈色反应等。它能与水合茚三酮反应生成蓝紫色化合物，此性质常用于α-氨基酸定性鉴定和定量分析。

蛋白质溶液是一种胶体，具有胶体溶液的性质，含有使胶体溶液稳定存在的因素。当蛋白质失去了稳定因素，便会聚集沉淀，如盐析作用。盐析是一种可逆变化，当沉淀因素消除后蛋白质又恢复溶解。若蛋白质分子的结构发生变化甚至被破坏，它的理化性质及生理活性也随之发生变化，这称为蛋白质变性。重金属离子、生物碱试剂及某些有机试剂均能使蛋白质变性，这种变性作用是不可逆的。蛋白质分子中的某些特殊结构单元，如苯基、酚基、氨基等，能与某些特殊试剂作用生成有色物质，利用这些显色反应可检验蛋白质的存在，例如二缩脲反应可检出两个以上肽键存在。

【仪器和药品】

仪器：铁架台；铁环；石棉网；酒精灯；试管夹；水浴锅；烧杯；锥形试管；火柴。

药品：葡萄糖（2%）；西列凡诺夫（Seliwanoff）试剂；果糖；本尼迪特（Benedict）试剂；蔗糖（2%）；碘-碘化钾溶液；乳糖（2%）；蛋白质溶液；淀粉（1%）；乙醇（95%）；浓 H_2SO_4；硫酸铵（饱和溶液）；H_2SO_4；三氯乙酸（10%）；Na_2CO_3；$CuSO_4$；NaOH（10%）；甘氨酸（0.5%）；水合茚三酮（1%）；滤纸片；红色石蕊试纸；α-萘酚乙醇溶液（10%）；未知物 A_3、B_3、C_3、D_3、E_3、F_3。

【实验步骤】

1. 糖的性质

（1）莫力希（Molisch）反应　取四支试管，编号后分别加入 2 滴 2%葡萄糖、2 滴 2%果糖、2 滴 2%蔗糖及 1%淀粉溶液，再取一支试管加入少许滤纸片及 2 滴水，5 支试管中各滴入 1 滴α-萘酚乙醇溶液，振摇混合均匀后，将各试管倾斜 45°，沿管壁徐徐加入 5 滴浓 H_2SO_4（勿摇动试管），静置片刻，观察上下两层界面处的颜色变化。

（2）西列凡诺夫（Seliwanoff）反应　取三支试管，分别加入 1 滴 2%葡萄糖、1 滴 2%果糖、1 滴 2%蔗糖，再各加入 2 滴西列凡诺夫试剂，摇匀后把试管浸在沸水浴中加热 2min，观察现象。

(3) 本尼迪特 (Benedict) 反应　取 5 支试管，分别加入 1 滴 2%葡萄糖、1 滴 2%果糖、1 滴 2%蔗糖、1 滴 2%乳糖、1 滴 1%淀粉，再各加入 2 滴本尼迪特试剂，摇匀后将各试管同时置沸水浴中加热，观察颜色变化及沉淀的生成。

(4) 蔗糖的水解反应　在试管中加入 2%蔗糖溶液 5 滴和 1∶5 H_2SO_4 溶液 2 滴，在沸水浴上加热 8～10min，取出冷却后加入 20% Na_2CO_3 溶液中和至呈碱性（用红色石蕊试纸检验），加入本尼迪特试剂 4 滴，放在水浴中加热，观察现象，解释原因。

(5) 淀粉的性质

① 淀粉遇碘变色　取淀粉溶液 6 滴于一支试管中，加碘-碘化钾溶液 1 滴，溶液呈深蓝色，将试管在酒精灯上加热至蓝色褪去，冷却后观察现象。

② 有无还原性　在试管中加入 1 滴淀粉溶液和 2 滴本尼迪特试剂，放在沸水浴中加热 2～3min，观察有无颜色变化及沉淀生成。

③ 水解反应　在试管中加入 6 滴淀粉溶液及 1 滴 1∶5 H_2SO_4 溶液，混合均匀后在沸水浴中加热 30min，然后用 20% Na_2CO_3 将水解液中和至呈碱性，再加入 4 滴本尼迪特试剂，摇匀后在沸水浴上加热，观察现象。

2. 氨基酸及蛋白质的性质

(1) 盐析作用　在一支试管中加入蛋白质溶液 2 滴，逐滴加入饱和硫酸铵溶液，边加边摇，蛋白质溶液变浑浊（约需硫酸铵溶液 6 滴左右），再向试管中加入 2mL 水，观察浑浊液是否变清亮。

(2) 与水溶性有机溶剂作用　取 2 滴蛋白质溶液于一支试管中加入 2 滴 95%乙醇，振荡，静置数分钟，溶液浑浊后加入 2mL 水，观察现象。

(3) 重金属离子和生物碱试剂对蛋白质的沉淀作用　取两支试管，各加入蛋白质溶液 2 滴，向一试管中加入 1 滴 1% $CuSO_4$，向另一试管中加入 1 滴 10%三氯乙酸，两试管中均产生沉淀，放置 3～5min 后向每个试管中加入 2mL 水，观察沉淀是否溶解。

(4) 呈色反应

① 二缩脲反应　取两支试管，分别加入 3 滴蛋白质溶液、2 滴 0.5%甘氨酸溶液，再各加入 2 滴 10% NaOH 溶液，混合后，加入 1 滴 1% $CuSO_4$ 溶液（勿过量）。振荡，观察现象，比较结果。

② 水合茚三酮反应　取两支试管，分别加入 2 滴蛋白质溶液、2 滴 0.5%甘氨酸溶液，再各加入 1 滴 1%水合茚三酮溶液，混合后放在沸水浴中加热 1～5min，观察现象。

3. 未知物鉴定

未知物 A_3、B_3、C_3、D_3、E_3、F_3 中有葡萄糖、果糖、蔗糖、淀粉、甘氨酸、蛋白质，请用简便化学方法鉴别它们。

【思考题】

1. 从结构上说明本实验所用的糖，哪些是还原糖？哪些是非还原糖？

2. 蔗糖在水解前后与本尼迪特试剂作用的情况有何不同？试说明蔗糖水解前后还原性变化的原因。

3. 怎样区别氨基酸和蛋白质？

4. 盐析作用的原理是什么？盐析在实际工作中有什么作用？

5. 在糖类的还原性实验中，蔗糖与本尼迪特试剂或托伦试剂长时间加热时，也会得出反应的结论，怎样解释此现象？

知识拓展

不对称有机催化

——2010 年诺贝尔化学奖简介

2021 年的诺贝尔化学奖授予德国科学家 Benjamin List 与美国科学家 David MacMillan，以表彰他们在不对称催化领域的贡献。不对称有机催化领域的创新发明，带来了一种极为精准的合成新工具，对医药研究和绿色化学有极为重要的意义。

众多研究和工业领域都依赖于化学家构建分子的能力，这些分子可以形成弹性、持久耐用的材料，在开发电池、治疗疾病等不同的场景中都有广泛应用。这项工作离不开催化剂。我们知道，催化剂可以控制、加速化学反应，而不会成为最终产物的一部分。例如，汽车中的催化剂可以将尾气中的有毒物质转化为无害的分子。我们的身体中也包含了数千种催化剂——酶，它们可以帮助产生生命所必需的分子。长期以来，研究人员认为催化剂可以分为金属和酶，而在 2000 年，他们独立开发了第三种催化剂，依靠小的有机分子，这种被称为不对称有机催化的新型催化模式诞生了。

不对称有机催化是指以有机小分子为催化剂从简单非手性的原料合成手性化合物单一对映体的技术，是不对称合成领域中最为活跃的研究方向之一。

手性化合物在自然界中广泛存在，例如我们熟知的葡萄糖、氨基酸以及中草药中提取的许多天然产物均是手性化合物。与此同时，许多用于治疗各种疾病的药物分子也是手性化合物。研究表明，具有手性的药物其两个对映体往往具有截然不同的生理活性，一种对映体是治愈疾病的良药，另外一种则可能对疾病治疗毫无作用，甚至产生副作用。

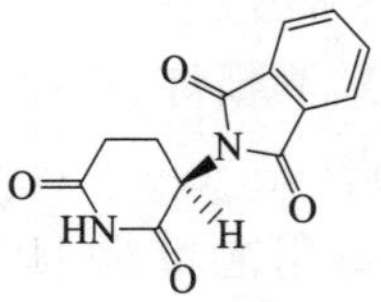

***R*-沙利度胺**
缓解妊娠反应
(止吐等)

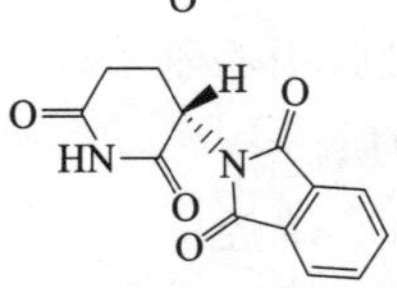

***S*-沙利度胺**
强烈致畸性

不对称合成即利用简单、非手性的原料来制备具有手性元素的相对复杂分子的过程，是获得手性化合物单一对映体的重要手段之一。例如在新药研发中，传统制备手性分子的方法是通过化学拆分，即首先制备含有两种对映体的混合物，然后通过各种方法将两种对映体分离以达到提纯目的。这种方法势必会浪费掉一半的原料(即不需要的对映体)，从而增加成本和相应的废料。虽然该方法目前仍然是获得手性化合物单一对映体的重要方法，但不对称合成的快速发展势必会让手性化合物的合成过程变得更加经济和环保。不对称合成在药物研发、重要手性化学品制备和手性有机材料合成等领域发挥着至关重要的作用。

习题

一、选择题

1. 用毛细管法测定熔点时，若被测物未干燥，将导致测定结果（　　）。

A. 偏高　B. 偏低　C. 不影响　D. 样品分解而无法测定

2. 下列仪器不能作为反应容器使用的是（　　）。

A. 抽滤瓶　B. 锥形瓶　C. 圆底烧瓶　D. 平底烧瓶

3. 在常压蒸馏结束时，操作顺序是（　　）。

A. 先停止加热再关闭冷凝水　B. 同时进行

C. 先关闭冷凝水再停止加热　D. 以上均可

4. 在正溴丁烷的制备中，未反应完的丁醇和副产物丁醚用（　　）除去。

A. $MgSO_4$　B. 浓 H_2SO_4　C. Na_2CO_3　D. $CaCl_2$

5. 使用分液漏斗进行分液时，根据（　　）确定水层在上层还是在下层。

A. 分子量　B. 密度

C. 有机层总是在上层　D. 有机层总是在下层

6. 下列溶剂的极性最小的是（　　）。

A. 氯仿　B. 乙醇　C. 甲苯　D. 石油醚

7. 蒸馏装置的拆除顺序是（　　）。

A. 自下而上，从左向右　B. 从右向左，自上而下

C. 自下而上，从右向左　D. 从右向左，自下而上

8. 沸点相差 30℃以上的液体混合物，可采用（　　）分离。

A. 蒸馏　B. 水蒸气蒸馏　C. 分馏　D. 减压蒸馏

9. 在抽滤结束时，正确的操作顺序是（　　）。

A. 先通大气再关泵　B. 直接关泵　C. 同时进行　D. 以上均可

10. 蒸馏低沸点易燃物质时不能用（　　）加热。

A. 水浴　B. 油浴　C. 酒精灯　D. 空气浴

11. 从苯甲醛中除去少量的苯甲酸合适的方法是（　　）。

A. 用水重结晶　B. 用饱和 $NaHCO_3$ 溶液洗涤

C. 用 HCl 溶液洗涤　D. 用乙醚萃取

12. $CaCl_2$ 不能用于干燥下列（　　）类物质。

A. 卤代烃　B. 醇　C. 烷烃　D. 芳烃

13. 在纸色谱实验中，用于氨基酸显色的试剂是（　　）。

A. 浓硫酸　B. 浓 NaOH　C. 水合茚三酮　D. 氨水

14. 下列试剂中能区别苯甲醛和苯乙酮的是（　　）。

A. $FeCl_3$ 溶液　B. 2,4-二硝基苯肼溶液

C. Tollens 试剂　D. Fehling 试剂

15. 分析鉴定氨基酸的纸色谱是（　　）。

A. 离子交换色谱　B. 亲和色谱　C. 分配色谱　D. 吸附色谱

二、填空题

1. 重结晶操作过程中，若待提纯物质含有有色杂质，可用________脱色，用量一般为

待提纯物质质量的________。

2. 物质的熔点为固-液两态在大气压下达到________时的温度。

3. 普通蒸馏时，温度计水银球的上端应与蒸馏头侧管的下限在________。温度计位置偏高，所测沸点偏________。

4. b形管又叫________。测熔点的方法有________和________。

5. 在酯化反应中，浓硫酸起________、________作用。

6. 常见冷凝管的种类有________、________、________、________。

7. 从茶碱中提取咖啡因的实验中，生石灰的作用是________、________。

8. 蒸馏分离两种化合物时，这两种化合物的沸点至少相差________℃。蒸馏烧瓶中液体体积占烧瓶容积的________为宜。

9. 已知化合物 A、B 均在 149～150℃时熔化。而 A 与 B（1∶1）的混合物也在 149～150℃时熔化。说明 A 与 B 为________（填“相同”或“不同”）化合物。

10. 萃取是利用物质在两种不互溶（或微溶）溶剂中________或________的不同来达到分离、提取或纯化目的的操作。索氏提取器提取花生油用的溶剂是________。

11. 在纸色谱分离氨基酸的实验中，所用固定相是________。

12. 鉴别氯代烃和烃可以用________，氯代烃溶液出现________现象。

13. 在正溴丁烷的制备实验中，第一次水洗是为了除去________，在分液时应该保留________（填“上层”和“下层”）。

14. 花生油的提取实验中用的索氏提取装置是由________、________、________组成的。

15. 常压蒸馏最常用的装置是由________、________、________、________、________和________组成的。

三、判断题

1. 毛细管法测熔点为使结果准确要多测量几次，取平均值。（ ）

2. 有恒定沸点的化合物一定是纯净化合物。（ ）

3. 重结晶固体时，产品有颜色，可用活性炭脱色。（ ）

4. 在蒸馏乙醚时，可用明火加热。（ ）

5. 纯净的有机化合物一般都有固定的熔点。（ ）

6. 在制备正溴丁烷实验中，浓硫酸作催化剂和脱水剂。（ ）

7. 热过滤时，铜漏斗水沸腾了才可以进行热过滤。（ ）

8. 洗涤晶体以除去吸附的溶剂，最好使用热溶剂。（ ）

9. 在使用分液漏斗进行分液时，上层液体经漏斗的上口放出。（ ）

10. 蒸馏可以分离沸点相差 40℃的两个化合物。（ ）

11. 任何种类冷凝管都可用于蒸馏。（ ）

12. 旋光度测定实验中，葡萄糖测定结果为左旋糖，果糖为右旋糖。（ ）

13. 用液体石蜡进行油浴，不能测定熔点在 220℃以上的化合物。（ ）

14. 卤代烃类化合物可以用硝酸银的醇溶液鉴别。（ ）

15. 纸色谱实验中，纸是固定相，展开剂是流动相。（ ）

四、简答题

1. 简述什么是重结晶及重结晶的基本原理。

2. 简述什么是沸点和简单蒸馏并说明简单蒸馏适用于哪些情况。

3. 写出制备乙酸乙酯的主反应及副反应，并写出乙酸乙酯的纯化过程。
4. 写出制备正溴丁烷的主反应及副反应并简述纯化过程。
5. 写出制备肉桂酸的反应式并简述纯化过程。
6. 写出制备乙酰水杨酸的主反应及副反应并简述制备过程及纯化过程。
7. 有机实验中经常使用的冷凝管有哪些？各用在何种实验？
8. 试述索氏提取器的萃取原理，它和一般的浸泡萃取比较有哪些优点？
9. 什么是萃取？什么是洗涤？指出两者的异同点。
10. 盐析作用的原理是什么？盐析在实际工作中有什么作用？
11. 在醛、酮与亚硫酸氢钠的反应里，为什么亚硫酸氢钠溶液要饱和且需新配制？
12. 常用的乙酰化试剂有哪些？哪一种较经济？哪一种反应最快？
13. 比较环己烷、环己烯、苯的结构特点和化学性质。
14. 是否可以使用第一次测熔点时已经熔化了的有机样品再做第二次测定？为什么？
15. 简述水蒸气蒸馏原理及其应用。

参考答案

一、选择题

1. B　2. A　3. A　4. B　5. B　6. D　7. B　8. A　9. A　10. C　11. B　12. B　13. C　14. C　15. D

二、填空题

1. 活性炭；1%～5%　2. 平衡　3. 同一水平线；低　4. 提勒管；毛细管法；显微熔点测定法　5. 催化剂；脱水剂　6. 空气冷凝管；直形冷凝管；蛇形冷凝管；球形冷凝管　7. 吸收水分；中和有机酸　8. 30；1/3～2/3　9. 相同　10. 溶解度；分配比；石油醚　11. 滤纸　12. 硝酸银的醇溶液；浑浊　13. HBr；下层　14. 冷凝管；提取器；烧瓶　15. 蒸馏瓶；蒸馏头；温度计；直形冷凝管；接液管；接收瓶

三、判断题

1. √　2. ×　3. √　4. ×　5. √　6. √　7. √　8. ×　9. √　10. √　11. ×　12. ×　13. √　14. √　15. √

四、简答题

1. 把固体化合物溶解在热溶液中成近饱和溶液，该溶液冷却后成过饱和溶液并析出结晶，而杂质不溶被过滤或溶解度大而溶在溶剂中被除去，这一操作过程称为重结晶。基本原理：固体有机物在溶剂中的溶解度与温度有密切关系，一般是温度升高溶解度增大，温度降低时溶解度减小。利用这一性质，使固体有机物在较高温度下溶解，在低温下结晶析出，而杂质全部或大部分仍留在溶液中（若杂质在溶剂中的溶解度极小，可经热过滤除去），从而达到提纯目的。

2. 当液态化合物受热时，其蒸气压将随温度的升高而增大。当液体的蒸气压与外界气压相等时，液体开始沸腾，此时的温度称为该液体的沸点。将液体加热到沸腾，使其变为蒸气，然后再将蒸气冷凝为液体的过程称为蒸馏，也称为简单蒸馏。

简单蒸馏是分离和提纯液体有机化合物最常用的方法之一，它不仅可以把易挥发的液体和不易挥发的物质分开，也可以分离两种或两种以上沸点相差较大（至少 30℃以上）的液体混合物，同时还可以测定物质的沸点，定性检验物质的纯度，通过蒸馏还可以回收溶剂，或蒸出部分溶剂以浓缩溶液。

3. 在浓硫酸催化下，乙酸和乙醇发生酯化反应生成乙酸乙酯。

主反应：$CH_3COOH + CH_3CH_2OH \underset{110\sim120℃}{\overset{H_2SO_4}{\rightleftharpoons}} CH_3COOC_2H_5 + H_2O$

副反应：$CH_3CH_2OH \xrightarrow[140℃]{H_2SO_4} CH_3CH_2OCH_2CH_3 + H_2O$

$$CH_3CH_2OH \xrightarrow[170℃]{H_2SO_4} H_2C{=}CH_2 + H_2O$$

反应结束后改为蒸馏装置，蒸出的乙酸乙酯中主要杂质有乙醚、乙醇、乙酸和水等。由于乙醚沸点低，在多次洗涤中，极易挥发掉。粗乙酸乙酯中，慢慢加入饱和碳酸钠溶液直到无二氧化碳气体逸出（或用 pH 试纸调节 pH 约为 7～9）除去乙酸，分去下层水溶液。有机层用饱和 NaCl 溶液洗涤除去残留的碳酸钠溶液。然后用饱和 $CaCl_2$ 溶液直接洗涤两次除去未反应的乙醇。有机层倒入干燥的锥形瓶中，加入无水硫酸镁干燥至澄清透明。

4. 主反应：

$NaBr + H_2SO_4 \longrightarrow HBr + NaHSO_4$　$n\text{-}C_4H_9OH + HBr \longrightarrow n\text{-}C_4H_9Br + H_2O$

副反应：

$$CH_3CH_2CH_2CH_2OH \xrightarrow[\triangle]{浓\ H_2SO_4} CH_3CH_2CH{=}CH_2 + CH_3CH{=}CHCH_3 + H_2O$$

$$2CH_3CH_2CH_2CH_2OH \xrightarrow[\triangle]{浓\ H_2SO_4} CH_3CH_2CH_2CH_2OCH_2CH_2CH_2CH_3$$

将馏出液转入分液漏斗中，用 10mL 水（除 HBr）洗涤分液，将下层的正溴丁烷转入另一干燥的分液漏斗中，用 5mL 浓硫酸（除正丁醇和正丁醚）洗涤分液，上层有机层依次分别用水（浓硫酸）、饱和碳酸氢钠溶液（残留浓硫酸）和水（残留碳酸氢钠）各 10mL 洗涤后移入锥形瓶中，加入无水氯化钙干燥，间歇摇动，直至液体透明。

5.

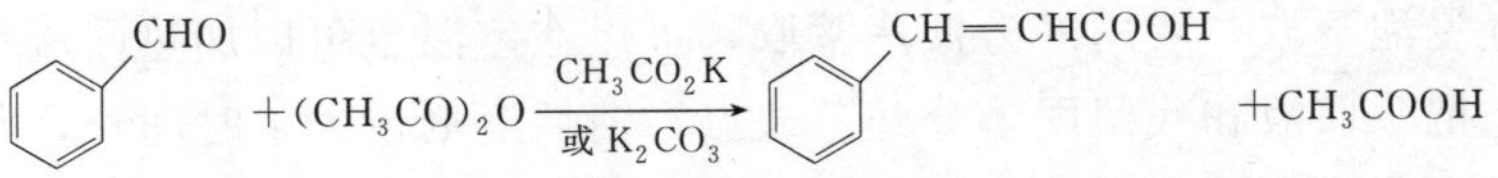

冷却反应混合物，加入 40mL 水浸泡几分钟，用玻璃棒或不锈钢匙轻轻捣碎瓶中的固体，进行水蒸气蒸馏蒸除苯甲醛，直至无油状物蒸出为止。将烧瓶冷却后，加入 40mL 10% 氢氧化钠水溶液至碱性（pH＝9～10），使生成的肉桂酸形成钠盐而溶解，不溶的副产物抽滤除去。滤液在搅拌下，小心加入 20mL 浓盐酸和 20mL 水的混合液，至溶液呈酸性（pH＝3～4）。冷却结晶，抽滤析出的晶体，并用少量冷水洗涤，烘干后称重。

6. 主反应：

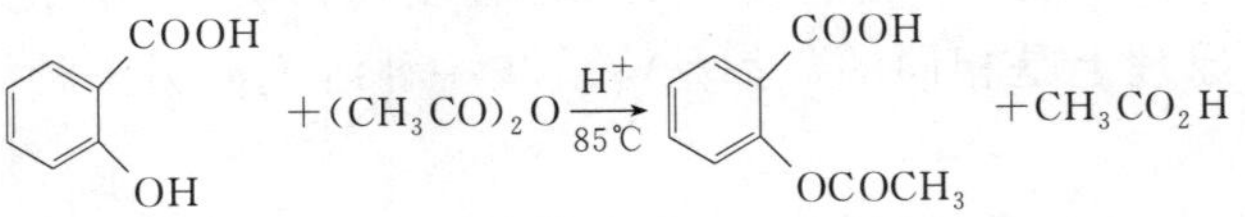

副反应：

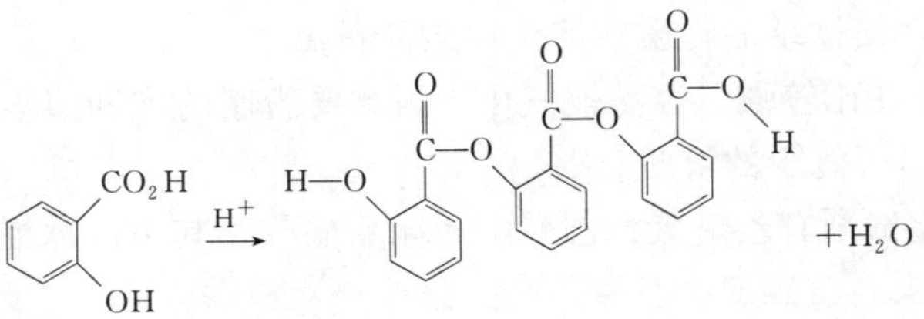

制备：干燥的锥形瓶中加入水杨酸和浓硫酸，摇动锥形瓶使水杨酸全部溶解后，控制水浴温度约85℃，加热10min后反应完全。

纯化：将反应液冷至室温或冰水浴冷却后，即有乙酰水杨酸粗产物析出。加入30mL水并搅拌，冷却使结晶完全后，抽滤并洗涤固体。将粗产物转移至烧杯中，在搅拌下加入饱和碳酸氢钠溶液至碱性。此时，乙酰水杨酸以乙酰水杨酸钠的形式溶于饱和碳酸氢钠溶液，而副产物聚合物酯不溶于饱和碳酸氢钠溶液。抽滤并洗涤滤饼后得滤液。滤饼副产物聚合物酯弃去。滤液倒入盛有稀盐酸的烧杯中，边加边搅拌均匀，即有乙酰水杨酸晶体析出。将烧杯置于冰浴中冷却，使结晶完全。抽滤并用少量冷水洗涤2～3次滤饼，之后，将滤饼取出布氏漏斗，烘干或晾干。

7. 直形冷凝管：由内外组合的直玻璃管构成，多用于蒸馏操作蒸气温度小于140℃时，不可用于回流。在其外管的上下两侧分别有连接管接头，用作出水口和进水口。使用方法：使用时，将靠下端的连接口以塑胶管接上水龙头，当作进水口。因为进水口处的水温较低而被蒸气加热过的水，温度较高；较热的水因密度降低会自动往上流，有助于冷却水的循环。

空气冷凝管：空气冷凝管和直形冷凝管主要是蒸出产物时使用（包括蒸馏和分馏），当蒸馏物沸点超过140℃时，一般使用空气冷凝管，以免直形冷凝管通水冷却导致玻璃温差大而炸裂。

球形冷凝管：内管为若干个玻璃球连接起来，用于有机化合物制备的回流，适用于各种沸点的液体。长期使用后，隔套中的铁锈可以用盐酸洗去。缺点：冷凝后的液体凝固后容易卡在玻璃球中。由于进水口水压较高所以胶管容易脱落，使用时要用铁丝绑住。

蛇形冷凝管：用于有机制备的回流，适用于沸点较低的液体。

8. 浸泡萃取和索氏提取器萃取都属于液-固萃取，利用溶剂将固体物质中所需要或不要的物质溶解出来的萃取方法，称为液-固萃取。浸泡萃取是将固体混合物研细后放在容器里用溶剂长期静置浸泡萃取，或用外力振荡萃取，可以在室温也可以加热回流萃取。然后用过滤或倾析的方法把萃取液和残留固体分开。缺点：消耗溶剂量大，时间长，萃取效率不高。

索氏提取器萃取法实验室常采用，是利用溶剂加热回流及虹吸原理，使固体物质每一次都能被较纯的溶剂萃取，效率较高且节约溶剂，但对受热易分解或变质的物质不宜采用。

9. 溶质从一种固相或液相转移到另一种液相的过程称为萃取，它是有机实验室中用来提取、纯化有机物的常用操作之一，包括固-液萃取和液-液萃取。通过该操作可以从反应混合物或动植物组织中提取出所需要的物质，也可以用来除去少量杂质，使产品得到纯化。液-液萃取是利用物质在两种不互溶（或微溶）溶剂中溶解度或分配比的不同来达到分离、提取或纯化目的的操作。萃取是从混合物中抽取所需要的物质。洗涤是将混合物中所不需要的物质除掉。二者在原理上是相同的，都是溶质从一种溶剂向另一种溶剂转移。只是目的不同。

10. 盐析是指在盐溶液体系中，加入某种电解质盐析剂，这种加入的盐析剂，其离子的水合作用比原溶液中其它盐强，它使溶液中自由水分子数减小，从而提高溶液中欲结晶物质在溶液中的有效浓度，使欲结晶物质在溶液中结晶析出。

11. $NaHSO_3$还原性比较强，容易被氧化，因此要新制的饱和溶液，是为了加快反应速率，其次为了使产物尽可能少的溶解。

12. 常用的乙酰化试剂有乙酰氯、乙酸酐和冰醋酸等，其中以冰醋酸最为价廉易得，乙酰氯反应最快。

13. 环己烷化学性质稳定，不容易氧化也不容易发生加成。环己烯属于烯烃，具有烯烃的性质，容易被氧化，也容易发生亲电加成。苯环中所有的碳原子都是 sp^2 杂化，所有键长等长，电子云分布均匀，形成了一个环状闭合的大 π 键，性质稳定，不容氧化，也不容易发生加成，但是会发生亲电取代。

14. 不能，每次测定必须用新的熔点管重新装样，不得将已测过的熔点管冷却，使样品固化后再做第二次测定。因为有时某些化合物部分分解，有些经加热会转变为具有不同熔点的其它结晶形式。

15. 水蒸气蒸馏操作是将水蒸气通入不溶或难溶于水但有一定的挥发性的有机物（近100℃时其蒸气压至少为 1.33 kPa）中，使该有机物在低于 100 ℃的温度下，随着水蒸气一起蒸馏出来。是纯化分离有机化合物的重要方法之一。此法常用于下列几种情况：

(1) 用于纯化沸点高、热稳定性差、高温易分解的化合物；

(2) 混合物中含有大量的树脂杂质或不挥发性杂质；

(3) 从固体多的反应混合物中分离被吸附的液体产物。

第六章 仪器分析实验

仪器分析是一种以物质的物理和物理化学性质为基础的分析方法。需要特殊的仪器来完成。仪器分析除用于物质的定性和定量分析外，还用于物质的状态、价态和结构分析。

仪器分析具有准确、灵敏、快速、自动化程度高的特点，常用于微量、痕量组分的测定。随着科学技术的发展，仪器分析的发展将更加迅速，其应用也日益广泛。

根据分析原理不同，仪器分析主要分为光学分析法、电化学分析法、色谱分析法等。本部分主要介绍电位分析法和分光光度法。

一、电位分析法

电位分析法是电化学分析法的重要分支，其原理是通过在零电流条件下测定指示电极与参比电极组成原电池的电动势来进行分析和测定。本部分主要介绍酸度计的结构、测定原理、使用方法及酸度计在电位分析中的应用。

1. 原理

酸度计（又称 pH 计）测量 pH 值，是在待测溶液中插入一对工作电极（一支为电极电位已知、恒定的参比电极，另一支为电极电位随待测溶液离子浓度的变化而变化的指示电极）构成原电池，在一定温度下产生一个内外参比电极之间的电池电动势。

在一定条件下，测得电池的电动势 E 是 pH 的线性函数：

$$E=K'+0.059\text{pH}(25℃)$$

由于待测溶液的 pH 不同，所产生的电动势也不同，因此，用酸度计测量溶液电动势的大小，转化为待测溶液的 pH 值而显示出来。实验中为了操作方便，常常把连有内参比电极的氢离子指示电极和外参比电极复合在一起构成复合电极。测量时，先用 pH 标准缓冲液，通过定位调节器使仪器上的指针恰好指在标准缓冲液的 pH 值处。这样，在测定未知溶液时，仪器就能直接显示待测溶液的 pH 值。通常把前一步骤称为校准，后一步骤称为测量。

2. 仪器结构

酸度计又称 pH 计，常用来测定溶液的 pH 值。常用酸度计有 pH-25 型、pHS-2 型、pHS-3C 型、pHS-10B 型、pHS-25 型等多种。虽然酸度计种类各异，但都是由参比电极（以甘汞电极最为常用）、指示电极（多用玻璃电极）及精密电位计构成。

3. 酸度计使用方法（以 pHS-3C 型酸度计为例）

（1）准备工作

① 若选用复合电极测定溶液的 pH 值，复合电极应在饱和 KCl 溶液中浸泡 24h；如果用

饱和甘汞电极和玻璃电极测定溶液的 pH 值，玻璃电极需要在蒸馏水中浸泡 24h。如果复合电极或甘汞电极内的溶液量过少，可从侧孔中补充适量的饱和 KCl 溶液。

② 接通 220V 交流电源，打开酸度计开关，仪器预热 20min。将“pH/mV”切换开关选择“mV”挡，旋动零点调节按钮至显示屏读数为“0.00”（不连接电极）。

（2）仪器的校准（以复合电极为例）

常用 pH 两点校正法，步骤如下：

① 将复合电极插入测定插座中，拔去复合电极侧孔上的橡胶塞。调节温度补偿按钮与溶液的温度相同。将“pH/mV”切换按钮调节至“pH”挡，“斜率”旋钮顺时针方向旋到底（100%处）。

② 用蒸馏水洗净复合电极，并用干净滤纸吸尽残留的水珠。将电极浸入预先配制好的 B_3 标准缓冲溶液（25℃时溶液 pH 值为 6.86）中，调节定位按钮，使仪器指示值为该标准缓冲溶液在额定温度下的标准 pH 值（表 6-1）。

表 6-1　标准溶液 pH 值与温度对照表（准确度±0.01pH）

温度/℃	B_1 溶液 0.05mol·L^{-1} $KHC_8H_4O_4$	B_2 溶液 0.01mol·L^{-1} 硼砂	B_3 溶液 0.025mol·L^{-1} 混合磷酸盐	B_4 溶液 0.05mol·L^{-1} 四草酸氢钾
0	4.01	9.46	6.98	1.67
5	4.00	9.36	6.95	1.67
10	4.00	9.33	6.92	1.67
15	4.00	9.28	6.90	1.67
20	4.00	9.23	6.88	1.68
25	4.00	9.18	6.86	1.68
30	4.01	9.14	6.85	1.68
35	4.02	9.11	6.84	1.69
40	4.03	9.07	6.84	1.69
45	4.04	9.04	6.83	1.70
50	4.06	9.02	6.83	1.71
55	4.07	8.99	6.83	1.71
60	4.09	8.97	6.84	1.72
70	4.12	8.93	6.85	1.74
80	4.16	8.89	6.86	1.76
90	4.20	8.86	6.88	1.78
95	4.22	8.84	6.89	1.80

③ 取出复合电极，用蒸馏水洗净，用滤纸吸干附着在电极上的水珠。根据待测液的酸碱性来选择用 pH＝4.00 或 pH＝9.18 的标准缓冲溶液。将电极浸入标准缓冲溶液中，待示值稳定后，调节“斜率”旋钮使仪器示值为该标准缓冲溶液在额定温度下的标准 pH 值。

④ 重复②、③两步操作，直至测定两种标准缓冲溶液时显示屏读数均与表 6-1 中相应温度下的 pH 值相同。

如测量精度要求不高时，可用简易标定法，步骤如下：

① 同两点校正法中①，“斜率”旋钮旋至 100%。

② 用与被测溶液 pH 值相近的标准缓冲溶液直接标定。例如测量 pH 值为 3～5 的溶液

时，可用 pH 值为 4.00 的标准缓冲溶液标定。将电极浸入标准缓冲溶液中，示值稳定后，用“定位”旋钮调至该标准缓冲溶液在相应温度下的标准 pH 值即可。

实验四十二 土壤 pH 值的测定

【实验目的】

1. 了解电位法测定土壤 pH 值的原理和方法。

2. 学习酸度计的使用方法。

【实验原理】

pH 的化学定义是溶液中 H^+ 活度的负对数。土壤 pH 值是土壤酸碱度的强度指标，是土壤的基本性质和肥力的重要影响因素之一。它直接影响土壤养分的存在状态、转化和有效性，从而影响植物的生长发育。土壤酸性增大，使土壤中许多金属离子的溶解度增大，其有效性或毒性均增大，酸雨作用使铝的溶解度增加而造成植物根系中毒便是例子。土壤 pH 值过高（碱性土）或过低（酸性土）对植物生长均不利。土壤 pH 值易于测定，常用作土壤分类、利用、管理和改良的重要参考。同时在土壤理化分析中，土壤 pH 值与很多项目的分析方法和分析结果有密切关系，因而是审查其它项目结果的一个依据。

土壤 pH 值的测定方法包括比色法和电位法。其中电位法的精确度较高，pH 值误差约为 0.02 个单位，现已成为室内测定的常规方法。野外速测常用混合指示剂比色法，其精确度较差，pH 值误差在 0.5 左右。

【仪器和药品】

仪器：读数精度为 0.02 的 pH 计；玻璃电极；饱和甘汞电极；100mL 塑料烧杯；磁力搅拌器。

药品：pH＝4.00 标准缓冲溶液[1]；pH＝6.86 标准缓冲溶液[2]；pH＝9.18 标准缓冲溶液[3]（25℃）；土样；无 CO_2 蒸馏水。

【实验内容】

1. 试液的制备

称取过 20 目筛的土样 10g，加无 CO_2 蒸馏水[4] 25mL，轻轻摇动，使水土充分混合均匀。在试液中投入一枚磁搅拌子，放在磁力搅拌器上搅拌 1min。试液放置 30min，待测。

2. pH 计校准

根据所使用的 pH 计说明书的操作方法，采用两点校正法进行 pH 计校准。开机预热 20min，将浸泡 24h 以上的玻璃电极浸入 pH 为 6.86 的标准缓冲溶液中，以甘汞电极为参比电极，将 pH 计“定位”在 6.86 处，反复几次至不变为止。取出电极，用蒸馏水冲洗干净，用滤纸吸去水分，再插入 pH 为 4.00（或 pH 为 9.18）的标准缓冲溶液中测定其“斜率”，复核其 pH 值是否正确（误差在±0.2pH 单位即可使用，否则要选择合适的玻璃电极）。

3. 测量

用蒸馏水冲洗电极，并用滤纸吸去水分，将玻璃电极和甘汞电极插入土壤试液或悬浊液中，读取 pH 值，反复 3 次，用平均值作为测量结果。

4. 实验后处理测定完毕后，将电极和烧杯冲洗干净，妥善保存。

【注释】

[1] 称取在 (115±5)℃烘干 2～3h 的一级纯邻苯二甲酸氢钾（$KHC_8H_4O_4$）10.12g，将它溶于不含 CO_2 的去离子水中，在容量瓶中稀释至 1000mL，混匀，贮于塑料瓶中（也可用市售袋装标准缓冲溶液试剂，用水溶解，按规定稀释而成。）

[2] 称取一级纯磷酸二氢钾（KH_2PO_4）3.39 g 和磷酸氢二钠（Na_2HPO_4）3.53 g，将它们溶于不含 CO_2 的去离子水中，在容量瓶中稀释至 1000 mL，贮于塑料瓶中。

[3] 称取一级纯硼砂（$Na_2B_4O_7 \cdot 10H_2O$）3.80 g，将它溶于不含 CO_2 的去离子水中，在容量瓶中稀释至 1000 mL，贮于塑料瓶中。上述三种标准缓冲溶液使用温度为 25 ℃，通常能稳定两个月，其 pH 值随温度不同而略有差异。

[4] 将蒸馏水置于烧杯中，加热煮沸数分钟后，冷却后放在磨口玻璃瓶中备用。

【思考题】

1. 电位法测定土壤 pH 值的原理是什么？
2. pH 计为什么要用已知 pH 值的标准缓冲溶液校正？校正时应注意哪些问题？
3. 标准缓冲溶液的 pH 值受哪些因素影响？如何保证其 pH 值恒定不变？
4. 玻璃电极在使用前应如何处理？为什么？用后的玻璃电极应如何清洗干净？为什么？
5. 安装电极时，应注意哪些问题？

实验四十三 醋酸电离度和电离平衡常数的测定

【实验目的】

1. 学会正确使用酸度计测定溶液的 pH 值，了解酸度计测定醋酸电离度和电离平衡常数的原理和方法。
2. 进一步熟悉滴定、移液等基本操作。

【实验原理】

醋酸是一种弱酸，在水溶液中存在如下电离平衡：

$$HAc \rightleftharpoons H^+ + Ac^-$$

	HAc	H^+	Ac^-
起始浓度	c	0	0
平衡浓度	$c-c\alpha$	$c\alpha$	$c\alpha$

$$K_a^{\ominus} = \frac{c(H^+)c(Ac^-)}{c(HAc)} = \frac{c\alpha^2}{1-\alpha}$$

$$\alpha = \frac{c(H^+)}{c}$$

式中，$K_a^{\ominus}$ 为醋酸的电离平衡常数；α 为醋酸的电离度；$c(H^+)$、$c(Ac^-)$、$c(HAc)$ 分别为 H^+、Ac^-、HAc 的平衡浓度；c 为醋酸的总浓度。

醋酸的总浓度可用标准 NaOH 溶液滴定测定，溶液中 H^+ 浓度可用酸度计测定，从而可求得电离度 α 和电离平衡常数 $K_a^{\ominus}$。

【仪器和药品】

仪器：酸度计；碱式滴定管；移液管；吸量管；锥形瓶；容量瓶；塑料烧杯；铁架台；滴定管夹；洗耳球；温度计。

药品：HAc 溶液（浓度约为 $0.20\text{mol}\cdot\text{L}^{-1}$）；NaOH 标准溶液（浓度约为 $0.20\text{mol}\cdot\text{L}^{-1}$）；酚酞指示剂；标准缓冲溶液（pH=4.01 和 6.86）。

【实验步骤】

1. $0.20\text{mol}\cdot\text{L}^{-1}$ 醋酸溶液的标定

分别移取 15.00 mL 醋酸溶液于 3 个 250mL 锥形瓶中，加入 2～3 滴酚酞指示剂，用已知浓度的 NaOH 标准溶液滴定至微红色且半分钟内不褪色即为滴定终点，准确记录滴定消耗的 NaOH 标准溶液的体积，平行滴定，把数据记录及结果填入表 6-2 中。

表 6-2　醋酸溶液标定数据

NaOH 标准溶液的浓度/$\text{mol}\cdot\text{L}^{-1}$				
平行滴定份数		1	2	3
移取 HAc 溶液的体积/mL		15.00	15.00	15.00
消耗 NaOH 标准溶液的体积/mL				
HAc 溶液的浓度/$\text{mol}\cdot\text{L}^{-1}$	测定值			
	平均值			

2. 配制不同浓度的醋酸溶液

用移液管分别移取 5.00mL、10.00mL、25.00mL 已测得准确浓度的 HAc 溶液，把它们分别加入三个 50 mL 容量瓶中，再用蒸馏水稀释至刻度线，摇匀，并计算出这三种不同 HAc 溶液的浓度填入表 6-3，编号为 1～3，已标定的 HAc 溶液编为 4 号。

3. 测定不同浓度醋酸溶液的 pH 值并计算溶液中醋酸的解离度和解离常数

将上述 1～4 号 HAc 溶液分别倒入四个干燥的 50 mL 烧杯中，由稀到浓，分别用 pHS-3C 型酸度计测定它们的 pH 值，记录各份溶液的 pH 值及实验时的温度。计算各溶液中醋酸的解离度和解离常数。

表 6-3　醋酸的电离度和电离平衡常数的测定

编号	$c(\text{HAc})/\text{mol}\cdot\text{L}^{-1}$	pH 值	$c(\text{H}^+)/\text{mol}\cdot\text{L}^{-1}$	$\alpha=\dfrac{c(\text{H}^+)}{c}$	$K_a^{\ominus}=\dfrac{c\alpha^2}{1-\alpha}$	$K_a^{\ominus}$ 平均值
1						
2						
3						
4						

【思考题】

1. 醋酸的电离度与电离平衡常数有何关系？分别受哪些因素影响？
2. 使用酸度计时要注意哪些问题？
3. 实验中 HAc 和 Ac^- 的平衡浓度是怎样测定的？要做好本实验，操作的关键是什么？
4. 怎样正确使用玻璃电极？在实验中哪些不正确的操作会使玻璃电极损坏？
5. 若使用醋酸溶液的浓度稀释，是否还可以使用 $K_a^{\ominus}=\dfrac{c^2(\text{H}^+)}{c}$ 求电离常数？为什么？

实验四十四　磷酸的电位滴定分析

【实验目的】

1. 掌握酸碱电位滴定法的原理和方法，观察 pH 突跃和酸碱指示剂变色的关系。
2. 熟练掌握酸度计的使用和自动电位滴定仪的操作要点。
3. 学会使用 Excel 或 Origin 软件绘制电位滴定曲线并确定终点。
4. 了解用电位滴定法测定 H_3PO_4 的 pK_{a1} 和 pK_{a2} 的方法。
5. 学会用电位滴定法测定 H_3PO_4 溶液的浓度。

【实验原理】

电位滴定法是根据滴定过程中，计量点附近电池电动势或指示电极电位产生“突跃”，从而确定终点的一种分析方法。

H_3PO_4 的电位滴定可采用 NaOH 标准溶液作为滴定剂，饱和甘汞电极作为参比电极，玻璃电极作为指示电极进行滴定。在滴定过程中，随着滴定剂的加入，H_3PO_4 与滴定剂 NaOH 发生反应，溶液的 pH 不断变化。在滴定终点，pH 突变引起电位突变，以此来判断滴定终点。

pH 玻璃电极电位响应与溶液 pH 的关系是：

$$E_{玻}=E_{参比}+E_{膜}=K'+\frac{2.303RT}{nF}\lg a(H^+)=K'-\frac{2.303RT}{nF}pH$$

以饱和甘汞电极为参比电极，电池电动势（EMF）与 pH 的关系为

$$EMF=E_{参比}-E_{玻}=K''+\frac{2.303RT}{F}pH$$

由加入滴定剂 NaOH 的体积 V 和测得的相应的 pH 值可绘制 pH～V，$\Delta pH/\Delta V$～$\bar{V}$、$\Delta^2 pH/\Delta V^2$～V 滴定曲线，确定滴定重点 V_{ep} 从而求得 H_3PO_4 试液的浓度和解离常数。

H_3PO_4 有三级解离平衡，$pK_{a1}=2.12$，$pK_{a2}=7.21$，$pK_{a3}=12.66$。用 NaOH 标准溶液滴定，滴定曲线存在两个突跃，可分步滴定。滴定反应为：

第一步　$NaOH+H_3PO_4 \rightleftharpoons NaH_2PO_4+H_2O$

第二步　$NaOH+NaH_2PO_4 \rightleftharpoons Na_2HPO_4+H_2O$

根据　$H_3PO_4 \rightleftharpoons H_2PO_4^- + H^+$

H_3PO_4 的第一级解离平衡：　$K_{a1}=\frac{[H_2PO_4^-][H^+]}{[H_3PO_4]}$

当反应进行到 50%时，$[H_3PO_4]=[H_2PO_4^-]$，此时溶液的 pH 即 H_3PO_4 的 pK_{a1}。同理，可得 H_3PO_4 的 pK_{a2}。

【仪器和药品】

仪器：酸度计；磁力搅拌器；饱和甘汞电极；pH 玻璃电极；碱式滴定管；烧杯；10.00mL 吸量管。

药品：0.1mol·L^{-1} NaOH 标准溶液；0.1mol·L^{-1} H_3PO_4 样品溶液；0.2%甲基橙指

示剂；0.2%酚酞指示剂；邻苯二甲酸氢钾（A.R.）；标准缓冲溶液（pH＝4.00，pH＝6.86，pH＝9.18）。

【实验步骤】

1. 0.1mol·L^{-1} NaOH 标准溶液的标定

按实验十中方法进行标定。

2. 酸度计校准

按酸度计使用方法[1]，预热，以 pH＝6.86 和 pH＝4.00 的标准缓冲液校准[2] 酸度计，洗净电极[3]。

3. 用 0.1mol·L^{-1}的 NaOH 标准溶液滴定磷酸

将临用前标定的 0.1mol·L^{-1} NaOH 标准溶液装入碱式滴定管中，准确移取 H_3PO_4 试样溶液 20.00mL 于烧杯中，放入搅拌磁子，插入玻璃电极和参比电极（电极头需浸入溶液中）。为便于观察终点，再滴加甲基橙、酚酞指示剂各 2 滴，开动磁力搅拌器，测定并记录滴定前 H_3PO_4 溶液的 pH 值。

开始取较大加入量（5mL、5mL、2mL、2mL）[4]，每加入一次 NaOH 标准溶液，测定一次溶液的 pH 值，然后每加 1mL，测量其相应的 pH 值，待 pH 值接近 4～5 时，即接近第一计量点（借助甲基橙指示剂的变色来判断），此时加入 NaOH 标准溶液引起溶液 pH 变化逐渐增大，应每滴加 1～2 滴 NaOH 标准溶液，测一次 pH 值。

当溶液 pH＞5 时，又取较大量 NaOH 加入（1mL、1mL、2mL、2mL、5mL、5mL 等），当 pH 值接近 7 时，用混合磷酸盐标准缓冲溶液（pH＝6.86，pH＝9.18）再次校正仪器，洗净电极。直至溶液 pH 值接近第二计量点时（借助酚酞指示剂的变色来判断），又每加 1～2 滴 NaOH，测一次 pH 值。当 pH＞10 时，再取较大量加入，直至测定溶液的 pH 值约为 11.0，可停止测定。将所测数据记录下来。

4. 实验后处理

实验完毕后，取下电极洗净、放好，关上电源，将酸度计复原。

【数据及处理】

1. 记录所测实验数据如表 6-4 所示，并进行相关的数据处理。

表 6-4 NaOH 滴定 H_3PO_4

加入 NaOH	体积 V/mL	溶液 pH 值	ΔV	ΔpH	$\overline{V}$	ΔpH/ΔV	$\overline{\Delta V}$	Δ^2pH/ΔV^2

2. 根据所得数据，绘制 pH-V、ΔpH/ΔV-$\overline{V}$、Δ^2pH/ΔV^2-V 曲线，分别确定滴定点 V_{ep1} 和 V_{ep2}，计算 H_3PO_4 的浓度。

3. 计算 H_3PO_4 的 pK_{a1} 和 pK_{a2}，并与文献值进行比较。

【注释】

[1] 电极安装时，先安装甘汞电极，再安装玻璃电极，且玻璃电极下端略高于甘汞电极。必须保持电极的引出端清洁、干燥。

[2] 校准酸度计时应尽量选择与被测溶液 pH 值接近的标准缓冲液，pH 值相差不应超过 3 个单位；采用两点法进行校准。定位后，定位旋钮不得再转动位置，否则应重新定位。

[3] 更换电极接触的溶液时，应先用水淋洗电极，并用滤纸吸去电极上的水。

［4］开始滴定至计量点前，可每次滴加 2 mL NaOH 溶液；近计量点附近（加入 NaOH 溶液引起溶液 pH 值变化逐渐增大）每次加入 NaOH 溶液体积逐渐减小；在计量点前后时，每加入 1～2 滴（准确读取体积）即测量一次 pH 值。滴过第一个突跃，又可重复前面的滴定操作技术。

【思考题】

1. 与化学分析中的容量分析法相比，电位滴定法有何特点？
2. 磷酸是三元酸，为何滴定时只有两个突跃？
3. 滴定时指示剂的终点和电位法终点是否一致？

二、分光光度法

分光光度法又称吸光光度法，是基于物质对光的选择性吸收而建立起来的分析方法。其中包括比色法、可见及紫外分光光度法、红外光谱法等。

1. 原理

当一束平行单色光通过均匀、非散射的待测溶液时，溶液的吸光度（A）与吸光物质的浓度（c）和液层厚度（b）的乘积成正比，即：

$$A=\varepsilon bc$$

此为光的吸收定律，也称 Lambert-Beer 定律。式中 ε 是摩尔吸光系数，是各物质在一定波长下的特征常数，也是显色反应灵敏度的重要标志。

在实际测定过程中，用已知准确浓度的标准溶液作为测定对象，测得其吸光度值，绘制标准曲线（A-c 曲线）。根据待测溶液在相同条件下的吸光度数值，可从标准曲线上查得待测液的浓度。此外也可采用比较法和标准加入法进行测定。

2. 仪器结构

分光光度计是分光光度法中最常用的仪器。分光光度计的种类甚多，目前使用较多的是 722 型分光光度计，它是以碘钨灯为光源，采用自准时色散系统和单光束结构，色散元件为衍射光栅，测定波长为 330～800nm，波长精度为±2nm，吸光度显示范围为 0～1.999。读数方式有指针式和数字式两种，目前多采用数字式读数。将测定调节旋钮调至“c”挡，通过标准溶液校正，可直接读取待测液的浓度。

3. 分光光度计的使用方法（以 722 型分光光度计为例）

① 将灵敏度调节旋钮置于“Ⅰ”挡（信号放大倍率最小），选择开关置于“T”。

② 按下电源开关，指示灯亮，调节波长至适宜的测定波长。

③ 调节“100％T”旋钮，使透光率为 70％左右，仪器预热 20min。

④ 待数字显示器显示稳定数字后，打开试样室盖（光门自动关闭），调节“0％T”旋钮，使数字显示为“000.0”。

⑤ 将盛有参比溶液和待测溶液的吸收池分别置于试样架中，盖上试样室盖。将参比溶液置于光路中，调节“100％T”旋钮使数字显示为“100.0”（若显示不到“100.0”则应适当增加灵敏度挡，然后再调节 100％T 旋钮，直至显示为“100.0”）。

⑥ 重复操作④和⑤，直至显示稳定。

⑦ 将选择开关置于“A”挡，吸光度读数应为“000.0”。若吸光度读数不为“000.0”，可调节“消光零”开关直至吸光度读数应为“000.0”。

⑧ 重复操作⑤和⑦，直至透光率读数为“100.0”时，吸光度读数为“000.0”为止。

将待测溶液置于光路上，显示值即为被测溶液的吸光度值。

⑨ 测量完毕，切断电源，将吸收池取出洗净，待仪器冷却后，盖上试样盖，罩上仪器罩。

实验四十五 邻二氮菲分光光度法测定铁的含量

【实验目的】

1. 掌握邻二氮菲分光光度法测定铁的原理和方法。

2. 了解分光光度计的构造、性能及使用方法。

【实验原理】

邻二氮菲（又称邻菲罗啉）是测定微量铁的常用试剂。在 pH 值为 2～9 的条件下，二价铁离子与邻二氮菲生成稳定的橙红色配合物。在显色前，用盐酸羟胺把三价铁离子还原为二价铁离子。测定时，控制溶液 pH 值为 3 较适宜，酸度高时，反应进行较慢，酸度太低，则二价铁离子水解，影响显色。显色反应和还原反应的方程式分别如下：

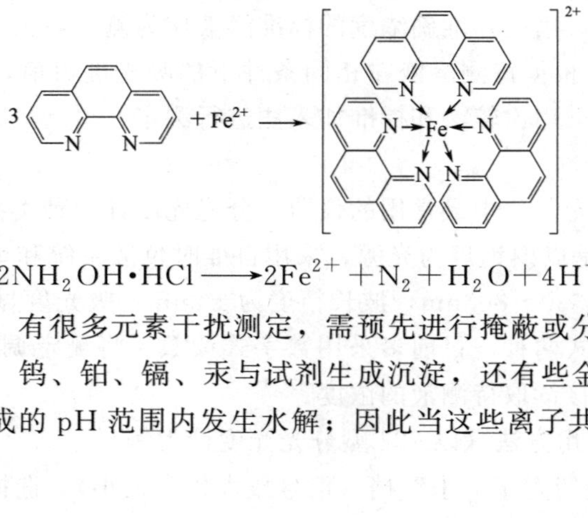

$$2Fe^{3+} + 2NH_2OH \cdot HCl \longrightarrow 2Fe^{2+} + N_2 + H_2O + 4H^+ + 2Cl^-$$

用邻二氮菲测定时，有很多元素干扰测定，需预先进行掩蔽或分离，如钴、镍、铜、铅与试剂形成有色配合物；钨、铂、镉、汞与试剂生成沉淀，还有些金属离子如锡、铅、铋则在邻二氮菲铁配合物形成的 pH 范围内发生水解；因此当这些离子共存时，应注意消除它们的干扰作用。

【仪器和药品】

仪器：分光光度计；1cm 比色皿；容量瓶；烧杯；吸量管。

药品：醋酸钠（$1mol \cdot L^{-1}$）；氢氧化钠（$0.4mol \cdot L^{-1}$）；盐酸（$2mol \cdot L^{-1}$）；10%盐酸羟胺（临用时配制）；0.1%邻二氮菲（0.1g 邻二氮菲溶解在 100mL 1∶1 乙醇溶液中）。

铁标准溶液：

（1）$10^{-4} mol \cdot L^{-1}$ 铁标准溶液　准确称取 0.1961g $(NH_4)_2Fe(SO_4)_2 \cdot 6H_2O$ 于烧杯中，用 $2mol \cdot L^{-1}$ 盐酸 15mL 溶解，移至 500mL 容量瓶中，以水稀释至刻度，摇匀；再准确稀释 10 倍成为含铁 $10^{-4} mol \cdot L^{-1}$ 的标准溶液。

（2）$10\mu g \cdot mL^{-1}$（即 $0.01mg \cdot mL^{-1}$）铁标准溶液　准确称取 0.3511g $(NH_4)_2Fe(SO_4)_2 \cdot 6H_2O$ 于烧杯中，用 $2mol \cdot L^{-1}$ 盐酸 15mL 溶解，移入 500mL 容量瓶中，以水稀释至刻度，摇匀。再准确稀释 10 倍成为含铁 $10\mu g \cdot mL^{-1}$ 的标准溶液。

如以硫酸铁铵 $NH_4Fe(SO_4)_2 \cdot 12H_2O$ 配制铁标准溶液，则需标定。

【实验内容】

1. 吸收曲线的绘制

用吸量管准确吸取 10^{-4} mol·L^{-1} 铁标准溶液 10mL，置于 50mL 容量瓶中，加入 10% 盐酸羟胺溶液 1mL，摇匀后加入 1mol·L^{-1} 醋酸钠溶液 5mL 和 0.1% 邻二氮菲溶液 3mL，以蒸馏水稀释至刻度，摇匀。在分光光度计上，用 1cm 比色皿，以蒸馏水为参比溶液，用不同的波长，从 430～570nm，每隔 20nm 测定一次吸光度，在最大吸收波长处附近多测定几点。然后以波长为横坐标、吸光度为纵坐标绘制出吸收曲线，从吸收曲线上确定测定铁的适宜波长（即最大吸收波长）。

2. 铁含量的测定

（1）绘制标准曲线。取 25mL 容量瓶 6 个，分别准确吸取 10μg·mL^{-1} 铁标准溶液 0.0mL、1.0mL、2.0mL、3.0mL、4.0mL 和 5.0mL 于各容量瓶中，各加 10% 盐酸羟胺溶液 1mL，摇匀，经 2min 后再各加 1mol·L^{-1} 醋酸钠溶液 5mL 和 0.1% 邻二氮菲溶液 3mL，以水稀释至刻度，摇匀。在分光光度计上用 1cm 比色皿，在最大吸收波长（510nm）处以水为参比测定各溶液的吸光度，以含铁总量为横坐标、吸光度为纵坐标，绘制标准曲线。

（2）吸取未知液 5mL，按上述标准曲线相同条件和步骤测定其吸光度。根据未知液吸光度，在标准曲线上查出未知液相对应铁的量，然后计算试样中微量铁的含量，以每升未知液中含铁多少克表示（g·L^{-1}）。

【数据及处理】

1. 记录分光光度计型号、比色皿厚度，绘制吸收曲线和标准曲线。
2. 计算未知液中铁的含量，以每升未知液中含铁多少克表示（g·L^{-1}）。

【思考题】

1. 本实验为什么要在测定前加入盐酸羟胺溶液？
2. 实验中加入醋酸钠溶液的目的是什么？
3. 吸收曲线和标准曲线各有何实际意义？

实验四十六 钼蓝-分光光度法测定磷

【实验目的】

1. 掌握抗坏血酸-氯化亚锡分光光度计法测定磷的原理和方法。
2. 进一步熟悉分光光度计的构造及使用方法。

【实验原理】

微量磷的测定多采用钼蓝法，即选择合适的试剂与磷生成钼蓝而显色，然后用分光光度计法进行测定。根据所选试剂不同，一般有钼锑抗法和抗坏血酸-氯化亚锡法。本实验采用抗坏血酸-氯化亚锡法测定微量磷。

磷酸盐与钼酸铵作用生成黄色的磷钼酸，反应式为：

$$PO_4^{3-} + 12MoO_4^{2-} + 27H^+ \longrightarrow H_7[P(Mo_2O_7)_6] + 10H_2O$$

磷钼酸与氯化亚锡、抗坏血酸等还原剂反应即被还原为钼蓝，进而可采用比色法或分光光度计法进行测定。

抗坏血酸-氯化亚锡法与钼锑抗法相比，显色迅速而且稳定，同时抗坏血酸可以消除 Fe^{3+}、AsO_4^{3-} 等对测定的干扰，从而提高测定的选择性。磷的含量在 0.05～2.0μg·mL^{-1} 之间均可用抗坏血酸-氯化亚锡法进行测定，适宜的测定波长为 650nm。

【仪器和药品】

仪器：722 型分光光度计；容量瓶（50mL）；吸量管（10mL）；量筒（5mL）。

药品：盐酸钼酸铵溶液（4%）[1]；抗坏血酸溶液（2%）[2]；$SnCl_2$ 溶液（0.5%）[3]；磷标准溶液（5.00μg·mL^{-1}）[4]。

【实验步骤】

1. 标准曲线的绘制

（1）分别移取 0.00mL、2.00mL、4.00mL、6.00mL、8.00mL 和 10.00mL 磷标准溶液于 6 个已预先洗净且编号的 50mL 容量瓶中，每个容量瓶中加蒸馏水 25mL、2%抗坏血酸 1mL 和 4%盐酸钼酸铵溶液 5mL，摇匀后静置 5min。然后向 6 个容量瓶中加入 1mL 0.5% $SnCl_2$ 溶液，用蒸馏水稀释至刻度，摇匀，静置显色 10min。

（2）选择 $\lambda=650$nm 的光作为入射光，以未加入磷标准溶液者为参比溶液，测定各溶液的吸光度。以磷的含量（μg/50mL）为横坐标，各溶液的吸光度值为纵坐标绘制标准曲线。

2. 待测液中磷含量的测定

准确移取 10.00mL 待测液于 1 个预先编号的 50mL 容量瓶中，其它步骤同上。根据待测液的吸光度值，在标准曲线上查出对应的磷的含量，并计算出每毫升待测液中的含磷量。即：

$$\text{待测液的含磷量}(\mu g\cdot mL^{-1})=\frac{\text{从标准曲线上查出的磷的质量}(\mu g)}{10.00}$$

【注释】

[1] 盐酸钼酸铵溶液（4%）的配制方法为：移取 40g 钼酸铵（A.R.）溶于 600mL 浓盐酸（密度为 1.19μg·mL^{-1}）中，溶解后加蒸馏水稀释至 1000mL。

[2] 抗坏血酸溶液（2%）的配制方法为：称取 1.0g 抗坏血酸（A.R.），加蒸馏水溶解后稀释至 50mL（临用时配制）。

[3] $SnCl_2$ 溶液（0.5%）的配制方法为：称取 0.5g $SnCl_2$（A.R.），加少许浓盐酸溶解后，用蒸馏水稀释至 100mL（临用时配制）。

[4] 磷标准溶液（5.00μg·mL^{-1}）的配制方法为：准确称取 0.7165g KH_2PO_4（A.R.）（已预先于 105～110℃条件下，在烘箱中烘干 2h 并冷却至室温），加水溶解后，在 1000mL 容量瓶中定容，即得 50μg·mL^{-1} 磷标准溶液。移取 25.00mL 该溶液于 250mL 容量瓶中定容，所配溶液即为 5.00μg·mL^{-1} 磷标准溶液。

【思考题】

1. 抗坏血酸-氯化亚锡分光光度计法测定微量磷采用何种溶液作为参比溶液？
2. 抗坏血酸和氯化亚锡溶液为什么必须临时配制？
3. 测定过程中哪些试剂必须准确加入？为什么？

4. 测定吸光度时，应根据什么原则选择某一厚度的吸收池？

实验四十七 自来水中硝酸盐含量的测定

【实验目的】

1. 了解紫外分光光度计法测定水中硝酸盐含量的原理和方法。

2. 掌握紫外分光光度计的使用方法。

【实验原理】

NO_3^- 缺乏有效的显色剂，但在 220nm 处具有吸收峰，所以常利用其特殊的光学性质，用紫外分光光度计法测定其含量。因为水中溶解的有机物于 220nm 也有吸收，故可在 NO_3^- 无吸收的 275nm 处测定有机物的吸光度，然后以其二倍数值从 220nm 的吸光度值中减去即得 NO_3^- 的吸光度。即：

$$A = A_{220} - 2A_{275}$$ [1]

本实验的测定方法是：在 $\lambda = 220$nm 和 $\lambda = 275$nm 处测得不同标准溶液中 NO_3^- 的吸光度，根据测定数值绘制标准曲线（A-c 曲线）。测得水样中离子在 220nm 和 275nm 处的吸光度值后，即可从标准曲线上查得 NO_3^- 的含量。

【仪器和药品】

仪器：紫外-可见分光光度计；容量瓶（50mL）；移液管（25mL）；吸量管（1mL 和 5mL，预先洗净干燥）。

药品：含 NO_3^- 的标准溶液（含氮 $50\mu g \cdot mL^{-1}$）[2]；HCl 溶液（$1mol \cdot L^{-1}$）；水样。

【实验步骤】

1. 标准曲线绘制

（1）分别移取含 NO_3^- 的标准溶液 0.00mL、0.25mL、0.50mL、1.00mL、3.00mL 和 5.00mL 于 6 个洁净的 50mL 容量瓶中（前四者用 1.00mL 吸量管移取，后二者用 5.00mL 吸量管移取），每个容量瓶中均加入 $1mol \cdot L^{-1}$ HCl 溶液 1mL，用蒸馏水稀释至刻度，摇匀，静置 10min。

（2）以未加 NO_3^- 标准溶液者作参比，在 $\lambda = 220$nm 和 $\lambda = 275$nm 处分别测定各标准溶液的吸光度，将数据记录在表 6-5 中，并绘制标准曲线。

2. 测定水样的吸光度

（1）移取 25.00mL 水样于 50mL 容量瓶中，加入 $1mol \cdot L^{-1}$ HCl 溶液 1mL，用蒸馏水稀释至刻度，摇匀，静置 10min。

（2）用测定标准溶液吸光度相同的方法，分别测定水样在 $\lambda = 220$nm 和 $\lambda = 275$nm 处的吸光度，将数据记录在表 6-5 中。

【实验结果】

水样中的 NO_3^- 含量（$\mu g \cdot mL^{-1}$）= 从标准曲线上查得的浓度（$\mu g \cdot mL^{-1}$）×

$\frac{NO_3^- \text{的摩尔质量}}{N \text{的摩尔质量}} \times$稀释倍数

表 6-5 实验数据记录

项目	标准溶液						待测液
移取溶液的体积/mL	0.00	0.25	0.50	1.00	3.00	5.00	25.00
NO_3^- 态 N 的浓度/$\mu g \cdot mL^{-1}$	0.00	0.25	0.50	1.00	3.00	5.00	
A_{220}(220nm 处吸光光度数值)							
A_{275}(220nm 处吸光光度数值)							
$A=A_{220}-2A_{275}$							

【注释】

[1] 标准溶液和待测水样中离子在 220nm 处的吸光度值均按 $A=A_{220}-2A_{275}$ 计算，以此扣除水中溶解的有机物对测定的影响。

[2] 含 NO_3^- 标准溶液（含氮 50$\mu g \cdot mL^{-1}$）的配制：准确称取 0.3608g KNO_3（A. R.）（已预先在烘箱中烘干 1h，并冷却至室温），用蒸馏水溶解后于 1000mL 容量瓶中定容。

【思考题】

1. 紫外分光光度计法测定 NO_3^- 含量的适宜波长是多少？
2. 紫外分光光度计法测定时能否选用普通玻璃比色皿？为什么？
3. NO_3^- 在 275nm 处无吸收，为什么还要测定试剂及试样在 275nm 处的吸光度？

知识拓展

色谱-质谱联用方法

色谱法（chromatography）是一种分离和分析相结合的方法，又称“分离分析法”，在化学、生物、医学、环境、食品等领域有着非常广泛的应用。色谱法利用混合物中各组分在不同的两相中溶解、分配、吸附等化学作用性能的差异，当两相作相对运动时，使各组分在两相中反复多次受到上述各作用力而达到相互分离。色谱法起源于 20 世纪初，20 世纪 50 年代之后飞速发展，并发展出一个独立的三级学科——色谱学。1952 年英国科学家阿切尔·马丁、理查德·辛格因发明分配色谱分离法而共同获得诺贝尔化学奖。

质谱法（mass spectrometry）是利用电磁学原理，将化合物电离成不同质量的离子，然后按其质荷比（m/z）的大小依次排列成谱收集并记录。质谱法早期主要用于原子量的测定和某些复杂碳氢混合物中的各组分的定量测定，20 世纪 60 年代以后，它开始应用于复杂化合物的鉴定和结构分析，随着气相色谱（GC）、高效液相色谱（HPLC）、电感耦合等离子体发射光谱（ICP）等仪器和质谱联机成功以及计算机的飞速发展，色谱-质谱及 ICP-MS 等各类联用仪器分析方法成为趋势，并且成为分析、鉴定复杂混合物及微量、痕量金属元素研究的最有效工具。质谱法灵敏度高，检出限最低可达 10^{-14} g，可用来确定分子量。根据有机化合物分子的断裂规律，质谱中的分子碎片离子峰可用来确定化合物的结构信息。

液相色谱-质谱法（LC-MS）结合了液相色谱仪高效分离热不稳性及高沸点化合物的能力以及质谱仪的强鉴定能力，是一种分离分析复杂有机混合物的有效手段。联用的关键是适用接口的开发，必须在试样组分进入离子源之前去除溶剂。例如三重四极杆液相色谱质谱联用仪，最主要的核心部件是四极杆，它是由四根平行的棒状电极组成，相对的一对电极是等电位的，两对电极之间的电位则是相反的。LC和MS连接，可以增加额外的分析能力，能够准确鉴定和定量像细胞和组织裂解液、血液、血浆、口腔液和尿液等复杂样品基质中的微量化合物。具有选择性高、样品制备量少、灵敏度高和鉴定能力强等特点。

气相色谱质谱联用（GC-MS）是分析仪器中较早实现联用技术的仪器。随着科学技术的不断发展和社会对复杂样品快速定性定量的需求，有机质谱联用技术应运而生。有机质谱联用技术不仅具有卓越的定性鉴定功能，而且将色谱技术所具有的优越分离性能完美融合，使其兼具分离和鉴定作用，可同时对复杂样品进行定性和定量分析。GC-MS常用的定性方法是采用样品中的物质与标准谱库中的物质进行比对得以定性。气相色谱-质谱联用在药物分析、食品安全分析、环境监测中都起到至关重要的作用。色谱-四极杆质谱联用示意图见图6-1。

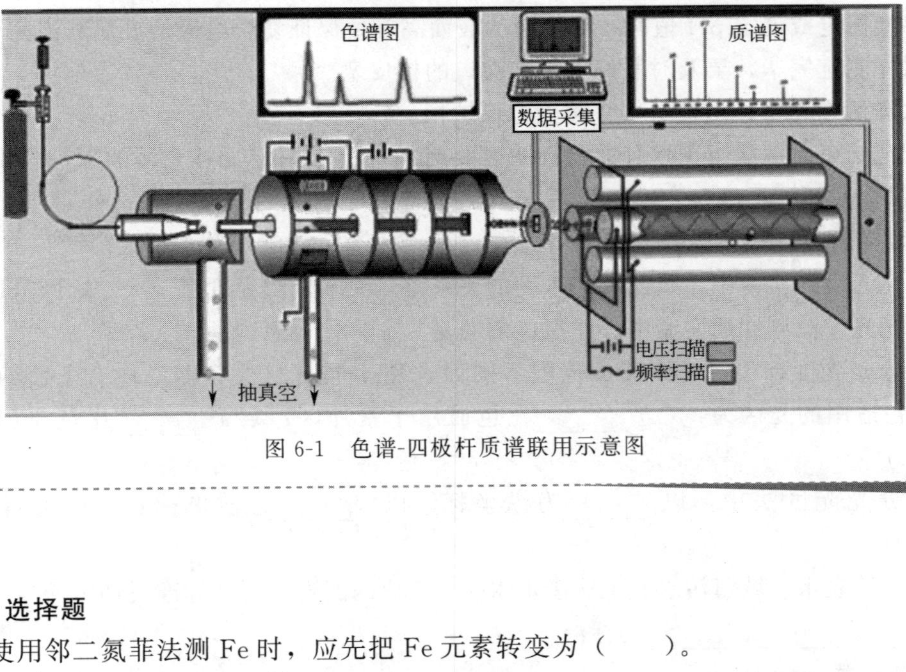

图6-1　色谱-四极杆质谱联用示意图

习题

一、选择题

1. 使用邻二氮菲法测Fe时，应先把Fe元素转变为（　　）。

A. Fe^{2+}　　B. Fe^{3+}　　C. Fe　　D. Fe_2O_3

2. 使用邻二氮菲法测Fe时，用未加铁的溶液作参比溶液是（　　）减少误差的方法。

A. 校正测量仪器和测量方法　　B. 空白实验

C. 多次测量取平均值　　D. 对照实验

3. 用分光光度法对未知样品进行分析测定时，下列操作中正确的（　　）。

A. 吸收池外壁有水珠　　B. 手捏吸收池的毛面

C. 手捏吸收池的光面　　D. 用滤纸擦去吸收池外壁的水

4. 鉴别Fe^{3+}和Fe^{2+}可加入邻菲罗啉溶液，当溶液变为橘红色，则溶液中（　　）。

A. 一定含有 Fe^{3+}　　B. 一定含有 Fe^{2+}

C. 一定含有 Fe^{3+} 和 Fe^{2+}　　D. 无法判断

5. 在吸光度测量中，参比溶液的（　　）。

A. 吸光度为 0.434　B. 吸光度为无穷大　C. 透光度为 100%　D. 透光度为 0%

6. 紫外-可见分光光度计的波长范围是（　　）。

A. 200～400nm　　B. 400～800nm

C. 10～800nm　　D. 800～1000nm

7. 表征溶液酸性强弱的指标是（　　）。

A. 酸度　B. pH 值　C. 缓冲性　D. 电离度

8. 用玻璃电极法测定水样 pH 值时，主要影响因素是（　　）。

A. 浊度　B. 色度　C. 胶体物质　D. 温度

9. 测量水的 pH 值时，应适当摇动杯子，以使溶液均匀并达到电化学平衡，而在读数时，则应停止摇动（　　），以使读数稳定。

A. 立即读数　B. 静置片刻读数　C. 再次搅动读数　D. 24h 后读数

10. 关于 pH 值测定，以下论述不正确的是（　　）。

A. 校准仪器前，先用 pH 试纸粗测水样 pH 值，据此选择合适的 pH 标液。

B. 每次标定或测定 pH 值时，待测液的液面高度要保证复合电极的玻璃球泡完全浸没。

C. 水样测定完毕，要及时盖好电极加液口的橡皮塞。

D. 水样测定完毕，电极头要直接盖上保护帽。

E. 测定结束，洗净吸干水分的电极头要及时插入盛有一定量补充液的保护帽中，且保证球泡浸没。

二、填空题

1. 分光光度计实验中，吸光度与浓度的关系是______，吸光度在______之间最适合。

2. 分光光度法测铁的实验中，作显色剂的是______，还原剂是______。

3. 在分光光度计中，常因波长范围不同而选用不同材料的容器，现有下面两种材料的容器，各适用的光区为：(1) ______比色皿用于紫外区；(2) ______比色皿用于可见光区。

4. 在分光光度法中，以______为纵坐标，以______为横坐标作图，可得光吸收曲线。

5. 对于地表水、城镇污水、工业废水水样 pH 值的测定，所选标准缓冲溶液应为 25℃，pH 为______、______、______的标液。

三、判断题

1. 分光光度计能准确测定任意浓度的有色溶液。（　　）

2. 测定溶液吸光度时，比色皿中带入气泡会对实验结果产生较大影响。（　　）

3. 测定 pH 值时，应注意电极的出厂日期，存放时间过长，性能将变劣，导致测定数据不稳。（　　）

4. 玻璃电极法准确测定水样 pH 值所用的仪器为 pH 计或酸度计。（　　）

5. 对 pH 计进行校准时，应选中性标准溶液校准仪器的“定位”，根据 pH 试纸粗测的水样 pH 值选择对应的酸性或碱性标准溶液来校准仪器的“斜率”。（　　）

参考答案

一、选择题

1. A　2. B　3. B　4. B　5. C　6. C　7. B　8. D　9. B
10. D

二、填空题

1. $A=-\lg T$；0.2～0.8　2. 邻二氮菲；盐酸羟胺　3. 石英；玻璃　4. 吸光度；波长
5. 4.00；6.86；9.18

三、判断题

1. ×　2. √　3. √　4. √　5. √

第七章 综合性实验

实验四十八 铝合金中铝含量的测定

【实验目的】

1. 了解返滴定法的一般原理。
2. 掌握固体样品的制样方法。
3. 掌握铝合金中铝的测定原理和方法。

【实验原理】

由于 Al^{3+} 易水解而形成一系列多核氢氧基络合物，且 Al^{3+} 与 EDTA 反应慢，络合比不恒定，直接络合滴定法测定误差非常大。同时，铝合金中含有 Si、Mg、Cu、Mn、Fe、Zn 等元素，个别样品中还含有 Ti、Ni 等，返滴定测定铝含量时，所有能与 EDTA 形成稳定络合物的离子都产生干扰，缺乏选择性。因此，在测定铝合金中铝的含量时，通常采用返滴定法测定铝含量。

加入定量且过量的 EDTA 标准溶液，在 pH 值为 3.5 下加热煮沸几分钟，使络合完全，继续在 pH 值为 5～6，以二甲酚橙为指示剂，用 Zn^{2+} 标准溶液滴定过量的 EDTA。然后，加入过量的 NH_4F，加热至沸，使 AlY^- 与 F^- 之间发生置换反应，释放出与 Al^{3+} 等物质的量的 EDTA，再用 Zn^{2+} 盐标准溶液滴定释放出来的 EDTA 而得到铝的含量。有关反应如下：

pH=3.5 时：

$$Al^{3+}(\text{试液})+Y^{4-}(\text{过量})=AlY^-,Y^{4-}(\text{剩})$$

pH=5～6 时，加入二甲酚橙指示剂，用 Zn^{2+} 盐标准溶液滴定剩余的 Y^{4-}；

$$Zn^{2+}+Y^{4-}(\text{剩})=ZnY^{2-},Y^{4-}$$

加入 NH_4F 后，发生置换反应：

$$AlY^-+6F^-=AlF_6^{3-}+Y^{4-}(\text{置换})$$

即滴定反应：

$$Zn^{2+}+Y^{4-}(\text{置换})=ZnY^{2-}$$

终点时反应：

$$\underset{\text{黄色}}{Zn^{2+}(\text{过量})+XO}=\underset{\text{紫红色}}{Zn\text{-}XO}$$

【仪器和药品】

仪器：塑料烧杯；容量瓶；移液管；锥形瓶；滴定管。

药品：NaOH（$200g \cdot L^{-1}$）；HCl（1∶1）；氨水（1∶1）；NH_4F（$200g \cdot L^{-1}$）；EDTA（$0.02mol \cdot L^{-1}$）；六亚甲基四胺（$200g \cdot L^{-1}$）；Zn^{2+} 标准溶液（$0.02mol \cdot L^{-1}$）；二甲酚橙；铝合金样品（0.10～0.11g）；纯 ZnO 试样。

【实验步骤】

1. 准确称取分析纯 ZnO 试样 0.41g 左右，溶于 100mL 烧杯中，完全溶解后转入 250mL 容量瓶中，洗涤烧杯，洗液并入容量瓶，定容、摇匀备用以作 Zn 标准溶液。

2. 依据实验要求，分别配制 $200g \cdot L^{-1}$ NaOH 溶液，1∶1 HCl 溶液，1∶1 氨水，$200g \cdot L^{-1}$ NH_4F，$200g \cdot L^{-1}$ 六亚甲基四胺及 $0.02mol \cdot L^{-1}$ EDTA 溶液。

3. 准确称取 0.10～0.11g 铝合金于 250mL 烧杯中，加 10mL NaOH 溶液，在沸水浴中使其完全溶解，稍冷后，加（1∶1）HCl 盐酸溶液至有絮状沉淀产生，再多加 10mL HCl 溶液，定容于 250mL 容量瓶中。

4. 准确移取试液 25.00mL 于 250mL 锥形瓶中，加 30mL EDTA、2 滴二甲酚橙，此时溶液为黄色，加氨水至溶液呈紫红色，再加（1∶1）HCl 溶液，使之呈黄色，煮沸 3min，冷却。

5. 加 20mL 六亚甲基四胺，此时应为黄色，如果呈红色，还需滴加（1∶1）HCl，使其变黄。把 Zn^{2+} 标准溶液滴入锥形瓶中，用来与多余的 EDTA 络合，当溶液恰好由黄色变为紫红色时停止滴定。

6. 于上述溶液中加入 10mL NH_4F，加热至微沸，流水冷却，再补加 2 滴二甲酚橙，此时溶液为黄色。再用 Zn^{2+} 标准溶液滴定，当溶液由黄色恰好变为紫红色时即为终点，根据本次标液所消耗的体积，计算铝的质量。

【思考题】

1. 用锌标准溶液滴定多余的 EDTA，为什么不计滴定体积？能否不用锌标准溶液，而用没有准确浓度的 Zn^{2+} 溶液滴定？

2. 实验中使用的 EDTA 需不需要标定？

3. 能否采用 EDTA 直接滴定法测定铝？

实验四十九　硫酸亚铁氨的制备及产品检验

【实验目的】

1. 了解复盐的制备方法。

2. 练习水浴加热和减压过滤等操作。

3. 了解目视比色的方法。

【实验原理】

硫酸亚铁铵 [$(NH_4)_2SO_4 \cdot FeSO_4 \cdot 6H_2O$]，商品名为莫尔盐，为浅蓝绿色单斜晶体。一般亚铁盐在空气中易被氧化，而硫酸亚铁铵在空气中比一般亚铁盐要稳定，不易被氧化，并且价格低，制造工艺简单，容易得到较纯净的晶体，因此应用广泛。在定量分析中常用来配制亚铁离子的标准溶液。

和其它复盐一样，$(NH_4)_2SO_4 \cdot FeSO_4 \cdot 6H_2O$ 在水中的溶解度比组成它的每一组分 $FeSO_4$ 或 $(NH_4)_2SO_4$ 的溶解度都要小。利用这一特点，可通过蒸发浓缩 $FeSO_4$ 与 $(NH_4)_2SO_4$ 溶于水所制得的浓混合溶液制取硫酸亚铁铵晶体。三种盐的溶解度数据列于表 7-1。

表 7-1　三种盐在水中的溶解度　　单位：(g/100g)

温度/℃	$FeSO_4$	$(NH_4)_2SO_4$	$(NH_4)_2SO_4 \cdot FeSO_4 \cdot 6H_2O$
10	20.0	73	17.2
20	26.5	75.4	21.6
30	32.9	78	28.1

本实验先将铁屑溶于稀硫酸生成硫酸亚铁溶液：

$$Fe + H_2SO_4 = FeSO_4 + H_2 \uparrow$$

再往硫酸亚铁溶液中加入硫酸铵并使其全部溶解，加热浓缩制得的混合溶液，再冷却即可得到溶解度较小的硫酸亚铁铵晶体。

$$FeSO_4 + (NH_4)_2SO_4 + 6H_2O = (NH_4)_2SO_4 \cdot FeSO_4 \cdot 6H_2O$$

用目视比色法可估计产品中所含杂质 Fe^{3+} 的量。Fe^{3+} 与 SCN^- 能生成红色物质 $[Fe(SCN)]^{2+}$，红色深浅与 Fe^{3+} 相关。将所制备的硫酸亚铁铵晶体与 KSCN 溶液在比色管中配制成待测溶液，将它所呈现的红色与含一定 Fe^{3+} 量所配制成的标准 $[Fe(SCN)]^{2+}$ 溶液的红色进行比较，确定待测溶液中杂质 Fe^{3+} 的含量范围，确定产品等级。

【仪器和药品】

仪器：锥形瓶（150mL）；水浴锅；布氏漏斗；吸滤瓶；目视比色管（25mL）；托盘天平；蒸发皿；表面皿；量筒（50mL）；吸量管（10mL）。

药品：$(NH_4)_2SO_4$(s)；H_2SO_4($3mol \cdot L^{-1}$)；Na_2CO_3(10%)；乙醇(95%)；KSCN(25%)；铁屑；$NH_4 \cdot Fe(SO_4)_2 \cdot 12H_2O$(s)。

【实验步骤】

1. 铁屑的净化

用托盘天平称取 2.0g 铁屑，放入锥形瓶中，加入 15mL 10% Na_2CO_3 溶液，小火加热煮沸约 10min 以除去铁屑上的油污，倾去 Na_2CO_3 碱液，用自来水冲洗后，再用去离子水把铁屑冲洗干净。

2. $FeSO_4$ 的制备

往盛有铁屑[1] 的锥形瓶中加入 15mL $3mol \cdot L^{-1}$ H_2SO_4，在水浴上加热[2]，使铁屑与硫酸反应，加热过程中应不时地往锥形瓶中补加去离子水及 H_2SO_4 溶液[3]（要始终保持反应溶液的 pH 值在 2 以下），以补充被蒸发掉的水分，当产生的气泡量较少时，趁热减压过滤[4]，将滤液转移至洁净的蒸发皿中，将留在锥形瓶内和滤纸上的残渣收集在一起用滤纸片吸干后称重，由已作用的铁屑质量算出溶液中生成的 $FeSO_4$ 的量。

3. $(NH_4)_2SO_4 \cdot FeSO_4 \cdot 6H_2O$ 的制备

根据溶液中 $FeSO_4$ 的量，按反应方程式计算并称取所需 $(NH_4)_2SO_4$ 固体的质量，加

入上述制得的 $FeSO_4$ 溶液中，水浴加热（由于水浴加热较费时，也可用酒精灯直接加热至溶液沸腾后改用小火慢慢加热），轻轻搅拌至 $(NH_4)_2SO_4$ 完全溶解后，停止搅拌，蒸发浓缩至溶液表面出现晶膜[5]，静置，使之缓慢冷却，$(NH_4)_2SO_4 \cdot FeSO_4 \cdot 6H_2O$ 晶体析出，减压过滤除去母液，用少量95%乙醇洗涤晶体以除去杂质，将晶体转移至吸水纸上吸干，观察晶体的颜色和形状，最后称重，计算产率。

4. 产品检验

（1）Fe(Ⅲ）标准溶液的配制

称取 0.8634g $NH_4 \cdot Fe(SO_4)_2 \cdot 12H_2O$，溶于少量不含氧的蒸馏水中，加 2.5mL 浓 H_2SO_4，移入 1000mL 容量瓶中，用不含氧的蒸馏水稀释至刻度。此溶液为 0.1000g·L^{-1} Fe^{3+} 标准溶液。

（2）标准色阶的配制

取 0.50mL Fe(Ⅲ）标准溶液于 25mL 比色管中，加 2mL 3mol·L^{-1} HCl 和 1mL 25% KSCN 溶液，用蒸馏水稀释至刻度，摇匀，配制成Ⅰ级试剂（Fe^{3+} 为 0.05mg）。

同样地，分别移取 1.00mL Fe(Ⅲ）和 2.00mL Fe(Ⅲ）标准溶液，配制成Ⅱ、Ⅲ级试剂（含 Fe^{3+} 量分别为 0.10mg 和 0.20mg）。

（3）产品级别的确定

称取 1.0g 产品于 25mL 比色管中，用 15mL 不含 O_2 的蒸馏水溶解，再加入 2mL 3mol·L^{-1} H_2SO_4 和 1mL 25%KSCN 溶液，加水稀释至 25mL，摇匀。与标准色阶进行目视比色，确定产品级别。

【实验结果】

实验记录及结果填入表 7-2 中。

表 7-2 实验记录及结果

实验步骤	物质	质量/g
铁屑的净化及 $FeSO_4$ 的制备	参与反应的铁屑生成的 $FeSO_4$	
$(NH_4)_2SO_4 \cdot FeSO_4 \cdot 6H_2O$ 的制备	所需要的 $(NH_4)_2SO_4$ 生成的 $(NH_4)_2SO_4 \cdot FeSO_4 \cdot 6H_2O$	
产品检验	生成的 $(NH_4)_2SO_4 \cdot FeSO_4 \cdot 6H_2O$	产品级别

【注释】

[1] 不必将所有铁屑溶解完，实验时溶解大部分铁屑即可。

[2] 铁与稀硫酸反应时为加快反应速率需加热，但最好控温在 60℃以下。若温度超过 60℃易生成 $FeSO_4 \cdot H_2O$ 白色晶体，过滤时会残留在滤纸上而降低产量，对 $(NH_4)_2SO_4$ 的物质的量的确定也有影响，会使 $(NH_4)_2SO_4$ 的物质的量偏高。

[3] 在制备 $FeSO_4$ 时，要注意分次补充少量水，以防止 $FeSO_4$ 析出，但不能加水过多，保持 pH 值在 1～2 之间。如 pH 值太高，Fe^{2+} 易水解。

[4] 硫酸亚铁溶液在空气中容易变质，在过滤时一定要迅速，使 $FeSO_4$ 溶液在空气中的时间尽可能短。

[5] 加热浓缩 $(NH_4)_2SO_4 \cdot FeSO_4 \cdot 6H_2O$ 时不能浓缩至干，因为这样会使制得的莫尔盐失水。

【思考题】

1. 铁屑中加入 H_2SO_4 水浴加热至有少量气泡放出后，为什么要趁热减压过滤？
2. 在硫酸亚铁铵的制备过程中为什么要控制溶液 pH 值为 1～2？
3. 为什么硫酸亚铁铵在定量分析中可以用来配制亚铁离子的标准溶液？

实验五十 高锰酸钾的制备与纯度检测

【实验目的】

1. 了解由软锰矿制取高锰酸钾的原理和方法。
2. 学习熔融法操作，学会在过滤操作中使用石棉纤维和砂芯漏斗。
3. 了解锰的各种氧化态化合物之间相互转化的条件。
4. 测定高锰酸钾的纯度并掌握氧化还原滴定操作方法。

【实验原理】

1. 制备原理

在碱性介质中，氯酸钾可把二氧化锰氧化为锰酸钾：

$$3MnO_2+6KOH+KClO_3 \xlongequal{} 3K_2MnO_4+KCl+3H_2O$$

在酸性介质中，锰酸钾发生歧化反应，生成高锰酸钾：

$$3K_2MnO_4+2CO_2 \xlongequal{} 2KMnO_4+MnO_2+2K_2CO_3$$

$$3K_2MnO_4+4HAc \xlongequal{} 2KMnO_4+MnO_2\downarrow+4KAc+2H_2O$$

所以，把制得的锰酸钾固体溶于水，再通入 CO_2 气体，即可得到 $KMnO_4$ 溶液和 MnO_2。减压过滤以除去 MnO_2 之后，将溶液浓缩，即析出 $KMnO_4$ 晶体。用通入 CO_2 或滴加 HAc 的方法制取 $KMnO_4$，在最理想的情况下，也只能使 K_2MnO_4 的转化率达 66%，所以为了提高 K_2MnO_4 的转化率，通常在 K_2MnO_4 溶液中通入氯气：

$$2K_2MnO_4+Cl_2 \xlongequal{} 2KMnO_4+2KCl$$

或用电解法对 K_2MnO_4 进行氧化得到 $KMnO_4$：

阳极： $$2MnO_4^{2-}-2e^- \longrightarrow 2MnO_4^-$$

阴极： $$2H_2O+2e^- \longrightarrow H_2\uparrow+2OH^-$$

总反应为： $$2K_2MnO_4+2H_2O \xlongequal{} 2KMnO_4+2KOH+H_2\uparrow$$

本实验采用滴加 HAc 的方法使 MnO_4^{2-} 歧化为 MnO_4^-。

2. 测定原理

在酸性条件下，用一定浓度的草酸钠溶液标定高锰酸钾，反应式为：

$$2MnO_4^{2-}+5C_2O_4^{2-}+16H^+ \xlongequal{} 2Mn^{2+}+10CO_2\uparrow+8H_2O$$

$KMnO_4$ 为自身指示剂，随着 $KMnO_4$ 的滴加，MnO_4^- 转化为 Mn^{2+}，使 $KMnO_4$ 的紫色褪去，当达到化学计量点时，$Na_2C_2O_4$ 恰好全部反应完毕，过量的 1 滴 $KMnO_4$ 会使溶液呈浅紫红色。

【仪器和药品】

仪器：托盘天平；铁坩埚；坩埚钳；泥三角；布氏漏斗；砂芯漏斗；石棉网；酒精灯；

烧杯（200mL）；玻璃棒；酸式滴定管（50mL，棕色）；烘箱；分析天平；吸滤瓶；蒸发皿；锥形瓶（250mL）；表面皿；铁棒；酸洗石棉纤维；洗气瓶；容量瓶（200mL，棕色）；铁架台；循环水式真空泵。

药品：二氧化锰（s）；氢氧化钾（s）；氯酸钾（s）；草酸钠；H_2SO_4（$3mol \cdot L^{-1}$）；HAc（$6mol \cdot L^{-1}$）。

【实验步骤】

1. 锰酸钾的制备

（1）称取 4g KOH 固体和 2g $KClO_3$ 固体放入铁坩埚中，混合均匀，用坩埚钳将铁坩埚夹紧，固定在铁架上，小火加热，并用洁净的铁棒搅拌混合（或一手用坩埚钳夹住铁坩埚，一手用铁棒搅拌）。待混合物熔融后，边搅拌边加入 2.5g MnO_2 固体（分三次加入），即可观察到熔融物黏度逐渐增大，再不断用力搅拌，以防结块。如反应剧烈使熔融物溢出时，可将铁坩埚移离火焰。在反应快要干涸时，应不断搅拌，使呈颗粒状，以不结成大块黏附在坩埚壁上为宜，待反应物干涸后，停止加热。

（2）产物冷却后，将其转移到至 200mL 烧杯中，留在坩埚中的残余部分，以约 10mL 蒸馏水加热浸洗，溶液倾入盛产物的烧杯中，如浸洗一次未浸完，可反复用水浸洗数次，直至浸完残余物。浸出液合并，最后使总体积为 100mL（不要超过 100mL），加热烧杯并搅拌，使熔体全部溶解，得墨绿色的锰酸钾溶液。

2. 高锰酸钾的制备

趁热向锰酸钾浸取液中逐滴滴加 $6mol \cdot L^{-1}$ 的醋酸，直至锰酸钾全部歧化为 $KMnO_4$ 和 MnO_2（可用玻璃棒蘸一些溶液滴在滤纸上，如果滤纸上显紫红色而无绿色痕迹，即可以认为锰酸钾全部歧化）。然后用铺有石棉纤维的布氏漏斗[1] 抽滤，滤去二氧化锰残渣，滤液倒入蒸发皿中，加热蒸发浓缩至表面析出高锰酸钾晶膜为止，停止加热，冷却，即有 $KMnO_4$ 晶体析出。最后用砂芯漏斗抽滤，把 $KMnO_4$ 晶体尽可能抽干，转移到已知质量的干燥洁净的表面皿中，放入烘箱中（80℃为宜，不能超过 240℃）干燥 0.5h，冷却后称量，计算产率。记录晶体的颜色和形状。

3. 高锰酸钾纯度的测定

准确称取 0.65～0.7 g 所制备的高锰酸钾固体置于小烧杯内，用少量蒸馏水溶解，转移并定容到 200mL 的棕色容量瓶中。

模拟实验：准确称取 0.15～0.20 g $Na_2C_2O_4$ 于 250mL 锥形瓶中，加入 30mL 蒸馏水溶解，加入 15mL $3mol \cdot L^{-1}$ H_2SO_4 溶解，加热至 75～80 ℃。用已配制好的 $KMnO_4$ 溶液滴定[2] 至浅紫红色，且 30s 内颜色不褪，记录消耗 $KMnO_4$ 溶液体积。由此估算出消耗约 25mL $KMnO_4$ 溶液时所需 $Na_2C_2O_4$ 的质量。

按照上述计算准确称量一定量的 $Na_2C_2O_4$ 晶体，重复上述操作，平行滴定三次。

4. 高锰酸钾含量的计算

$$w(KMnO_4)=\frac{\dfrac{m(Na_2C_2O_4)}{M(Na_2C_2O_4)}\times\dfrac{2}{5}\times M(KMnO_4)}{m(KMnO_4)\times\dfrac{V(KMnO_4)}{200.00}}\times 100\%$$

式中，$m(Na_2C_2O_4)$ 为滴定时准确称取 $Na_2C_2O_4$ 晶体质量，g；$m(KMnO_4)$ 为滴定

前所配制的200mL $KMnO_4$ 溶液所称取的 $KMnO_4$ 固体质量，g；$V(KMnO_4)$ 为滴定所消耗的 $KMnO_4$ 的体积，mL。

【实验结果】

1. $KMnO_4$ 的产率

表面皿质量：______g　表面皿+ $KMnO_4$ 质量：______g　$KMnO_4$ 实际产量：______g

$KMnO_4$ 理论产量：______g　$KMnO_4$ 产率：______　$KMnO_4$ 的颜色及形状：______

2. $KMnO_4$ 纯度的测定

（1）模拟试验

称量草酸质量 m：______g　　消耗溶液体积 V_1：______mL

消耗25mL $KMnO_4$ 溶液需称量草酸钠的质量：$m(Na_2C_2O_4) = m\dfrac{25.00}{V_1} =$ ______

（2）滴定

滴定数据及结果见表7-3。

表7-3　滴定数据及结果

平行滴定份数	1	2	3
$m(Na_2C_2O_4)$/g			
$V(KMnO_4)$/mL			
$w(KMnO_4)$			
$KMnO_4$ 的平均含量			

【注释】

[1] 布氏漏斗中铺石棉纤维时，应抽滤到滤液中检查（在小烧杯中）不出现纤维才能使用，铺好一个后只要不去搅动它，可以供大家连续使用。

[2] 滴定开始时，高锰酸钾溶液紫色褪去得很慢，这时要慢慢滴入，等加入的第一滴高锰酸钾褪色后，再加第二滴。后面因产生的 Mn^{2+} 起了催化作用，反应速率加快，可以适当地滴快一些。

【思考题】

1. 为什么碱熔融制备锰酸钾时不用瓷坩埚和玻璃棒搅拌？
2. 过滤 $KMnO_4$ 溶液为什么不能用滤纸？

实验五十一　菠菜色素的提取、分离、鉴定

【实验目的】

1. 通过植物色素的提取和分离，了解天然物质分离提纯方法。
2. 了解柱色谱和薄层色谱分离的基本原理，掌握柱色谱和薄层色谱分离的操作技术。
3. 通过柱色谱和薄层色谱分离操作，加深了解微量有机物色谱分离鉴定的原理。

【实验原理】

绿色植物如菠菜叶中的叶绿体含有绿色素（包括叶绿素a和叶绿素b）和黄色素（包括

胡萝卜素和叶黄素）两大类天然色素。这两类色素都不溶于水，而溶于有机溶剂，故可用石油醚、乙醇或丙酮等有机溶剂提取。

叶绿素存在两种结构相似的形式即叶绿素 a($C_{55}H_{72}O_5N_4Mg$) 和叶绿素 b($C_{55}H_{70}O_6N_4Mg$)，其差别仅是叶绿素 a 中一个甲基被甲酰基所取代从而形成了叶绿素 b。它们都是吡咯衍生物与金属镁的络合物，是植物进行光合作用所必需的催化剂。植物中叶绿素 a 的含量通常是叶绿素 b 的 3 倍。尽管叶绿素分子中含有一些极性基团，但大的烃基结构使它易溶于醚、石油醚等一些非极性的溶剂。

胡萝卜素（$C_{40}H_{56}$）是具有长链结构的共轭多烯。它有三种异构体，即 α-胡萝卜素、β-胡萝卜素和 γ-胡萝卜素，其中 β-胡萝卜素含量最多，也最为重要。在生物体内，β-胡萝卜素受酶催化氧化形成维生素 A。目前 β-胡萝卜素已可进行工业生产，可作为维生素 A 使用，也可作为食品工业中的色素。

叶黄素（$C_{40}H_{56}O_2$）是胡萝卜素的羟基衍生物，它在绿叶中的含量通常是胡萝卜素的两倍。与胡萝卜素相比，叶黄素较易溶于醇而在石油醚中溶解度较小。

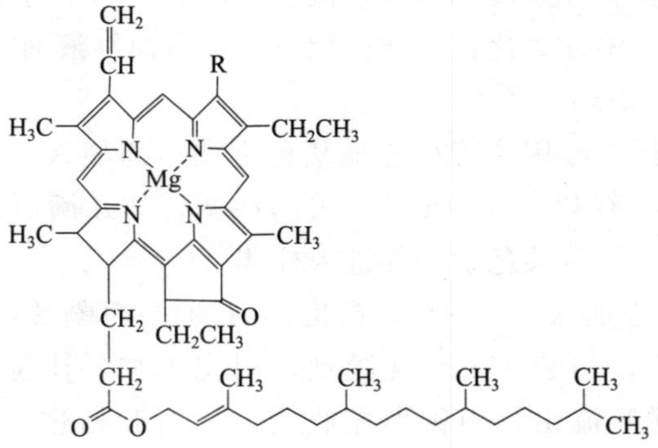

叶绿素a(R=CH_3)
叶绿素b(R=CHO)

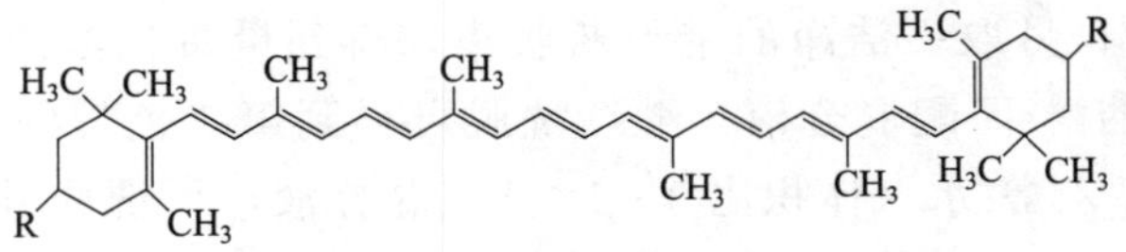

β-胡萝卜素(R=H)；叶黄素(R=OH)

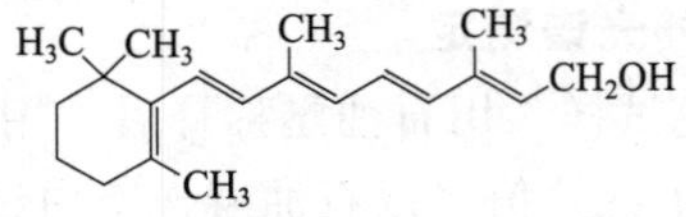

维生素A

本实验以石油醚和乙醇为混合溶剂，从菠菜叶中提取上述各种色素，再用柱色谱法和薄层色谱法进行分离。薄层色谱是将上述的浓缩液点在硅胶 G 的预制板上，分别用石油醚-丙酮（8∶2）和石油醚-乙酸乙酯（6∶4）两种溶剂系统展开，经过显色后，进行观察并计算比移值；柱色谱分离原理及实验操作等参见第二章化学实验基本操作（十七）。

柱色谱分离时，胡萝卜素的极性最小，用石油醚-丙酮可将其洗脱；叶黄素的极性稍强，可增加洗脱剂中丙酮的比例；叶绿素的极性最大，可改用极性较强的混合溶剂。

【仪器和药品】

仪器：托盘天平；色谱柱（或酸式滴定管）；锥形瓶；烧杯；分液漏斗；布氏漏斗；吸滤瓶；量筒；水泵；剪刀；脱脂棉或玻璃棉；滤纸；研钵；圆底烧瓶；冷凝管；接引管；滴液漏斗；滴管；酒精灯；石棉网；三脚架；730 型分光光度计。

药品：硅胶 G；中性氧化铝（20g，150～160 目）；乙醇；石油醚（60～90℃）；丙酮；正丁醇；石英砂；菠菜叶（5g）；饱和氯化钠溶液；无水硫酸钠。

【实验步骤】

1. 菠菜色素的提取

将 5g 菠菜叶[1] 洗净用滤纸吸干并切成碎片，用研钵捣烂[2]，用石油醚-乙醇混合溶液（体积比 3∶2）浸提（10mL）。抽滤后滤液移入分液漏斗，用水萃取以除去乙醇（3mL×2），用饱和氯化钠溶液洗涤[3]，注意不要剧烈振荡，以防止发生乳化现象[4]。弃去水-乙醇层，石油醚层用无水硫酸钠干燥后滤入圆底烧瓶，在水浴上蒸去石油醚（回收）至体积约 1mL 为止。

2. 菠菜色素的分离

（1）装柱　色谱柱中加入石油醚。在小烧杯中加入适量石油醚，取少许脱脂棉（或玻璃棉）用石油醚浸湿，挤去气泡后放入色谱柱底部，在它上面放一小片直径略小于管柱的滤纸或铺一薄层石英砂。通过玻璃漏斗缓缓加入氧化铝，同时打开活塞让石油醚流下，以保持柱内石油醚的高度不变。可用软性物轻轻敲震色谱柱以便使中性氧化铝装得平实。装完后再用一圆形滤纸或一薄层石英砂覆盖在中性氧化铝上面。调节柱中石油醚液面高度，确保石油醚液面高出中性氧化铝或石英砂 1～2mm。

（2）装样　将菠菜色素浓缩提取液用滴管小心地从色谱柱顶部加入。加完后打开活塞，让液面下降到柱中中性氧化铝层上缘以下 1mm 处，关闭活塞，加几滴石油醚，打开活塞，使液面下降如前，如此反复多次，使菠菜色素全部进入柱体。

（3）洗脱与分离　在柱顶小心加入 1.5～2cm 高度的石油醚-丙酮洗脱剂（体积比 9∶1），而后在柱上方装一滴液漏斗，内装 15mL 洗脱剂，用完再加，让洗脱剂逐滴加入柱内。打开柱下方活塞让洗脱剂逐滴流出，用锥形瓶收集，层析开始进行。当第一个有色成分即将滴出时，另取一洁净的锥形瓶收集，得到橙黄色溶液，即胡萝卜素。将洗脱剂换成 7∶3 的石油醚-丙酮混合液，继续洗脱可得到第二色带的黄色溶液即叶黄素[5]。将洗脱剂换成丁醇-乙醇-水（体积比 3∶1∶1）混合液，可洗脱叶绿素 a（蓝绿色）和叶绿素 b（黄绿色）。

3. β-胡萝卜素的紫外光谱测定

将分离得到的橙黄色试样，用石油醚稀释后，用 730 型分光光度计测定 400～600nm 范围内的吸收，指出测定的 λ_{max} 值（以石油醚作空白试剂）。

参考数据：β-胡萝卜素 $\lambda_{max}=481nm$，$\varepsilon=123027$；$\lambda_{max}=453nm$，$\varepsilon=141254$。

【注释】

[1] 菠菜叶用新鲜或冷冻的均可，若用冷冻的，解冻后要包在纸内轻压吸去水分。

[2] 不要研磨成糊状，否则会给分离造成困难。

[3] 用饱和 NaCl 溶液洗涤，以防止萃取液形成乳浊液。

[4] 洗涤时要轻轻振摇，以防产生乳化现象。

[5] 从嫩绿的菠菜得到的提取液中，叶黄素的含量很少，不容易分出黄色色带。

【思考题】

1. 比较叶绿素、叶黄素和胡萝卜素三种色素的极性，为什么胡萝卜素在色谱柱移动得最快？

2. 若实验时不小心将斑点浸入展开剂中，会产生什么后果？

3. 样品斑点过大对分离效果会产生什么影响？

实验五十二 乙酸乙酯的制备

【实验目的】

1. 了解有机酸合成酯的一般原理和方法。
2. 掌握回流、萃取、液体干燥等基本操作。
3. 进一步巩固常压蒸馏操作。

【实验原理】

醇和有机酸在酸性条件下发生酯化反应生成酯。

主反应：

$$CH_3COOH + CH_3CH_2OH \underset{110\sim120℃}{\overset{浓\ H_2SO_4}{\rightleftharpoons}} CH_3COOCH_2CH_3 + H_2O$$

由于酯化反应是可逆反应，为使反应朝生成产物的方向进行，一般采取把乙酸乙酯或水从反应体系中不断蒸出，同时通过增加反应物乙醇的量来提高反应产率，反应时反应温度对反应有较大影响，反应温度过高会导致发生下面的副反应。

副反应：

$$CH_3CH_2OH + CH_3CH_2OH \xrightarrow[140℃]{浓\ H_2SO_4} CH_3CH_2OCH_2CH_3 + H_2O$$

【仪器和药品】

仪器：三口瓶；直形冷凝管；恒压滴液漏斗；电热套；橡胶管；分液漏斗；尾接管；锥形瓶；托盘天平；量筒；圆底烧瓶；球形冷凝管；温度计。

药品：冰醋酸；无水乙醇；95%乙醇；浓硫酸；饱和碳酸钠溶液；饱和氯化钙溶液；饱和食盐水溶液；无水硫酸镁；pH 试纸；沸石。

方法一

【实验步骤】

1. 在 100mL 三口瓶中，加入 9mL（0.15mol，7.1g）95% 乙醇，量取 12mL（0.22mol，22g）浓硫酸，边摇边加，使浓硫酸与乙醇混合均匀，加入少量沸石，中间口安装恒压滴液漏斗，左右口分别安装温度计和蒸馏装置，温度计水银球浸入液面下，距离瓶底 0.5～1cm。

2. 在恒压滴液漏斗中加入 14mL（0.23mol，11.2g）95%乙醇和 14.3mL（0.25mol，14.7g）冰醋酸的混合液，先向瓶中滴加 3～4mL 混合液，然后控制反应温度在 110～120℃，保持滴加速度和馏出速度基本相等[1]，滴加完毕后，继续加热 15～20min，直至温度到 130℃时不再有馏分蒸出为止。

3. 在馏出液中慢慢加入饱和碳酸钠溶液，并不断搅拌至气泡不再产生为止[2]，测定溶液的 pH 值为 7～9，然后将混合液加入分液漏斗，分去水层[3]，继续加入 10mL 饱和氯化钠溶液洗涤 2～3 次[4]，再用 10mL 饱和氯化钙溶液洗涤 2～3 次[5]，有机层用无水硫酸镁干燥[6]，称量粗产品，质量约为 10g。

4. 将干燥好的粗产品倒入 25mL 圆底烧瓶中，安装蒸馏装置，收集 73～78℃的馏分，称量产品质量。

方法二

【实验步骤】

1. 在 100mL 的圆底烧瓶中加入 19mL（0.4mol）无水乙醇和 12mL（0.2mol）冰醋酸，再小心加入 5mL 浓硫酸，混匀后，加入沸石，安装回流装置。

2. 用电热套开始加热，使反应温度维持在回流速度每秒 2～3 滴，反应 30min，待反应体系温度降低后，将回流装置改为蒸馏装置，控制馏出速度每秒 1～2 滴，收集 70～80℃馏分，得粗乙酸乙酯。

3. 该步操作同方法一第 3 步操作，称量粗产品质量约为 9g。

4. 将干燥好的粗产品倒入 25mL 圆底烧瓶中，安装蒸馏装置，收集 73～78℃的馏分，称量产品质量。

本实验有关物质的物理常数如表 7-4 所示。

表 7-4 有关物质的物理常数

化合物	分子量	熔点/℃	沸点/℃	相对密度 d_4^{20}	折射率 n_D^{20}
乙酸乙酯	88.12	−83.58	77.06	0.9003	1.3723
乙醇	46.07	−117.3	78.5	0.7893	1.3611
乙醚	74.12	−116.2	34.51	0.7138	1.3526
乙酸	60.05	16.6	117.9	1.049	1.3714

【注释】

[1] 反应要控制好反应温度，温度过高会导致副反应的发生，增加副产物乙醚的量。控制冰醋酸-乙醇混合液的滴加速度，滴加太快容易使乙酸和乙醇来不及反应就已被蒸出，从而使反应的产率降低。

[2] 未反应的乙酸和碳酸钠反应时会放出大量气体，不断搅拌防止溢出。

[3] 对于未知密度的两相液体，取出任意一层少量液体，加入水，如果混溶说明该层为水层，分层为有机层。

[4] 饱和氯化钠溶液洗涤目的一是洗去过量的碳酸钠，二是降低酯在水中的溶解度。

[5] 饱和氯化钙溶液洗涤是除去未反应完全被蒸出的乙醇。

[6] 干燥剂的使用量太大会使产物的产量减少，使用量太小达不到干燥的目的。

【思考题】

1. 本实验为什么需要控制温度？
2. 酯化反应有什么特点，在实验中采取哪些措施会提高反应的产率？
3. 本实验若采用冰醋酸过量，做法是否合适？为什么？
4. 干燥剂能否用无水氯化钙代替无水硫酸镁？
5. 实验中用饱和碳酸钠溶液中和乙酸，能否用氢氧化钠代替，为什么？

实验五十三 甲基橙的制备

【实验目的】

1. 学习重氮化反应和偶合反应的实验操作。

2. 进一步巩固重结晶的原理和操作。

【实验原理】

甲基橙是一种指示剂，采用重氮化-偶联反应制备。

在低温下和强酸下，芳香族伯胺与亚硝酸反应生成重氮化合物的反应称为重氮化反应。

在中性、弱碱性或弱酸性溶液中，重氮盐容易与芳香胺、酚等发生苯环上亲电取代反应，生成偶氮化合物，该反应称为偶合反应或偶联反应。

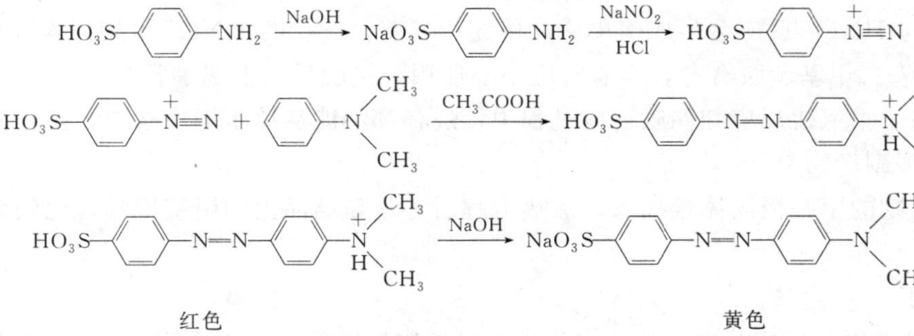

【仪器和药品】

仪器：冰浴装置；100mL 烧杯；锥形瓶；托盘天平；量筒；胶头滴管；试管 2 个；玻璃棒。

药品：对氨基苯磺酸晶体；5% NaOH；$NaNO_2$；*N*,*N*-二甲基苯胺；冰醋酸；KI 淀粉试纸；pH 试纸；稀盐酸。

【实验步骤】

1. 100mL 烧杯中加入 1g（0.0058mol）对氨基苯磺酸晶体，再加入 5mL 5% NaOH，热水浴温热溶解[1]。溶液冷却至室温，一边搅拌一边加入 0.44g（0.0064mol）$NaNO_2$ 将其溶解。

2. 将溶液冷至 5℃以下[2]。边搅拌边滴加稀盐酸 6.5mL（试管中预先配制：5mL 水和 1.5mL 浓盐酸），保持反应液温度在 5℃以下，反应溶液由无色变橙色，并随着反应进行逐渐加深，底部有白色浑浊，继续搅拌，溶液浑浊变成奶白色。滴加结束后把烧杯在冰浴里继续反应 15min，溶液呈现奶黄色。用 KI 淀粉试纸检验[3] HNO_2 是否过量。

3. 在另一支试管中加入 0.8mL（0.0058mol）*N*,*N*-二甲基苯胺[4] 和 0.5mL 冰醋酸，振荡混合。在搅拌下，将此液慢慢滴加到上述冷却的重氮盐中，滴完后继续搅拌 10min[5]。随着混合液的加入，溶液由红色逐渐加深，最终变成深红色。

4. 在烧杯中，一边慢慢加入 25mL 5% NaOH，一边搅拌，随着 NaOH 溶液的加入，慢慢搅拌，溶液逐渐变成糊状物，并呈现橙色。

5. 将烧杯加热使甲基橙溶解，再冷却至室温后置于冰水浴中，使甲基橙结晶出来[6]，然后抽滤收集晶体。抽滤时冷水冲洗烧杯两次，每次 5mL。将滤饼移至烘箱烘半小时，称重，计算产率。

本实验有关物质的物理常数如表 7-5 所示。

表 7-5　有关物质的物理常数

化合物	分子量	性状	溶解度(水)
对氨基苯磺酸	173.84	白色或灰白色晶体	微溶
N,*N*-二甲基苯胺	121.18	淡黄色油状液体	微溶
甲基橙	327.34	橙黄色鳞片状结晶	微溶

【注释】

[1] 对氨基苯磺酸为两性化合物，酸性强于碱性，可以分子内形成强酸弱碱盐。加入 NaOH 形成磺酸的钠盐，一方面提高了水溶性，另一方面释放出氨基用以重氮化反应。

[2] 重氮化过程中，应严格控制温度在 5℃以下，若高于 5℃，生成的重氮盐水解为酚，会降低产率。

[3] KI 与 HNO_2 反应会生成碘单质，使淀粉变蓝。过量的 HNO_2 可用尿素处理。

[4] *N*,*N*-二甲基苯胺有毒，实验时应小心使用，接触后马上洗手。

[5] 在整个重氮化反应和偶联反应过程中，烧杯都不能从冰水浴中拿出，防止温度高于 5℃，产生很多副产物。

[6] 糊状物的甲基橙固体难抽滤，加热溶解后，重新结晶出的甲基橙颗粒比较大，容易抽滤。

【思考题】

1. 什么是重氮化反应？重氮化反应为什么要控制温度低于 5℃以下？

2. 在本实验中，制备重氮盐时为什么要把对氨基苯磺酸变成钠盐？本实验如改成先将对氨基苯磺酸与盐酸混合，再滴加亚硝酸钠溶液进行重氮化反应，可以吗？为什么？

实验五十四　乙酰乙酸乙酯的制备

【实验目的】

1. 了解 Claisen（克莱森）酯缩合制备乙酰乙酸乙酯的原理和方法。

2. 掌握无水操作及减压蒸馏操作。

【实验原理】

含有 α-H 的酯在碱催化作用下能发生 Claisen（克莱森）酯缩合反应，生成 β-酮酸酯。在实验室，利用乙酸乙酯在醇钠作用下发生此类反应可以制备乙酰乙酸乙酯。

反应方程式：

$$2CH_3COOCH_2CH_3 \xrightarrow[2.\ CH_3COOH]{1.\ NaOCH_2CH_3} CH_3\overset{O}{\overset{\|}{C}}CH_2COOCH_2CH_3$$

乙酰乙酸乙酯在有机合成上有重要应用。工业上主要由乙烯酮的二聚体通过乙醇醇解来合成。

通常以酯及金属钠为原料，并以过量的酯作为溶剂，利用酯中含有的微量的醇与金属钠反应来生成醇钠，随着反应的进行，由于醇的不断生成，反应能不断进行下去，直至金属钠消耗完毕。作为原料的酯中含醇量过高又会影响到产物的产率，故一般要求酯中含醇量在3%以下。

【仪器和药品】

仪器：圆底烧瓶；球形冷凝管；干燥管；减压蒸馏装置；分液漏斗。

药品：乙酸乙酯；金属钠；二甲苯；50%醋酸；饱和 NaCl 溶液；无水 Na_2SO_4。

【实验步骤】

1. 在 50mL 干燥的圆底烧瓶中，放置 2g（0.087mol）金属钠[1]（清除掉表面氧化膜）和 10mL 二甲苯，装上回流冷凝管，在冷凝管上端装上氯化钙干燥管。加热回流使钠熔融，停止回流，拆除冷凝管，用塞子塞住烧瓶，趁热用力振摇，得到细粒状钠珠[2]。倾出二甲苯，快速加入 22mL（0.227mol）乙酸乙酯[3]，重新装好带有干燥管的冷凝管。开始反应，同时有氢气逸出。如果反应不开始或很慢，可以稍微温热。待激烈反应后，缓缓加热保持微沸，直到金属钠全部反应[4]，反应约 1h。反应时不断振荡反应瓶，生成的乙酰乙酸乙酯钠盐为橘红色透明液体，有时伴随有淡黄色沉淀。稍冷，边振摇边加入 50%醋酸直到溶液为弱酸性[5]（约 15mL），此时固体全部溶解。将反应液移入分液漏斗中，加入等体积的饱和氯化钠溶液，用力振摇，静置，分出乙酰乙酸乙酯，并用无水硫酸钠干燥。

2. 粗产品滤入烧瓶，用乙酸乙酯冲洗干燥剂。先常压蒸馏除去乙酸乙酯和苯，当馏出液的温度升至 95℃时停止蒸馏。

3. 再用韦氏分馏头进行减压蒸馏[6]。收集 100℃/10.66kPa、88℃/4kPa 或 78℃/2.4kPa 的馏分。称重并计算产率，产量约 4.8g。

【注释】

[1] 严禁金属钠与水接触；钠熔时，钠块可以大些，以免氧化过快。

[2] 振摇时注意安全，可以用布手套或干布裹住瓶颈。由于二甲苯温度逐渐下降，蒸气压随之降低，因此要不时开启瓶塞，或在瓶口夹一纸条，否则塞子难以打开。

[3] 乙酸乙酯必须绝对无水（可以含微量乙醇），如果含较多水或乙醇，必须进行提纯。将需提纯的乙酸乙酯用饱和氯化钙溶液洗涤数次，再用焙烧过的无水碳酸钾干燥，蒸馏收集 76～78℃馏分。

[4] 如果还有少量钠，不影响下一步操作，但酸化时需小心操作。

[5] 酸化时，开始有固体乙酰乙酸乙酯钠盐，继续酸化，固体逐渐转化为游离的乙酰乙酸乙酯而变成澄清的液体。如果最后还有少量固体未完全溶解，可加少量水溶解，但不要加过量的醋酸，否则会因为乙酰乙酸乙酯的溶解度增大而降低产率。

[6] 乙酰乙酸乙酯在常压蒸馏时易分解，产生“去水乙酸”。故采用减压蒸馏的方法。

【思考题】

1. Claisen 酯缩合反应的催化剂是什么？本实验为什么可以用金属钠代替？

2. 本实验中加入 50%醋酸溶液和饱和氯化钠溶液的目的何在？

3. 取 2～3 滴产品溶于 2mL 水中，加 1 滴 1%三氯化铁溶液，会有什么现象，如何解释？

实验五十五 食品中钙、镁、铁含量的测定

【实验目的】

1. 了解有关食品样品分解处理方法。

2. 掌握食品样品中测定钙、镁、铁方法。

3. 掌握实际样品中干扰排除方法。

4. 掌握样品中钙、镁、铁等多种元素测试的方案，根据有关标准评价食品中所测元素的情况。

【实验原理】

食品中许多元素对人体起着至关重要的生理作用，每种元素都是不可缺少的，而人体中的元素来自食物，所以，对食物中含有哪些元素，以及元素的含量的测定是至关重要。钙、镁、铁等无机元素是人体生长和新陈代谢过程中必不可少的营养元素，缺少这些元素就会导致人体发生各种生长障碍，尤其对儿童和老人表现得更为突出。钙素有“生命元素”之称，除影响人体的骨骼、牙齿外，还有调节心率、控制炎症和水肿、维持酸碱平衡、调节激素分泌、激发某些酶的活性、参与神经和肌肉活动以及神经递质的释放等作用，对维持身体健康、促进身体发育具有十分重要的作用。镁是人体维持正常生活所必需的微量元素，也是很多生化代谢过程中必不可少的一种元素，特别对与氧化磷酸化有关的酶系统的生物活性极为重要。铁元素是在人体中具有造血功能，参与血蛋白、细胞色素及各种酶的合成，促进生长；铁还在血液中起运输氧和营养物质的作用，缺少铁元素会出现贫血、免疫功能下降及新陈代谢紊乱等症状。

食品中钙、镁、铁含量测定的方法较多，实验室常用控制酸度法测定其中钙、镁的含量，选用合适的指示剂，控制 pH 值，用 EDTA 滴定。测定铁的含量时，常采用邻二氮菲作为显色剂，用分光光度法测定。

本实验采用大豆等干制食品样品，经粉碎（若采用蔬菜等湿样品则需提前烘干）、灰化、灼烧后采用酸提取其中的无机元素。在测定钙、镁时，采用络合滴定法，在碱性（pH＝12）条件下，以钙指示剂指示终点，以 EDTA 为滴定剂，滴定至溶液由紫红色变蓝色，计算试样中钙含量。另取一份试液，用氨性缓冲溶液控制溶液 pH＝10，以铬黑 T 为指示剂，用 EDTA 滴定至溶液由紫红色变蓝色为终点，与钙含量差减得镁含量。试样中铁的分析采用适量的三乙醇胺掩蔽消除干扰，用邻二氮菲分光光度法测定其含量。

【仪器和药品】

仪器：粉碎机；容量瓶；锥形瓶；比色管；1cm 比色皿；瓷坩埚；电子天平；分光光度计；移液管；烘箱；煤气炉；高温炉；烧杯；表面皿。

药品：EDTA 溶液（0.005mol·L^{-1}）；NaOH（20%）；氨性缓冲溶液（pH＝10）；三乙醇胺（1∶3）；HCl（1∶1）；钙指示剂：配成 1∶100 氯化钠固体粉末；铬黑 T 指示剂（1g·L^{-1}）；基准物质 $CaCO_3$；铁标准溶液（100μg·mL^{-1}）；邻二氮菲（0.15%）；盐酸羟胺（10%）；NaAc 溶液（1mol·L^{-1}）；大豆样品。

【实验步骤】

1. 试样制备

将大豆样品洗净晾干后，在110℃烘箱中烘干至恒重，用粉碎机粉碎后适量称取6～8g至瓷坩埚中，在煤气炉上炭化、灰化完全，置于高温炉中650～700℃灼烧2h。取出冷却后，加入10mL 1∶1 HCl溶液浸泡20min，不断搅拌，静置沉降，过滤，用250mL容量瓶承接，用蒸馏水洗沉淀、坩埚数次。定容、摇匀，待用。

2. EDTA标准溶液标定

用差减法准确称取0.10～0.12g基准物质$CaCO_3$于小烧杯中，少量水润湿，盖上表面皿，从烧杯嘴处往烧杯中滴加5mL 1∶1 HCl溶液，使$CaCO_3$完全溶解。加水50mL，微沸几分钟以除去CO_2。冷却后用水冲洗烧杯内壁和表面皿。定量转移至250mL容量瓶中，定容，摇匀。用移液管移取钙标准溶液20.00mL于锥形瓶中，加水至100mL，加5～6mL 20% NaOH溶液，加少许钙指示剂，用EDTA标准溶液滴定至溶液由红色变为蓝色为终点。根据消耗的EDTA标准溶液的体积，计算EDTA标准溶液的准确浓度。

3. 试样中钙、镁含量测定

（1）试样中钙、镁合量的测定

用移液管移取上述制备液20.00mL于锥形瓶中，加5mL 1∶3三乙醇胺，加水至100mL，加15mL pH=10氨性缓冲溶液，2滴铬黑T指示剂，用EDTA标准溶液滴定至溶液由紫红色变蓝色为终点。根据消耗的EDTA标准溶液的体积，计算试样中钙、镁合量。

（2）试样中钙含量的测定

用移液管移取上述制备液20.00mL于锥形瓶中，加5mL 1∶3三乙醇胺，加水至100mL，加5～6mL 20%NaOH溶液，加少许钙指示剂，用EDTA标准溶液滴定至溶液由红色变蓝色为终点。根据消耗的EDTA标准溶液的体积，计算试样中钙的含量。钙、镁合量减钙含量可得镁含量。

4. 邻二氮菲分光光度法测定试样中铁含量

（1）标准曲线的制作

在6个50mL比色管中，用刻度吸量管分别加入0.0mL、0.2mL、0.4mL、0.6mL、0.8mL、1.0mL 100$\mu g \cdot mL^{-1}$铁标准溶液，分别加入1mL盐酸羟胺、2mL邻二氮菲、5mL NaAc溶液。每加入一种试剂都要摇匀，用水稀释到刻度，放置10min。用1cm比色皿，以试剂空白为参比，测量各溶液的吸光度。以铁含量为横坐标，以吸光度为纵坐标绘制工作曲线。

（2）试样中铁含量的测定

准确移取适量试样制备液于比色管中，以下按标准曲线操作步骤显色、测定其吸光度值，在工作曲线上查出试样中铁的含量。

5. 数据处理

分别列出EDTA标准溶液浓度，钙、镁、铁的含量及测定的相对标准偏差。

【思考题】

1. 在样品制备时如何检验样品已经烘干？在样品过滤环节如何检验是否洗涤干净？

2. 为什么EDTA溶液要进行标定而不能直接配制使用？

3. 在铁含量测定时加入盐酸羟胺的目的是什么？还有哪些方法可以达到这个目的？

4. 在实验室测定铁的含量还可以使用哪些方法？为什么不能使用络合滴定法测定铁的含量？

知识拓展

青蒿素

青蒿素（artemisinin），分子式为 $C_{15}H_{22}O_5$，一种从黄花蒿中提取分离的含有过氧桥结构的倍半萜酯化合物，是一种治疗疟疾耐药性效果最好的药物，以青蒿素类药物为主的联合疗法，也是当下治疗疟疾的最有效最重要手段。2015 年 10 月 5 日，中国药学家屠呦呦因提取青蒿素在治疗疟疾方面取得重点突破，获得诺贝尔生理学或医学奖，这也是中国科学家因为在中国本土进行的科学研究而首次获诺贝尔奖，是中国医学界迄今为止获得的最高奖项，也是中医药成果获得的最高奖项。

疟疾作为人类最古老的疾病之一，至今依然是一个全球广泛关注且亟待解决的重要公共卫生问题。1631 年，意大利传教士萨鲁布里诺（Agostino Salumbrino）将金鸡纳树皮（cinchona bark）用于热病治疗，不久人们发现该药对间歇热具有明显的缓解作用。1944 年，美国有机化学家伍德沃德（Robert Woodward）与德林（William Doering）第一次成功地人工合成奎宁。此后，科学家们对抗疟药不断改进。这些抗疟药在人类防治疟疾方面起到了重要作用。但随着药物的大量长期使用，疟原虫的耐药性问题逐渐凸显出来。

20 世纪 60 年代，国家意识到疟疾防治的迫切性与复杂性，紧急组织成立全国疟疾防治药物研究领导小组，专门研制治疗疟疾的药物。屠呦呦作为北京中药研究所的代表，在南京"中医中药专业组"会议上做了专题报告，报告了青蒿乙醚中性粗提物对鼠疟、猴疟的抑制率达 100%的结果，引起了全体与会者的关注。此后，屠呦呦改用乙醚提取青蒿素，使青蒿的动物效价由 30%～40%提高到 95%以上。青蒿素对治疗疟疾具有速效、低毒的特点，但是用后其"复燃率"很高，而且只能口服，生物利用度低，且因溶解度小而难以制成注射剂液用于抢救严重病人。因此，研究人员对青蒿素不断进行改造，发现了青蒿素衍生物，通过生物活性测试，青蒿素衍生物的抗疟活性几乎都高于青蒿素，在临床治疗疟疾方面取得了重大突破。

近年来随着研究的深入，青蒿素的其它作用也越来越多地被发现和应用研究，如抗肿瘤、治疗肺动脉高压、抗糖尿病、抗真菌、免疫调节、抗病毒、抗炎、抗肺纤维化等多种药理作用。

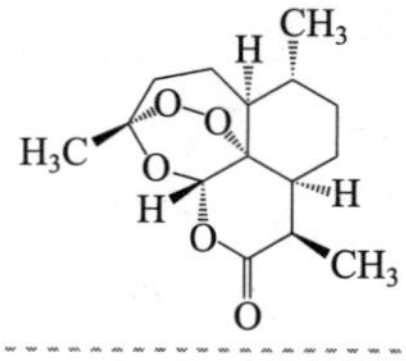

习题

一、选择题

1. 工业上用硫酸和废铁屑生产硫酸亚铁时，为了提高产品的质量，常采取的措施是

（　　）。

A. 硫酸过量　　B. 铁屑过量

C. 硫酸和铁的物质的量之比为 1∶1　　D. 需要用浓硫酸

2. 工业上用硫酸和废铁屑生产硫酸亚铁时，铁屑中常含有下列杂质，其中对产品硫酸亚铁的纯度影响不大的是（　　）。

A. 油污　　B. 铁锈　　C. 锌　　D. 硫化物

3. 将硫酸亚铁溶液和硫酸铵溶液按溶质物质的量之比为 1∶1 混合，加热浓缩，再冷却结晶，最先析出的晶体是（　　）。

A. 硫酸亚铁　　B. 硫酸铵

C. 硫酸亚铁铵　　D. 硫酸亚铁和硫酸铵的混合晶体

4. 在酸性介质中，用 $KMnO_4$ 溶液滴定草酸钠时，滴定速度（　　）。

A. 像酸碱滴定那样快速　　B. 始终缓慢

C. 开始快然后慢　　D. 开始慢中间逐渐加快最后慢

5. 用 $Na_2C_2O_4$ 基准物标定 $KMnO_4$ 溶液时，滴定刚开始褪色较慢，但之后褪色变快的原因是（　　）。

A. 温度过低　　B. 反应进行后温度升高

C. Mn^{2+} 的催化作用　　D. $KMnO_4$ 的浓度变小

6. 过滤的目的是（　　）。

A. 增加溶质的溶解度　　B. 改变沉淀的结构

C. 将沉淀与母液分离　　D. 减少母液含量

7. EDTA 与金属离子络合时，EDTA 和金属络合比一般是（　　）。

A. 1∶1　　B. 1∶2　　C. 1∶3　　D. 1∶4

8. 对于滴定分析法，下述错误的是（　　）。

A. 是以化学反应为基础的分析方法

B. 滴定终点的到达要有必要的指示剂或方法确定

C. 所有的化学反应原则上都可以用于滴定分析

D. 滴定分析的理论重点和滴定终点经常不完全吻合

9. 乙酸乙酯制备过程中增加产物收率的方法有（　　）。

A. 增加乙醇的用量　　B. 不断蒸出乙酸乙酯

C. 不断蒸出水　　D. A、B 和 C

10. 下列关于分液漏斗的使用错误的是（　　）。

A. 用于水相中溶解产物的萃取

B. 摇分液漏斗的过程中不需要放气

C. 使用前需要检漏

D. 分层后溶液上层的溶液从上层倒出，下层的溶液从下口放出

11. 利用芳香胺制备重氮化合物的过程中描述错误的是（　　）。

A. 在酸性条件下加入亚硝酸钠

B. 可以在室温下完成重氮化合物的制备

C. 重氮化合物制备过程中应该严格控制温度在 5℃以下

D. 重氮化合物操作不当会发生爆炸

12. 关于减压蒸馏基本操作错误的是（　　）。

A. 温度计水银球插入蒸馏头支管以下

B. 前馏分和后馏分分开收集

C. 停止蒸馏时应该先放气再关真空泵

D. 蒸馏操作中途停止，不必等溶液温度降低到室温

13. 关于甲基橙制备过程中偶联反应描述正确的是（　　）。

A. *N*,*N*-二甲基苯胺中的二甲氨基有利于偶联反应发生

B. 偶联反应属于亲电加成

C. 磺酸基是给电子基

D. 磺酸基不利于重氮化合物稳定存在

二、填空题

1. 用硫酸亚铁和硫酸铵制备硫酸亚铁铵，理论上硫酸亚铁和硫酸铵的物质的量之比应为______。实际上常使硫酸亚铁稍过量，其目的是防止______。

2. 盛放高锰酸钾溶液的容器放置久后，其壁上常有棕色沉淀物，该棕色沉淀物是____，应加入______除去。

3. 用草酸钠标定高锰酸钾溶液，可选用的指示剂是______。

4. 素有“生命元素”之称的元素是____。

5. 钙镁铁含量测定的方法较多，实验室常用______测定其中钙镁的含量。测定铁的含量时，常采用______。

6. 在测定铝合金中铝的含量时，通常采用______。

7. 在测定钙时，控制溶液 pH 为____，以______指示终点，以______为滴定剂；测定钙镁总量时，控制溶液 pH 为______，以______为指示剂。

8. 将大豆样品洗净晾干后，在烘箱中烘干至恒重，温度控制在______，用粉碎机粉碎后加至____中，在煤气炉上炭化、灰化完全，置于高温炉中灼烧，温度控制在______。

9. 采用络合滴定测定铝离子时，溶液 pH 应控制在______，加入的指示剂为______，终点颜色为______。

10. 滴定分析中需要用到三种能准确测量溶液体积的仪器，分别是：______、______、______。

11. 酸式滴定管使用前准备工作需要以下五步，分别是：______、______、______、______、______。

12. 加速物质溶解速率的方法有：______、______、______、______。

13. 络合滴定方式有：______、______、______、______四种。

14. 常压蒸馏的装置包括：______、______、______、______、______。

15. 邻二氮菲测定试样中铁含量时，加入适量的三乙醇胺的目的是________。

16. 柱色谱分离有机化合物的步骤分为：______、______、______、______。

17. 减压抽滤操作所需的仪器有：______、______、______、______。

三、判断题

1. $KMnO_4$ 溶液作为滴定剂时，必须装在棕色酸式滴定管中。（　　）

2. 溶液的酸度越高，$KMnO_4$ 氧化草酸钠的反应进行得越完全，所以用基准草酸钠标定 $KMnO_4$ 溶液时，溶液的酸度越高越好。（　　）

3. 使用液体试剂时，可以用吸管伸入原瓶试剂中吸取液体，取出的试剂可以倒回原瓶。（ ）

4. 钙指示剂能与 Ca^{2+} 形成红色络合物，在 pH=13 时，可用于钙镁混合物中钙的测定，在此条件下，Mg^{2+} 生成 $Mg(OH)_2$ 沉淀，不被测定。（ ）

5. 圆底瓶可以直接用火焰加热。（ ）

6. 配制有机溶液时，可用热水浴加速溶解。（ ）

7. 对于剧毒有味的试剂，不能用手摸和舌头品尝，但可用鼻子对准试剂瓶中嗅味。（ ）

8. 无水氯化钙不能用于醇类化合物的干燥。（ ）

9. 球形冷凝管可用于常压蒸馏。（ ）

10. KI 与 HNO_2 反应会生成单质碘，使淀粉变蓝。（ ）

四、简答题

1. 有机化合物利用柱色谱分离，试描述柱色谱分离基本操作的过程。
2. 固体化合物可用重结晶的方法提纯，试描述重结晶基本操作的过程以及注意事项。
3. 试描述 Claisen 酯缩合的反应原理，并指出该反应成功的关键。
4. 试描述邻二氮菲光度法测定试样中铁含量的过程中标准曲线的制作过程。
5. 简述萃取操作的基本步骤和注意事项。
6. 请简述铁元素对于人体的重要意义。

参考答案

一、选择题

1. B 2. B 3. C 4. D 5. C 6. C 7. A 8. C 9. D 10. B 11. B 12. D 13. A

二、填空题

1. 1∶1；少量硫酸铵先于硫酸亚铁铵析出 2. MnO_2；浓 HCl 3. 自身 4. 钙 5. 配位滴定法；分光光度法 6. 返滴定法 7. 12；钙指示剂；EDTA；10；铬黑 T 8. 110℃；瓷坩埚；650～700℃ 9. 5～6；二甲酚橙；紫红色 10. 滴定管；容量瓶；移液管 11. 洗涤；涂油；试漏；装溶液；赶气泡 12. 研细溶质；搅动；震动；加热溶液 13. 直接滴定法；返滴定法；置换滴定法；连续滴定法 14. 蒸馏头；温度计；直形冷凝管；尾接管；接收瓶 15. 掩蔽消除干扰 16. 装柱；装样；洗脱；分离 17. 布氏漏斗；吸滤瓶；安全瓶；抽气泵

三、判断题

1. √ 2. × 3. × 4. √ 5. × 6. √ 7. × 8. √ 9. × 10. √

四、简答题

1. **第一步**，选择内径均匀、下端缩口的硬质玻璃管为色谱柱。**第二步**，柱色谱底端用棉花或玻璃纤维塞住防止吸附剂从下口漏出。**第三步**，向色谱柱中加入合适目数的吸附剂(色谱柱的大小、吸附剂的品种和用量，以及洗脱时的流速都根据化合物和吸附剂的作用力强弱决定)。填充方法分成干法和湿法，吸附剂的干法填装：将吸附剂一次性加入色谱管，振动管壁使其均匀下沉，然后沿管壁缓缓加入开始层析时使用的流动相，或将色谱管下端出口加活塞，加入适量的流动相，旋开活塞使流动相缓缓滴出，然后自管顶缓缓加入吸附剂，使其均匀地润湿下沉，在管内形成松紧适度的吸附层。操作过程中应保持有充分的流动相留在吸附层的上面。湿法填装：将吸附剂与流动相混合，搅拌以除去空气泡，徐徐倾入色谱管中，然后再加入流动相，将附着于管壁的吸附剂洗下，使色谱柱表面平整。填装吸附剂所用流动相从色谱柱自然流下，液面与柱表面相平时，即加试样溶液。**第四步**，将试样溶于色谱分离时使用的流动相中，再沿色谱管壁缓缓加入，注意勿使吸附剂翻起，或将试样溶于适当的溶剂中，与少量吸附剂混匀，再使溶剂挥发去尽后使呈松散状，将混有试样的吸附剂加在已制备好的色谱柱上面。**第五步**，通常按流动相洗脱能力大小，递增变换流动相的品种和比例，分别分部收集流出液，至流出液中所含成分显著减少或不再含有时，再改变流动相的品种和比例，操作过程中应保持有充分的流动相留在吸附层的上面。

2.（1）选择适宜溶剂，制成热的饱和溶液，也可以在室温下，用最少量对固体化合物溶解性最好的溶剂溶解；（2）除去不溶性杂质（包括脱色）；（3）冷却、结晶、抽滤得到固体，也可以在室温下加入不利于固体化合物溶解的溶剂，边加边搅拌使固体析出，直至固体不再析出后抽滤得固体；（4）用少量不利于固体化合物溶解的溶剂洗涤并干燥，除去附着物和溶剂。

注意事项：（1）重结晶采用相似相溶原理，常用于常温常压下固体化合物的提纯；（2）重结晶应该稳定、可靠，可得到质量合格的产物，优化重结晶应该提高一次产率，尽量避免二次结晶；（3）明确冷却速度、结晶料浆的陈化时间等物理因素，控制结晶大小、质量；（4）明确重结晶操作所需要的时间，提高重结晶设备使用效率；（5）保持搅拌，使结晶均匀分布并促进晶体生长。

3.（1）一分子羧酸酯在强碱进攻下失去酰基的一个 α-氢原子，这是一个 E2 消除反应，并得到碳负离子 A。

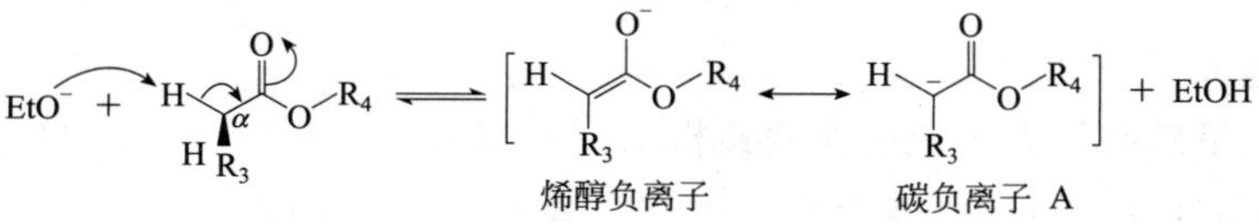

（2）A 对另一分子羧酸酯的羰基进行亲核进攻，得到中间体 B，B 随后脱去醇负离子而得到产物 β-羰基羧酸酯。

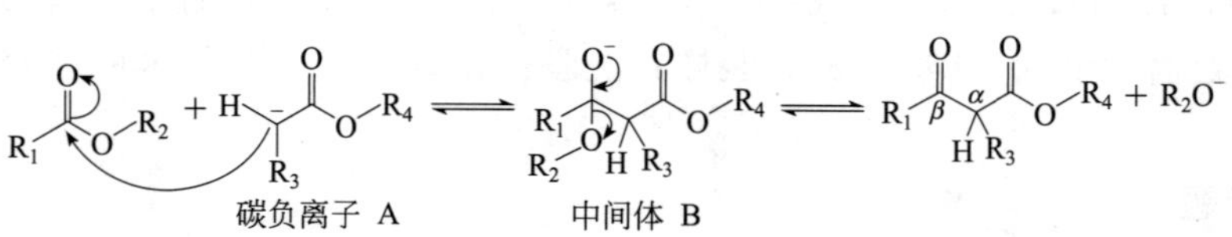

（3）产物的 α-氢与两个羰基邻近，因而有较强的酸性，会与反应物中的强碱反应而以共轭碱的形式存在。

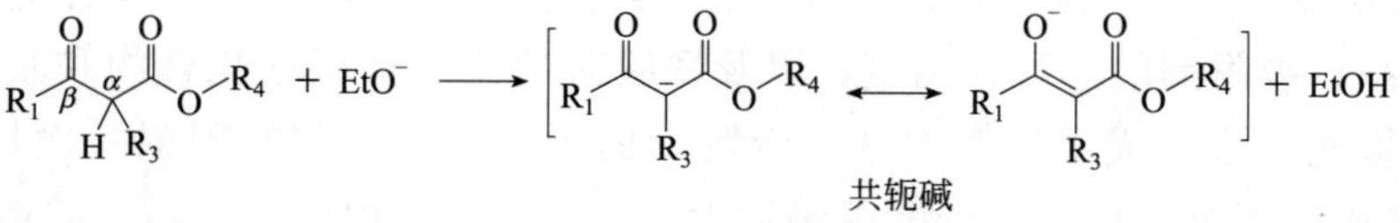

克莱森缩合反应的核心步骤是碱促进的活泼 α-氢脱去后对另一分子羰基的亲核加成和

消除反应。

4. 在 6 支 50mL 比色管中，用刻度吸量管分别加入 0.0mL、0.2mL、0.4mL、0.6mL、0.8mL、1.0mL 100μg·mL^{-1} 铁标准溶液，分别加入 1mL 盐酸羟胺、2mL 邻二氮菲、5mL NaAc 溶液。每加入一种试剂都要摇匀，用水稀释到刻度，放置 10min。用 1cm 比色皿，以试剂空白为参比，测量各溶液的吸光度。以铁含量为横坐标，以吸光度为纵坐标绘制工作曲线。

5. 向待分离溶液中加入与之不相互溶解的萃取剂，形成共存的两个液相。利用原溶剂与萃取剂对各组分的溶解度的差别，使它们不等同地分配在两液相中，通过两液相的分离，实现组分间的分离。

注意事项：必须满足萃取剂和原溶剂互不混溶，萃取剂和溶质互不发生反应，溶质在萃取剂中的溶解度远大于在原溶剂中的溶解度的条件。(1) 使用分液漏斗前先检查是否漏液。(2) 振荡时，双手托住分液漏斗，右手按住瓶塞，平放，上下振荡。(3) 放液前要先打开瓶塞。(4) 放液时，记住下层的为密度大的液体，从下面放出，上层的为密度相对小的液体，从上面倒出。(5) 用完后应马上将分液漏斗清洗干净。

6. 铁元素在人体中具有造血功能，参与血红蛋白、细胞色素及各种酶的合成，促进生长；铁还在血液中起运输氧和营养物质的作用，缺少铁元素会出现贫血、免疫功能下降及新陈代谢紊乱等症状。

第八章 设计性实验

实验五十六 氯化铵的制备

【实验目的】

1. 运用已学过的化学知识，自行制定制备氯化铵的实验方案，并制出产品。

2. 巩固称量、加热、浓缩、过滤（常压、减压等）等基本操作。

3. 观察和验证盐类的溶解度与温度的关系。

【实验提示】

1. $2NaCl+(NH_4)_2SO_4 = Na_2SO_4+2NH_4Cl$

2. 溶液中同时存在着氯化钠、硫酸铵、硫酸钠和氯化铵四种盐。根据四种盐在不同温度下溶解度的差异设计制备方案。

3. 预习思考题

① 本实验应采取什么样的实验条件和操作步骤，使它们达到最好的分离效果？

② 要获得较纯的产品，为什么要特别注意氯化铵和硫酸钠的分离条件？

③ 在保证氯化铵纯度的前提下，必须采取什么方法来获得较高的产量？

【设计要求】

应用已学过的溶解和结晶等理论知识，以食盐和硫酸铵为原料，自行设计制备氯化铵的实验方案。

实验五十七 废干电池的综合利用

【实验目的】

1. 进一步熟悉无机物的实验室提取、制备、提纯、分析等方法与技能。

2. 了解废干电池中有效成分的回收利用方法。

【实验提示】

废干电池的来源很丰富，从中可回收铜、锌、二氧化锰和氯化铵等。处理如下。

1. 收集铜帽。干电池的正极是铜合金，取下铜帽集存，可制铜的化合物。

2. 回收锌。干电池的外壳用锌制成，剥取外壳，洗净后加热熔化。杂质浮在液面，刮去杂质，锌液倒在漏勺上，液锌穿过小孔流入冷水中即成锌粒。

3. 回收二氧化锰。干电池中的黑色物质是由二氧化锰、碳粉、氯化铵、氯化锌等组成。经水洗除去可溶性物质，灼烧除去碳粉和有机物即得二氧化锰。

4. 预习思考题

① 干电池由哪几部分构成?

② 为什么碱熔法制备高锰酸钾时，二氧化锰中不能混有碳或有机物?

【设计要求】

1. 设计回收废干电池中锌和二氧化锰的实验方案及其纯度测定的实验方法。

2. 用一节五号废干电池为原料回收锌和二氧化锰。

3. 将回收的锌制成锌粒，并测定其纯度。

4. 以回收的二氧化锰为原料制备高锰酸钾并测定产品的纯度。

实验五十八 从蛋壳中制备乳酸钙及其成分分析

【实验目的】

1. 通过自行设计实验掌握乳酸钙的制备原理和方法。

2. 了解蛋壳成分及从蛋壳中制备氧化钙，了解生物膜的处理方法。

3. 了解以蛋壳为原料在工业上的再生利用。

【实验提示】

1. 乳酸钙是一种白色或类白色的结晶性或颗粒性粉末，乳酸钙几乎无臭，在热水中易溶，在水中溶解，在乙醇、氯仿或乙醚中几乎不溶。由于乳酸钙呈中性、易溶解、口感好、易吸收，所以是一种良好的钙源，在食品、医药、农业饲料等中有广泛的应用。乳酸钙的制备可用碳酸钙直接与乳酸反应，也可用氧化钙与乳酸中和制备，蛋壳制备乳酸钙采用第二种方法较好。

2. 制备原理

$$CaCO_3 = CaO + CO_2$$

$$CaO + H_2O = Ca(OH)_2$$

$$Ca(OH)_2 + 2CH_3CH(OH)COOH = Ca[CH_3CH(OH)COO]_2 + 2H_2O$$

3. 乳酸钙的成分分析可以采用 EDTA 标定法。

【设计要求】

1. 鸡蛋壳要先进行壳膜分离处理，然后在高温下煅烧分解得 CaO，最后采用中和反应制备。

2. 计算出制备的乳酸钙溶液中钙的浓度和乳酸钙的质量分数。

实验五十九 维生素 C 含量的测定

【实验目的】

1. 了解维生素 C 的结构和性质。

2. 学习和掌握用 2,6-二氯靛酚滴定法测定植物材料中维生素 C 含量的原理与方法。

【实验提示】

1. 维生素 C 是人类营养中最重要的维生素之一，它与体内其它还原剂共同维持细胞正常的氧化还原电势和有关酶系统的活性。维生素 C 能促进细胞间质的合成，如果人体缺乏维生素 C 时则会出现坏血病，因而维生素 C 又称为抗坏血酸。

2. 水果和蔬菜是人体维生素 C 的主要来源，不同的水果和蔬菜的维生素 C 含量差异很大，而且，不同栽培条件、不同成熟度和不同的加工贮藏方法，都会影响水果、蔬菜中维生素 C 的含量。测定抗坏血酸含量是了解果蔬品质高低，优化加工工艺成效的重要指标，是食品、园艺、生物等专业必须掌握的实验技能。

3. 维生素 C 的常用测试方法有高锰酸钾滴定法、2,6-二氯靛酚滴定法、化学发光法、液相色谱法等。本实验采用 2,6-二氯靛酚滴定法。

4. 主要化学药品：维生素 C（分析纯）；2,6-二氯靛酚钠盐；2%草酸；白陶土。

5. 主要实验仪器：微量滴定管；100mL 容量瓶；10mL 移液管；烧杯；研钵（或榨汁机等）；铝盒；漏斗；分析天平；离心机。

6. 预习思考题

① 2,6-二氯靛酚滴定法测定维生素 C 的原理是什么？如何防止测定过程中维生素 C 的氧化？

② 本实验过程中影响结果准确性的干扰因素主要有哪些？如何排除这些干扰？

【设计要求】

1. 查阅相关文献，用提示的方法设计一种可行的分析方案，实验方案主要可分为实验目的、实验原理以及有关化学反应方程式、实验仪器和药品、实验步骤和预期结果几个部分，包括标准溶液配制、标准溶液的标定、实际样品的分析等。

2. 列出实验所需的仪器，列出实验中可能出现的问题及对应的处理方法，对实验的结果进行正确的数据处理。

3. 拟定的实验方案经教师审查合格后，独立完成实验，写出规范的实验报告。

4. 根据实验的结果对实验中的现象及经验进行总结，并提出进一步改善实验结果的建议。

实验六十 汽水中防腐剂含量的测定

【实验目的】

1. 了解汽水中常见防腐剂的结构、性质以及常用的分析方法和原理。

2. 熟悉和掌握紫外可见分光光度计的操作方法及其原理。

3. 掌握测定过程中除去杂质，利用标准曲线法以及朗伯-比尔定律测定组分浓度的方法。

【实验提示】

1. 苯甲酸钠，又称安息香酸钠，长期以来一直用其作果酱、碳酸饮料、果汁饮料、泡菜等酸性食品的防腐剂。然而，苯甲酸用量过多会对人体肝脏产生危害，甚至致癌。我国《食品添加剂使用卫生标准》规定：碳酸饮料苯甲酸最大使用量为 $0.2g \cdot kg^{-1}$。本实验旨在检测市面上常见碳酸饮料中苯甲酸含量是否超出标准规定。

2. 食品添加剂苯甲酸的测定，通常采用乙醚提取-碱滴定法、水蒸气蒸馏-紫外可见分光光度法、有机溶剂萃取-紫外可见分光光度法、液相色谱法、气相色谱法等测定，本实验采用有机溶剂萃取-紫外可见分光光度法。

3. 主要化学药品：苯甲酸标准物质；待测样品；$K_2Cr_2O_7$（$0.4mol \cdot L^{-1}$）；硫酸（$8mol \cdot L^{-1}$）；饱和氯化钠溶液；HCl（1∶1）；乙醚。

4. 主要实验仪器：紫外可见分光光度计；烧杯；容量瓶；移液管；分液漏斗。

5. 预习思考题

① 什么是紫外-可见光分光光度计法？如何用于定性以及定量分析？

② 什么是食品添加剂，常见的防腐剂有哪些？苯甲酸钠有何危害，如何检测？

【设计要求】

1. 查阅相关文献，用给定的检测方法设计一种可行的分析流程，实验方案主要可分为实验目的、实验原理以及有关化学反应方程式、实验仪器和药品、实验步骤和预期结果几个部分，包括标准溶液配制、分析波长的选择、回收率的测定、实际样品的分析、重复性的分析等。

2. 列出实验所需的仪器，列出实验中可能出现的问题及对应的处理方法，对实验的结果进行正确的数据处理。

3. 拟定的实验方案经教师审查合格后，独立完成实验，写出规范的实验报告。

4. 根据实验的结果对实验中的现象及经验进行总结，并提出进一步改善实验结果的建议。

实验六十一 植物组织中过氧化氢含量及过氧化氢酶活性测定

【实验目的】

1. 了解过氧化氢的常用测定方法。

2. 学习和掌握过氧化氢酶活性的表示方法及常用分析方法。

【实验提示】

1. 植物在逆境下或衰老时，由于体内活性氧代谢加强而使 H_2O_2 发生累积。H_2O_2 可以直接或间接地氧化细胞内核酸、蛋白质等生物大分子，并使细胞膜遭受损害，从而加速细胞的衰老和解体。过氧化氢酶（CAT）可以清除 H_2O_2，是植物体内重要的酶促防御系统之一。因此，植物组织中 H_2O_2 含量和过氧化氢酶活性与植物的抗逆性密切相关。

2. 过氧化氢酶（CAT）属于血红蛋白酶，含有铁，它能催化过氧化氢分解为水和分子氧，在此过程中起传递电子的作用，过氧化氢则既是氧化剂又是还原剂。

3. 主要化学药品：硫酸（$2mol \cdot L^{-1}$）；硫酸钛（5%，W/V）；浓氨水；H_2SO_4（10%）；磷酸缓冲液（$0.2mol \cdot L^{-1}$，pH=7.8）；丙酮高锰酸钾标准液（$0.1mol \cdot L^{-1}$）；草酸（$0.1mol \cdot L^{-1}$）。

4. 主要实验仪器：研钵；移液管；容量瓶，离心管；离心机；分光光度计；锥形瓶；酸式滴定管；恒温水浴。

5. 预习思考题

① 分光光度法测定过氧化氢含量的原理是什么？

② 高锰酸钾滴定法测定过氧化氢酶的活性的原理和方法是什么？

【设计要求】

1. 查阅相关文献，用分光光度法测定植物组织中的过氧化氢含量，用高锰酸钾滴定法测定过氧化氢酶的含量，设计出完整的实验方案，实验方案主要可分为实验目的、实验原理以及有关化学反应方程式、实验仪器和药品、实验步骤和预期结果几个部分，包括标准溶液配制、标准溶液的标定、实际样品的分析等。

2. 列出实验所需的主要仪器，列出实验中可能出现的问题及对应的处理方法，对实验的结果进行正确的数据处理。

3. 拟定的实验方案经教师审查合格后，独立完成实验，写出规范的实验报告。

4. 根据实验的结果对实验中的现象及经验进行总结，并提出进一步改善实验结果的建议。

实验六十二 从花椒中提取花椒油

【实验目的】

1. 通过自行设计实验掌握花椒油提取的原理和方法。

2. 熟悉和掌握索氏提取和蒸馏等基本操作。

3. 通过本实验掌握一般油脂的提取方法。

【实验提示】

1. 花椒油为浅黄绿色或黄色油状液体，具有花椒特有的香气和麻味。花椒油除具有调味作用外，还具有增强免疫、抗炎镇痛、降压、抗肝损伤、抗菌等作用。花椒油易溶于有机溶剂乙醇、石油醚等。利用此性质，实验中先将花椒烘干后研成粉末，然后用95%乙醇作为溶剂用索氏提取、浸泡提取或超声波萃取的方法将花椒油提取出来。

2. 主要化学药品：花椒（市售）；95%乙醇。

3. 主要实验仪器：烘箱；研钵；滤纸；索氏提取装置；超声波清洗器；蒸馏装置或旋转蒸发仪；烧杯；抽滤装置。

4. 预习思考题

① 索氏提取、浸泡提取或超声波萃取三种方法各有什么优缺点？

② 如何提高提取率？

【设计要求】

1. 查阅相关文献，用给定的化学药品设计出可行的实验方案。实验方案主要可分为实验目的、实验原理、实验仪器和药品、实验步骤和预期结果几个部分。

2. 拟定的实验方案经教师审查合格后，独立完成实验。

3. 对实验中观察到的现象作出解释，写出规范的实验报告。

实验六十三 从番茄中提取番茄红素及 β-胡萝卜素

【实验目的】

1. 通过自行设计实验掌握从番茄中提取番茄红素的原理和方法。

2. 巩固柱色谱分离、薄层色谱检验有机化合物的实验技术。

【实验提示】

1. 类胡萝卜素是一类天然色素，广泛分布于植物、动物和海洋生物中。番茄红素和 β-胡萝卜素是其中的两个重要成分，具有免疫功能、抗氧化、抗癌和预防心血管疾病等作用。类胡萝卜素不溶于水、乙醇，而易溶于石油醚、苯、二氯甲烷、氯仿等有机溶剂。利用此性质，实验中先用 95%乙醇将番茄中的水脱去，再用有机溶剂萃取番茄红素和 β-胡萝卜素。然后使用柱色谱进行分离，薄层色谱检验分离的效果。

2. 主要化学药品：新鲜番茄（市售）；95%乙醇；二氯甲烷；硅胶 GF_{254}；石油醚；丙酮；无水硫酸镁；中性 Al_2O_3。

3. 主要实验仪器：滴液漏斗；搅拌装置；分馏柱；三口瓶；分液漏斗；蒸馏装置或旋转蒸发仪；回流装置。

4. 预习思考题

① 柱色谱和薄层色谱分离色素在原理上有什么异同？在方法上各有什么优缺点？

② 为什么能用柱色谱的方法分离番茄红素和 β-胡萝卜素？

【设计要求】

1. 查阅相关文献，用给定的化学药品设计出可行的实验方案，包括提取方法的原理、分离、鉴定的全过程。

2. 拟定的实验方案经教师审查合格后，独立完成实验。

3. 对实验中观察到的现象作出解释，写出规范的实验报告。

实验六十四 槐花中黄酮的提取及含量的测定

【实验目的】

1. 通过自行设计实验掌握黄酮的提取及测定的原理和方法。

2. 熟悉和掌握黄酮提取，含量测定等基本操作。

3. 通过本实验掌握紫外分光光度计的使用。

【实验提示】

1. 黄酮类化合物，又称生物类黄酮，具有预防心血管疾病、防癌抗癌、防止骨质疏松和改善动物生长及降血脂、止血、抑制血小板聚集等多种药理作用。此外，黄酮类化合物也是重要的功能食品添加剂、天然抗氧化剂、天然色素、天然甜味剂。黄酮类化合物一般可用丙酮、乙酸乙酯、乙醇、水或某些极性较大的混合溶剂进行提取。实验中可先将槐花烘干后研成粉末，然后用95%乙醇作为溶剂用浸泡提取或超声波萃取的方法将黄酮类化合物提取出来。含量的测定可用紫外分光光度法。

2. 主要化学药品：95%乙醇；槐花；芦丁（标准品）；$Al(NO_3)_3$。

3. 主要实验仪器：烘箱；研钵；滤纸；超声波清洗器；蒸馏装置或旋转蒸发仪；烧杯；抽滤装置。

4. 预习思考题

① 黄酮类化合物的基本结构是怎样的？

② 除用紫外分光光度法测定黄酮的含量外，还有哪些方法？

【设计要求】

1. 查阅相关文献，用给定的化学试剂设计一种可行的实验方案，实验方案主要可分为实验目的、实验原理、实验仪器和药品、实验步骤和预期结果几个部分。

2. 列出实验所需的仪器，拟定的实验方案经教师审查合格后，独立完成实验。

3. 对实验中观察到的现象作出解释，写出规范的实验报告。

实验六十五 汽油抗震剂甲基叔丁基醚的制备

【实验目的】

1. 通过自行设计实验掌握甲基叔丁基醚的制备原理和方法。

2. 熟悉和掌握分馏和蒸馏等基本操作。

3. 通过本实验学习合成实验中提高产率的方法。

【实验提示】

1. 甲基叔丁基醚主要用作汽油添加剂，具有优良的抗震性能，毒性小，是汽油中用于增强汽车抗震性能的四乙基铅的绿色替代品。在实验室中甲基叔丁基醚既可用醇钠和卤代烷反应制备，也可用醇分子间脱水法制备。

2. 主要化学药品：正丁醇；甲醇；硫酸；碳酸钠。

3. 主要实验仪器：滴液漏斗；搅拌装置；分馏柱；三口瓶；分液漏斗；蒸馏装置。

4. 预习思考题

① 醚化时能否用浓硫酸？

② 如何提高可逆反应的产率？

【设计要求】

1. 查阅相关文献，用给定的化学药品设计一种可行的合成实验方案，实验方案主要可分为实验目的、实验原理以及有关化学反应方程式、实验仪器和药品、实验步骤和预期结果几个部分，包括对产物的制备、分离、提纯以及鉴定，要求制得的产品约3g，产率达到50%。

2. 列出实验所需的仪器，列出实验中可能出现的问题及对应的处理方法，对某些特殊药品的使用和保管方法在实验前特别注意，试剂的配制方法应查阅有关手册。

3. 拟定的实验方案经教师审查合格后，独立完成实验，写出规范的实验报告。

实验六十六　乙酸异戊酯的制备

【实验目的】

1. 通过自行设计实验掌握乙酸异戊酯的制备原理和方法。

2. 熟悉和掌握分液和蒸馏等基本操作。

3. 通过本实验学习可逆反应提高产率的方法。

【实验提示】

1. 乙酸异戊酯又叫醋酸异戊酯、香蕉油、香蕉水，主要用作溶剂，及用于调味、制革、人造丝、胶片和纺织品等加工工业。也可用于香皂、合成洗涤剂等日化香精配方中，但主要用于食用香精配方中，可调配香蕉、苹果、草莓等多种果香型香精。在实验室中乙酸异戊酯主要用乙酸和异戊醇反应制备。

2. 主要化学试剂：乙酸；异戊醇；硫酸；碳酸氢钠；氯化钠。

3. 主要实验仪器：回流装置；分液漏斗；蒸馏装置。

4. 预习思考题

① 反应时能否使异戊醇过量，为什么？

② 如何提高可逆反应的产率？

【设计要求】

1. 查阅相关文献，用给定的化学药品设计一种可行的合成实验方案，实验方案主要可分为实验目的、实验原理以及有关化学反应方程式、实验仪器和药品、实验步骤和预期结果几个部分，包括对产物的制备、分离、提纯以及鉴定，要求制得的产品约9g，产率达到70%。

2. 列出实验所需的仪器，列出实验中可能出现的问题及对应的处理方法，对某些特殊药品的使用和保管方法在实验前特别注意，试剂的配制方法应查阅有关手册。

3. 拟定的实验方案经教师审查合格后，独立完成实验，写出规范的实验报告。

知识拓展

激光诱导击穿光谱分析法

激光诱导击穿光谱（Laser Induced Breakdown Spectroscopy，LIBS）是分析领域一种崭新的手段，其基本原理是使用高能量脉冲激光光源，在分析材料表面形成高强度激光光斑（等离子体），使样品激发发光，这些光随后通过分光系统和检测系统进行分析

(图 8-1)。这种技术对材料中的绝大部分无机元素非常敏感，除常见的金属元素外，LIBS 还能分析低原子量元素，例如氢、钠元素，这些元素用其它技术很难分析。

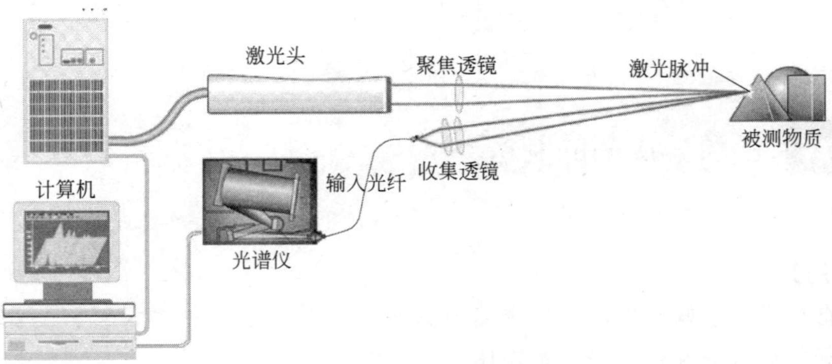

图 8-1　激光诱导击穿光谱示意图

自从 LIBS 技术问世以来，该技术就被公认为是一种前景广阔的新技术，将为分析领域带来众多的创新应用。LIBS 作为一种新的材料识别及定量分析技术，其主要特点为：

① 快速直接分析，几乎不需要样品制备；

② 可以检测几乎所有元素；

③ 可以同时分析多种元素；

④ 基体形态多样性，可以检测几乎所有固态样品。

LIBS 弥补了传统元素分析方法的不足，尤其在微小区域材料分析、镀层/薄膜分析、缺陷检测、珠宝鉴定、法医证据鉴定、粉末材料分析、合金分析等应用领域优势明显，同时，LIBS 还可以广泛适用于地质、煤炭、冶金、制药、环境、科研等不同领域。LIBS 是可以做成手持便携装置的元素分析技术，更是目前为止唯一可以做在线分析的元素分析技术，这使得分析技术从实验室领域极大地拓展到户外、现场、生产工艺过程中，甚至可用于对月球、火星等的成分分析（图 8-2)。

图 8-2　LIBS 用于对月球、火星等的成分分析

第九章 虚拟仿真实验

仿真系统软件采用虚拟现实技术，依据实验室实际布局搭建模型，按实际实验过程完成交互，完整再现了基础化学实验室的实验操作过程及实验中反应现象发生的实际效果。每个实验操作配有实验简介及操作手册。3D 操作画面具有很强的环境真实感、操作灵活性和独立自主性，为学生提供了一个自主发挥的实验舞台，有利于调动学生动脑思考的积极性，培养学生的动手能力，同时也增强了学习的趣味性。此外，为学生提供一个自主发挥的平台，也为实验“互动式”预习、“翻转课堂”等新型教育方式转化到基础化学实验中来提供了一个新思路、新方法及新手段，必将对本科化学实验教育教学的改革与发展起到积极的促进作用。

【软件安装】

参考资料：DPSP 运行平台说明书 V1.0。

【软件启动】

双击桌面快捷方式，启动软件后，出现仿真软件加载页面，进入基础化学仿真实验室界面，选择“演示”或者“操作”，点击开始实验。

【功能介绍】

1. 演示模式

左侧图标：依次为实验目的、实验原理、材料用品、实验报告、注意事项、设置、返回。其中材料用品主要以小图标形式呈现实验所需主要试剂、仪器；实验报告为外部配置文件，学员点击该图标即可打开，可对实验报告进行更改并将其保存在任意位置；返回可重新选择“演示”。

根据界面下方的步骤提示，点击上一步或者下一步图标，自动进行实验。

进度条：点击后可进行上一步或下一步操作，拉动进度条（图 9-1）可以选择任意步骤操作。

图 9-1　进度条

2. 操作模式

角度控制：W，前；S，后；A，左；D，右；鼠标右键，视角旋转。

速度控制：Ctrl+PgUp，加快动画速度；Ctrl+PgDn，减慢动画速度。

鼠标中键滑动可拉近、拉远镜头。

鼠标中键单击特定实验物品，左键可 360°观看。

鼠标中键单击（不松开），可上下调整视角。

【注意事项】

1. 软件运行注意事项

容易被杀毒软件阻止的程序为：

① ModelMange. exe

② StaClient. exe

③ ScoreRun. exe

④ Vgserver. exe

⑤ Gus. exe

⑥ ConApp. dll

⑦ TeachingLab. exe

⑧ MA. exe

2. 安装过程中常见问题

软件注册失败，如图 9-2 所示。

图 9-2 软件注册失败界面

出现以上现象时，按如下步骤解决：点击开始->所有程序->附件，右键选择“命令提示符”以管理员身份运行。弹出图 9-3 所示界面。

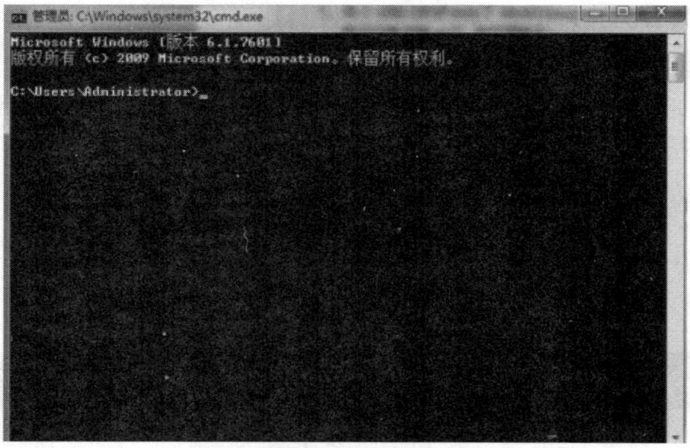

图 9-3 弹出界面

在上图所示界面中输入“C:\OBE\Project\TeachingLab”然后回车，再输入“regsvr32 Vplat. ocx”然后回车（如图 9-4 所示，注意 C:\OBE 为实际安装路径）。

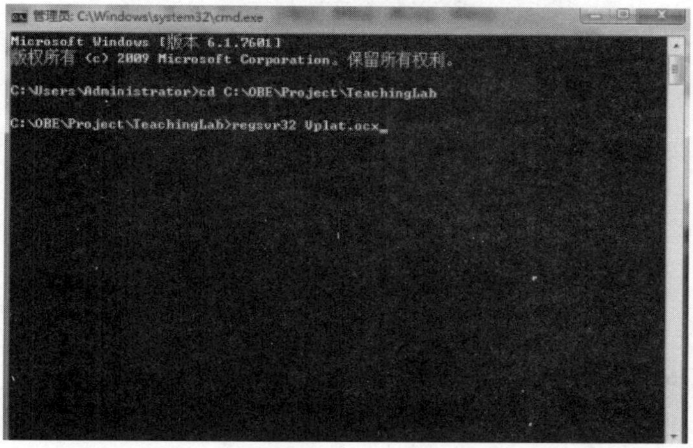

图 9-4　输入并回车

如果注册成功，则弹出图 9-5 所示对话框。

图 9-5　注册成功对话框

在命令提示符界面中输入“C:\OBE\Project\GraMaker”然后回车，再输入“regsvr32 vgctrl. dll”然后回车（如图 9-6 所示，注意 C:\OBE 为实际安装路径）。

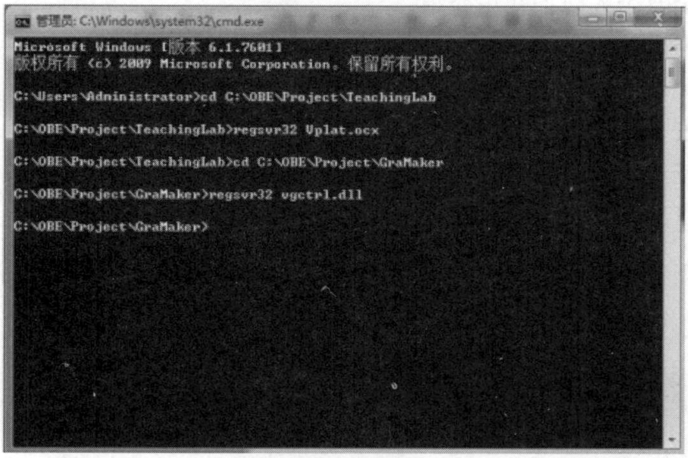

图 9-6　输入并回车

如果注册成功，则弹出如下对话框，如图 9-7 所示。

图 9-7 注册成功对话框

实验六十七 实验安全仿真

【实验目的】

1. 通过三维情景互动式虚拟仿真实验让学生深刻认识化学实验室安全的重要性，掌握规范的化学实验基本操作方法以及事故处理方法。

2. 掌握正确的实验室个人防护及个体穿戴要求。

3. 掌握实验室火灾分类，熟悉灭火器类型及使用方法，了解灭火毯、消防沙、紧急喷淋洗眼器的使用方法。

4. 掌握危险化学品的使用、存取与保管要求，了解并掌握化学实验室常见废液废物的分类及回收方法，养成良好的环境保护习惯。

5. 熟知并掌握化学实验室常见仪器和装置的正确使用方法，养成严格按照操作规程做实验的好习惯。

6. 掌握实验室用电安全及触电紧急事故的处置办法。

【实验内容】

1. 实验室安全及个人防护知识介绍。

2. 消防安全与事故应急处理。

3. 实验室危化试剂安全与应急处理。

4. 压力容器安全及用电安全。

5. 化学实验室安全及应急处理虚拟仿真软件的操作。

6. 化学实验室安全理论考试及实验室安全证书的获取。

实验六十八 高锰酸钾的制备

【软件启动】

双击桌面快捷方式进入仿真系统，登录个人账号随后进入个人管理入口，在仿真中心软件列表中搜索高锰酸钾制备仿真实验，完成软件的安装并启动（图 9-8），进入仿真界面后可选择“演示模式”或“操作模式”（图 9-9），单击即可开始仿真实验。图 9-10 为操作模式中操作列表选项。

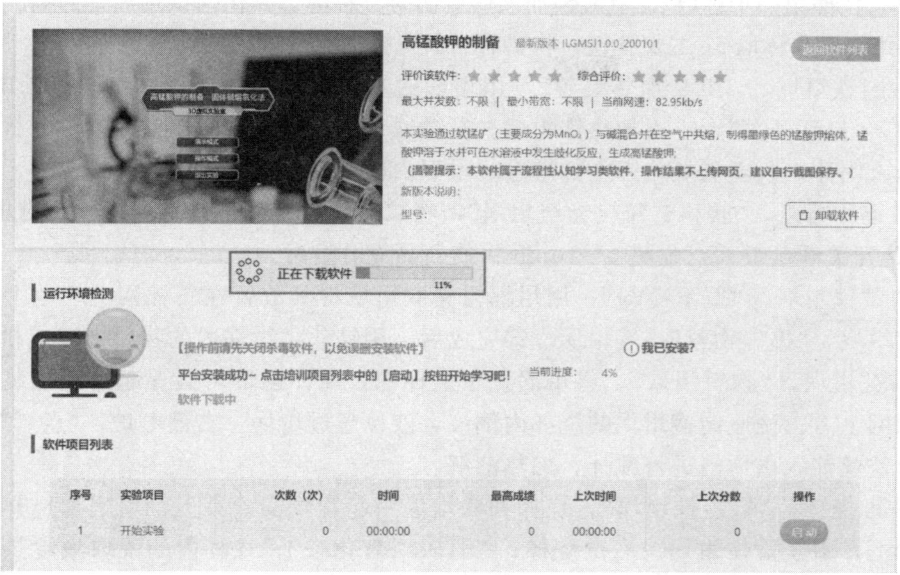

图 9-8 软件的安装与启动

图 9-9 演示及操作模式选择界面

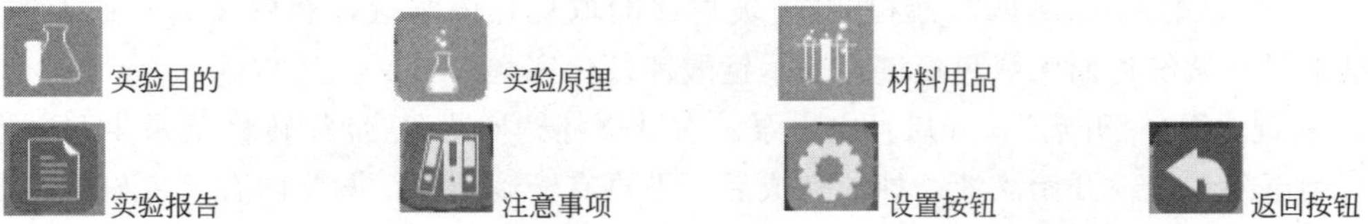

图 9-10 操作列表

【仿真操作】

1. 根据界面（图 9-11）下方的步骤提示，右键氢氧化钾试剂瓶，“取出 7g 于铁坩埚内”，利用托盘天平称取 7g 氢氧化钾，放入铁坩埚内，注意遵循左物右码原则。右键氯酸钾试剂瓶，“取出 5g”，按照第一步称取 5g 氯酸钾加入铁坩埚内。右键二氧化锰试剂瓶，“取出 5g 固体”，同样，按照第一步称取 5g 二氧化锰，将盛有二氧化锰的称量纸放在桌面上备用。

2. 右键铁坩埚，“组装加热装置”，用坩埚钳夹取铁坩埚，放置在组装好的电炉上面。右键电炉，“打开开关”，小火加热铁坩埚。右键铁坩埚，“搅拌”，用铁丝按顺时针搅拌铁坩埚内的粉末固体，直至氢氧化钾全部熔融。坩埚内粉末变成液体熔融物。

3. 右键称量纸，“转移二氧化锰至坩埚”，将二氧化锰转移至铁坩埚内。右键电炉，“强热”，电路开关开至最大，强热 5～10min，使药品充分熔融。

4. 右键铁坩埚，“取下冷却”，用坩埚钳夹取坩埚将其放置在石棉网上，盖上坩埚的盖子。右键坩埚，“捣碎物料”，等坩埚冷却完成后，用铁丝将坩埚内的物料捣碎成粉末状。

5. 右键坩埚，“物料浸取”，将坩埚置于烧杯中，烧杯连带坩埚一起放至组装好的泥三角的石棉网上方。洗瓶向盛坩埚的烧杯内倒液，液位超过坩埚。右键电炉，“点燃”，烧杯进行加热，铁丝伸入坩埚内进行搅拌，加热溶解。

6. 右键烧杯，“取出铁坩埚”，烧杯和铁坩埚一起置于实验桌上，坩埚从烧杯内取出置于石棉网上，盖子盖住坩埚。右键烧杯，“通入二氧化碳”，烧杯内的浸取液趁热通入二氧化碳。

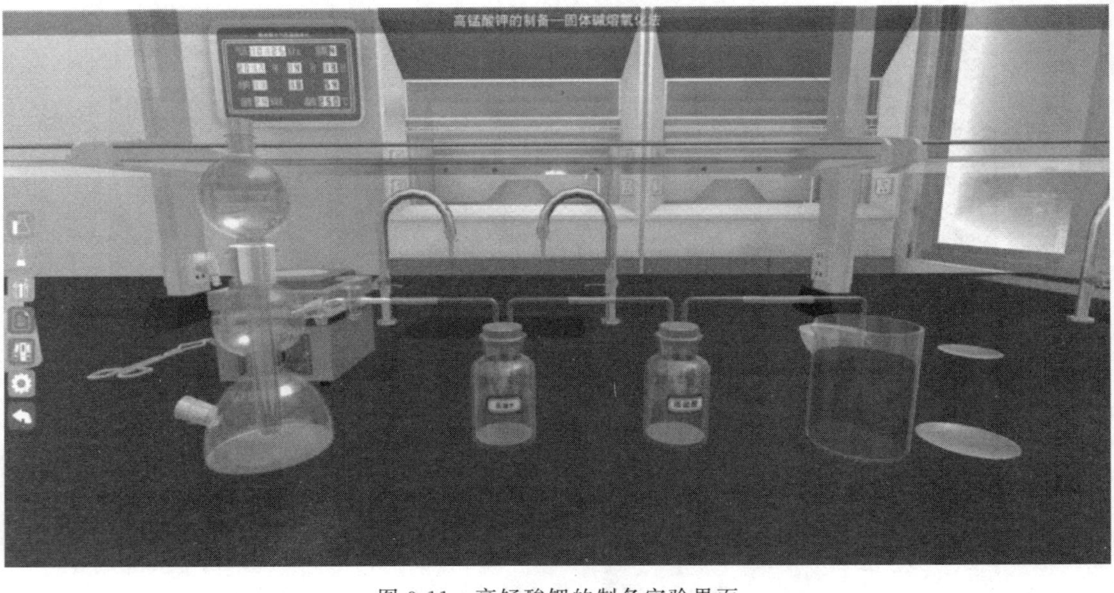

图 9-11　高锰酸钾的制备实验界面

7. 右键玻璃棒，“蘸取溶液检测”，玻璃棒蘸取烧杯内溶液，然后玻璃棒置于滤纸上，若滤纸上只有紫红色而无绿色痕迹，表示锰酸钾歧化完全。

8. 右键水泵，“开启”，开启真空水泵。右键烧杯“抽滤”，烧杯转移至漏斗上方将里面的溶液倒至漏斗内，开始滴液。抽滤完成后，不再有液滴滴下，漏斗内有黑色粉末，滤液为紫红色。右键水泵，“关闭”，关闭真空水泵。

9. 右键抽滤瓶，“取出滤液”，将抽滤瓶的滤液倒入蒸发皿中。右键蒸发皿“蒸发浓缩”，将蒸发皿放置于电炉上，加热浓缩至液面出现微小晶体。然后自然冷却至析出高锰酸钾紫红色晶体粉末。

10. 右键水泵，“开启”，开启真空水泵。右键烧杯“抽滤”，蒸发皿转移至漏斗上方将里面的药品倒至漏斗内，开始抽滤。完成后不再有液滴滴下，漏斗内有紫红色粉末，抽滤瓶内有少量的紫色液体。右键水泵“关闭”，关闭真空水泵。

11. 右键漏斗，“取出所得固体”，漏斗取出向表面皿中倒出紫红色粉末。右键表面皿“干燥”，表面皿转移至对面桌上的烘箱附近，烘箱门开启，表面皿转移到烘箱内，烘箱门关闭。烘箱电源开启，显示屏温度显示 25.0℃，然后由 25.0℃升至 100.0℃。

12. 右键烘箱，“取出表面皿”，烘箱电源关闭，取出表面皿放置于桌面上，烘箱门关闭。称重知产物为 4.6g。实验结束，数据记录和处理。

实验六十九　乙酸乙酯的制备

【软件启动】

双击桌面快捷方式进入仿真系统，登录个人账号随后进入个人管理入口，在仿真中心软件列表中搜索乙酸乙酯的制备仿真实验，完成软件的安装并启动，进入仿真界面后可选择“演示模式”或“操作模式”，单击即可开始仿真实验（图 9-12）。

【仿真操作】

1. 首先右键 95%乙醇试剂瓶，“加入 3mL 乙醇”，向三口烧瓶中加入 3mL 乙醇。
2. 右键浓硫酸试剂瓶，“取出 3mL”，量取 3mL 浓硫酸。
3. 右键量筒，“液体转入三口烧瓶”，向三口烧瓶中加入浓硫酸。
4. 右键三口烧瓶，“加入沸石”，向三口烧瓶中加入沸石。
5. 右键 95%乙醇试剂瓶，“加入 20mL 乙醇”，向滴液漏斗中加入 20mL 乙醇。
6. 右键冰醋酸试剂瓶，“加入 14.3mL 冰醋酸”，向滴液漏斗中加入 14.3mL 冰醋酸。
7. 右键三口烧瓶，“搭建滴加分馏装置”，搭建滴加分馏装置。
8. 右键水龙头，“打开”，打开冷凝水。
9. 右键电热套，“加热”，加热至 120℃。
10. 右键滴液漏斗，“滴液进料”，打开滴液漏斗，加热蒸馏约 90min。
11. 右键电热套，“停止加热”，反应结束停止加热。
12. 右键水龙头，“关闭”，关闭冷凝水。
13. 右键三口烧瓶，“拆卸装置”，拆卸滴加分馏装置。
14. 右键饱和碳酸钠溶液试剂瓶，“取饱和碳酸钠溶液”，量取一定量饱和碳酸钠溶液。
15. 右键量筒，“溶液倒入锥形瓶”，向锥形瓶中缓慢加入饱和碳酸钠溶液至无二氧化碳气体逸出。
16. 右键锥形瓶，“液体转入分液漏斗”，将锥形瓶内液体转入分液漏斗静置分层。
17. 右键分液漏斗，“分离油相、水相”，分离出下层水相。
18. 右键分液漏斗，“检测酯层酸碱性”，检测上层油相的酸碱性。
19. 右键量筒，“读取示数”，读取剩余饱和碳酸钠溶液体积。
20. 右键饱和氯化钠试剂瓶，“取出（$a-b$）mL”，取等体积饱和氯化钠溶液。

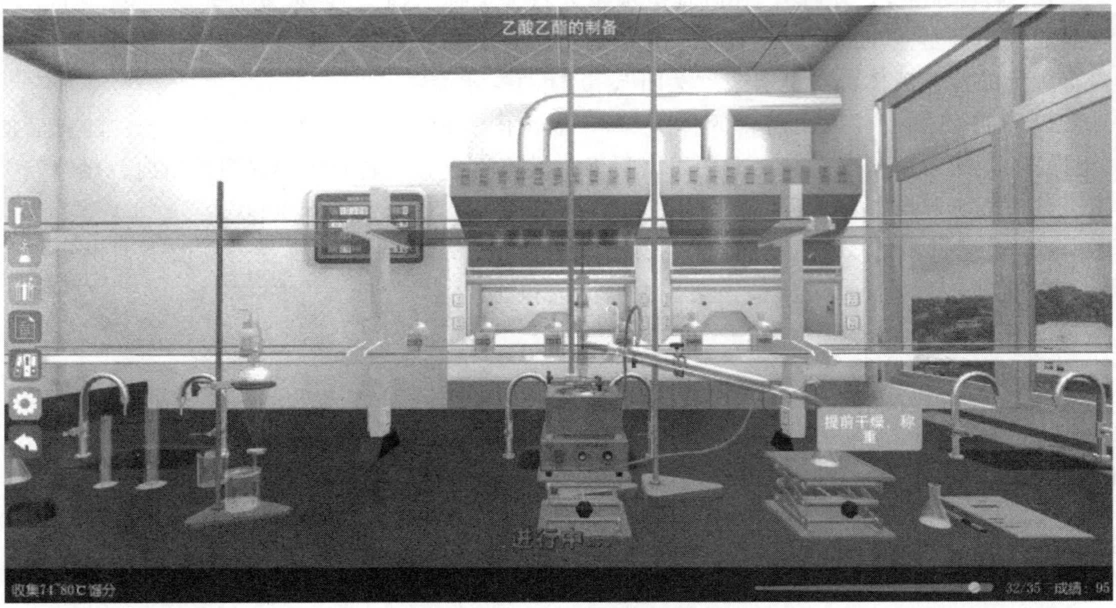

图 9-12　乙酸乙酯制备实验界面

21. 右键分液漏斗，“用饱和氯化钠洗涤”，用饱和氯化钠洗涤分液漏斗内的酯层。
22. 右键饱和氯化钙试剂瓶，“取出（$a-b$）mL”，取等体积饱和氯化钙溶液。
23. 右键分液漏斗，“用饱和氯化钙洗涤”，用饱和氯化钙洗涤分液漏斗内的酯层。
24. 右键分液漏斗，“液体转入锥形瓶”，将分液漏斗内液体转入锥形瓶。
25. 右键无水碳酸钾试剂瓶，“称取 2g”，称取 2g 无水碳酸钾。
26. 右键称量纸，“转入锥形瓶”，将无水碳酸钾转入锥形瓶。
27. 右键锥形瓶，“液体转入圆底烧瓶”，将干燥后的液体转入圆底烧瓶。
28. 右键圆底烧瓶，“加入沸石”，向圆底烧瓶中加入沸石。
29. 右键圆底烧瓶，“搭建蒸馏装置”，搭建蒸馏装置。
30. 右键水龙头，“打开”，打开冷凝水。
31. 右键电热套，“加热”，加热收集前馏分。
32. 右键锥形瓶，“收集 74～80℃馏分”，收集 74～80℃之间的馏分。
33. 右键电热套，“停止加热”，蒸馏结束停止加热。
34. 右键水龙头，“关闭”，关闭冷凝水。
35. 右键锥形瓶，“制备完成”，实验结束。

实验七十　邻二氮菲分光光度法测定微量铁

【软件启动】

双击桌面快捷方式进入仿真系统，登录个人账号随后进入个人管理入口，在仿真中心软件列表中搜索邻二氮菲分光光度法测定微量铁仿真实验，完成软件的安装并启动，进入仿真界面后可选择“演示模式”或“操作模式”，单击即可开始仿真实验（图 9-13）。

【仿真操作】

1. 右键 1 号比色管，选择“打开 1～6 号比色管塞子”。

2. 右键 $10\mu g \cdot mL^{-1}$ 铁标准试液，选择“移取 2mL、4mL、6mL、8mL、10mL 铁标液至 2、3、4、5、6 号比色管”。

3. 右键待测铁试液，选择“取 5mL 加入 7 号比色管”。

4. 右键盐酸羟胺，选择“各滴加 1mL 至 7 支比色管”，摇匀静置 2min。

5. 右键醋酸钠溶液，选择“各滴加 5mL 至 7 支比色管”。

6. 右键邻二氮菲溶液，选择“各滴加 3mL 至 7 支比色管”。

7. 右键洗瓶，选择“向各比色管加水至刻度线”，摇匀后打开盖静置。

8. 右键分光光度计样品室盖子，选择“开盖预热”，预热 20min。

9. 右键 1 号比色管，选择“加入比色皿”，放入分光光度室作为空白溶液。

10. 右键 3 号比色管，选择“倒入比色皿”，放入分光光度室作为测试液。

11. 左键点击分光光度计最右面的“模式”键，调为透射比模式，然后按“0%”键置零。

12. 右键分光光度计上的波长手轮，选择“旋转至 440nm”，盖上样品室，按“100%”键置 100%。

13. 左键点击分光光度计最右面的“模式”键，调为吸光度模式，拉动样品室手柄，测试 3 号溶液吸光度。

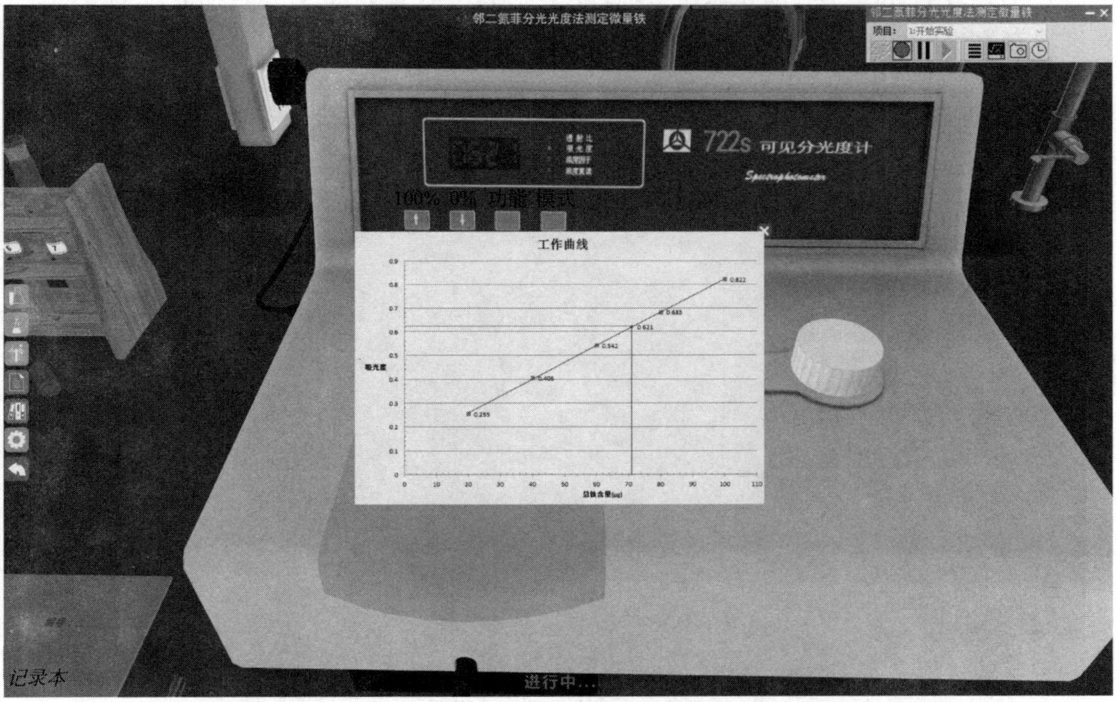

图 9-13 邻二氮菲分光光度法测定微量铁实验界面

14. 右键分光光度计上的波长手轮，选择在 440～560nm“变换波长”，绘制曲线确定最大吸收波长。

15. 右键2号比色管，选择“测定吸光度”。采用最大吸收波长，以1号溶液为参比溶液，测定2～6号吸光度。

16. 右键记录本，选择“记录数据，作标准曲线”。

17. 右键7号比色管，选择“测定吸光度”。

18. 右键记录本，选择“在标准曲线上查询7号溶液铁含量”。

实验七十一　熔点的测定

【软件启动】

双击桌面快捷方式进入仿真系统，登录个人账号随后进入个人管理入口，在仿真中心软件列表中搜索熔点的测定仿真实验，完成软件的安装并启动，进入仿真界面后可选择“演示模式”或“操作模式”，单击即可开始仿真实验（图9-14）。

【仿真操作】

1. 首先右键萘试剂瓶，“取出适量萘粉末”，从萘试剂瓶中取出药品。

2. 右键钵杵，“研磨”，将研钵内的萘粉末充分研磨。

3. 右键毛细管瓶，“取出毛细管”，将毛细管插入萘粉末中，将药品置于毛细管中。

4. 右键玻璃管，“置于玻璃板上”。右键表面皿，“投掷数次”，使样品装填紧密，直至高度约为2～3mm为止。

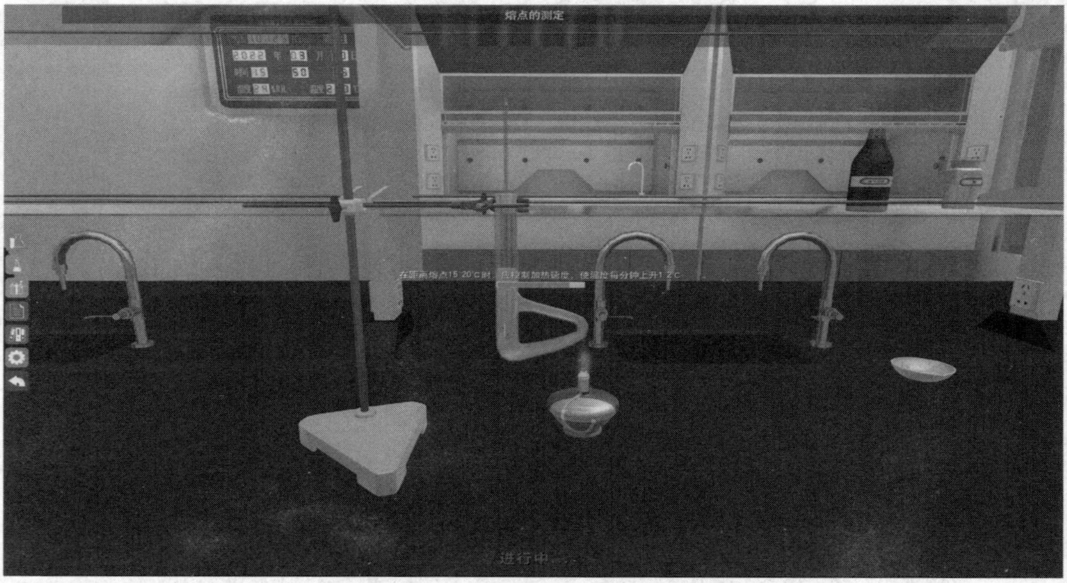

图9-14　熔点的测定实验界面

5. 右键温度计“取出温度计”，温度计置于实验台上。右键玻璃管“缚于温度计上”，将毛细管置于温度计上。

6. 右键液体石蜡试剂瓶“取出液体石蜡”，取出液体石蜡加入提勒管中，温度计及毛细管放置在提勒管内。

7. 右键酒精灯“加热”，酒精灯加热提勒管。快速加热至距离熔点20℃以内。

8. 在距离熔点10～20℃时，应控制加热速度，使温度每分钟上升1～2℃；当接近熔点时，加热要更慢，每分钟上升0.2～0.3℃，记录初熔温度和终熔温度。

9. 待温度下降20℃，重复上述步骤三次。

实验七十二 醋酸解离平衡常数的测定

【软件启动】

双击桌面快捷方式进入仿真系统，登录个人账号随后进入个人管理入口，在仿真中心软件列表中搜索醋酸解离平衡常数的测定仿真实验，完成软件的安装并启动，进入仿真界面后可选择“演示模式”或“操作模式”，单击即可开始仿真实验（图9-15）。

【仿真操作】

1. 首先右键醋酸溶液试剂瓶，“取出5mL未知液”，从醋酸试剂瓶中吸取出5mL。

2. 右键酚酞指示剂试剂瓶，“取出2～3滴”，锥形瓶中加入酚酞指示剂。

3. 右键氢氧化钠试剂瓶，“取出氢氧化钠”，将已知浓度氢氧化钠，加入碱式滴定管中，排气泡，调零。

4. 右键碱式滴定管，“快速滴定”。右键碱式滴定管，“逐滴滴定”。右键碱式滴定管，“半滴滴定”。观察锥形瓶内的现象变化。

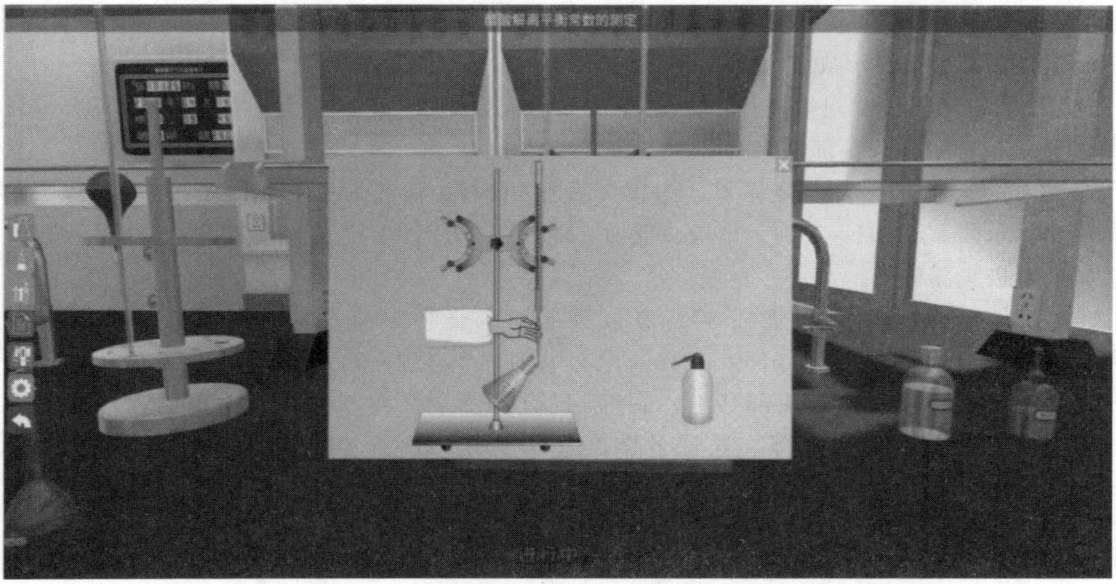

图9-15 醋酸解离平衡常数测定实验界面

5. 右键醋酸溶液试剂瓶“取出 2.5mL”，使用吸量管从醋酸试剂瓶中吸取出 2.5mL。右键吸量管“转移至容量瓶”，将 2.5mL 醋酸溶液转移至 50mL 标准容量瓶内。

6. 右键容量瓶“定容”，用盛有蒸馏水的洗瓶向容量瓶内加水，加之离标准刻度线 2～3cm 时，停止加水。然后，改用滴管缓慢滴加至凹液面与刻度线齐平。右键容量瓶“倒转混合”，将容量瓶盖子盖好，左手用食指按住瓶塞，其余手指拿住瓶颈，右手用指尖拖住瓶底边缘。倒转混合数次。配制 50mL 0.01mol·L^{-1}标准溶液。

7. 右键醋酸瓶“分别吸取 5mL、25mL 醋酸溶液至容量瓶（0.02mol·L^{-1}、0.1mol·L^{-1}标签）”。按照上述步骤，分别配制 50mL 0.02mol·L^{-1}、0.1mol·L^{-1}的标准溶液。

8. 右键容量瓶“转移溶液”，使用 25mL 移液管，量取 25mL 的 0.01mol·L^{-1}容量瓶中的标准液至烧杯中。

9. 右键容量瓶“转移溶液”，使用 25mL 移液管，量取 25mL 的 0.02mol·L^{-1}容量瓶中的标准液至烧杯中。

10. 右键容量瓶“转移溶液”，使用 25mL 移液管，量取 25mL 的 0.1mol·L^{-1}容量瓶中的标准液至烧杯中。

11. 右键容量瓶“转移溶液”，使用 25mL 移液管，量取 25mL 的 0.2mol·L^{-1}容量瓶中的标准液至烧杯中。

12. 右键 pH 计“调整温度”，打开电源开关，开机预热 30min，温度显示为 18.0℃，显示 72mV。按“pH/mV”键，温度显示 18.0℃，pH＝6.85。按“温度”按钮，按“确认”键，调整温度变成 25℃，按“确认”键。

13. 右键 pH 计“标定 pH 计”，电极头部插入装有蒸馏水的烧杯中，清洗电极头部，并用滤纸擦拭电极头部。电极插入 pH＝6.86 的中标溶液中。读数显示 pH＝6.90，按“定位”键，按“确认”键。按“下键”，示数显示 pH＝6.86，按“确认”键。电极头部插入装有蒸馏水的烧杯中，并用滤纸擦拭电极头部。电极插入 pH＝4.00 的酸标溶液中，读数显示 pH＝4.00，按“斜率”键，然后按“确认”键。示数显示 pH＝4.00，按“确认”键，校准结束。

14. 右键 pH 计“蒸馏水清洗”，电极头部插入烧杯中清洗。并用滤纸擦洗电极头部。保持电极头部干燥，示数显示 pH＝7.00。

15. 右键 pH 计“测量烧杯 1”，电极头部插入烧杯 1 中，pH 计上温度显示 25℃，pH 数值显示 6.75。电极头部移出。

16. 右键 pH 计“测量烧杯 2”，电极头部插入烧杯中清洗。并用滤纸擦洗电极头部。保持干燥，示数显示 pH＝7.00。电极头部插入烧杯 2。pH 计上温度显示 25℃，pH 显示数值 6.45。电极头部移出。

17. 右键 pH 计“测量烧杯 3”，电极头部插入烧杯中清洗，并用滤纸擦洗电极头部。保持干燥，示数显示 pH＝7.00。电极头部插入烧杯 3。pH 计上温度显示 25℃，pH 显示数值 5.75。电极头部移出，右键 pH 计“测量烧杯 3”，电极头部插入烧杯中清洗。并用滤纸擦洗电极头部。保持干燥，示数显示 pH＝7.00。电极头部插入烧杯 4。pH 计上温度显示 25℃，pH 显示数值 5.45。电极头部移出。实验结束。右键 pH 计“数据记录和处理”。

实验七十三 安息香酸的合成

【软件启动】

双击桌面快捷方式进入仿真系统，登录个人账号随后进入个人管理入口，在仿真中心软件列表中搜索安息香酸的合成仿真实验，完成软件的安装并启动，进入仿真界面后可选择“演示模式”或“操作模式”，单击即可开始仿真实验（图 9-16）。

【仿真操作】

1. 根据界面下方的步骤提示，首先右键维生素 B_1 试剂瓶使用称量天平“称取 3.5g”。右键天平“药品置于锥形瓶内”，将称取的药品置于锥形瓶内。

2. 右键 95%乙醇试剂瓶“取出 30mL”，从乙醇试剂瓶向量筒内倒出 30mL 试剂，随后用量筒将液体加入锥形瓶内。右键锥形瓶“冰浴”，将锥形瓶内溶液进行冷却。

3. 右键 15%氢氧化钠“取出药品”，从氢氧化钠试剂瓶向量筒内倒液 5mL。右键试管“冰浴”，量筒内的溶液倒入试管内，试管置于冰浴中。

4. 右键苯甲醛瓶“取出苯甲醛”，从苯甲醛试剂瓶向圆底烧瓶内倒液。右键圆底烧瓶“组装减压蒸馏装置”，对苯甲醛进行蒸馏，获得新蒸的苯甲醛。

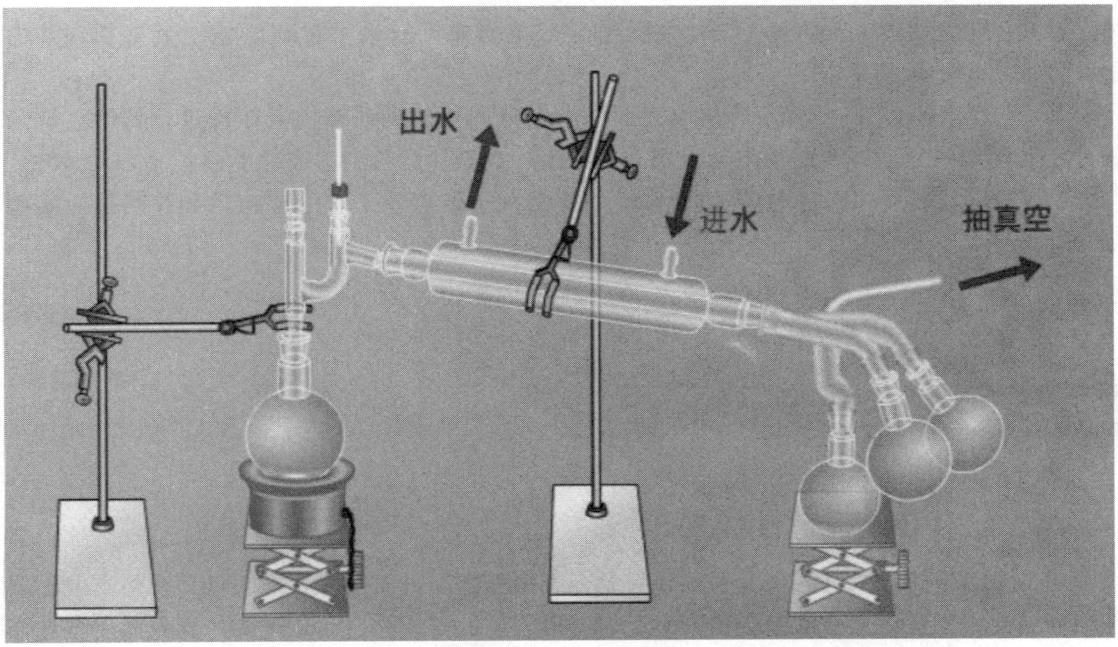

图 9-16 安息香酸合成实验界面

5. 右键三口烧瓶“加入冰透的药品”，将冰浴完成的锥形瓶和试管内的溶液倒入三口烧瓶内。右键新蒸的苯甲醛试剂瓶“取出 20mL”，向三口烧瓶内加入新蒸的 20mL 苯甲醛。右键三口烧瓶“测试 pH 值”，玻璃棒蘸取三口烧瓶内液体，然后置于 pH 试纸上，观察试纸颜色。

6. 右键三口烧瓶“组装回流反应”，三口烧瓶上组装回流冷凝管、温度计。

7. 右键水龙头开关“开启”，冷凝管进水。右键点击加热套“调温度、转速”，调节加热套的转速和温度旋钮，进行反应。

8. 反应结束，右键加热套“关闭”，关闭加热套的调速、调温旋钮。随后选择水龙头“关闭”。右键烧瓶“拆卸装置”，拆掉反应装置。

9. 粗产物的提纯：右键三口烧瓶“冰水浴冷却”，将烧瓶从铁架台夹子上取下，置于冰浴中。右键三口烧瓶“溶液减压抽滤”，布氏漏斗内放置滤纸。打开水泵，关闭缓冲瓶旋塞，将三口瓶中的溶液倒入布氏漏斗中。液体一滴一滴滴入抽滤瓶，固体在布氏漏斗的滤纸上。然后取洗瓶冲洗，抽滤完成，右键水泵“关闭”，先缓慢开启缓冲瓶旋塞，再关闭真空泵。

10. 右键布氏漏斗“取出产物称量”，从布氏漏斗将产品倒入称量纸上，称量粗产物质量。

11. 右键天平“药品置于圆底烧瓶内”，将粗产品加入烧瓶中。根据粗产物的质量，右键乙醇试剂瓶“取出 70mL”，向烧瓶内加入 70mL 乙醇。右键圆底烧瓶“重结晶”，对烧瓶中的粗产物进行重结晶操作。

12. 重结晶完成，右键圆底烧瓶“拆卸装置”，按照顺序将装置进行拆卸，圆底烧瓶先置于烧瓶托上。

13. 右键圆底烧瓶“趁热过滤”，滤去烧瓶内的不溶物。

14. 右键抽滤瓶“取出滤液冷却”，布氏漏斗取下放置在桌子上，从抽滤瓶向烧杯内倒出液体，烧杯静置冷却至出现固体结晶物。

15. 右键烧杯“减压抽滤”，再次进行抽滤。右键布氏漏斗“取出产物”，将布氏漏斗内的产物取出，干燥称重。

16. 右键表面皿“制样”，药勺取表面皿中少量固体放到研钵内，钵杵进行研磨。取盖玻片，药勺取一点研钵内的粉末放置到盖玻片上，载玻片覆盖到盖玻片上面。

17. 右键载玻片“测定熔点”，制作好的样品置于熔点仪上，读取初熔和终熔值。实验结束。

实验七十四 氢化肉桂酸的制备

【软件启动】

双击桌面快捷方式进入仿真系统，登录个人账号随后进入个人管理入口，在仿真中心软件列表中搜索氢化肉桂酸的制备仿真实验，完成软件的安装并启动，进入仿真界面后可选择“演示模式”或“操作模式”，单击即可开始仿真实验。

【仿真操作】

1. 首先右键氢氧化钠试剂瓶，“称取氢氧化钠 5.0g”，实验台上的小烧杯中称入氢氧化钠 5.0g。

2. 右键小烧杯，“放入冰水浴”。

3. 右键小烧杯，“加入蒸馏水 20mL 溶解”，氢氧化钠溶解于水。

4. 右键铝镍合金试剂瓶，“称取 4.0g 铝镍合金粉”。

5. 右键小烧杯，“放入 70℃水浴”，铝镍合金继续溶解反应至全部溶解。

6. 右键小烧杯，“倾去上层碱液”。

7. 右键小烧杯，“用蒸馏水洗涤至中性”。

8. 右键小烧杯，“无水乙醇洗涤”，取 9mL 无水乙醇分三次洗涤反应物。

9. 洗涤结束后，右键小烧杯，“加入 20mL 无水乙醇”，覆盖固体。

10. 洗涤结束后，右键小烧杯，“加入 20mL 无水乙醇”，覆盖固体。

11. 右键小烧杯，“转入锥形瓶”，转入锥形瓶保存备用。

12. 到对面实验台，右键三口烧瓶，“加入搅拌子”，然后右键肉桂酸试剂瓶，“称取肉桂酸 1.5g”，在三口烧瓶中加入肉桂酸 1.5g。

13. 右键三口烧瓶，“加入 95%乙醇 25mL”，三口烧瓶被固定在右侧电热套中，加 25mL 95%乙醇作为溶剂。

14. 左键电热套电源键，微热搅拌，肉桂酸溶解。

15. 右键三口烧瓶，“加入雷尼镍催化剂 0.75g”，三口烧瓶被放到电子天平上，前面制备好的雷尼镍催化剂 0.75g 被倒入三口烧瓶。

16. 右键三口烧瓶，“搭建催化氢化装置”，按要求搭建催化氢化装置，三口烧瓶被固定其中。

17. 右键氢气计量管，“排出储氢管内的空气”，氢气计量管接通外界空气，分液漏斗中加入水后升高位置，氢气计量管内空气被排出。

18. 右键左侧三通阀，“打开三通阀充入氢气”，氢气计量管内水被氢气压入分液漏斗。

19. 右键三口烧瓶，“抽真空”，三通阀门转动接通三口烧瓶和真空线，三口烧瓶被抽真空。

20. 右键三口烧瓶，“氢气置换 3～4 次”，对三口烧瓶反复充放氢 3～4 次，使三口烧瓶内充满氢气。

21. 左键氢化装置（图 9-17）中电热套的电源键，开始加热，至 42℃开始氢化反应过程。

图 9-17 氢化装置

22. 至氢气计量管内液位不再有变化时，氢化反应完成。左键电热套电源键，关停反应。三口烧瓶转移到抽滤装置附近实验台上。

23. 右键三口烧瓶，“抽滤洗涤”，得到滤液。注意抽滤时不要抽干，而且滤纸上残留的催化剂要在通风处用稀盐酸处理掉。

24. 右键抽滤瓶，“滤液转移到蒸馏瓶中”。

25. 右键左边蒸馏烧瓶，“蒸除乙醇”，常压蒸馏除去乙醇。

26. 继续右键左面蒸馏烧瓶，“减压蒸馏”，收集 0.6kPa 下 60～63℃的馏分至右面蒸馏烧瓶，即为目标产物。

27. 右键右面蒸馏烧瓶，“称重，计算产率”，计算产率后，实验完毕。

附 录

附录一 SI基本单位及常用常数

1. SI 基本单位

基本物理单位	单位名称	单位符号
长度	米	m
质量	千克(公斤)①	kg
时间	秒	s
电流强度	安[培]②	A
热力学温度	开[尔文]	K
发光强度	坎[德拉]	cd
物质的量	摩[尔]	mol

① 表中（ ）内的字表示为前者的同义语。

② [ ] 内的字表为在不致混淆的情况下，可以省略的字。

2. SI 单位制的辅助单位

量的名称	单位名称	单位符号
平面角	弧度	rad
立体角	球面度	sr

3. 国际单位制中具有专门名称的导出单位

量的名称	单位名称	单位符号	其它表示示例
频率	赫[兹]	Hz	s^{-1}
压力;应力	帕[斯卡]	Pa	$kg·m/s^2$
能量;功;热	焦[耳]	J	N·m
功率;辐射通量	瓦[特]	W	J/s
电荷量	库[仑]	C	A·s
电位;电压;电动势	伏[特]	V	W/A
摄氏温度	摄氏度	℃	
[放射性]活度	贝克[勒尔]	Bq	

附录二 不同温度下水的饱和蒸气压

单位：MPa

温度/℃	0.0	0.2	0.4	0.6	0.8	温度/℃	0.0	0.2	0.4	0.6	0.8
0	0.6103	0.6194	0.6285	0.6378	0.6472	26	3.360	3.400	3.441	3.481	3.523
1	0.6566	0.6662	0.6758	0.6875	0.6957	27	3.564	3.606	3.649	3.692	3.735
2	0.7056	0.7158	0.7261	0.7365	0.7471	28	3.778	3.823	3.868	3.913	3.959
3	0.7578	0.7686	0.7795	0.7906	0.8081	29	4.004	4.051	4.098	4.146	4.194
4	0.8132	0.8247	0.8363	0.8482	0.8602	30	4.242	4.291	4.340	4.390	4.440
5	0.8721	0.8844	0.8968	0.9094	0.9920	31	4.491	4.543	4.595	4.647	4.700
6	0.9348	0.9478	0.9610	0.9743	0.9879	32	4.753	4.807	4.862	4.918	4.973
7	1.001	1.015	1.029	1.043	1.058	33	5.029	5.068	5.143	5.209	5.260
8	1.072	1.087	1.102	1.117	1.132	34	5.318	5.377	5.438	5.499	5.560
9	1.147	1.163	1.179	1.195	1.211	35	5.621	5.684	5.747	5.811	5.876
10	1.227	1.244	1.261	1.278	1.295	36	5.940	6.005	6.072	6.138	6.206
11	1.312	1.329	1.348	1.366	1.384	37	6.274	6.342	6.412	6.492	6.533
12	1.402	1.420	1.440	1.458	1.478	38	6.623	6.695	6.768	6.841	6.915
13	1.479	1.516	1.537	1.557	1.577	39	6.990	7.066	7.142	7.219	7.296
14	1.597	1.618	1.640	1.661	1.683	40	7.374	7.452	7.533	7.613	7.694
15	1.704	1.726	1.749	1.772	1.794	41	7.776	7.859	7.942	8.027	8.113
16	1.817	1.840	1.864	1.888	1.912	42	8.197	8.283	8.371	8.459	8.547
17	1.936	1.961	1.987	2.012	2.037	43	8.637	8.728	8.819	8.912	9.006
18	2.063	2.089	2.116	2.142	2.169	44	9.09	9.193	9.290	9.386	9.483
19	2.196	2.224	2.252	2.280	2.309	45	9.581	9.680	9.779	9.880	9.928
20	2.337	2.366	2.394	2.426	2.456	46	10.08	10.18	10.29	10.40	10.50
21	2.486	2.516	2.548	2.579	2.611	47	10.61	10.71	10.81	10.94	11.05
22	2.642	2.675	2.708	2.741	2.775	48	11.15	11.27	11.39	11.50	11.62
23	2.808	2.842	2.877	2.912	2.947	49	11.73	11.85	11.97	12.09	12.21
24	2.982	3.018	3.056	3.092	3.129	50	12.13	12.46	12.58	12.70	12.84
25	3.116	3.204	3.243	3.281	3.321						

附录三 常用酸、碱的浓度

试剂名称	密度 ρ /g·mL^{-1}	质量浓度 w/%	物质的量浓度 c/mol·L^{-1}	试剂名称	密度 ρ /g·mL^{-1}	质量浓度 w/%	物质的量浓度 c/mol·L^{-1}
浓硫酸	1.84	98	18	氢溴酸	1.38	40	7
稀硫酸	1.06	9	1	氢碘酸	1.70	57	7.5
浓盐酸	1.19	38	12	冰醋酸	1.05	99	17.5
稀盐酸	1.03	7	2	稀醋酸	1.04	30	5
浓硝酸	1.41	68	16	稀醋酸	1.02	12	2
稀硝酸	1.20	32	6	浓氢氧化钠	1.44	约 41	约 14.4
稀硝酸	1.07	12	2	稀氢氧化钠	1.09	8	2
浓磷酸	1.70	85	14.7	浓氨水	0.91	约 28	14.8
稀磷酸	1.05	9	1	稀氨水	0.99	3.5	2
稀高氯酸	1.12	19	2	氢氧化钙水溶液		0.15	—
浓氢氟酸	1.13	40	23	氢氧化钡水溶液		2	约 0.1

附录四 常用试纸

1. 碘淀粉试纸

遇氧化剂即变蓝（特别是游离卤化物），因此可用碘淀粉试纸检查此类物质。

2. 刚果试纸

在酸性介质中变蓝，而在碱性介质中变红（在 pH＝2～3 时，则由蓝色转变成红色）。

3. 石蕊试纸

为浅蓝紫色（蓝色）或紫玫瑰色（红色）的试纸，遇酸性介质变蓝色而遇碱性介质变成红色。pH＝6～7 时则产生颜色变化。

4. 醋酸铅试纸

遇硫化氢即变黑（形成硫化铅），可以用来检查微量的硫化氢。

5. 酚酞试纸

白色酚酞试纸在碱性介质中则变为深红色。

6. 橙黄 I 试纸

在酸性介质中则变为玫瑰色，pH 值在 1.3～3.2 的范围内，则由红色转变为黄色。

7. 广泛试纸

又称广泛 pH 试纸，试纸上有甲基红、溴甲酚绿、百里酚蓝三种指示剂。甲基红、溴甲酚绿、百里酚蓝和酚酞一样，在不同 pH 值的溶液中均会按一定规律变色，因此，可以指示溶液中酸度的变化，与试纸包装上附带的标准比色卡比较，即可判断溶液的 pH 值。

8. 精密试纸

精密 pH 试纸可以将 pH 值精确到小数点后一位。精密试纸是按测量区间分的，有 0.5～5.0，0.1～1.2，0.8～2.4 等，超过测量的范围，精密 pH 试纸就无效了。在使用精密 pH 试纸测量时，一般先用广泛试纸大致测出水的酸碱性，再用精密试纸进行精确测量。

附录五 常见弱电解质在水溶液中的电离常数

电解质	电离方程式	温度/℃	电离常数 $K_a^{\ominus}$ 或 $K_b^{\ominus}$	$pK_a^{\ominus}$ 或 $pK_b^{\ominus}$
HAc	$HAc \rightleftharpoons H^+ + Ac^-$	25	1.76×10^{-5}	4.75
H_3BO_3	$B(OH)_3 + H_2O \rightleftharpoons H^+ + B(OH)_4^-$	20	7.3×10^{-10}	9.14
H_2CO_3	$H_2CO_3 \rightleftharpoons H^+ + HCO_3^-$	25	$K_{a_1}^{\ominus}=4.30\times10^{-7}$	6.37
	$HCO_3^- \rightleftharpoons H^+ + CO_3^{2-}$	25	$K_{a_2}^{\ominus}=5.61\times10^{-11}$	10.25
HCN	$HCN \rightleftharpoons H^+ + CN^-$	25	4.93×10^{-10}	9.31
H_2S	$H_2S \rightleftharpoons H^+ + HS^-$	18	$K_{a_1}^{\ominus}=9.1\times10^{-8}$	7.04

续表

电解质	电离方程式	温度/℃	电离常数 $K_a^\ominus$ 或 $K_b^\ominus$	$pK_a^\ominus$ 或 $pK_b^\ominus$
	$HS^- \rightleftharpoons H^+ + S^{2-}$	18	$K_{a_2}^\ominus = 1.1\times10^{-12}$	11.96
$H_2C_2O_4$	$H_2C_2O_4 \rightleftharpoons H^+ + HC_2O_4^-$	25	$K_{a_1}^\ominus = 5.90\times10^{-2}$	1.23
	$HC_2O_4^- \rightleftharpoons H^+ + C_2O_4^{2-}$	25	$K_{a_2}^\ominus = 6.40\times10^{-5}$	4.19
H_3PO_4	$H_3PO_4 \rightleftharpoons H^+ + H_2PO_4^-$	25	$K_{a_1}^\ominus = 7.52\times10^{-3}$	2.12
	$H_2PO_4^- \rightleftharpoons H^+ + HPO_4^{2-}$	25	$K_{a_2}^\ominus = 6.23\times10^{-8}$	7.21
	$HPO_4^{2-} \rightleftharpoons H^+ + PO_4^{3-}$	25	$K_{a_3}^\ominus = 4.4\times10^{-13}$	12.36
HCOOH	$HCOOH \rightleftharpoons H^+ + HCOO^-$	20	1.77×10^{-4}	3.75
H_2SO_3	$H_2SO_3 \rightleftharpoons H^+ + HSO_3^-$	18	$K_{a_1}^\ominus = 1.54\times10^{-2}$	1.81
	$HSO_3^- \rightleftharpoons H^+ + SO_3^{2-}$	18	$K_{a_2}^\ominus = 1.02\times10^{-7}$	6.91
HNO_2	$HNO_2 \rightleftharpoons H^+ + NO_2^-$	12.5	4.6×10^{-4}	3.37
HF	$HF \rightleftharpoons H^+ + F^-$	25	3.53×10^{-4}	3.45
H_2SiO_3	$H_2SiO_3 \rightleftharpoons H^+ + HSiO_3^-$	常温	$K_{a_1}^\ominus = 2\times10^{-10}$	9.70
	$HSiO_3^- \rightleftharpoons H^+ + SiO_3^{2-}$	常温	$K_{a_2}^\ominus = 1\times10^{-12}$	12.00
HClO	$HClO \rightleftharpoons H^+ + ClO^-$	18	2.95×10^{-8}	7.53
H_3AsO_4	$H_3AsO_4 \rightleftharpoons H^+ + H_2AsO_4^-$	18	$K_{a_1}^\ominus = 5.62\times10^{-3}$	2.25
	$H_2AsO_4^- \rightleftharpoons H^+ + HAsO_4^{2-}$	18	$K_{a_2}^\ominus = 1.70\times10^{-7}$	6.77
	$HAsO_4^{2-} \rightleftharpoons H^+ + AsO_4^{3-}$	18	$K_{a_3}^\ominus = 3.95\times10^{-12}$	11.40
H_3AsO_3	$H_3AsO_3 \rightleftharpoons H^+ + H_2AsO_3^-$	25	6×10^{-10}	9.23
NH_2OH	$NH_2OH + H_2O \rightleftharpoons NH_3OH^+ + OH^-$	25	$K_b^\ominus = 6.6\times10^{-9}$	8.14
$NH_3\cdot H_2O$	$NH_3\cdot H_2O \rightleftharpoons NH_4^+ + OH^-$	25	$K_b^\ominus = 1.79\times10^{-5}$	4.75

附录六 常见难溶电解质的溶度积常数（291~298K）

难溶化合物	$K_{sp}^\ominus$	难溶化合物	$K_{sp}^\ominus$
氯化物		硫酸盐	
$PbCl_2$	1.6×10^{-5}	Ag_2SO_4	1.6×10^{-5}
AgCl	1.56×10^{-10}	$CaSO_4$	2.45×10^{-5}
Hg_2Cl_2	2×10^{-18}	$SrSO_4$	2.8×10^{-7}
CuCl	1.02×10^{-6}	$PbSO_4$	1.06×10^{-8}
溴化物		$BaSO_4$	1.08×10^{-10}
AgBr	7.7×10^{-13}	硫化物	
CuBr	4.15×10^{-8}	MnS	1.4×10^{-15}
碘化物		FeS	3.7×10^{-19}
PbI_2	1.39×10^{-8}	ZnS	1.2×10^{-23}
AgI	1.5×10^{-16}	PbS	3.4×10^{-28}
Hg_2I_2	1.2×10^{-10}	CuS	8.5×10^{-45}
氰化物		HgS	4×10^{-53}
AgCN	1.2×10^{-16}	Ag_2S	1.6×10^{-19}
硫氰化物		铬酸盐	
AgSCN	1.16×10^{-12}	$BaCrO_4$	1.6×10^{-10}

续表

难溶化合物	$K_{sp}^{\ominus}$	难溶化合物	$K_{sp}^{\ominus}$
Ag_2CrO_4	9×10^{-12}	氢氧化物	
$PbCrO_4$	1.77×10^{-14}	AgOH	1.52×10^{-8}
碳酸盐		$Ca(OH)_2$	5.5×10^{-6}
$MgCO_3$	2.6×10^{-5}	$Mg(OH)_2$	1.2×10^{-11}
$BaCO_3$	8.1×10^{-9}	$Mn(OH)_2$	4.0×10^{-14}
$CaCO_3$	8.7×10^{-9}	$Co(OH)_2$	1.6×10^{-17}
Ag_2CO_3	8.1×10^{-12}	$Pb(OH)_2$	1.2×10^{-17}
$PbCO_3$	3.3×10^{-14}	$Zn(OH)_2$	1.2×10^{-17}
磷酸盐		$Cu(OH)_2$	5.66×10^{-20}
$MgNH_4PO_4$	2.5×10^{-13}	$Cr(OH)_3$	6×10^{-31}
草酸盐		$Al(OH)_3$	1.3×10^{-38}
MgC_2O_4	8.57×10^{-5}	$Fe(OH)_3$	1.1×10^{-36}
$CuC_2O_4\cdot2H_2O$	2.87×10^{-8}	$Fe(OH)_2$	1.64×10^{-14}
$CaC_2O_4\cdot H_2O$	2.57×10^{-9}	碘酸盐	
$BaC_2O_4\cdot3.5H_2O$	1.62×10^{-7}	$Ca(IO_3)_2\cdot6H_2O$	6.44×10^{-7}
$BaC_2O_4\cdot2H_2O$	1.2×10^{-7}	$Cu(IO_3)_2$	1.4×10^{-7}
$BaC_2O_4\cdot0.5H_2O$	2.18×10^{-7}	$AgIO_3$	9.2×10^{-9}
$CbC_2O_4\cdot3H_2O$	1.53×10^{-8}	$Ba(IO_3)_2\cdot2H_2O$	6.5×10^{-10}
MgC_2O_4	8.57×10^{-5}	酒石酸盐	
$ZnC_2O_4\cdot2H_2O$	1.35×10^{-9}	$CaC_4H_4O_6\cdot2H_2O$	7.7×10^{-7}
SrC_2O_4	5.61×10^{-8}		

附录七 常见配离子的稳定常数

配离子	$K_f^{\ominus}$	$\lg K_f^{\ominus}$	配离子	$K_f^{\ominus}$	$\lg K_f^{\ominus}$
$[AgCl_2]^-$	1.74×10^5	5.24	$[Cd(NH_3)_6]^{2+}$	1.4×10^5	5.15
$[Ag(SCN)_2]^-$	3.72×10^7	7.57	$[CdI_4]^{2-}$	1.26×10^6	6.10
$[Ag(CN)_2]^-$	1.3×10^{21}	21.10	$[CdY]^{2-}$	2.88×10^{16}	16.46
$[Ag(S_2O_3)_2]^{3-}$	2.88×10^{13}	13.46	$[CuCl_4]^{2-}$	4.17×10^5	5.62
$[Ag(NH_3)_2]^+$	1.62×10^7	7.21	$[Cu(CN)_4]^{3-}$	5×10^{30}	30.70
$[Ag(en)_2]^+$	5.04×10^7	7.70	$[Cu(NH_3)_4]^{2+}$	1.38×10^{12}	12.14
$[Ag(Ac)_2]^-$	4.37	0.64	$[Cu(en)_2]^{2+}$	4.0×10^{19}	19.60
$[AgY]^{3-}$	2.09×10^7	7.32	$[CuY_2]^{2-}$	6.33×10^{18}	18.80
$[AlF_6]^{3-}$	6.9×10^{19}	19.84	$[Co(SCN)_4]^{2-}$	1.0×10^3	3.00
$[Al(C_2O_4)_3]^{3-}$	2.0×10^{16}	16.30	$[Co(NH_3)_6]^{2+}$	2.46×10^4	4.39
$[AlY]^-$	1.35×10^{16}	16.13	$[Co(NH_3)_6]^{3+}$	2.29×10^{35}	35.36
$[CaY]^{2-}$	4.9×10^{10}	10.69	$[CoY]^{2-}$	2.04×10^{16}	16.31
$[CdCl_4]^{2-}$	3.47×10^2	2.54	$[CoY]^-$	1.0×10^{36}	36.00
$[Cd(CN)_4]^{2-}$	1.1×10^{16}	16.04	$[Fe(CN)_6]^{4-}$	1.0×10^{24}	24.00
$[Cd(NH_3)_4]^{2+}$	1.3×10^7	7.11	$[Fe(CN)_6]^{3-}$	1.0×10^{31}	31.00

续表

配离子	$K_f^\ominus$	$\lg K_f^\ominus$	配离子	$K_f^\ominus$	$\lg K_f^\ominus$
$[FeF_6]^{3-}$	2.04×10^{14}	14.31	$[Ni(NH_3)_4]^{2+}$	1.02×10^{8}	8.01
$[Fe(SCN)_6]^{3-}$	1.5×10^{3}	3.18	$[NiY]^{2-}$	4.17×10^{18}	18.62
$[Fe(C_2N)_3]^{4-}$	1.66×10^{5}	5.22	$[PbCl_3]^{-}$	25	1.40
$[Fe(C_2O_4)_3]^{3-}$	1.59×10^{20}	20.20	$[Pb(Ac)_3]^{-}$	2.46×10^{3}	3.39
$[FeY]^{2-}$	2.10×10^{14}	14.33	$[PbY]^{2-}$	1.10×10^{18}	18.04
$[FeY]^{-}$	1.26×10^{25}	25.10	$[SnCl_4]^{2-}$	30.2	1.48
$[HgCl_4]^{2-}$	1.59×10^{14}	14.20	$[SnCl_6]^{2-}$	6.6×10^{22}	22.82
$[Hg(CN)_4]^{2-}$	3.24×10^{41}	41.51	$[SnY]^{2-}$	1.29×10^{22}	22.11
$[HgI_4]^{2-}$	3.47×10^{20}	20.54	$[Zn(CN)_4]^{2-}$	5.75×10^{16}	16.76
$[Hg(SCN)_4]^{2-}$	7.75×10^{21}	21.89	$[Zn(NH_3)_4]^{2-}$	5.00×10^{8}	8.70
$[HgY]^{2-}$	6.29×10^{21}	21.80	$[Zn(OH)_4]^{2-}$	1.4×10^{15}	15.15
$[MgY]^{2-}$	4.90×10^{8}	8.69	$[Zn(SCN)_4]^{2-}$	20	1.30
$[MnY]^{2-}$	1.10×10^{14}	14.04	$[Zn(C_2O_4)_3]^{4-}$	1.4×10^{8}	8.15
$[Ni(CN)_4]^{2-}$	1.0×10^{22}	22.00	$[ZnY]^{2-}$	3.16×10^{16}	16.50

附录八 标准电极电位 $\varphi^\ominus$（298.15K）

1. 在酸性介质中

电对	电极反应	$\varphi^\ominus$/V	电对	电极反应	$\varphi^\ominus$/V
K^+/K	$K^+ + e^- = K$	−2.924	$H_3AsO_4/HAsO_2$	$H_3AsO_4 + 2H^+ + 2e^- = HAsO_2 + 2H_2O$	+0.559
Na^+/Na	$Na^+ + e^- = Na$	−2.714	MnO_4^-/MnO_4^{2-}	$MnO_4^- + e^- = MnO_4^{2-}$	+0.564
$CO_2/H_2C_2O_4$	$2CO_2 + 2H^+ + 2e^- = H_2C_2O_4$	−0.49	O_2/H_2O_2	$O_2 + 2H^+ + 2e^- = H_2O_2$	+0.682
S/S^{2-}	$S + 2e^- = S^{2-}$	−0.48	Fe^{3+}/e^{2+}	$Fe^{3+} + e^- = Fe^{2+}$	+0.771
Fe^{2+}/Fe	$Fe^{2+} + 2e^- = Fe$	−0.44	Hg_2^{2+}/Hg	$Hg_2^{2+} + 2e^- = 2Hg$	+0.793
AgI/Ag	$AgI + e^- = Ag + I^-$	−0.152	Ag^+/Ag	$Ag^+ + e^- = Ag$	+0.7995
Fe^{3+}/Fe	$Fe^{3+} + 3e^- = Fe$	−0.036	Hg^{2+}/Hg	$Hg^{2+} + 2e^- = Hg$	+0.854
H^+/H_2	$2H^+ + 2e^- = H_2$	0.0000	Cu^{2+}/Cu_2I_2	$2Cu^{2+} + 2I^- + 2e^- = Cu_2I_2$	+0.86
$AgBr/Ag$	$AgBr + e^- = Ag + Br^-$	+0.071	$Hg^{2+}/Hg_2{}^{2+}$	$2Hg^{2+} + 2e^- = Hg_2{}^{2+}$	+0.907
$S_4O_6^{2-}/S_2O_3^{2-}$	$S_4O_6^{2-} + 2e^- = 2S_2O_3^{2-}$	+0.08	IO_3^-/I_2	$2IO_3^- + 12H^+ + 10e^- = I_2 + 6H_2O$	+1.20
S/H_2S	$S + 2H^+ + 2e^- = H_2S(aq)$	+0.141	MnO_2/Mn^{2-}	$MnO_2 + 4H^+ + 2e^- = Mn^{2+} + 2H_2O$	+1.208
Sn^{4+}/Sn^{2+}	$Sn^{4+} + 2e^- = Sn^{2+}$	+0.154	O_2/H_2O	$O_2 + 4H^+ + 4e^- = 2H_2O$	+1.229
Cu^{2+}/Cu^+	$Cu^{2+} + e^- = Cu^+$	+0.159	$Cr_2O_7^{2-}/Cr_3^+$	$Cr_2O_7^{2-} + 14H^+ + 6e^- = 2Cr^{3+} + 7H_2O$	+1.33
SO_4^{2-}/SO_2	$SO_4^{2-} + 4H^+ + 2e^- = SO_2(aq) + 2H_2O$	+0.17	Cl_2/Cl^-	$Cl_2 + 2e^- = 2Cl^-$	+1.36
$AgCl/Ag$	$AgCl + e^- = Ag + Cl^-$	+0.2223	BrO_3^-/Br^-	$BrO_3^- + 6H^+ + 6e^- = Br^- + 3H_2O$	+1.44
Hg_2Cl_2/Hg	$Hg_2Cl_2 + 2e^- = 2Hg + 2Cl^-$	+0.2676	ClO_3^-/Cl^-	$ClO_3^- + 6H^+ + 6e^- = Cl^- + 3H_2O$	+1.45
Cu^{2+}/Cu	$Cu^{2+} + 2e^- = Cu$	+0.337	ClO_3^-/Cl_2	$2ClO_3^- + 12H^+ + 10e^- = Cl_2 + 6H_2O$	+1.47
$H_2SO_3/S_2O_3^{2-}$	$2H_2SO_3 + 2H^+ + 4e^- = S_2O_3^{2-} + 3H_2O$	+0.40	MnO_4^-/Mn^{2+}	$MnO_4^- + 8H^+ + 5e^- = Mn^{2+} + 4H_2O$	+1.51
H_2SO_3/S	$H_2SO_3 + 4H^+ + 4e^- = S + 3H_2O$	+0.45	Ce^{4+}/Ce^{3+}	$Ce^{4+} + e^- = Ce^{3+}$	+1.61
Cu^+/Cu	$Cu^+ + e^- = Cu$	+0.52	H_2O_2/H_2O	$H_2O_2 + 2H^+ + 2e^- = 2H_2O$	+1.776
I_2/I^-	$I_2 + 2e^- = 2I^-$	+0.535			

2. 在碱性介质中

电对	电极反应	$\varphi^\ominus$/V	电对	电极反应	$\varphi^\ominus$/V
H_2O/H_2	$2H_2O+2e^- \rightleftharpoons H_2+2OH^-$	−0.8277	O_2/HO_2^-	$O_2+H_2O+2e^- \rightleftharpoons HO_2^-+OH^-$	−0.076
Ag_2S/Ag	$Ag_2S+2e^- \rightleftharpoons 2Ag+S^{2-}$	−0.69	$S_4O_6^{2-}/S_2O_3^{2-}$	$S_4O_6^{2-}+2e^- \rightleftharpoons 2S_2O_3^{2-}$	+0.09
AsO_4^{3-}/AsO_2^-	$AsO_4^{3-}+2H_2O+2e^- \rightleftharpoons AsO_2^-+4OH^-$	−0.67	MnO_4^-/MnO_4^{2-}	$MnO_4^-+e^- \rightleftharpoons MnO_4^{2-}$	+0.564
S/S^{2-}	$S+2e^- \rightleftharpoons S^{2-}$	−0.48	MnO_4^-/MnO_2	$MnO_4^-+2H_2O+3e^- \rightleftharpoons MnO_2+4OH^-$	+0.588
$Cu(OH)_2/Cu$	$Cu(OH)_2+2e^- \rightleftharpoons Cu+2OH^-$	−0.224	O_3/OH^-	$O_3+H_2O+2e^- \rightleftharpoons O_2+2OH^-$	+1.24
$Cu(OH)_2/Cu_2O$	$2Cu(OH)_2+2e^- \rightleftharpoons Cu_2O+2OH^-+H_2O$	−0.09			

附录九 常用缓冲溶液的配制

1. 常用缓冲溶液

缓冲溶液组成	$pK_a^\ominus$	缓冲液pH值	缓冲溶液配制方法
氨基乙酸-HCl	2.35($pK_{a_1}^\ominus$)	2.3	取氨基乙酸150g溶于500mL水中,加浓HCl 80mL,水稀至1000mL
$H_3PO_4^-$-柠檬酸盐		2.5	取$Na_2HPO_4\cdot12H_2O$ 113g溶于200mL水后,加柠檬酸387g溶解,过滤后稀释至1000mL
一氯乙酸-NaOH	2.86	2.8	取200g一氯乙酸溶于200mL水中,加NaOH 40g,溶解后稀释至1000mL
邻苯二甲酸氢钾-HCl	2.95($pK_{a_1}^\ominus$)	2.9	取500g邻苯二甲酸氢钾溶于500mL水中,加浓HCl 80mL,稀释至1000mL
甲酸-NaOH	3.76	3.7	取95g甲酸和40g NaOH于500mL水中,溶解稀释至1000mL
NaAc-HAc	4.75	4.7	取无水NaAc 83g溶于水中,加HAc 60mL,稀释至1000mL
NaAc-HAc	4.75	5.0	取无水NaAc 160g溶于水中,加HAc 60 ml,稀释至1000mL
NH_4Ac-HAc		4.5	取无水NH_4Ac 77g溶于200mL水中,加冰HAc 59mL,稀释至1000mL
NH_4Ac-HAc		5.0	取无水NH_4Ac 250g溶于水中,加冰HAc 25mL,稀释至1000mL
NH_4Ac-HAc		6.0	取无水NH_4Ac 600g溶于水中,加冰HAc 20mL,稀释至1000mL
六亚甲基四胺-HCl	5.15	5.4	取六亚甲基四胺40g,溶于200mL水中,加浓HCl 10mL,稀释至1000mL
NaAc-Na_2HPO_4		8.0	取无水NaAc 50g和$Na_2HPO_4\cdot12H_2O$ 50g,溶于水中,稀释至1000mL
Tris-HCl [三羟甲基氨基甲烷 $NH_2C(CH_2OH)_3$]	8.21	8.2	取25g Tris试剂溶于水中,加浓HCl 8mL,稀释至1000mL
NH_3-NH_4Cl	9.25	9.2	取NH_4Cl 54g溶于水中,加浓氨水63mL,稀释至1000mL
NH_3-NH_4Cl	9.25	9.5	取NH_4Cl 54g溶于水中,加浓氨水126mL,稀释至1000mL
NH_3-NH_4Cl	9.25	10.0	取NH_4Cl 54g溶于水中,加浓氨水350mL,稀释至1000mL

注：1. 缓冲溶液配制后可用pH试纸检查。如pH值不对，可用共轭酸或碱调节。pH值欲调节精确时，可用pH计。

2. 若需增加或减少缓冲液的缓冲容量时，可相应增加或减少共轭酸碱对物质的量，再如上调节。

2. 标准 pH 缓冲溶液（25℃）

名称	pH 值	配制方法
0.05mol·L^{-1} 草酸三氢钾溶液	1.65	称取(54±3)℃下烘干 4～5h 的草酸三氢钾 $KH_3(C_2O_4)_2 \cdot 2H_2O$ 12.71g，溶于蒸馏水，在容量瓶中稀释至 1000mL
饱和酒石酸氢钾溶液(0.034mol·L^{-1})	3.56	在磨口玻璃瓶中，装入蒸馏水和过量的酒石酸氢钾($KHC_4H_4O_6$)粉末(约 20g/1000mL)，控制温度在(25±5)℃，剧烈振摇 20～30min，溶液澄清后，取上层清液备用
0.05mol·L^{-1} 邻苯二甲酸氢钾溶液	4.01	称取(115±5)℃下烘干 2～3h G.R. 邻苯二甲酸氢钾 $KHC_8H_4O_4$ 10.12g 溶于蒸馏水，在容量瓶中稀释至 1000mL
0.025mol·L^{-1} 磷酸二氢钾和 0.025mol·L^{-1} 磷酸氢二钠混合溶液	6.86	分别称取在(115±5)℃下烘干 2～3h 磷酸二氢钾 KH_2PO_4 3.39g 和磷酸氢二钠 Na_2HPO_4 3.53g 溶于蒸馏水，在容量瓶中稀释至 1000mL
0.01mol·L^{-1} 硼砂溶液	9.18	称取 G.R. 硼砂($Na_2B_4O_7 \cdot 10H_2O$)3.81g 溶于蒸馏水，在容量瓶中稀释至 1000mL

附录十 常用基准物质的干燥条件和应用

基准物质		干燥后的组成	干燥条件和温度	标定对象
名称	分子式			
碳酸氢钠	$NaHCO_3$	Na_2CO_3	270～300℃	酸
十水合碳酸钠	$Na_2CO_3 \cdot 10H_2O$	Na_2CO_3	270～300℃	酸
硼砂	$Na_2B_4O_7 \cdot 10H_2O$	$Na_2B_4O_7 \cdot 10H_2O$	放在装有 NaCl 和蔗糖饱和溶液的密闭器皿中	酸
碳酸氢钾	$KHCO_3$	K_2CO_3	270～300℃	酸
二水合草酸	$H_2C_2O_4 \cdot 2H_2O$	$H_2C_2O_4 \cdot 2H_2O$	室温空气干燥	碱或 $KMnO_4$
邻苯二钾酸氢钾	$KHC_8H_4O_4$	$KHC_8H_4O_4$	110～120℃	碱
重铬酸钾	$K_2Cr_2O_7$	$K_2Cr_2O_7$	140～150℃	还原剂
溴酸钾	$KBrO_3$	$KBrO_3$	130℃	还原剂
碘酸钾	KIO_3	KIO_3	130℃	还原剂
铜	Cu	Cu	室温干燥器中保存	还原剂
三氧化二砷	As_2O_3	As_2O_3	室温干燥器中保存	氧化剂
草酸钠	$Na_2C_2O_4$	$Na_2C_2O_4$	130℃	氧化剂
碳酸钙	$CaCO_3$	$CaCO_3$	110℃	EDTA
锌	Zn	Zn	室温干燥器中保存	EDTA
氧化镁	MgO	MgO	850℃	EDTA
氧化锌	ZnO	ZnO	900～1000℃	EDTA
氯化钠	NaCl	NaCl	500～600℃	$AgNO_3$
氯化钾	KCl	KCl	500～600℃	$AgNO_3$
硝酸银	$AgNO_3$	$AgNO_3$	220～250℃	氯化物

附录十一 滴定分析中常用的指示剂

1. 酸碱指示剂（18～25℃）

名称	pH 值变色范围	颜色变化	pK_{HIn}	配制方法
甲基紫（第一变色范围）	0.13～0.5	黄-绿		$1g\cdot L^{-1}$ 或 $0.5g\cdot L^{-1}$ 的水溶液
甲酚红（第一变色范围）	0.2～1.8	红-黄		0.04g 指示剂溶于 100mL50%乙醇
甲基紫（第二变色范围）	1.0～1.5	绿-蓝		$1g\cdot L^{-1}$ 的水溶液
百里酚蓝（第一变色范围）	1.2～2.8	红-黄	1.6	0.1g 百里酚蓝溶于 20mL 无水乙醇中，加水至 100mL
甲基紫（第三变色范围）	2.0～3.0	蓝-紫		$1g\cdot L^{-1}$ 的水溶液
甲基黄	2.9～4.0	红-黄	3.2	0.1g 甲基黄溶于 90mL 无水乙醇中，加水至 100mL
甲基橙	3.1～4.4	红-黄	3.4	0.1g 甲基橙溶于 100mL 热水中
溴酚蓝	3.0～1.6	黄-紫蓝	4.1	0.1g 溴酚蓝溶于 20mL 无水乙醇中，加水至 100mL
溴甲酚绿	4.0～5.4	黄-蓝	4.9	0.1g 溴甲酚绿溶于 20mL 无水乙醇中，加水至 100mL
甲基红	4.8～6.2	红-黄	5.0	0.1g 甲基红溶于 60mL 无水乙醇中，加水至 100mL
溴百里酚蓝	6.0～7.6	黄-蓝	7.3	0.1g 溴百里酚蓝溶于 20mL 无水乙醇中，加水至 100mL
中性红	6.8～8.0	红-黄橙	7.4	0.1g 中性红溶于 60mL 无水乙醇中，加水至 100mL
百里酚蓝	8.0～9.6	黄-蓝	8.9	0.1g 百里酚蓝溶于 20mL 无水乙醇中，加水至 100mL
酚酞	8.0～10.0	无-红	9.1	0.2g 酚酞溶于 90mL 无水乙醇中，加水至 100mL
百里酚酞	9.4～10.6	无-蓝	10	0.1g 百里酚酞溶于 90mL 无水乙醇中，加水至 100mL
茜素黄	10.1～12.1	黄-紫		0.1g 茜素黄溶于 100mL 水中

2. 酸碱混合指示剂

指示剂溶液的组成	变色点 pH 值	颜色变化		备注
		酸色	碱色	
一份 0.1%甲基黄乙醇溶液 一份 0.1%亚甲基蓝乙醇溶液	3.25	蓝紫	绿	pH=3.2 蓝紫色 pH=3.4 绿色
一份 0.1%甲基橙水溶液 一份 0.25%靛蓝二磺酸水溶液	4.1	紫	黄绿	
一份 0.1%溴甲酚绿钠盐水溶液 一份 0.2%甲基橙水溶液	4.3	橙	蓝绿	pH=3.5 黄色 pH=4.05 绿色 pH=4.3 浅绿色
三份 0.1%溴甲基酚绿乙醇溶液 一份 0.2%甲基红乙醇溶液	5.1	酒红	绿	
一份 0.1%溴甲酚绿钠盐水溶液 一份 0.1%氯酚钠盐水溶液	6.1	黄绿	蓝紫	pH=5.4 蓝绿色 pH=5.8 蓝色 pH=6.0 蓝带紫 pH=6.2 蓝紫色
一份 0.1%中性红乙醇溶液 一份 0.1%亚甲基蓝乙醇溶液	7.0	蓝紫	绿	pH=7.0 紫蓝

续表

指示剂溶液的组成	变色点pH值	颜色变化		备注
		酸色	碱色	
一份0.1%甲酚红钠盐水溶液 三份0.1%百里酚蓝钠盐水溶液	8.3	黄	紫	pH=8.2 玫瑰红 pH=8.4 清晰的紫色
一份0.1%百里酚蓝50%乙醇溶液 三份0.1%酚酞50%乙醇溶液	9.0	黄	紫	从黄到绿，再到紫
一份0.1%酚酞乙醇溶液 一份0.1%百里酚酞乙醇溶液	9.9	无	紫	pH=9.6 玫瑰红 pH=10 紫红
二份0.1%百里酚酞乙醇溶液 一份0.1%茜素黄乙醇溶液	10.2	黄	紫	

3. 沉淀及金属指示剂

名称	颜色		配制方法
	游离	化合物	
铬酸钾	黄	砖红	5%水溶液
硫酸铁铵，40%	无色	血红	$NH_4Fe(SO_4)_2 \cdot 12H_2O$ 饱和水溶液，加数滴浓 H_2SO_4
荧光黄，0.5%	绿色荧光	玫瑰红	0.50g荧光黄溶于乙醇，并用乙醇稀释至100mL
铬黑T	蓝	酒红	(1)2g铬黑T溶于15mL三乙醇胺及5mL甲醇中 (2)1g铬黑T与100g NaCl研细、混匀(1∶100)
钙指示剂	蓝	红	0.5g钙指示剂与100g NaCl研细、混匀
二甲酚橙，0.5%	黄	红	0.5g二甲酚橙溶于100mL去离子水中
K-B指示剂	蓝	红	0.5g酸性铬蓝K加1.25g萘酚绿B，再加25g K_2SO_4 研细，混匀
PAN指示剂，0.2%	黄	红	0.2g PAN溶于100mL乙醇中
邻苯二酚紫，0.1%	紫	蓝	0.1g邻苯二酚紫溶于100mL去离子水中

4. 氧化还原指示剂

名称	变色电势 $\varphi^{\ominus}$/V	颜色		配制方法
		氧化态	还原态	
中性红	0.24	红色	无色	0.05%的60%乙醇溶液
亚甲基蓝	0.36	蓝色	无色	0.05%的水溶液
二苯胺	0.76	紫红	无色	1g二苯胺在搅拌下溶于100mL浓硫酸和100mL浓磷酸，贮于棕色瓶中
二苯胺磺酸钠	0.85	紫	无色	0.5g二苯胺磺酸钠溶于100mL水中，必要时过滤
邻二氮菲	1.06	浅蓝	红色	1.485g邻二氮菲加0.965g硫酸亚铁溶于100mL水中
邻苯氨基苯甲酸	1.08	紫红	无色	0.2g邻苯氨基苯甲酸加热溶解在100mL 0.2% Na_2CO_3 溶液中，必要时过滤

附录十二 常用试剂的配制

名称	化学式	浓度	配制方法
盐酸	HCl	$6mol \cdot L^{-1}$	以 $12mol \cdot L^{-1}$ 的浓HCl，等体积稀释
硝酸	HNO_3	$6mol \cdot L^{-1}$	380mL $16mol \cdot L^{-1}$ 浓 HNO_3，加水稀释至1L

续表

名称	化学式	浓度	配制方法
硫酸	H_2SO_4	$6mol \cdot L^{-1}$	332mL $18mol \cdot L^{-1}$ 的浓 H_2SO_4，加水稀释至 1L
醋酸	HAc	$6mol \cdot L^{-1}$	353mL $17mol \cdot L^{-1}$ 的 HAc，加水稀释至 1L
酒石酸	$H_2C_4H_4O_6$	饱和	将酒石酸溶于水中，使其饱和
氢氧化钠	NaOH	$6mol \cdot L^{-1}$	240g NaOH 溶于水中，冷却后稀释至 1L
氢氧化钾	KOH	$1mol \cdot L^{-1}$	56g KOH 溶于水中，冷却后稀释至 1L
氨水	$NH_3 \cdot H_2O$	$6mol \cdot L^{-1}$	400mL $15mol \cdot L^{-1}$ $NH_3 \cdot H_2O$，加水稀释至 1L
氯化铵	NH_4Cl	$3mol \cdot L^{-1}$	160g NH_4Cl 溶于适量水中，加水稀释至 1L
碳酸铵	$(NH_4)_2CO_3$	$120g \cdot L^{-1}$	120g $(NH_4)_2CO_3$ 溶于适量水中，加水稀释至 1L
乙酸铵	NH_4Ac	$3mol \cdot L^{-1}$	231g NH_4Ac 溶于适量水中，加水稀释至 1L
钼酸铵	$(NH_4)_2MoO_4$		100g $(NH_4)_2MoO_4$ 溶于 1L 水，将所得溶液倒入 1L $6mol \cdot L^{-1}$ HNO_3 中（切不可将硝酸倒入溶液中），溶液放置 48h，倾出清液使用
硝酸银	$AgNO_3$	$0.5mol \cdot L^{-1}$	85g $AgNO_3$ 溶于 1L 水中
氯化钡	$BaCl_2$	$0.25mol \cdot L^{-1}$	61g $BaCl_2$ 溶于 1L 水中
氯化钙	$CaCl_2$	$0.5mol \cdot L^{-1}$	109.5g $CaCl_2$ 溶于 1L 水中
硫酸钙	$CaSO_4$	饱和	约 2.2g $CaSO_4$ 置于 1L 水中，搅拌至饱和
氯化钴	$CoCl_2$	$0.2g \cdot L^{-1}$	0.2g $CoCl_2$ 溶于 1L $0.5mol \cdot L^{-1}$ HCl 中
亚铁氰化钾	$K_4[Fe(CN)_6]$	$0.25mol \cdot L^{-1}$	106g $K_4[Fe(CN)_6]$溶于 1L 水中
铁氰化钾	$K_3[Fe(CN)_6]$	$0.25mol \cdot L^{-1}$	82.3g $K_3[Fe(CN)_6]$溶于 1L 水中
碘化钾	KI	$1mol \cdot L^{-1}$	166g KI 溶于 1L 水中
乙酸钠	NaAc	$0.5mol \cdot L^{-1}$	68g NaAc 溶于 1L 水中
硫化钠	Na_2S	$2mol \cdot L^{-1}$	480g Na_2S 及 40g NaOH 溶于适量水中，稀释至 1L（临用前配制）
亚硫酸钠	Na_2SO_3	饱和	将 Na_2SO_3 溶于水，使其饱和
氯化亚锡	$SnCl_2$	$0.25mol \cdot L^{-1}$	56.5g $SnCl_2$ 溶于 230mL $12mol \cdot L^{-1}$ HCl 中，用水稀释至 1L 并加入几粒锡粒
过氧化氢	H_2O_2	6%	200mL 30% H_2O_2 加水稀释至 1L
邻二氮菲		$5g \cdot L^{-1}$	5g 邻二氮菲溶于少量乙醇中，加水稀释至 1L
丁二酮肟		$10g \cdot L^{-1}$	10g 丁二酮肟溶于 1L 乙醇中
对氨基苯磺酸		$4g \cdot L^{-1}$	4g 对氨基苯磺酸溶于 100mL $17mol \cdot L^{-1}$ HAc 及 900mL 水中
溴水		饱和	3.2mL 溴注入有 1L 水的具塞磨口瓶中，振荡至饱和（临用前配制）
碘水		$0.5mol \cdot L^{-1}$	127g I_2 及 200g KI 溶于尽可能少的水中，稀释至 1L

附录十三 常见离子和化合物的颜色

1. 常见离子的颜色

（1）无色阳离子

Ag^+，Cd^{2+}，K^+，Ca^{2+}，As^{3+}（在溶液中主要以 AsO_3^{3-} 存在），Pb^{2+}，Zn^{2+}，

Na^{+}，Sr^{2+}，As^{5+}（在溶液中几乎全部以 AsO_4^{3-} 存在），Hg_2^{2+}，Bi^{3+}，Ba^{2+}，Sb^{3+} 或 Sb^{5+}（主要以 $SbCl_6^{3-}$ 或 $SbCl_6^{-}$ 存在），Hg^{2+}，Mg^{2+}，Al^{3+}，Sn^{2+}，Sn^{4+}。

（2）有色阳离子

Mn^{2+}浅玫瑰色，稀溶液无色；$[Fe(H_2O)_6]^{3+}$淡紫色，但平时所见 Fe^{3+} 盐溶液为黄色或红棕色；Fe^{2+} 浅绿色，稀溶液无色；Cr^{3+} 绿色或紫色；Co^{2+} 玫瑰色；Ni^{2+} 绿色；Cu^{2+} 浅蓝色。

（3）无色阴离子

SO_4^{2-}，PO_4^{3-}，F^{-}，SCN^{-}，$C_2O_4^{2-}$，MoO_4^{2-}，SO_3^{2-}，BO_2^{-}，Cl^{-}，NO_3^{-}，S^{2-}，WO_4^{2-}，$S_2O_3^{2-}$，$B_4O_7^{2-}$，Br^{-}，NO_2^{-}，ClO_3^{-}，VO_3^{-}，CO_3^{-}，SiO_3^{2-}，I^{-}，Ac^{-}，BrO_3^{-}。

（4）有色阴离子

$Cr_2O_7^{2-}$ 橙色；CrO_4^{2-} 黄色；MnO_4^{-} 紫色；$[Fe(CN)_6]^{4-}$ 黄绿色；$[Fe(CN)_6]^{3-}$ 黄棕色。

2. 有特征颜色的常见无机化合物

颜色	常见化合物
黑色	CuO、NiO、FeO、Fe_3O_4、MnO_2、FeS、CuS、Ag_2S、NiS、CoS、PbS
蓝色	$CuSO_4·5H_2O$、$Cu(NO_3)_2·6H_2O$、许多水合铜盐、无水 $CoCl_2$
绿色	镍盐、亚铁盐、铬盐、某些铜盐如 $CuCl_2·2H_2O$
黄色	CdS、PbO、碘化物（如 AgI）、铬酸盐（$BaCrO_4$、K_2CrO_4）
红色	Fe_2O_3、Cu_2O、HgO、HgS、Pb_3O_4
粉红色	$MnSO_4·7H_2O$ 等锰盐、$CoCl_2·6H_2O$
紫色	亚铬盐（如$[Cr(Ac)_2]_2·2H_2O$）、高锰酸盐

附录十四 常用有机溶剂的沸点、相对密度

名称	沸点/℃	相对密度 d_4^{20}	名称	沸点/℃	相对密度 d_4^{20}
甲醇	64.96	0.7914	苯	80.10	0.8787
乙醇	78.5	0.7893	甲苯	110.6	0.8669
正丁醇	117.25	0.8098	二甲苯	140.0	
乙醚	34.51	0.7138	硝基苯	210.8	1.2037
丙酮	56.2	0.7899	氯苯	132.0	1.1058
乙酸	117.9	1.0492	氯仿	61.70	1.4832
乙酐	139.55	1.0820	四氯化碳	76.54	1.5940
乙酸乙酯	77.06	0.9003	二硫化碳	46.25	1.2632
乙酸甲酯	57.00	0.9330	乙腈	81.60	0.7854
丙酸甲酯	79.85	0.9150	二甲亚砜	189.0	1.1014
丙酸乙酯	99.10	0.8917	二氯甲烷	40.00	1.3266
二氧六环	101.1	1.0337	1,2-二氯乙烷	83.47	1.2351

注：1. 沸点，如未注明压力，一般指常压（101.3kPa）下的沸点。

2. 相对密度，如未特别说明，一般为 d_4^{20}，即物质在20℃时相对于4℃水的密度。

附录十五　常用有机溶剂的纯化

有机化学实验离不开溶剂，溶剂不仅作为反应介质使用，而且在产物的纯化和后处理中也经常使用。市售的有机溶剂有实验试剂（L. R.）、化学纯（C. P.）、分析纯（A. R.）和优级纯（G. R.）等各种规格。在有机合成中，常常根据反应的特点和要求，选用适当规格的溶剂，以便使反应能够顺利地进行。某些有机反应（如 Grignard 反应等），对溶剂要求较高，即使微量杂质或水分的存在，也会对反应速率、产率和纯度带来一定的影响。大多有机溶剂性质不稳定，久贮易变色、变质，因此了解有机溶剂性质及纯化方法是十分重要的。有机溶剂的纯化是有机合成工作的一项基本操作，以下将介绍一些常用溶剂在实验室条件下的纯化方法及相关性质。

1. 无水乙醚（absolute ether）

bp：34.5℃，n_D^{20}：1.3526，d_4^{20}：0.71378

普通乙醚中含有一定量的水、乙醇及少量过氧化物等杂质，对于一些要求以无水乙醚作为介质的反应，常需要把普通乙醚提纯为无水乙醚。制备无水乙醚时首先要检验有无过氧化物。

（1）过氧化物的检验与除去　取 0.5mL 乙醚与等体积的 2%碘化钾溶液，加入几滴稀盐酸（$2mol·L^{-1}$）一起振摇，若能使淀粉溶液呈紫色或蓝色，即证明有过氧化物存在。除去过氧化物可在分液漏斗中加入普通乙醚和相当于乙醚体积 1/5 的新配制硫酸亚铁溶液[1]，剧烈振摇后分去水层，将乙醚按下述操作精制。

（2）无水乙醚的制备　在 250mL 圆底烧瓶中，放置 100mL 除去过氧化物的普通乙醚和几粒沸石，装上冷凝管。冷凝管上端通过一带有侧槽的橡皮塞，插入盛有 10mL 浓硫酸[2]的滴液漏斗。通入冷凝水，将浓硫酸慢慢滴入乙醚中，由于脱水作用所产生的热，乙醚会自行沸腾。加完后振荡反应物。

待乙醚停止沸腾后，拆下冷凝管，改成蒸馏装置。在收集乙醚的接收瓶支管上连一氯化钙干燥管，并用与干燥管连接的橡胶管把乙醚蒸汽导入水槽。加入沸石，用事先准备好的水浴加热蒸馏。蒸馏速度不宜太快，以免冷凝管不能冷凝全部乙醚蒸气[3]。当收集到约 70mL 乙醚且蒸馏速度显著变慢时，即可停止蒸馏。瓶内所剩残液倒入指定的回收瓶中，切不可将水加入残液中。

将蒸馏收集的乙醚倒入干燥的锥形瓶中，加入 1g 钠屑或钠丝，然后用带有氯化钙干燥管的软木塞塞住，或在木塞中插入一末端拉成毛细管的玻璃管，防止潮气侵入并可使产生的气泡逸出。放置 48h，使乙醚中残留的少量水和乙醇转化为氢氧化钠和乙醇钠。如不再有气泡逸出，同时钠的表面较好，则可储放备用。如放置后，金属钠表面已全部发生作用，需重新压入少量钠丝，放置至无气泡发生。这种无水乙醚符合一般无水要求[4]。

【注释】

[1] 硫酸亚铁溶液的配制：在 110mL 水中加入 6mL 浓硫酸，然后加入 60g 硫酸亚铁。硫酸亚铁溶液久置后容易氧化变质，因此需在使用前临时配制。使用较纯的乙醚制取无水乙醚时，可免去硫酸亚铁溶液洗涤。

[2] 也可在 100mL 乙醚中加入 4～5g 无水氯化钙代替浓硫酸作干燥剂，并在下一步操作中用五氧化二磷代替金属钠而制得合格的无水乙醚。

[3] 乙醚沸点低（34.51℃），极易挥发（20℃时蒸气压为 58.9kPa），且蒸气比空气重（约为空气的 2.5 倍），容易聚集在桌面附近或低凹处。当空气中含有 1.85%～36.5%的乙醚蒸气时，遇火即会发生燃烧爆炸。故在使用和蒸馏过程中，一定要谨慎小心，远离火源。尽量不让乙醚蒸气散发到空气中，以免造成意外。

[4] 如需要更纯的乙醚时，则在除去过氧化物后，应再用 0.5%高锰酸钾溶液与乙醚共振荡，使其中含有的醛类氧化成酸，然后依次用 5%氢氧化钠溶液、水洗涤，经干燥、蒸馏，再压入钠丝。

2. 无水乙醇（absolute ethyl alcohol）

bp：78.5℃，n_D^{20}：1.3611，d_4^{20}：0.7893

市售的无水乙醇一般只能达到 99.5%纯度，在许多反应中需用纯度更高的无水乙醇，常需自己制备。通常工业用的 95.5%的乙醇不能直接用蒸馏法制取无水乙醇，因为 95.5%乙醇和 4.5%的水会形成恒沸点混合物。要把水除去，第一步是加入氧化钙（生石灰）煮沸回流，使乙醇中的水与生石灰作用生成氢氧化钙，然后再将无水乙醇蒸出。这样得到无水乙醇，纯度最高约 99.5%。纯度更高的无水乙醇可用金属镁或金属钠进行处理。

（1）无水乙醇（含量 99.5%）的制备　在 250mL 圆底烧瓶[1] 中，加入 100mL 95.5%乙醇和 25g 生石灰[2]，用木塞塞紧瓶口，放置至下次实验[3]。下次实验时，拔去木塞，装上回流冷凝管，其上端接一支氯化钙干燥管，在水浴上回流加热 2～3h，稍冷后取下冷凝管，改成蒸馏装置。蒸去前馏分后，用干燥的吸滤瓶或蒸馏瓶作接收器，其支管接一支氯化钙干燥管，使与大气相通。用水浴加热，蒸馏至几乎无液滴流出为止。

（2）无水乙醇（含量 99.95%）的制备　在 250mL 的圆底烧瓶中，放置 0.6g 干燥纯净的镁条，10mL 99.5%乙醇，装上回流冷凝管，并在冷凝管上端加一支无水氯化钙干燥管。在沸点浴上或用火直接加热使达微沸，移去热源，立刻加入几粒碘片（此时注意不要振荡），顷刻即在碘粒附近发生作用，最后可以达到相当剧烈的程度。有时作用太慢则需加热，如果在加碘之后，作用仍不开始，则可再加入数粒碘[4]。待全部镁作用完毕后，加入 100mL 99.5%乙醇和几粒沸石。回流 1h，蒸馏，产物收存于玻璃瓶中，用橡胶塞或磨口塞塞住。

【注释】

[1] 本实验中所用仪器均需彻底干燥。由于无水乙醇具有很强的吸水性，故操作过程中和存放时必须防止水分浸入。

[2] 一般用干燥剂干燥有机溶剂时，在蒸馏前应先过滤除去。但氧化钙与乙醇中的水反应生成的氢氧化钙，因在加热时不分解，故可留在瓶中一起蒸馏。

[3] 若不放置，可适当延长回流时间。

[4] 乙醇与镁的作用是缓慢的，如所用乙醇含水量超过 0.5%，作用更为困难。

3. 无水甲醇（absolute methyl alcohol）

bp：64.96℃，n_D^{20}：1.3288，d_4^{20}：0.7914

市售的甲醇多数由合成法制备，含水量不超过 0.5%～1%。由于甲醇和水不能形成共沸物，因此可通过高效的精馏柱将少量水除去。精制甲醇含有 0.02%丙酮和 0.1%水，一般已可应用。如要制得无水甲醇，可用镁的方法（见“无水乙醇”的纯化）。若含水量低于

0.1%，亦可用3A或4A型分子筛干燥。甲醇有毒，处理时应避免吸入其蒸气。

4. 苯（benzene）

bp：80.1℃，n_D^{20}：1.5011，d_4^{20}：0.8787

普通苯含有少量的水（可达0.02%），由煤焦油加工得来的苯还含有少量噻吩（沸点84℃），不能用分馏或分步结晶等方法分离除去。

（1）噻吩的检验　取5滴苯放入小试管中，加入5滴浓硫酸及1～2滴1% α,β-吲哚醌-浓硫酸溶液，振荡片刻。如呈墨绿色或蓝色，表示有噻吩存在。

（2）纯苯的制备　在分液漏斗内将苯及相当苯体积15%的浓硫酸一起摇荡，摇荡后将混合物静置，弃去底层的酸液，再加入新的浓硫酸，这样重复操作直至酸层呈现无色或淡黄色，且检验无噻吩为止。分去酸层，苯层依次用水、10%碳酸钠溶液、水洗涤，用氯化钙干燥，蒸馏，收集80℃的馏分。若要高度干燥可压入钠丝进一步除去水。

5. 丙酮（acetone）

bp：56.2℃，n_D^{20}：1.3588，d_4^{20}：0.7899

普通丙酮中往往含有少量水及甲醇、乙醛等还原性杂质，利用简单的蒸馏方法，不能把丙酮和这些杂质分离开。两种处理方法如下。

（1）在100mL丙酮中加入0.5g高锰酸钾回流，以除去还原性杂质，若高锰酸钾紫色很快消失，需要加入少量高锰酸钾继续回流，直至紫色不再消失为止。蒸出丙酮，用无水碳酸钾或无水硫酸钙干燥，过滤，蒸馏收集55～56.5℃的馏分。

（2）于100mL丙酮中加入4mL 10%硝酸银溶液及35mL 0.1mol·L^{-1}氢氧化钠溶液，振荡10min，除去还原性杂质。过滤，滤液用无水硫酸钙干燥后，蒸馏收集55～56.5℃的馏分。

6. 乙酸乙酯（ethyl acetate）

bp：77.06℃，n_D^{20}：1.3723，d_4^{20}：0.9003

分析纯的乙酸乙酯纯度为99.5%，可满足一般使用要求。工业乙酸乙酯含量为95%～98%，含有少量水、乙醇和醋酸，可用下述方法提出。

（1）于100mL乙酸乙酯中加入10mL醋酸酐，1滴浓硫酸，加热回流4h，除去乙醇及水等杂质，然后进行分馏。馏液用2～3g无水碳酸钾振荡干燥后蒸馏，最后产物的沸点为77℃，纯度达99.7%。

（2）将乙酸乙酯先用等体积5%碳酸钠溶液洗涤，再用饱和氯化钙溶液洗涤，然后用无水碳酸钾干燥后蒸馏。

7. 二硫化碳（carbon disulfide）

bp：46.25℃，n_D^{20}：1.63189，d_4^{20}：1.2661

二硫化碳为有较高毒性的液体（能使血液和神经中毒），它具有高度的挥发性和易燃性，所以使用时必须十分小心，避免接触其蒸气。一般有机合成实验中对二硫化碳要求不高，可在普通二硫化碳中加入少量研碎的无水氯化钙，干燥后滤去干燥剂，然后在水浴中蒸馏收集。若要制得较纯的二硫化碳，则需将试剂级的二硫化碳用0.5%高锰酸钾水溶液洗涤3次，除去硫化氢，再用汞不断振荡除去硫，最后用2.5%硫酸汞溶液洗涤，除去所有恶臭（剩余的硫化氢），再经氯化钙干燥，蒸馏收集。

8. 氯仿（chloroform）

bp：61.7℃，n_D^{20}：1.4459，d_4^{20}：1.4832

普通用的氯仿含有1%的乙醇，这是为了防止氯仿分解为有毒的光气，作为稳定剂加入的。为了除去乙醇，可以将氯仿用一半体积的水振荡数次，然后分出下层氯仿，用无水氯化钙干燥数小时后蒸馏。另一种精制方法是将氯仿与小量浓硫酸一起振荡两三次。每1000mL氯仿，用浓硫酸50mL。分去酸层以后的氯仿用水洗涤，干燥，然后蒸馏。除去乙醇的无水氯仿应保存于棕色瓶子里，并且不要见光，以免分解。

9. 石油醚（petroleum）

石油醚为轻质石油产品，是低分子量烃类（主要是戊烷和己烷）的混合物。其沸程为30～150℃，收集的温度区间一般为30℃左右，如有30～60℃、60～90℃、90～120℃等沸程规格的石油醚。石油醚中含有少量不饱和烃，沸点与烷烃相近，用蒸馏法无法分离，必要时可用浓硫酸和高锰酸钾把它除去。通常将石油醚用其体积1/10的浓硫酸洗涤两三次，再用10%的硫酸加入高锰酸钾配成的饱和溶液洗涤，直至水层中的紫色不再消失为止。然后再用水洗，经无水氯化钙干燥后蒸馏。如要绝对干燥的石油醚则压入钠丝（见“无水乙醚”的纯化）。

10. 吡啶（pyridine）

bp：115.5℃，n_D^{20}：1.5095，d_4^{20}：0.9819

分析纯的吡啶含有少量水分，但已可供一般应用。如要制得无水吡啶，可与粒状氢氧化钾或氢氧化钠一同回流，然后隔绝潮气蒸出备用。干燥的吡啶吸水性很强，保存时应将容器口用石蜡封好。

11. *N*,*N*-二甲基甲酰胺（*N*,*N*-dimethyl formamide）

bp：149～156℃，n_D^{20}：1.4305，d_4^{20}：0.9487

N,*N*-二甲基甲酰胺主要杂质为胺、氨、甲醛和水。在常压蒸馏时有少量分解，产生二甲胺与一氧化碳。若有酸或碱存在时，分解加快。因此可用无水硫酸镁干燥24h，再加固体氢氧化钾振摇干燥，然后减压蒸馏，收集76℃/4.79kPa（36mmHg）的馏分。如其中含水较多时，可加入1/10体积的苯，在常压及80℃以下蒸去苯、水、氨和胺。若含水量较低时（低于0.05%），可用4A型分子筛干燥12h以上，再减压蒸馏。

12. 四氢呋喃（tetrahydrofuran）

bp：67℃，n_D^{20}：1.4050，d_4^{20}：0.8892

四氢呋喃是具乙醚气味的无色透明液体，四氢呋喃常含有少量水分及过氧化物。如要制得无水四氢呋喃，可与氢化锂铝在隔绝潮气下回流（通常1000mL需2～4g氢化锂铝）除去其中的水和过氧化物，然后在常压下蒸馏，收集66℃的馏分。精制后的液体应在氮气氛中保存，如需较久放置，应加0.025% 4-甲基-2,6-二叔丁基苯酚作抗氧剂。提纯四氢呋喃时，应先用小量进行试验，以确定只有少量水和过氧化物，作用不致过于猛烈时，方可进行。四氢呋喃中的过氧化物可用酸化的碘化钾溶液来试验。如过氧化物很多，应另行处理。

13. 二甲亚砜（dimethyl sulfone）

bp：189℃，mp：18.5℃，n_D^{20}：1.4783，d_4^{20}：1.0954

二甲亚砜为无色、无嗅、微带苦味的吸湿性液体。常压下加热至沸腾可部分分解。实验试剂级二甲亚砜含水量约为1%，通常先减压蒸馏，然后用4A型分子筛干燥；或用氢化钙粉末搅拌4～8h，再减压蒸馏收集64～65℃/533Pa（4mmHg）馏分。蒸馏时，温度不宜高于90℃，否则会发生歧化反应生成二甲砜和二甲硫醚。二甲亚砜与某些物质混合时可能发生爆炸，例如，氢化钠、高碘酸或高氯酸镁等，应予注意。

14. 二氧六环 (dioxane)

bp：101.5℃，mp：12℃，n_D^{20}：1.4224，d_4^{20}：1.0336

二氧六环提纯与醚相似，可与水任意混合。普通二氧六环中含有少量二乙醇缩醛与水，久贮的二氧六环还可能含有过氧化物。二氧六环的纯化，一般加入质量分数为10%的盐酸与之回流3h，同时慢慢通入氮气，以除去生成的乙醛，冷至室温，加入粒状氢氧化钾直至不再溶解。然后分去水层，用粒状氢氧化钾干燥过夜后，过滤，再加金属钠加热回流数小时，蒸馏后压入钠丝保存。

15. 1,2-二氯乙烷 (1,2-dichloroethane)

bp：83.4℃，n_D^{20}：1.4448，d_4^{20}：1.2531

1,2-二氯乙烷为无色油状液体，有芳香味。其1份可溶于120份（体积）水中，与之形成恒沸点混合物，沸点72℃，其中含81.5%的1,2-二氯乙烷。可与乙醇、乙醚、氯仿等混溶。在结晶和提取时是极有用的溶剂，比常用的含氯有机溶剂更为活泼。一般纯化可依次用浓硫酸、水、稀碱溶液和水洗涤，用无水氯化钙干燥或加入五氧化二磷分馏即可。

附录十六　典型实验报告案例

案例1　粗食盐的提纯

一、实验目的

1. 了解用化学方法提纯氯化钠的原理和过程。
2. 掌握溶解、沉淀、常压过滤、减压过滤、蒸发浓缩、结晶、干燥等基本操作。

二、实验原理

粗食盐中含有可溶性杂质（主要是Ca^{2+}、Mg^{2+}、K^+、SO_4^{2-}等）和不溶性杂质（如泥沙等）。选择适当的试剂可使Ca^{2+}、Mg^{2+}、SO_4^{2-}等离子生成难溶盐沉淀而除去。处理的方法是：在粗食盐溶液中加入稍过量的$BaCl_2$溶液，溶液中的SO_4^{2-}便转化为难溶解的$BaSO_4$沉淀经过滤而除去。再在溶液中加入NaOH和Na_2CO_3的混合溶液，Ca^{2+}、Mg^{2+}及过量的Ba^{2+}便生成沉淀，过滤除去Ca^{2+}、Mg^{2+}和过量的Ba^{2+}。过量的Na_2CO_3溶液及OH^-用HCl中和。少量的可溶性杂质（如KCl），由于含量少，溶解度又很大，在最后的浓缩结晶过程中，绝大部分仍留在母液中而与NaCl分离。

三、仪器和药品

仪器：托盘天平；烧杯（100mL）；量筒（50mL，5mL）；蒸发皿；玻璃棒；水泵；酒精灯；普通漏斗；漏斗架；布氏漏斗；吸滤瓶；滤纸；石棉网；漏斗架；铁三脚架；普通试管；试管架。

药品：粗食盐；$BaCl_2$（$1mol \cdot L^{-1}$）；Na_2CO_3（$1mol \cdot L^{-1}$）；NaOH（$2mol \cdot L^{-1}$）；HCl（$2mol \cdot L^{-1}$）；$(NH_4)_2C_2O_4$（$0.5mol \cdot L^{-1}$）；HAc（$1mol \cdot L^{-1}$）；pH试纸；镁试剂。

四、实验步骤

2.0g 粗盐 → 溶解：在 100mL 烧杯中加 30mL 水，加热、搅拌溶解 → 除 SO_4^{2-}：加热煮沸，滴加 20 滴 $1mol \cdot L^{-1}$ $BaCl_2$，再加热 5min，静置，取上层清液加 1～2 滴 $BaCl_2$ 检验，至无浑浊，常压过滤 →

除 Ca^{2+}、Mg^{2+} 和过量的 Ba^{2+}：向滤液中滴加 10 滴 $2mol \cdot L^{-1}$ NaOH 和 15 滴 $1mol \cdot L^{-1}$ Na_2CO_3，再加热 5min，静置，取上层清液加 1～2 滴 Na_2CO_3 检验，至无浑浊，常压过滤 → 除 OH^-、CO_3^{2-}：滤液中加 $3mol \cdot L^{-1}$ HCl 调 pH=3～4 →

蒸发浓缩，勿干，抽滤：将滤液转移至蒸发皿中，小火蒸发浓缩至稀稠状，冷却抽滤，将滤饼转移至蒸发皿中小火蒸干燥 → 纯 NaCl（精盐）→ 计算产率

（注意抽滤后晶体不得用水冲洗；蒸发时，为防止晶体迸溅，要不断搅拌且小火加热）

五、实验结果

1. 产量：__________
2. 产率：__________
3. 产品纯度检验（粗盐和精盐各称 0.5g 分别溶于 10mL 蒸馏水中，取溶液进行检验）

现象记录及结论

检验项目	检验方法	被检验液	实验现象	结论
SO_4^{2-}	$1mol \cdot L^{-1}BaCl_2$ 溶液、$3mol \cdot L^{-1}$HCl	粗 NaCl 溶液 纯 NaCl 溶液		
Ca^{2+}	$1mol \cdot L^{-1}$HAc、$(NH_4)_2C_2O_4$ 饱和溶液	粗 NaCl 溶液 纯 NaCl 溶液		
Mg^{2+}	$2mol \cdot L^{-1}$NaOH 溶液、镁试剂	粗 NaCl 溶液 纯 NaCl 溶液		

六、思考题及讨论（略）

案例 2 乙酸乙酯的制备

一、实验目的

1. 了解合成有机酸酯的一般原理及方法。
2. 学习和掌握分液漏斗的使用、蒸馏、液态有机化合物的洗涤和干燥等基本操作。
3. 熟悉低沸点有机化合物的蒸馏及其注意的问题。

二、实验原理

主反应：

$$CH_3COOH + CH_3CH_2OH \xrightleftharpoons[110\sim120℃]{\text{浓 } H_2SO_4} CH_3COOCH_2CH_3 + H_2O$$

副反应：

$$CH_3CH_2OH + CH_3CH_2OH \xrightarrow[140℃]{\text{浓 } H_2SO_4} CH_3CH_2OCH_2CH_3 + H_2O$$

$$CH_3CH_2OH \xrightarrow{H_2SO_4} CH_2{=}CH_2 + H_2O$$

$$CH_3CH_2OH + H_2SO_4 \longrightarrow CH_3CHO + SO_2 + H_2O$$

$$CH_3CHO + H_2SO_4 \longrightarrow CH_3COOH + SO_2 + H_2O$$

三、物理常数

名称	分子量	含量	性状	相对密度 d_4^{20}	熔点/℃	沸点/℃	其它
乙醚	74.12	99%	无色液体	0.7138	−116.2	34.5	微溶于水
硫酸	98.07	98%	无色黏稠液体	1.8361	10	290	与水互溶，放热
乙醇	46.07	95%	无色液体	0.8042	−117.3	78.5	与水互溶
乙酸	60.05	99%	无色液体	1.0492	16.6	117.9	与水互溶

四、主要仪器名称、规格

三口瓶（100mL）；滴液漏斗（60mL）；分液漏斗（125mL）；直形冷凝管（20cm）；接引管；蒸馏烧瓶（50mL）；温度计（150℃）。

五、主要试剂名称、用量

乙醇（95%）（23mL，0.38mol）；浓硫酸（浓）（12mL，0.22mol）；冰醋酸（14mL，0.25mol）；饱和氯化钙溶液（20mL）；饱和氯化钠溶液（20mL）；饱和碳酸钠溶液（20mL）；无水硫酸钠（2g）。

六、实验装置

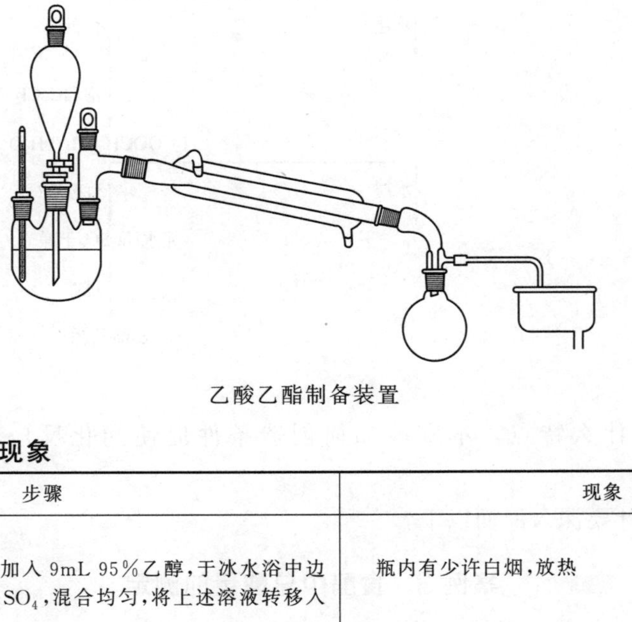

乙酸乙酯制备装置

七、实验步骤及现象

步骤	现象
1. 按图装好实验装置。	
2. 在100mL锥形瓶中，加入9mL 95%乙醇，于冰水浴中边摇边缓慢加入12mL浓 H_2SO_4，混合均匀，将上述溶液转移入三口瓶中。	瓶内有少许白烟，放热
3. 取12mL 95%乙醇和12mL冰醋酸组成的混合液加入滴液漏斗中，加入沸石，在石棉网上加热，使温度迅速升至110℃。	温度计温度迅速上升，溶液慢慢变黄，瓶内有大量白烟（SO_2）
4. 由滴液漏斗慢慢滴加混合液使滴加速度与蒸馏液馏出速度大致相等，每秒1～2滴，保持温度在110～120℃之间。	有馏分蒸出，温度保持不变
5. 乙醇加完，继续加热至130℃，停火。	温度上升，液温130℃停止
6. 馏出物转入125mL分液漏斗中，分别用：	振荡后静止分层
10mL饱和碳酸钠溶液	酯层（上层）澄清，下层弃去
10mL饱和NaCl溶液	重复操作，上层、下层皆澄清
10mL饱和 $CaCl_2$ 溶液各洗一次。	
7. 分出下层，将酯层从分液漏斗上口倒入100mL锥形瓶中，加2g粒状无水硫酸钠，塞好，干燥0.5h以上。	上层澄清，下层浑浊，溶液无色澄清
8. 将产物倾析到50mL蒸馏瓶中，用热水浴（80～95℃）加热蒸馏，收集73～78℃馏分。	热水浴温度95℃，溶液沸腾，有馏分馏出，温度上升至76～78℃，基本无残液
9. 产物外观，质量	无色澄清液，重8.5g

八、产率计算

$$产率=\frac{实际产量}{理论产量}\times 100\%$$

$$乙酸乙酯的理论产量=n_{乙酸}\times M_{乙酸乙酯}$$

九、粗产品提纯流程

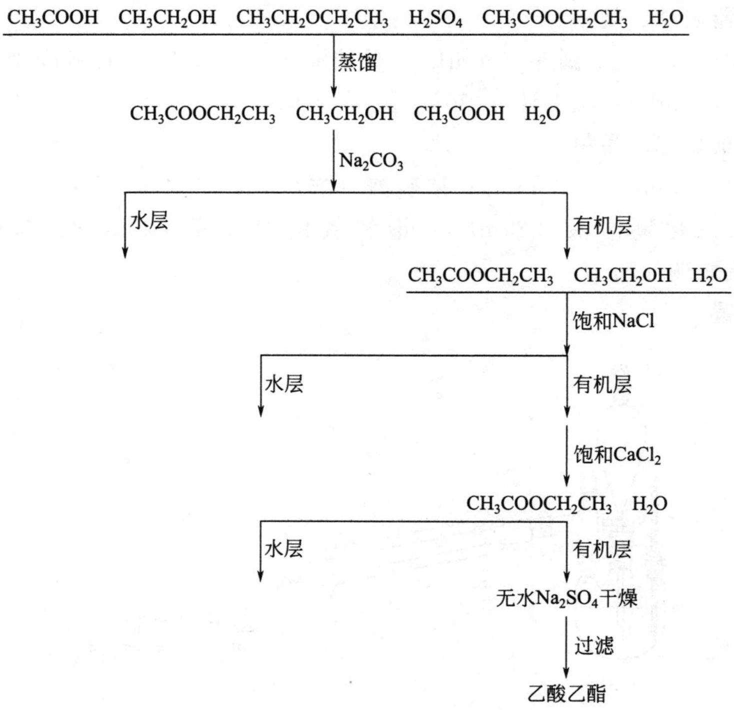

十、思考题

1. 酯化反应有什么特点，本实验如何创造条件促使酯化反应尽量向生成物方向进行？

2. 为什么温度计要深入液面以下？

案例3 食醋中总酸量的测定

一、实验目的

1. 掌握食醋总酸量的测定原理和方法。

2. 练习移液和滴定的基本操作。

二、实验原理

食醋的主要成分是 CH_3COOH，简写为 HAc，此外还含有少量其它弱酸如乳酸等。用 NaOH 的标准溶液滴定醋酸的反应式为：

$$NaOH+HAc \longrightarrow NaAc+H_2O$$

反应产物是 NaAc，突跃范围偏碱性，化学计量点 pH 值在 8.6 左右，可选用酚酞作指示剂。CO_2 对该测定有影响，应选用无 CO_2 蒸馏水。测定结果常以每 100mL 原食醋溶液中所含 HAc 的质量（g）来表示。

三、实验仪器与药品

1. 仪器：移液管；碱式滴定管（25mL，1支）；锥形瓶（250mL，2支）；容量瓶（100mL，1支）；洗耳球。

2. 试剂：NaOH的标准溶液；酚酞乙醇溶液（0.2%）；食醋样品。

四、实验步骤

1. 定容

用移液管准确移取白醋10.00mL于100mL容量瓶中，用无CO_2蒸馏水稀释到刻度，摇匀。

2. 移液

用10ml移液管准确量取已稀释后的食醋于250mL锥形瓶中，加入酚酞指示剂2滴。

3. 滴定

用NaOH的标准溶液滴定到溶液呈微红色，保持30s不褪色，即为终点。平行测定2次。记录NaOH标准溶液的用量。

注意：（1）体积读数要读至小数点后两位。

（2）滴定速度：不要成流水线。

（3）近终点时，半滴操作和用洗瓶冲洗。

五、实验数据与分析

计算公式：

$$原食醋中的总酸含量[HAc(g/100mL)]=c_{NaOH}\times V_{NaOH}\times 10^{-3}\times M_{HAc}\times 100$$

NaOH滴定HAc（指示剂：酚酞）

记录项目	滴定号码		
	1	2	3
V_{NaOH}(初读数)/mL			
V_{NaOH}(终读数)/mL			
V_{NaOH}/mL			
c_{HAc}/(g/100mL)			
平均值			
相对偏差			

六、思考题

1. 测定食用白醋含量时，为什么选用酚酞为指示剂，能否选用甲基橙或甲基红为指示剂？

答：本实验为强碱滴定弱酸，滴定结果是强碱弱酸盐，呈弱碱性，滴定终点在碱性范围内，故选用酚酞为指示剂，变色范围为8.2～10，甲基橙变色范围为3.1～4.4，甲基红变色范围为4.8～6.2，均在酸性范围内，故不可选用。

2. 酚酞指示剂由无色变为微红时，溶液的pH为多少？变红的溶液在空气中放置后又变为无色的原因是什么？

答：酚酞指示剂由无色变为微红时，溶液的pH约为9，变红的溶液在空气中放置后又变为无色是因为吸收了空气中的CO_2。

七、本实验小结

案例4 邻二氮菲分光光度法测定铁的含量

一、实验目的

1. 掌握邻二氮菲分光光度法测定铁的原理和方法。

2. 了解分光光度计的构造、性能及使用方法。

二、实验原理

邻二氮菲（又称邻菲罗啉）是测定微量铁的常用试剂。在 pH=2～9 的条件下，二价铁离子与邻二氮菲生成稳定的橙红色配合物。在显色前，用盐酸羟胺把三价铁离子还原为二价铁离子。测定时，控制溶液 pH=3 较为适宜，酸度高时，反应进行较慢，酸度太低，则二价铁离子水解，影响显色。显色反应和还原反应的方程式分别如下：

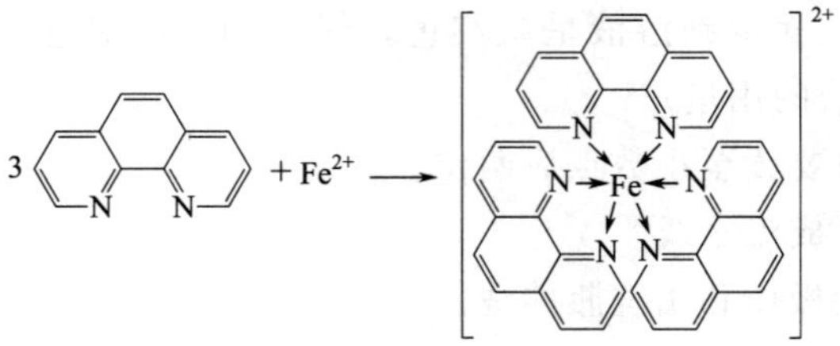

$$2Fe^{3+} + 2NH_2OH \cdot HCl \longrightarrow 2Fe^{2+} + N_2 + 2H_2O + 4H^+ + 2Cl^-$$

用邻二氮菲测定时，有很多元素干扰测定，需预先进行掩蔽或分离，如钴、镍、铜、铅与试剂形成有色配合物；钨、铂、镉、汞与试剂生成沉淀，还有些金属离子如锡、铅、铋则在邻二氮菲铁配合物形成的 pH 范围内发生水解。因此当这些离子共存时，应注意消除它们的干扰作用。

三、仪器和药品

仪器：分光光度计；1cm 玻璃比色皿；容量瓶。

药品：醋酸钠（$1mol \cdot L^{-1}$）；氢氧化钠（$0.4mol \cdot L^{-1}$）；盐酸（$2mol \cdot L^{-1}$）；10%盐酸羟胺；0.1%邻二氮菲；$10^{-4}mol \cdot L^{-1}$ 铁标准溶液；$10\mu g \cdot mL^{-1}$ 铁标准溶液。

四、实验步骤

1. 吸收曲线的绘制

用吸量管准确吸取 $10^{-4}mol \cdot L^{-1}$ 铁标准溶液 10mL，置于 50mL 容量瓶中，加入 10%盐酸羟胺溶液 1mL，摇匀后加入 $1mol \cdot L^{-1}$ 醋酸钠溶液 5mL 和 0.1%邻二氮菲溶液 3mL，以蒸馏水稀释至刻度，摇匀。在分光光度计上，用 1cm 比色皿，以蒸馏水为参比溶液，用不同的波长，从 430～570nm，每隔 20nm 测定一次吸光度，在最大吸收波长处附近多测定几个点。然后以波长为横坐标，吸光度为纵坐标绘制出吸收曲线，从吸收曲线上确定测定铁的适宜波长（即最大吸收波长）。

2. 铁含量的测定

（1）标准曲线的绘制　取 25mL 容量瓶 6 个，分别准确吸取 $10\mu g \cdot mL^{-1}$ 的铁标准溶液 0.0mL、1.0mL、2.0mL、3.0mL、4.0mL 和 5.0mL 于各容量瓶中，各加 10%盐酸羟胺溶液 1mL，摇匀，经 2min 后再各加 $1mol \cdot L^{-1}$ 醋酸钠溶液 5mL 和 0.1%邻二氮菲溶液 3mL，以蒸馏水稀释至刻度，摇匀。在分光光度计上用 1cm 玻璃比色皿，在最大吸收波长（510nm）处以蒸馏水为参比测定各溶液的吸光度，以含铁总量为横坐标，吸光度为纵坐标，绘制标准曲线。

(2) 样品测定　吸取未知液 5mL，按上述标准曲线相同条件和步骤测定其吸光度。根据未知液吸光度，在标准曲线上查出未知液相对应铁的量，计算试样中微量铁的含量，以每升未知液中含铁多少克表示（$g \cdot L^{-1}$）。

五、数据处理

1. 吸收光谱曲线的绘制

以水为参比溶液，用不同的波长，从 430～570nm，每隔 20nm 测定一次吸光度，在 510nm 附近每隔 10nm 测定一次吸光度，数据如下。

λ/nm	A	λ/nm	A
430	0.145	510	0.207
450	0.163	520	0.198
470	0.181	530	0.16
490	0.194	550	0.073
500	0.195	570	0.031

以波长 λ 为横坐标，吸光度 A 为纵坐标作图，绘制吸收曲线如下。

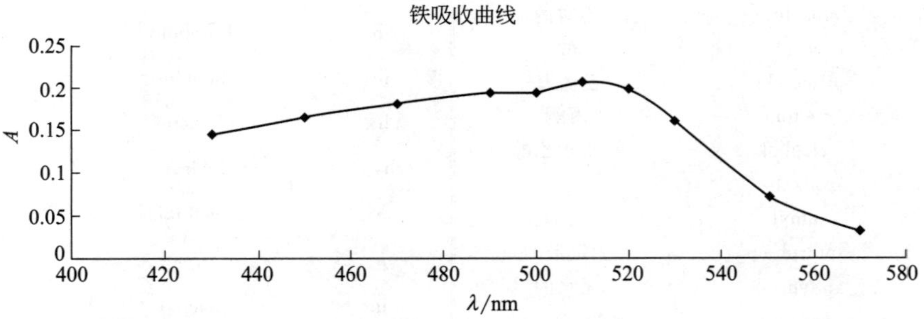

由上图可知，吸收曲线的最大吸收波长为 510nm。

2. 标准曲线的绘制

根据吸收曲线的测定，得到最大吸收波长为 510nm。在此条件下绘制标准曲线，数据如下。

铁标样体积/mL	铁浓度/$\mu g \cdot mL^{-1}$	A
0	0	0
1	0.4	0.060
2	0.8	0.138
3	1.2	0.207
4	1.6	0.275
5	2	0.350
待测溶液		0.167

以铁标准溶液浓度为横坐标，吸光度 A 为纵坐标作图如下。

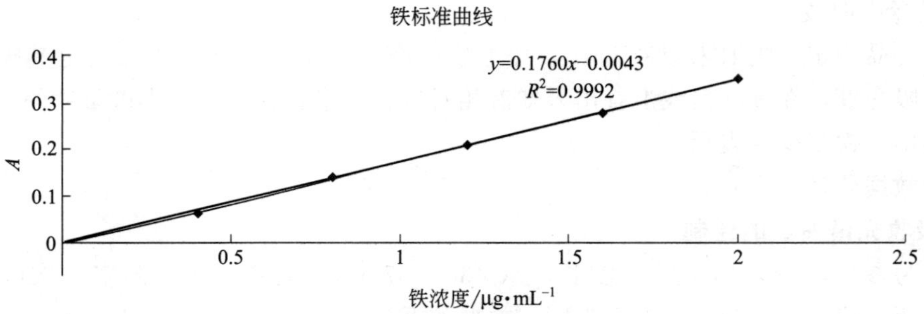

根据标准曲线图，计算待测溶液中铁的浓度为：0.97$\mu g \cdot mL^{-1}$。

附录十七 文献和手册中常见的英文缩写

缩写	英文	中文
aa	acetic acid	醋酸
abs	absolute	绝对的
ac	acid	酸
Ac	acetyl	乙酰基
ace	acetone	丙酮
al	alcohol	醇(常指乙醇)
alk	alkali	碱
Am	amyl	戊基
amor	amorphous	无定形的
anh	anhydrous	无水的
aqu	aqueous	水的，含水的
atm	atmosphere	大气压
b	boiling	沸腾
Bu	butyl	丁基
Bz	benzene	苯
chl	chloroform	氯仿
col	colorless	无色
comp	compound	化合物
con	concentrated	浓的
cr	crystals	结晶
ctc	carbon tetrachloride	四氯化碳
cy	cyclohexane	环己烷
d	decompose	分解
dil	diluted	稀释，稀的
diox	dioxane	二氧六环
DMF	dimethyl formamide	二甲基甲酰胺
DMSO	dimethyl sulfoxide	二甲亚砜
Et	ethyl	乙基
eth	ether	醚，乙醚
exp	explode	爆炸
et. ac	ethyl acetate	乙酸乙酯
flr	fluorescent	荧光的
h	hot/hour	热/小时
hp	heptane	庚烷
hx	hexane	己烷
hyd	hydrate	水合的
i	insoluble	不溶的
i-	*iso*-	异
in	inactive	不活泼的
inflam	inflammable	易燃的
infus	infusible	不溶的
lig	ligroin	石油醚
liq	liquid	液体，液态的
m	melting	熔化
m-	meta	间(位)
Me	methyl	甲基
met	metallic	金属的
min	mineral	矿石，无机的
n-	normal chain	正、直链
n	refractive index	折射率
o-	ortho	邻(位)
org	organic	有机的
os	organic solvents	有机溶剂
p-	para	对(位)

续表

缩写	英文	中文	缩写	英文	中文
peth	petroleum ether	石油醚	sym	symmetrical	对称的
Ph	phenyl	苯基	*t*-	tertiary	第三的，叔
pr	propyl	丙基	temp	temperature	温度
py	pyridine	吡啶	tet	tetrahedron	四面体
rac	racemic	外消旋的	THF	tetrahydrofuran	四氢呋喃
s	soluble	可溶解的	to	toluene	甲苯
sl	slightly	轻微的	v	very	非常
so	solid	固态	vac	vacuum	真空
sol	solution	溶液、溶解	w	water	水
solv	solvent	溶剂	wh	white	白(色)的、
st	stable	稳定的	wr	warm	温热的
sub	sublimes	升华	xyl	xylene	二甲苯
sulf	sulfuric acid	硫酸			

参 考 文 献

[1] 兰州大学．有机化学实验［M］．4版．北京：高等教育出版社，2017.
[2] 卢亚玲，汪河滨．仪器分析实验［M］．北京：化学工业出版社，2019.
[3] 张雪梅，徐宝荣，吴瑛．分析化学实验［M］．2版．北京：化学工业出版社，2017.
[4] 湖南大学．基础化学实验［M］．3版．北京：科学出版社，2022.
[5] 杨善中，王华林，吴晓静，等．基础化学实验［M］．2版．北京：化学工业出版社，2021.
[6] 武汉大学．分析化学实验［M］．6版．北京：高等教育出版社，2021.
[7] 周晓慧，王韶旭．基础化学实验［M］．北京：化学工业出版社，2021.
[8] 徐雅琴，姜建辉，王春．有机化学实验［M］．2版．北京：化学工业出版社，2016.
[9] 大连理工大学．无机化学实验［M］．3版．北京：高等教育出版社，2014.
[10] 南京大学《无机及分析化学实验》编写组．无机及分析化学实验［M］．5版．北京：高等教育出版社，2015.

元 素 周 期 表

IUPAC 2013

氧化态(单质的氧化态为0，未列入；常见的为红色)

以 $^{12}C=12$ 为基准的原子量(注✦的是半衰期最长同位素的原子量)

示例：95 Am 镅▲ $5f^{7}7s^{2}$ 243.06138(2)✦ (+2, +3, +4, +5, +6)
- 原子序数
- 元素符号(红色的为放射性元素)
- 元素名称(注▲的为人造元素)
- 价层电子构型

s区元素 | p区元素 | d区元素 | ds区元素 | f区元素 | 稀有气体

周期 \ 族	1 IA	2 IIA	3 IIIB	4 IVB	5 VB	6 VIB	7 VIIB	8 VIIIB(VIII)	9 VIIIB(VIII)	10 VIIIB(VIII)	11 IB	12 IIB	13 IIIA	14 IVA	15 VA	16 VIA	17 VIIA	18 VIIIA(0)	电子层
1	1 H 氢 $1s^{1}$ 1.008 −1, +1																	2 He 氦 $1s^{2}$ 4.002602(2)	K
2	3 Li 锂 $2s^{1}$ 6.94 +1	4 Be 铍 $2s^{2}$ 9.0121831(5) +2											5 B 硼 $2s^{2}2p^{1}$ 10.81 +3	6 C 碳 $2s^{2}2p^{2}$ 12.011 −4, +2, +4	7 N 氮 $2s^{2}2p^{3}$ 14.007 −3, −2, −1, +1, +2, +3, +4, +5	8 O 氧 $2s^{2}2p^{4}$ 15.999 −2, −1	9 F 氟 $2s^{2}2p^{5}$ 18.998403163(6) −1	10 Ne 氖 $2s^{2}2p^{6}$ 20.1797(6)	L K
3	11 Na 钠 $3s^{1}$ 22.98976928(2) −1, +1	12 Mg 镁 $3s^{2}$ 24.305 +2											13 Al 铝 $3s^{2}3p^{1}$ 26.9815385(7) +3	14 Si 硅 $3s^{2}3p^{2}$ 28.085 −4, +2, +4	15 P 磷 $3s^{2}3p^{3}$ 30.973761998(5) −3, −2, +1, +3, +5	16 S 硫 $3s^{2}3p^{4}$ 32.06 −2, +2, +4, +6	17 Cl 氯 $3s^{2}3p^{5}$ 35.45 −1, +1, +3, +5, +7	18 Ar 氩 $3s^{2}3p^{6}$ 39.948(1)	M L K
4	19 K 钾 $4s^{1}$ 39.0983(1) −1, +1	20 Ca 钙 $4s^{2}$ 40.078(4) +2	21 Sc 钪 $3d^{1}4s^{2}$ 44.955908(5) +3	22 Ti 钛 $3d^{2}4s^{2}$ 47.867(1) −1, 0, +2, +3, +4	23 V 钒 $3d^{3}4s^{2}$ 50.9415(1) 0, ±1, +2, +3, +4, +5	24 Cr 铬 $3d^{5}4s^{1}$ 51.9961(6) −3, 0, ±1, ±2, +3, +4, +5, +6	25 Mn 锰 $3d^{5}4s^{2}$ 54.938044(3) −2, 0, ±1, +2, ±3, +4, +5, +6, +7	26 Fe 铁 $3d^{6}4s^{2}$ 55.845(2) −2, 0, ±1, +2, +3, +4, +5, +6	27 Co 钴 $3d^{7}4s^{2}$ 58.933194(4) 0, ±1, +2, +3, +4, +5	28 Ni 镍 $3d^{8}4s^{2}$ 58.6934(4) 0, ±1, +2, +3, +4	29 Cu 铜 $3d^{10}4s^{1}$ 63.546(3) +1, +2, +3, +4	30 Zn 锌 $3d^{10}4s^{2}$ 65.38(2) +1, +2	31 Ga 镓 $4s^{2}4p^{1}$ 69.723(1) +1, +3	32 Ge 锗 $4s^{2}4p^{2}$ 72.630(8) +2, +4	33 As 砷 $4s^{2}4p^{3}$ 74.921595(6) −3, +3, +5	34 Se 硒 $4s^{2}4p^{4}$ 78.971(8) −2, +2, +4, +6	35 Br 溴 $4s^{2}4p^{5}$ 79.904 −1, +1, +3, +5, +7	36 Kr 氪 $4s^{2}4p^{6}$ 83.798(2) +2, +4	N M L K
5	37 Rb 铷 $5s^{1}$ 85.4678(3) −1, +1	38 Sr 锶 $5s^{2}$ 87.62(1) +2	39 Y 钇 $4d^{1}5s^{2}$ 88.90584(2) +3	40 Zr 锆 $4d^{2}5s^{2}$ 91.224(2) +1, +2, +3, +4	41 Nb 铌 $4d^{4}5s^{1}$ 92.90637(2) 0, ±1, +2, +3, +4, +5	42 Mo 钼 $4d^{5}5s^{1}$ 95.95(1) 0, ±1, ±2, +3, +4, +5, +6	43 Tc 锝▲ $4d^{5}5s^{2}$ 97.90721(3)✦ 0, ±1, +2, +3, +4, +5, +6, +7	44 Ru 钌 $4d^{7}5s^{1}$ 101.07(2) 0, +1, ±2, +3, +4, +5, +6, +7, +8	45 Rh 铑 $4d^{8}5s^{1}$ 102.90550(2) 0, ±1, +2, +3, +4, +5, +6	46 Pd 钯 $4d^{10}$ 106.42(1) 0, +1, +2, +3, +4	47 Ag 银 $4d^{10}5s^{1}$ 107.8682(2) +1, +2, +3	48 Cd 镉 $4d^{10}5s^{2}$ 112.414(4) +1, +2	49 In 铟 $5s^{2}5p^{1}$ 114.818(1) +1, +3	50 Sn 锡 $5s^{2}5p^{2}$ 118.710(7) +2, +4	51 Sb 锑 $5s^{2}5p^{3}$ 121.760(1) −3, +3, +5	52 Te 碲 $5s^{2}5p^{4}$ 127.60(3) −2, +2, +4, +6	53 I 碘 $5s^{2}5p^{5}$ 126.90447(3) −1, +1, +3, +5, +7	54 Xe 氙 $5s^{2}5p^{6}$ 131.293(6) +2, +4, +6, +8	O N M L K
6	55 Cs 铯 $6s^{1}$ 132.90545196(6) −1, +1	56 Ba 钡 $6s^{2}$ 137.327(7) +2	57~71 La~Lu 镧系	72 Hf 铪 $5d^{2}6s^{2}$ 178.49(2) +1, +2, +3, +4	73 Ta 钽 $5d^{3}6s^{2}$ 180.94788(2) 0, ±1, +2, +3, +4, +5	74 W 钨 $5d^{4}6s^{2}$ 183.84(1) 0, ±1, ±2, +3, +4, +5, +6	75 Re 铼 $5d^{5}6s^{2}$ 186.207(1) 0, ±1, +2, +3, +4, +5, +6, +7	76 Os 锇 $5d^{6}6s^{2}$ 190.23(3) 0, +1, +2, +3, +4, +5, +6, +7, +8	77 Ir 铱 $5d^{7}6s^{2}$ 192.217(3) 0, ±1, +2, +3, +4, +5, +6	78 Pt 铂 $5d^{9}6s^{1}$ 195.084(9) 0, +2, +3, +4, +5, +6	79 Au 金 $5d^{10}6s^{1}$ 196.966569(5) +1, +2, +3, +5	80 Hg 汞 $5d^{10}6s^{2}$ 200.592(3) +1, +2, +3	81 Tl 铊 $6s^{2}6p^{1}$ 204.38 +1, +3	82 Pb 铅 $6s^{2}6p^{2}$ 207.2(1) +2, +4	83 Bi 铋 $6s^{2}6p^{3}$ 208.98040(1) −3, +3, +5	84 Po 钋 $6s^{2}6p^{4}$ 208.98243(2)✦ −2, +2, +3, +4, +6	85 At 砹 $6s^{2}6p^{5}$ 209.98715(5)✦ ±1, +5, +7	86 Rn 氡 $6s^{2}6p^{6}$ 222.01758(2)✦ +2	P O N M L K
7	87 Fr 钫▲ $7s^{1}$ 223.01974(2)✦ +1	88 Ra 镭 $7s^{2}$ 226.02541(2)✦ +2	89~103 Ac~Lr 锕系	104 Rf 𬬻▲ $6d^{2}7s^{2}$ 267.122(4)✦	105 Db 𬭊▲ $6d^{3}7s^{2}$ 270.131(4)✦	106 Sg 𬭳▲ $6d^{4}7s^{2}$ 269.129(3)✦	107 Bh 𬭛▲ $6d^{5}7s^{2}$ 270.133(2)✦	108 Hs 𬭶▲ $6d^{6}7s^{2}$ 270.134(2)✦	109 Mt 鿏▲ $6d^{7}7s^{2}$ 278.156(5)✦	110 Ds 𫟼▲ 281.165(4)✦	111 Rg 𬬭▲ 281.166(6)✦	112 Cn 鿔▲ 285.177(4)✦	113 Nh 鿭▲ 286.182(5)✦	114 Fl 𫓧▲ 289.190(4)✦	115 Mc 镆▲ 289.194(6)✦	116 Lv 𫟷▲ 293.204(4)✦	117 Ts 鿬▲ 293.208(6)✦	118 Og 鿫▲ 294.214(5)✦	Q P O N M L K

★ 镧系	57 La★ 镧 $5d^{1}6s^{2}$ 138.90547(7) +3	58 Ce 铈 $4f^{1}5d^{1}6s^{2}$ 140.116(1) +2, +3, +4	59 Pr 镨 $4f^{3}6s^{2}$ 140.90766(2) +3, +4	60 Nd 钕 $4f^{4}6s^{2}$ 144.242(3) +2, +3, +4	61 Pm 钷▲ $4f^{5}6s^{2}$ 144.91276(2)✦ +3	62 Sm 钐 $4f^{6}6s^{2}$ 150.36(2) +2, +3	63 Eu 铕 $4f^{7}6s^{2}$ 151.964(1) +2, +3	64 Gd 钆 $4f^{7}5d^{1}6s^{2}$ 157.25(3) +3	65 Tb 铽 $4f^{9}6s^{2}$ 158.92535(2) +3, +4	66 Dy 镝 $4f^{10}6s^{2}$ 162.500(1) +3, +4	67 Ho 钬 $4f^{11}6s^{2}$ 164.93033(2) +3	68 Er 铒 $4f^{12}6s^{2}$ 167.259(3) +3	69 Tm 铥 $4f^{13}6s^{2}$ 168.93422(2) +2, +3	70 Yb 镱 $4f^{14}6s^{2}$ 173.045(10) +2, +3	71 Lu 镥 $4f^{14}5d^{1}6s^{2}$ 174.9668(1) +3
★ 锕系	89 Ac★ 锕 $6d^{1}7s^{2}$ 227.02775(2)✦ +3	90 Th 钍 $6d^{2}7s^{2}$ 232.0377(4) +3, +4	91 Pa 镤 $5f^{2}6d^{1}7s^{2}$ 231.03588(2) +3, +4, +5	92 U 铀 $5f^{3}6d^{1}7s^{2}$ 238.02891(3) +2, +3, +4, +5, +6	93 Np 镎 $5f^{4}6d^{1}7s^{2}$ 237.04817(2)✦ +3, +4, +5, +6, +7	94 Pu 钚 $5f^{6}7s^{2}$ 244.06421(4)✦ +3, +4, +5, +6, +7	95 Am 镅▲ $5f^{7}7s^{2}$ 243.06138(2)✦ +2, +3, +4, +5, +6	96 Cm 锔▲ $5f^{7}6d^{1}7s^{2}$ 247.07035(3)✦ +3, +4	97 Bk 锫▲ $5f^{9}7s^{2}$ 247.07031(4)✦ +3, +4	98 Cf 锎▲ $5f^{10}7s^{2}$ 251.07959(3)✦ +2, +3, +4	99 Es 锿▲ $5f^{11}7s^{2}$ 252.0830(3)✦ +2, +3	100 Fm 镄▲ $5f^{12}7s^{2}$ 257.09511(5)✦ +2, +3	101 Md 钔▲ $5f^{13}7s^{2}$ 258.09843(3)✦ +2, +3	102 No 锘▲ $5f^{14}7s^{2}$ 259.1010(7)✦ +2, +3	103 Lr 铹▲ $5f^{14}6d^{1}7s^{2}$ 262.110(2)✦ +3